《中国伦理学年鉴2020》得到中国人民大学“双一流”跨学科重大创新规划平台——国家治理现代化与应用伦理跨学科交叉平台支持。

中国社会科学年鉴

教育部人文社会科学重点研究基地
中国人民大学伦理学与道德建设研究中心 主办

中国伦理学年鉴 2020

CHINESE ETHICS ALMANAC

郭清香 主编

中国社会科学出版社

图书在版编目（CIP）数据

中国伦理学年鉴．2020／郭清香主编．—北京：中国社会科学出版社，2022.11
ISBN 978－7－5227－1115－7

Ⅰ．①中…　Ⅱ．①郭…　Ⅲ．①伦理学—中国—2020—年鉴　Ⅳ．①B82－54

中国版本图书馆 CIP 数据核字(2022)第 232054 号

出 版 人　赵剑英
责任编辑　张靖晗
责任校对　李　惠
责任印制　张雪娇

出　　版　中国社会科学出版社
社　　址　北京鼓楼西大街甲 158 号
邮　　编　100720
网　　址　http://www.csspw.cn
发 行 部　010－84083685
门 市 部　010－84029450
经　　销　新华书店及其他书店

印刷装订　三河市东方印刷有限公司
版　　次　2022 年 11 月第 1 版
印　　次　2022 年 11 月第 1 次印刷

开　　本　787×1092　1/16
印　　张　22.25
插　　页　2
字　　数　460 千字
定　　价　188.00 元

《中国伦理学年鉴》2020 卷编写委员会

编辑说明

《中国伦理学年鉴》由教育部重点研究基地“中国人民大学伦理学与道德建设研究中心”主持编纂。秉承学术性、权威性、客观性、前沿性的宗旨，力求反映中国伦理学学术研究和道德实践的年度总貌。

《中国伦理学年鉴》的编纂始于2011年，至今已出版9卷，其中前4卷由九州出版社出版，自2015卷起改由中国社会科学出版社出版。

《中国伦理学年鉴》2020卷的栏目及内容如下。

特载：对道德建设有重大影响的政府重要文件。

特稿：对重大伦理学问题的分析研究或综述。

研究报告：对国内学者伦理学研究成果的综述。

论文荟萃：精选并简介优质的伦理学论文。

著作选介：精选并简介优质的伦理学著作。

学术动态：对伦理学会议、课题、博士学位论文的介绍。

伦理事件：对国内重大伦理事件的整理与发布。

目　　录

特　载

特　稿

研究报告

论文荟萃

著作选介

学术动态

伦理事件

Main Contents

Special Column

Feature

Research Reports

Selected Digestions of Research Articles

Selected Introductions of Books

Academic Activities

Ethical Events

特　　载

中华人民共和国未成年人保护法

（1991 年 9 月 4 日第七届全国人民代表大会常务委员会第二十一次会议通过　2006 年 12 月 29 日第十届全国人民代表大会常务委员会第二十五次会议第一次修订　根据 2012 年 10 月 26 日第十一届全国人民代表大会常务委员会第二十九次会议《关于修改〈中华人民共和国未成年人保护法〉的决定》修正　2020 年 10 月 17 日第十三届全国人民代表大会常务委员会第二十二次会议第二次修订）

目录

第一章　总则

第一条　为了保护未成年人身心健康，保障未成年人合法权益，促进未成年人德智体美劳全面发展，培养有理想、有道德、有文化、有纪律的社会主义建设者和接班人，培养担当民族复兴大任的时代新人，根据宪法，制定本法。

第二条　本法所称未成年人是指未满十八周岁的公民。

第三条　国家保障未成年人的生存权、发展权、受保护权、参与权等权利。

未成年人依法平等地享有各项权利，不因本人及其父母或者其他监护人的民族、种族、性别、户籍、职业、宗教信仰、教育程度、家庭状况、身心健康状况等受到歧视。

第四条　保护未成年人，应当坚持最有利于未成年人的原则。处理涉及未成年人事项，应当符合下列要求：

（一）给予未成年人特殊、优先保护；

（二）尊重未成年人人格尊严；

（三）保护未成年人隐私权和个人信息；

（四）适应未成年人身心健康发展的规律和特点；

（五）听取未成年人的意见；

（六）保护与教育相结合。

第五条　国家、社会、学校和家庭应当对未成年人进行理想教育、道德教育、科学教育、文化教育、法治教育、国家安全教育、健康教育、劳动教育，加强爱国主义、集体主义和中国特色社会主义的教育，培养爱祖国、爱人民、爱劳动、爱科学、爱社会主义的公德，抵制资本主义、封建主义和其他腐朽思想的侵蚀，引导未成年人树立和践行社会主义核心价值观。

第六条　保护未成年人，是国家机关、武装力量、政党、人民团体、企业事业单位、社会组织、城乡基层群众性自治组织、未成年人的监护人以及其他成年人的共同责任。

国家、社会、学校和家庭应当教育和帮助未成年人维护自身合法权益，增强自我保护的意识和能力。

第七条　未成年人的父母或者其他监护人依法对未成年人承担监护职责。

国家采取措施指导、支持、帮助和监督未成年人的父母或者其他监护人履行监护职责。

第八条　县级以上人民政府应当将未成年人保护工作纳入国民经济和社会发展规划，相关经费纳入本级政府预算。

第九条　县级以上人民政府应当建立未成年人保护工作协调机制，统筹、协调、督促和指导有关部门在各自职责范围内做好未成年人保护工作。协调机制具体工作由县级以上人民政府民政部门承担，省级人民政府也可以根据本地实际情况确定由其他有关部门承担。

第十条　共产主义青年团、妇女联合会、工会、残疾人联合会、关心下一代工作委员会、青年联合会、学生联合会、少年先锋队以及其他人民团体、有关社会组织，应当协助各级人民政府及其有关部门、人民检察院、人民法院做好未成年人保护工作，维护未成年人合法权益。

第十一条　任何组织或者个人发现不利于未成年人身心健康或者侵犯未成年人合法权益的情形，都有权劝阻、制止或者向公安、民政、教育等有关部门提出检举、控告。

国家机关、居民委员会、村民委员会、密切接触未成年人的单位及其工作人员，在工作中发现未成年人身心健康受到侵害、疑似受到侵害或者面临其他危险情形的，应当立即向公安、民政、教育等有关部门报告。

有关部门接到涉及未成年人的检举、控告或者报告，应当依法及时受理、处置，并以适当方式将处理结果告知相关单位和人员。

第十二条　国家鼓励和支持未成年人保护方面的科学研究，建设相关学科、设置相关专业，加强人才培养。

第十三条　国家建立健全未成年人统计调查制度，开展未成年人健康、受教育等状况的统计、调查和分析，发布未成年人保护的有关信息。

第十四条　国家对保护未成年人有显著成绩的组织和个人给予表彰和奖励。

第二章　家庭保护

第十五条　未成年人的父母或者其他监护人应当学习家庭教育知识，接受家庭教育指导，创造良好、和睦、文明的家庭环境。

共同生活的其他成年家庭成员应当协助未成年人的父母或者其他监护人抚养、教育和保护未成年人。

第十六条　未成年人的父母或者其他监护人应当履行下列监护职责：

（一）为未成年人提供生活、健康、安全等方面的保障；

（二）关注未成年人的生理、心理状况和情感需求；

（三）教育和引导未成年人遵纪守法、勤俭节约，养成良好的思想品德和行为习惯；

（四）对未成年人进行安全教育，提高未成年人的自我保护意识和能力；

（五）尊重未成年人受教育的权利，保障适龄未成年人依法接受并完成义务教育；

（六）保障未成年人休息、娱乐和体育锻炼的时间，引导未成年人进行有益身心健康的活动；

（七）妥善管理和保护未成年人的财产；

（八）依法代理未成年人实施民事法律行为；

（九）预防和制止未成年人的不良行为和违法犯罪行为，并进行合理管教；

（十）其他应当履行的监护职责。

第十七条　未成年人的父母或者其他监护人不得实施下列行为：

（一）虐待、遗弃、非法送养未成年人或者对未成年人实施家庭暴力；

（二）放任、教唆或者利用未成年人实施违法犯罪行为；

（三）放任、唆使未成年人参与邪教、迷信活动或者接受恐怖主义、分裂主义、极端主义等侵害；

（四）放任、唆使未成年人吸烟（含电子烟，下同）、饮酒、赌博、流浪乞讨或者欺凌他人；

（五）放任或者迫使应当接受义务教育的未成年人失学、辍学；

（六）放任未成年人沉迷网络，接触危害或者可能影响其身心健康的图书、报刊、电影、广播电视节目、音像制品、电子出版物和网络信息等；

（七）放任未成年人进入营业性娱乐场所、酒吧、互联网上网服务营业场所等不适宜未成年人活动的场所；

（八）允许或者迫使未成年人从事国家规定以外的劳动；

（九）允许、迫使未成年人结婚或者为未成年人订立婚约；

（十）违法处分、侵吞未成年人的财产或者利用未成年人牟取不正当利益；

（十一）其他侵犯未成年人身心健康、财产权益或者不依法履行未成年人保护义务的行为。

第十八条　未成年人的父母或者其他监护人应当为未成年人提供安全的家庭生活环境，及时排除引发触电、烫伤、跌落等伤害的安全隐患；采取配备儿童安全座椅、教育未成年人遵守交通规则等措施，防止未成年人受到交通事故的伤害；提高户外安全保护意识，避免未成年人发生溺水、动物伤害等事故。

第十九条　未成年人的父母或者其他监护人应当根据未成年人的年龄和智力发展状况，在作出与未成年人权益有关的决定前，听取未成年人的意见，充分考虑其真实意愿。

第二十条　未成年人的父母或者其他监护人发现未成年人身心健康受到侵害、疑似受到侵害或者其他合法权益受到侵犯的，应当及时了解情况并采取保护措施；情况严重的，应当立即向公安、民政、教育等部门报告。

第二十一条　未成年人的父母或者其他监护人不得使未满八周岁或者由于身体、心理原因需要特别照顾的未成年人处于无人看护状态，或者将其交由无民事行为能力、限制民事行为能力、患有严重传染性疾病或者其他不适宜的人员临时照护。

未成年人的父母或者其他监护人不得使未满十六周岁的未成年人脱离监护单独生活。

第二十二条　未成年人的父母或者其他监护人因外出务工等原因在一定期限内不能完全履行监护职责的，应当委托具有照护能力的完全民事行为能力人代为照护；无正当理由的，不得委托他人代为照护。

未成年人的父母或者其他监护人在确定被委托人时，应当综合考虑其道德品质、家庭状况、身心健康状况、与未成年人生活情感上的联系等情况，并听取有表达意愿能力未成年人的意见。

具有下列情形之一的，不得作为被委托人：

（一）曾实施性侵害、虐待、遗弃、拐卖、暴力伤害等违法犯罪行为；

（二）有吸毒、酗酒、赌博等恶习；

（三）曾拒不履行或者长期怠于履行监护、照护职责；

（四）其他不适宜担任被委托人的情形。

第二十三条　未成年人的父母或者其他监护人应当及时将委托照护情况书面告知未成年人所在学校、幼儿园和实际居住地的居民委员会、村民委员会，加强和未成年人所在学校、幼儿园的沟通；与未成年人、被委托人至少每周联系和交流一次，了解未成年人的生活、学习、心理等情况，并给予未成年人亲情关爱。

未成年人的父母或者其他监护人接到被委托人、居民委员会、村民委员会、学校、幼儿园等关于未成年人心理、行为异常的通知后，应当及时采取干预措施。

第二十四条　未成年人的父母离婚时，应当妥善处理未成年子女的抚养、教育、探望、财产等事宜，听取有表达意愿能力未成年人的意见。不得以抢夺、藏匿未成年子女等方式争夺抚养权。

未成年人的父母离婚后，不直接抚养未成年子女的一方应当依照协议、人民法院判决或者调解确定的时间和方式，在不影响未成年人学习、生活的情况下探望未成年子女，直接抚养的一方应当配合，但被人民法院依法中止探望权的除外。

第三章　学校保护

第二十五条　学校应当全面贯彻国家教育方针，坚持立德树人，实施素质教育，提高教育质量，注重培养未成年学生认知能力、合作能力、创新能力和实践能力，促进未成年学生全面发展。

学校应当建立未成年学生保护工作制度，健全学生行为规范，培养未成年学生遵纪守法的良好行为习惯。

第二十六条　幼儿园应当做好保育、教育工作，遵循幼儿身心发展规律，实施启蒙教育，促进幼儿在体质、智力、品德等方面和谐发展。

第二十七条　学校、幼儿园的教职员工应当尊重未成年人人格尊严，不得对未成年人实施体罚、变相体罚或者其他侮辱人格尊严的行为。

第二十八条　学校应当保障未成年学生受教育的权利，不得违反国家规定开除、变相开除未成年学生。

学校应当对尚未完成义务教育的辍学未成年学生进行登记并劝返复学；劝返无效的，应当及时向教育行政部门书面报告。

第二十九条　学校应当关心、爱护未成年学生，不得因家庭、身体、心理、学习能力等情况歧视学生。对家庭困难、身心有障碍的学生，应当提供关爱；对行为异常、学习有困难的学生，应当耐心帮助。

学校应当配合政府有关部门建立留守未成年学生、困境未成年学生的信息档案，开展关爱帮扶工作。

第三十条　学校应当根据未成年学生身心发展特点，进行社会生活指导、心理健康辅导、青春期教育和生命教育。

第三十一条　学校应当组织未成年学生参加与其年龄相适应的日常生活劳动、生产劳动和服务性劳动，帮助未成年学生掌握必要的劳动知识和技能，养成良好的劳动习惯。

第三十二条　学校、幼儿园应当开展勤俭节约、反对浪费、珍惜粮食、文明饮食等宣传教育活动，帮助未成年人树立浪费可耻、节约为荣的意识，养成文明健康、绿色环保的生活习惯。

第三十三条　学校应当与未成年学生的父母或者其他监护人互相配合，合理安排未成年学生的学习时间，保障其休息、娱乐和体育锻炼的时间。

学校不得占用国家法定节假日、休息日及寒暑假期，组织义务教育阶段的未成年学生集体补课，加重其学习负担。

幼儿园、校外培训机构不得对学龄前未成年人进行小学课程教育。

第三十四条　学校、幼儿园应当提供必要的卫生保健条件，协助卫生健康部门做好在校、在园未成年人的卫生保健工作。

第三十五条　学校、幼儿园应当建立安全管理制度，对未成年人进行安全教育，完善安保设施、配备安保人员，保障未成年人在校、在园期间的人身和财产安全。

学校、幼儿园不得在危及未成年人人身安全、身心健康的校舍和其他设施、场所中进行教育教学活动。

学校、幼儿园安排未成年人参加文化娱乐、社会实践等集体活动，应当保护未成年人的身心健康，防止发生人身伤害事故。

第三十六条　使用校车的学校、幼儿园应当建立健全校车安全管理制度，配备安全管理人员，定期对校车进行安全检查，对校车驾驶人进行安全教育，并向未成年人讲解校车安全乘坐知识，培养未成年人校车安全事故应急处理技能。

第三十七条　学校、幼儿园应当根据需要，制定应对自然灾害、事故灾难、公共卫生事件等突发事件和意外伤害的预案，配备相应设施并定期进行必要的演练。

未成年人在校内、园内或者本校、本园组织的校外、园外活动中发生人身伤害事故的，学校、幼儿园应当立即救护，妥善处理，及时通知未成年人的父母或者其他监护人，并向有关部门报告。

第三十八条　学校、幼儿园不得安排未成年人参加商业性活动，不得向未成年人及其父母或者其他监护人推销或者要求其购买指定的商品和服务。

学校、幼儿园不得与校外培训机构合作为未成年人提供有偿课程辅导。

第三十九条　学校应当建立学生欺凌防控工作制度，对教职员工、学生等开展防治学生欺凌的教育和培训。

学校对学生欺凌行为应当立即制止，通知实施欺凌和被欺凌未成年学生的父母或者其他监护人参与欺凌行为的认定和处理；对相关未成年学生及时给予心理辅导、教育和引导；对相关未成年学生的父母或者其他监护人给予必要的家庭教育指导。

对实施欺凌的未成年学生，学校应当根据欺凌行为的性质和程度，依法加强管教。对严重的欺凌行为，学校不得隐瞒，应当及时向公安机关、教育行政部门报告，并配合相关部门依法处理。

第四十条　学校、幼儿园应当建立预防性侵害、性骚扰未成年人工作制度。对性侵害、性骚扰未成年人等违法犯罪行为，学校、幼儿园不得隐瞒，应当及时向公安机关、教育行政部门报告，并配合相关部门依法处理。

学校、幼儿园应当对未成年人开展适合其年龄的性教育，提高未成年人防范性侵害、性骚扰的自我保护意识和能力。对遭受性侵害、性骚扰的未成年人，学校、幼儿园应当及时采取相关的保护措施。

第四十一条　婴幼儿照护服务机构、早期教育服务机构、校外培训机构、校外托管机构等应当参照本章有关规定，根据不同年龄阶段未成年人的成长特点和规律，做好未成年人保护工作。

第四章　社会保护

第四十二条　全社会应当树立关心、爱护未成年人的良好风尚。

国家鼓励、支持和引导人民团体、企业事业单位、社会组织以及其他组织和个人，开展有利于未成年人健康成长的社会活动和服务。

第四十三条　居民委员会、村民委员会应当设置专人专岗负责未成年人保护工作，协助政府有关部门宣传未成年人保护方面的法律法规，指导、帮助和监督未成年人的父母或者其他监护人依法履行监护职责，建立留守未成年人、困境未成年人的信息档案并给予关爱帮扶。

居民委员会、村民委员会应当协助政府有关部门监督未成年人委托照护情况，发现被委托人缺乏照护能力、怠于履行照护职责等情况，应当及时向政府有关部门报告，并告知未成年人的父母或者其他监护人，帮助、督促被委托人履行照护职责。

第四十四条　爱国主义教育基地、图书馆、青少年宫、儿童活动中心、儿童之家应当对未成年人免费开放；博物馆、纪念馆、科技馆、展览馆、美术馆、文化馆、社区公益性互联网上网服务场所以及影剧院、体育场馆、动物园、植物园、公园等场所，应当按照有关规定对未成年人免费或者优惠开放。

国家鼓励爱国主义教育基地、博物馆、科技馆、美术馆等公共场馆开设未成年人专场，为未成年人提供有针对性的服务。

国家鼓励国家机关、企业事业单位、部队等开发自身教育资源，设立未成年人开放日，为未成年人主题教育、社会实践、职业体验等提供支持。

国家鼓励科研机构和科技类社会组织对未成年人开展科学普及活动。

第四十五条　城市公共交通以及公路、铁路、水路、航空客运等应当按照有关规定对未成年人实施免费或者优惠票价。

第四十六条　国家鼓励大型公共场所、公共交通工具、旅游景区景点等设置母婴室、婴儿护理台以及方便幼儿使用的坐便器、洗手台等卫生设施，为未成年人提供便利。

第四十七条　任何组织或者个人不得违反有关规定，限制未成年人应当享有的照顾或者优惠。

第四十八条　国家鼓励创作、出版、制作和传播有利于未成年人健康成长的图书、报刊、电影、广播电视节目、舞台艺术作品、音像制品、电子出版物和网络信息等。

第四十九条　新闻媒体应当加强未成年人保护方面的宣传，对侵犯未成年人合法权益的行为进行舆论监督。新闻媒体采访报道涉及未成年人事件应当客观、审慎和适度，不得侵犯未成年人的名誉、隐私和其他合法权益。

第五十条　禁止制作、复制、出版、发布、传播含有宣扬淫秽、色情、暴力、邪教、迷信、赌博、引诱自杀、恐怖主义、分裂主义、极端主义等危害未成年人身心健康内容的图书、报刊、电影、广播电视节目、舞台艺术作品、音像制品、电子出版物和网络信息等。

第五十一条　任何组织或者个人出版、发布、传播的图书、报刊、电影、广播电视节目、舞台艺术作品、音像制品、电子出版物或者网络信息，包含可能影响未成年人身心健康内容的，应当以显著方式作出提示。

第五十二条　禁止制作、复制、发布、传播或者持有有关未成年人的淫秽色情物品和网络信息。

第五十三条　任何组织或者个人不得刊登、播放、张贴或者散发含有危害未成年人身心健康内容的广告；不得在学校、幼儿园播放、张贴或者散发商业广告；不得利用校服、教材等发布或者变相发布商业广告。

第五十四条　禁止拐卖、绑架、虐待、非法收养未成年人，禁止对未成年人实施性侵害、性骚扰。

禁止胁迫、引诱、教唆未成年人参加黑社会性质组织或者从事违法犯罪活动。

禁止胁迫、诱骗、利用未成年人乞讨。

第五十五条　生产、销售用于未成年人的食品、药品、玩具、用具和游戏游艺设备、游乐设施等，应当符合国家或者行业标准，不得危害未成年人的人身安全和身心健康。上述产品的生产者应当在显著位置标明注意事项，未标明注意事项的不得销售。

第五十六条　未成年人集中活动的公共场所应当符合国家或者行业安全标准，并采取相应安全保护措施。对可能存在安全风险的设施，应当定期进行维护，在显著位置设置安全警示标志并标明适龄范围和注意事项；必要时应当安排专门人员看管。

大型的商场、超市、医院、图书馆、博物馆、科技馆、游乐场、车站、码头、机场、旅游景区景点等场所运营单位应当设置搜寻走失未成年人的安全警报系统。场所运营单位接到求助后，应当立即启动安全警报系统，组织人员进行搜寻并向公安机关报告。

公共场所发生突发事件时，应当优先救护未成年人。

第五十七条　旅馆、宾馆、酒店等住宿经营者接待未成年人入住，或者接待未成年人和成年人共同入住时，应当询问父母或者其他监护人的联系方式、入住人员的身份关系等有关情况；发现有违法犯罪嫌疑的，应当立即向公安机关报告，并及时联系未成年人的父母或者其他监护人。

第五十八条　学校、幼儿园周边不得设置营业性娱乐场所、酒吧、互联网上网服务营业场所等不适宜未成年人活动的场所。营业性歌舞娱乐场所、酒吧、互联网上网服务营业场所等不适宜未成年人活动场所的经营者，不得允许未成年人进入；游艺娱乐场所设置的电子游戏设备，除国家法定节假日外，不得向未成年人提供。经营者应当在显著位置设置未成年人禁入、限入标志；对难以判明是否是未成年人的，应当要求其出示身份证件。

第五十九条　学校、幼儿园周边不得设置烟、酒、彩票销售网点。禁止向未成年人销售烟、酒、彩票或者兑付彩票奖金。烟、酒和彩票经营者应当在显著位置设置不向未成年人销售烟、酒或者彩票的标志；对难以判明是否是未成年人的，应当要求其出示身份证件。

任何人不得在学校、幼儿园和其他未成年人集中活动的公共场所吸烟、饮酒。

第六十条　禁止向未成年人提供、销售管制刀具或者其他可能致人严重伤害的器具等物品。经营者难以判明购买者是否是未成年人的，应当要求其出示身份证件。

第六十一条　任何组织或者个人不得招用未满十六周岁未成年人，国家另有规定的除外。

营业性娱乐场所、酒吧、互联网上网服务营业场所等不适宜未成年人活动的场所不得招用已满十六周岁的未成年人。

招用已满十六周岁未成年人的单位和个人应当执行国家在工种、劳动时间、劳动强度和保护措施等方面的规定，不得安排其从事过重、有毒、有害等危害未成年人身心健康的劳动或者危险作业。

任何组织或者个人不得组织未成年人进行危害其身心健康的表演等活动。经未成年人的父母或者其他监护人同意，未成年人参与演出、节目制作等活动，活动组织方应当根据国家有关规定，保障未成年人合法权益。

第六十二条　密切接触未成年人的单位招聘工作人员时，应当向公安机关、人民检察院查询应聘者是否具有性侵害、虐待、拐卖、暴力伤害等违法犯罪记录；发现其具有前述行为记录的，不得录用。

密切接触未成年人的单位应当每年定期对工作人员是否具有上述违法犯罪记录进行查询。通过查询或者其他方式发现其工作人员具有上述行为的，应当及时解聘。

第六十三条　任何组织或者个人不得隐匿、毁弃、非法删除未成年人的信件、日记、电子邮件或者其他网络通讯内容。

除下列情形外，任何组织或者个人不得开拆、查阅未成年人的信件、日记、电子邮件或者其他网络通讯内容：

（一）无民事行为能力未成年人的父母或者其他监护人代未成年人开拆、查阅；

（二）因国家安全或者追查刑事犯罪依法进行检查；

（三）紧急情况下为了保护未成年人本人的人身安全。

第五章　网络保护

第六十四条　国家、社会、学校和家庭应当加强未成年人网络素养宣传教育，培养和提高未成年人的网络素养，增强未成年人科学、文明、安全、合理使用网络的意识和能力，保障未成年人在网络空间的合法权益。

第六十五条　国家鼓励和支持有利于未成年人健康成长的网络内容的创作与传播，鼓励和支持专门以未成年人为服务对象、适合未成年人身心健康特点的网络技术、产品、服务的研发、生产和使用。

第六十六条　网信部门及其他有关部门应当加强对未成年人网络保护工作的监督检查，依法惩处利用网络从事危害未成年人身心健康的活动，为未成年人提供安全、健康的网络环境。

第六十七条　网信部门会同公安、文化和旅游、新闻出版、电影、广播电视等部门根据保护不同年龄阶段未成年人的需要，确定可能影响未成年人身心健康网络信息的种类、范围和判断标准。

第六十八条　新闻出版、教育、卫生健康、文化和旅游、网信等部门应当定期开展预防未成年人沉迷网络的宣传教育，监督网络产品和服务提供者履行预防未成年人沉迷网络的义务，指导家庭、学校、社会组织互相配合，采取科学、合理的方式对未成年人沉迷网络进行预防和干预。

任何组织或者个人不得以侵害未成年人身心健康的方式对未成年人沉迷网络进行干预。

第六十九条　学校、社区、图书馆、文化馆、青少年宫等场所为未成年人提供的互联网上网服务设施，应当安装未成年人网络保护软件或者采取其他安全保护技术措施。

智能终端产品的制造者、销售者应当在产品上安装未成年人网络保护软件，或者以显著方式告知用户未成年人网络保护软件的安装渠道和方法。

第七十条　学校应当合理使用网络开展教学活动。未经学校允许，未成年学生不得将手机等智能终端产品带入课堂，带入学校的应当统一管理。

学校发现未成年学生沉迷网络的，应当及时告知其父母或者其他监护人，共同对未成年学生进行教育和引导，帮助其恢复正常的学习生活。

第七十一条　未成年人的父母或者其他监护人应当提高网络素养，规范自身使用网络的行为，加强对未成年人使用网络行为的引导和监督。

未成年人的父母或者其他监护人应当通过在智能终端产品上安装未成年人网络保护软件、选择适合未成年人的服务模式和管理功能等方式，避免未成年人接触危害或者可能影响其身心健康的网络信息，合理安排未成年人使用网络的时间，有效预防未成年人沉迷网络。

第七十二条　信息处理者通过网络处理未成年人个人信息的，应当遵循合法、正当和必要的原则。处理不满十四周岁未成年人个人信息的，应当征得未成年人的父母或者其他监护人同意，但法律、行政法规另有规定的除外。

未成年人、父母或者其他监护人要求信息处理者更正、删除未成年人个人信息的，信息处理者应当及时采取措施予以更正、删除，但法律、行政法规另有规定的除外。

第七十三条　网络服务提供者发现未成年人通过网络发布私密信息的，应当及时提示，并采取必要的保护措施。

第七十四条　网络产品和服务提供者不得向未成年人提供诱导其沉迷的产品和服务。

网络游戏、网络直播、网络音视频、网络社交等网络服务提供者应当针对未成年人使用其服务设置相应的时间管理、权限管理、消费管理等功能。

以未成年人为服务对象的在线教育网络产品和服务，不得插入网络游戏链接，不得推送广告等与教学无关的信息。

第七十五条　网络游戏经依法审批后方可运营。

国家建立统一的未成年人网络游戏电子身份认证系统。网络游戏服务提供者应当要求未成年人以真实身份信息注册并登录网络游戏。

网络游戏服务提供者应当按照国家有关规定和标准，对游戏产品进行分类，作出适龄提示，并采取技术措施，不得让未成年人接触不适宜的游戏或者游戏功能。

网络游戏服务提供者不得在每日二十二时至次日八时向未成年人提供网络游戏服务。

第七十六条　网络直播服务提供者不得为未满十六周岁的未成年人提供网络直播发布者账号注册服务；为年满十六周岁的未成年人提供网络直播发布者账号注册服务时，应当对其身份信息进行认证，并征得其父母或者其他监护人同意。

第七十七条　任何组织或者个人不得通过网络以文字、图片、音视频等形式，对未成年人实施侮辱、诽谤、威胁或者恶意损害形象等网络欺凌行为。

遭受网络欺凌的未成年人及其父母或者其他监护人有权通知网络服务提供者采取删除、屏蔽、断开链接等措施。网络服务提供者接到通知后，应当及时采取必要的措施制止网络欺凌行为，防止信息扩散。

第七十八条　网络产品和服务提供者应当建立便捷、合理、有效的投诉和举报渠道，公开投诉、举报方式等信息，及时受理并处理涉及未成年人的投诉、举报。

第七十九条　任何组织或者个人发现网络产品、服务含有危害未成年人身心健康的信息，有权向网络产品和服务提供者或者网信、公安等部门投诉、举报。

第八十条　网络服务提供者发现用户发布、传播可能影响未成年人身心健康的信息且未作显著提示的，应当作出提示或者通知用户予以提示；未作出提示的，不得传输相关信息。

网络服务提供者发现用户发布、传播含有危害未成年人身心健康内容的信息的，应当立即停止传输相关信息，采取删除、屏蔽、断开链接等处置措施，保存有关记录，并向网信、公安等部门报告。

网络服务提供者发现用户利用其网络服务对未成年人实施违法犯罪行为的，应当立即停止向该用户提供网络服务，保存有关记录，并向公安机关报告。

第六章　政府保护

第八十一条　县级以上人民政府承担未成年人保护协调机制具体工作的职能部门应当明确相关内设机构或者专门人员，负责承担未成年人保护工作。

乡镇人民政府和街道办事处应当设立未成年人保护工作站或者指定专门人员，及时办理未成年人相关事务；支持、指导居民委员会、村民委员会设立专人专岗，做好未成年人保护工作。

第八十二条　各级人民政府应当将家庭教育指导服务纳入城乡公共服务体系，开展家庭教育知识宣传，鼓励和支持有关人民团体、企业事业单位、社会组织开展家庭教育指导服务。

第八十三条　各级人民政府应当保障未成年人受教育的权利，并采取措施保障留守未成年人、困境未成年人、残疾未成年人接受义务教育。

对尚未完成义务教育的辍学未成年学生，教育行政部门应当责令父母或者其他监护人将其送入学校接受义务教育。

第八十四条　各级人民政府应当发展托育、学前教育事业，办好婴幼儿照护服务机构、幼儿园，支持社会力量依法兴办母婴室、婴幼儿照护服务机构、幼儿园。

县级以上地方人民政府及其有关部门应当培养和培训婴幼儿照护服务机构、幼儿园的保教人员，提高其职业道德素质和业务能力。

第八十五条　各级人民政府应当发展职业教育，保障未成年人接受职业教育或者职业技能培训，鼓励和支持人民团体、企业事业单位、社会组织为未成年人提供职业技能培训服务。

第八十六条　各级人民政府应当保障具有接受普通教育能力、能适应校园生活的残疾未成年人就近在普通学校、幼儿园接受教育；保障不具有接受普通教育能力的残疾未成年人在特殊教育学校、幼儿园接受学前教育、义务教育和职业教育。

各级人民政府应当保障特殊教育学校、幼儿园的办学、办园条件，鼓励和支持社会力量举办特殊教育学校、幼儿园。

第八十七条　地方人民政府及其有关部门应当保障校园安全，监督、指导学校、幼儿园等单位落实校园安全责任，建立突发事件的报告、处置和协调机制。

第八十八条　公安机关和其他有关部门应当依法维护校园周边的治安和交通秩序，设置监控设备和交通安全设施，预防和制止侵害未成年人的违法犯罪行为。

第八十九条　地方人民政府应当建立和改善适合未成年人的活动场所和设施，支持公益性未成年人活动场所和设施的建设和运行，鼓励社会力量兴办适合未成年人的活动场所和设施，并加强管理。

地方人民政府应当采取措施，鼓励和支持学校在国家法定节假日、休息日及寒暑假期将文化体育设施对未成年人免费或者优惠开放。

地方人民政府应当采取措施，防止任何组织或者个人侵占、破坏学校、幼儿园、婴幼儿照护服务机构等未成年人活动场所的场地、房屋和设施。

第九十条　各级人民政府及其有关部门应当对未成年人进行卫生保健和营养指导，提供卫生保健服务。

卫生健康部门应当依法对未成年人的疫苗预防接种进行规范，防治未成年人常见病、多发病，加强传染病防治和监督管理，做好伤害预防和干预，指导和监督学校、幼儿园、婴幼儿照护服务机构开展卫生保健工作。

教育行政部门应当加强未成年人的心理健康教育，建立未成年人心理问题的早期发现和及时干预机制。卫生健康部门应当做好未成年人心理治疗、心理危机干预以及精神障碍早期识别和诊断治疗等工作。

第九十一条　各级人民政府及其有关部门对困境未成年人实施分类保障，采取措施满足其生活、教育、安全、医疗康复、住房等方面的基本需要。

第九十二条　具有下列情形之一的，民政部门应当依法对未成年人进行临时监护：

（一）未成年人流浪乞讨或者身份不明，暂时查找不到父母或者其他监护人；

（二）监护人下落不明且无其他人可以担任监护人；

（三）监护人因自身客观原因或者因发生自然灾害、事故灾难、公共卫生事件等突发事件不能履行监护职责，导致未成年人监护缺失；

（四）监护人拒绝或者怠于履行监护职责，导致未成年人处于无人照料的状态；

（五）监护人教唆、利用未成年人实施违法犯罪行为，未成年人需要被带离安置；

（六）未成年人遭受监护人严重伤害或者面临人身安全威胁，需要被紧急安置；

（七）法律规定的其他情形。

第九十三条　对临时监护的未成年人，民政部门可以采取委托亲属抚养、家庭寄养等方式进行安置，也可以交由未成年人救助保护机构或者儿童福利机构进行收留、抚养。

临时监护期间，经民政部门评估，监护人重新具备履行监护职责条件的，民政部门可以将未成年人送回监护人抚养。

第九十四条　具有下列情形之一的，民政部门应当依法对未成年人进行长期监护：

（一）查找不到未成年人的父母或者其他监护人；

（二）监护人死亡或者被宣告死亡且无其他人可以担任监护人；

（三）监护人丧失监护能力且无其他人可以担任监护人；

（四）人民法院判决撤销监护人资格并指定由民政部门担任监护人；

（五）法律规定的其他情形。

第九十五条　民政部门进行收养评估后，可以依法将其长期监护的未成年人交由符合条件的申请人收养。收养关系成立后，民政部门与未成年人的监护关系终止。

第九十六条　民政部门承担临时监护或者长期监护职责的，财政、教育、卫生健康、公安等部门应当根据各自职责予以配合。

县级以上人民政府及其民政部门应当根据需要设立未成年人救助保护机构、儿童福利机构，负责收留、抚养由民政部门监护的未成年人。

第九十七条　县级以上人民政府应当开通全国统一的未成年人保护热线，及时受理、转介侵犯未成年人合法权益的投诉、举报；鼓励和支持人民团体、企业事业单位、社会组织参与建设未成年人保护服务平台、服务热线、服务站点，提供未成年人保护方面的咨询、帮助。

第九十八条　国家建立性侵害、虐待、拐卖、暴力伤害等违法犯罪人员信息查询系统，向密切接触未成年人的单位提供免费查询服务。

第九十九条　地方人民政府应当培育、引导和规范有关社会组织、社会工作者参与未成年人保护工作，开展家庭教育指导服务，为未成年人的心理辅导、康复救助、监护及收养评估等提供专业服务。

第七章　司法保护

第一百条　公安机关、人民检察院、人民法院和司法行政部门应当依法履行职责，保障未成年人合法权益。

第一百零一条　公安机关、人民检察院、人民法院和司法行政部门应当确定专门机构或者指定专门人员，负责办理涉及未成年人案件。办理涉及未成年人案件的人员应当经过专门培训，熟悉未成年人身心特点。专门机构或者专门人员中，应当有女性工作人员。

公安机关、人民检察院、人民法院和司法行政部门应当对上述机构和人员实行与未成年人保护工作相适应的评价考核标准。

第一百零二条　公安机关、人民检察院、人民法院和司法行政部门办理涉及未成年人案件，应当考虑未成年人身心特点和健康成长的需要，使用未成年人能够理解的语言和表达方式，听取未成年人的意见。

第一百零三条　公安机关、人民检察院、人民法院、司法行政部门以及其他组织和个人不得披露有关案件中未成年人的姓名、影像、住所、就读学校以及其他可能识别出其身份的信息，但查找失踪、被拐卖未成年人等情形除外。

第一百零四条　对需要法律援助或者司法救助的未成年人，法律援助机构或者公安机关、人民检察院、人民法院和司法行政部门应当给予帮助，依法为其提供法律援助或者司法救助。

法律援助机构应当指派熟悉未成年人身心特点的律师为未成年人提供法律援助服务。

法律援助机构和律师协会应当对办理未成年人法律援助案件的律师进行指导和培训。

第一百零五条　人民检察院通过行使检察权，对涉及未成年人的诉讼活动等依法进行监督。

第一百零六条　未成年人合法权益受到侵犯，相关组织和个人未代为提起诉讼的，人民检察院可以督促、支持其提起诉讼；涉及公共利益的，人民检察院有权提起公益诉讼。

第一百零七条　人民法院审理继承案件，应当依法保护未成年人的继承权和受遗赠权。

人民法院审理离婚案件，涉及未成年子女抚养问题的，应当尊重已满八周岁未成年子女的真实意愿，根据双方具体情况，按照最有利于未成年子女的原则依法处理。

第一百零八条　未成年人的父母或者其他监护人不依法履行监护职责或者严重侵犯被监护的未成年人合法权益的，人民法院可以根据有关人员或者单位的申请，依法作出人身安全保护令或者撤销监护人资格。

被撤销监护人资格的父母或者其他监护人应当依法继续负担抚养费用。

第一百零九条　人民法院审理离婚、抚养、收养、监护、探望等案件涉及未成年人的，可以自行或者委托社会组织对未成年人的相关情况进行社会调查。

第一百一十条　公安机关、人民检察院、人民法院讯问未成年犯罪嫌疑人、被告人，询问未成年被害人、证人，应当依法通知其法定代理人或者其成年亲属、所在学校的代表等合适成年人到场，并采取适当方式，在适当场所进行，保障未成年人的名誉权、隐私权和其他合法权益。

人民法院开庭审理涉及未成年人案件，未成年被害人、证人一般不出庭作证；必须出庭的，应当采取保护其隐私的技术手段和心理干预等保护措施。

第一百一十一条　公安机关、人民检察院、人民法院应当与其他有关政府部门、人民团体、社会组织互相配合，对遭受性侵害或者暴力伤害的未成年被害人及其家庭实施必要的心理干预、经济救助、法律援助、转学安置等保护措施。

第一百一十二条　公安机关、人民检察院、人民法院办理未成年人遭受性侵害或者暴力伤害案件，在询问未成年被害人、证人时，应当采取同步录音录像等措施，尽量一次完成；未成年被害人、证人是女性的，应当由女性工作人员进行。

第一百一十三条　对违法犯罪的未成年人，实行教育、感化、挽救的方针，坚持教育为主、惩罚为辅的原则。

对违法犯罪的未成年人依法处罚后，在升学、就业等方面不得歧视。

第一百一十四条　公安机关、人民检察院、人民法院和司法行政部门发现有关单位未尽到未成年人教育、管理、救助、看护等保护职责的，应当向该单位提出建议。被建议单位应当在一个月内作出书面回复。

第一百一十五条　公安机关、人民检察院、人民法院和司法行政部门应当结合实际，根据涉及未成年人案件的特点，开展未成年人法治宣传教育工作。

第一百一十六条　国家鼓励和支持社会组织、社会工作者参与涉及未成年人案件中未成年人的心理干预、法律援助、社会调查、社会观护、教育矫治、社区矫正等工作。

第八章　法律责任

第一百一十七条　违反本法第十一条第二款规定，未履行报告义务造成严重后果的，由上级主管部门或者所在单位对直接负责的主管人员和其他直接责任人员依法给予处分。

第一百一十八条　未成年人的父母或者其他监护人不依法履行监护职责或者侵犯未成年人合法权益的，由其居住地的居民委员会、村民委员会予以劝诫、制止；情节严重的，居民委员会、村民委员会应当及时向公安机关报告。

公安机关接到报告或者公安机关、人民检察院、人民法院在办理案件过程中发现未成年人的父母或者其他监护人存在上述情形的，应当予以训诫，并可以责令其接受家庭教育指导。

第一百一十九条　学校、幼儿园、婴幼儿照护服务等机构及其教职员工违反本法第二十七条、第二十八条、第三十九条规定的，由公安、教育、卫生健康、市场监督管理等部门按照职责分工责令改正；拒不改正或者情节严重的，对直接负责的主管人员和其他直接责任人员依法给予处分。

第一百二十条　违反本法第四十四条、第四十五条、第四十七条规定，未给予未成年人免费或者优惠待遇的，由市场监督管理、文化和旅游、交通运输等部门按照职责分工责令限期改正，给予警告；拒不改正的，处一万元以上十万元以下罚款。

第一百二十一条　违反本法第五十条、第五十一条规定的，由新闻出版、广播电视、电影、网信等部门按照职责分工责令限期改正，给予警告，没收违法所得，可以并处十万元以下罚款；拒不改正或者情节严重的，责令暂停相关业务、停产停业或者吊销营业执照、吊销相关许可证，违法所得一百万元以上的，并处违法所得一倍以上十倍以下的罚款，没有违法所得或者违法所得不足一百万元的，并处十万元以上一百万元以下罚款。

第一百二十二条　场所运营单位违反本法第五十六条第二款规定、住宿经营者违反本法第五十七条规定的，由市场监督管理、应急管理、公安等部门按照职责分工责令限期改正，给予警告；拒不改正或者造成严重后果的，责令停业整顿或者吊销营业执照、吊销相关许可证，并处一万元以上十万元以下罚款。

第一百二十三条　相关经营者违反本法第五十八条、第五十九条第一款、第六十条规定的，由文化和旅游、市场监督管理、烟草专卖、公安等部门按照职责分工责令限期改正，给予警告，没收违法所得，可以并处五万元以下罚款；拒不改正或者情节严重的，责令停业整顿或者吊销营业执照、吊销相关许可证，可以并处五万元以上五十万元以下罚款。

第一百二十四条　违反本法第五十九条第二款规定，在学校、幼儿园和其他未成年人集中活动的公共场所吸烟、饮酒的，由卫生健康、教育、市场监督管理等部门按照职责分工责令改正，给予警告，可以并处五百元以下罚款；场所管理者未及时制止的，由卫生健康、教育、市场监督管理等部门按照职责分工给予警告，并处一万元以下罚款。

第一百二十五条　违反本法第六十一条规定的，由文化和旅游、人力资源和社会保障、市场监督管理等部门按照职责分工责令限期改正，给予警告，没收违法所得，可以并处十万元以下罚款；拒不改正或者情节严重的，责令停产停业或者吊销营业执照、吊销相关许可证，并处十万元以上一百万元以下罚款。

第一百二十六条　密切接触未成年人的单位违反本法第六十二条规定，未履行查询义务，或者招用、继续聘用具有相关违法犯罪记录人员的，由教育、人力资源和社会保障、市场监督管理等部门按照职责分工责令限期改正，给予警告，并处五万元以下罚款；拒不改正或者造成严重后果的，责令停业整顿或者吊销营业执照、吊销相关许可证，并处五万元以上五十万元以下罚款，对直接负责的主管人员和其他直接责任人员依法给予处分。

第一百二十七条　信息处理者违反本法第七十二条规定，或者网络产品和服务提供者违反本法第七十三条、第七十四条、第七十五条、第七十六条、第七十七条、第八十条规定的，由公安、网信、电信、新闻出版、广播电视、文化和旅游等有关部门按照职责分工责令改正，给予警告，没收违法所得，违法所得一百万元以上的，并处违法所得一倍以上十倍以下罚款，没有违法所得或者违法所得不足一百万元的，并处十万元以上一百万元以下罚款，对直接负责的主管人员和其他责任人员处一万元以上十万元以下罚款；拒不改正或者情节严重的，并可以责令暂停相关业务、停业整顿、关闭网站、吊销营业执照或者吊销相关许可证。

第一百二十八条　国家机关工作人员玩忽职守、滥用职权、徇私舞弊，损害未成年人合法权益的，依法给予处分。

第一百二十九条 违反本法规定，侵犯未成年人合法权益，造成人身、财产或者其他损害的，依法承担民事责任。

违反本法规定，构成违反治安管理行为的，依法给予治安管理处罚；构成犯罪的，依法追究刑事责任。

第九章 附则

第一百三十条 本法中下列用语的含义：

（一）密切接触未成年人的单位，是指学校、幼儿园等教育机构；校外培训机构；未成年人救助保护机构、儿童福利机构等未成年人安置、救助机构；婴幼儿照护服务机构、早期教育服务机构；校外托管、临时看护机构；家政服务机构；为未成年人提供医疗服务的医疗机构；其他对未成年人负有教育、培训、监护、救助、看护、医疗等职责的企业事业单位、社会组织等。

（二）学校，是指普通中小学、特殊教育学校、中等职业学校、专门学校。

（三）学生欺凌，是指发生在学生之间，一方蓄意或者恶意通过肢体、语言及网络等手段实施欺压、侮辱，造成另一方人身伤害、财产损失或者精神损害的行为。

第一百三十一条 对中国境内未满十八周岁的外国人、无国籍人，依照本法有关规定予以保护。

第一百三十二条 本法自2021年6月1日起施行。

（新华社北京10月17日电）

中共中央印发法治社会建设实施纲要（二〇二〇—二〇二五年）*

新华社北京 12 月 7 日电　近日，中共中央印发了《法治社会建设实施纲要（2020—2025 年）》，并发出通知，要求各地区各部门结合实际认真贯彻落实。

《法治社会建设实施纲要（2020—2025 年）》全文如下。

法治社会是构筑法治国家的基础，法治社会建设是实现国家治理体系和治理能力现代化的重要组成部分。建设信仰法治、公平正义、保障权利、守法诚信、充满活力、和谐有序的社会主义法治社会，是增强人民群众获得感、幸福感、安全感的重要举措。党的十九大把法治社会基本建成确立为到 2035 年基本实现社会主义现代化的重要目标之一，意义重大，影响深远，任务艰巨。为加快推进法治社会建设，制定本纲要。

一　总体要求

（一）指导思想。高举中国特色社会主义伟大旗帜，坚持以马克思列宁主义、毛泽东思想、邓小平理论、“三个代表”重要思想、科学发展观、习近平新时代中国特色社会主义思想为指导，全面贯彻党的十九大和十九届二中、三中、四中、五中全会精神，全面贯彻习近平法治思想，增强“四个意识”、坚定“四个自信”、做到“两个维护”，坚定不移走中国特色社会主义法治道路，坚持法治国家、法治政府、法治社会一体建设，培育和践行社会主义核心价值观，弘扬社会主义法治精神，建设社会主义法治文化，增强全社会厉行法治的积极性和主动性，推动全社会尊法学法守法用法，健全社会公平正义法治保障制度，保障人民权利，提高社会治理法治化水平，为全面建设社会主义现代化国家、实现中华民族伟大复兴的中国梦筑牢坚实法治基础。

（二）主要原则。坚持党的集中统一领导；坚持以中国特色社会主义法治理论为

---

* 载《人民日报》2020 年 12 月 8 日，第 1 版。

指导；坚持以人民为中心；坚持尊重和维护宪法法律权威；坚持法律面前人人平等；坚持权利与义务相统一；坚持法治、德治、自治相结合；坚持社会治理共建共治共享。

（三）总体目标。到2025年，“八五”普法规划实施完成，法治观念深入人心，社会领域制度规范更加健全，社会主义核心价值观要求融入法治建设和社会治理成效显著，公民、法人和其他组织合法权益得到切实保障，社会治理法治化水平显著提高，形成符合国情、体现时代特征、人民群众满意的法治社会建设生动局面，为2035年基本建成法治社会奠定坚实基础。

二 推动全社会增强法治观念

全民守法是法治社会的基础工程。树立宪法法律至上、法律面前人人平等的法治理念，培育全社会法治信仰，增强法治宣传教育针对性和实效性，引导全体人民做社会主义法治的忠实崇尚者、自觉遵守者、坚定捍卫者，使法治成为社会共识和基本原则。

（四）维护宪法权威。深入宣传宪法，弘扬宪法精神，增强宪法意识，推动形成尊崇宪法、学习宪法、遵守宪法、维护宪法、运用宪法的社会氛围。切实加强对国家工作人员特别是各级领导干部的宪法教育，组织推动国家工作人员原原本本学习宪法文本。全面落实宪法宣誓制度，国家工作人员就职时应当依照法律规定进行宪法宣誓。持续开展全国学生“学宪法讲宪法”活动。推动“12·4”国家宪法日和“宪法宣传周”集中宣传活动制度化，实现宪法宣传教育常态化。

（五）增强全民法治观念。深入学习宣传习近平法治思想，深入宣传以宪法为核心的中国特色社会主义法律体系，广泛宣传与经济社会发展和人民群众利益密切相关的法律法规，使人民群众自觉尊崇、信仰和遵守法律。广泛开展民法典普法工作，让民法典走到群众身边、走进群众心里。积极组织疫病防治、野生动物保护、公共卫生安全等方面法律法规和相关知识的宣传教育活动。引导全社会尊重司法裁判，维护司法权威。充分发挥领导干部带头尊法学法守法用法对全社会的示范带动作用，进一步落实国家工作人员学法用法制度，健全日常学法制度，强化法治培训，完善考核评估机制，不断增强国家工作人员特别是各级领导干部依法办事的意识和能力。加强青少年法治教育，全面落实《青少年法治教育大纲》，把法治教育纳入国民教育体系。加强对教师的法治教育培训，配齐配强法治课教师、法治辅导员队伍，完善法治副校长制度，健全青少年参与法治实践机制。引导企业树立合规意识，切实增强企业管理者和职工的法治观念。加强对社会热点案（事）件的法治解读评论，传播法治正能量。运用新媒体新技术普法，推进“智慧普法”平台建设。研究制定法治宣传教育法。

（六）健全普法责任制。坚持法治宣传教育与法治实践相结合。认真落实“谁执法谁普法”普法责任制，2020 年年底前基本实现国家机关普法责任制清单全覆盖，把案（事）件依法处理的过程变成普法公开课。完善法官、检察官、行政复议人员、行政执法人员、律师等以案释法制度，注重加强对诉讼参与人、行政相对人、利害关系人等的法律法规和政策宣讲。引导社会各方面广泛参与立法，把立法过程变为宣传法律法规的过程。创新运用多种形式，加强对新出台法律法规规章的解读。充分发挥法律服务队伍在普法宣传教育中的重要作用，为人民群众提供专业、精准、高效的法治宣传。健全媒体公益普法制度，引导报社、电台、电视台、网站、融媒体中心等媒体自觉履行普法责任。培育壮大普法志愿者队伍，形成人民群众广泛参与普法活动的实践格局。

（七）建设社会主义法治文化。弘扬社会主义法治精神，传播法治理念，恪守法治原则，注重对法治理念、法治思维的培育，充分发挥法治文化的引领、熏陶作用，形成守法光荣、违法可耻的社会氛围。丰富法治文化产品，培育法治文化精品，扩大法治文化的覆盖面和影响力。利用重大纪念日、传统节日等契机开展群众性法治文化活动，组织各地青年普法志愿者、法治文艺团体开展法治文化基层行活动，推动法治文化深入人心。大力加强法治文化阵地建设，有效促进法治文化与传统文化、红色文化、地方文化、行业文化、企业文化融合发展。2020 年年底前制定加强社会主义法治文化建设的意见。

三　健全社会领域制度规范

加快建立健全社会领域法律制度，完善多层次多领域社会规范，强化道德规范建设，深入推进诚信建设制度化，以良法促进社会建设、保障社会善治。

（八）完善社会重要领域立法。完善教育、劳动就业、收入分配、社会保障、医疗卫生、食品药品、安全生产、道路交通、扶贫、慈善、社会救助等领域和退役军人、妇女、未成年人、老年人、残疾人正当权益保护等方面的法律法规，不断保障和改善民生。完善疫情防控相关立法，全面加强公共卫生领域相关法律法规建设。健全社会组织、城乡社区、社会工作等方面的法律制度，进一步加强和创新社会治理。完善弘扬社会主义核心价值观的法律政策体系，加强见义勇为、尊崇英烈、志愿服务、孝老爱亲等方面立法。

（九）促进社会规范建设。充分发挥社会规范在协调社会关系、约束社会行为、维护社会秩序等方面的积极作用。加强居民公约、村规民约、行业规章、社会组织章程等社会规范建设，推动社会成员自我约束、自我管理、自我规范。深化行风建设，规范行业行为。加强对社会规范制订和实施情况的监督，制订自律性社会规范的示范文本，使社会规范制订和实施符合法治原则和精神。

（十）加强道德规范建设。坚持依法治国和以德治国相结合，把法律规范和道德规范结合起来，以道德滋养法治精神。倡导助人为乐、见义勇为、诚实守信、敬业奉献、孝老爱亲等美德善行，完善激励机制，褒奖善行义举，形成好人好报、德者有得的正向效应。推进社会公德、职业道德建设，深入开展家庭美德和个人品德教育，增强法治的道德底蕴。强化道德规范的教育、评价、监督等功能，努力形成良好的社会风尚和社会秩序。深入开展道德领域突出问题专项教育和治理，依法惩处公德失范的违法行为。大力倡导科学健康文明的生活方式，革除滥食野生动物陋习，增强公民公共卫生安全和疫病防治意识。依法规范捐赠、受赠行为。注重把符合社会主义核心价值观要求的基本道德规范转化为法律规范，用法律的权威来增强人们培育和践行社会主义核心价值观的自觉性。

（十一）推进社会诚信建设。加快推进社会信用体系建设，提高全社会诚信意识和信用水平。

完善企业社会责任法律制度，增强企业社会责任意识，促进企业诚实守信、合法经营。健全公民和组织守法信用记录，建立以公民身份证号码和组织机构代码为基础的统一社会信用代码制度。完善诚信建设长效机制，健全覆盖全社会的征信体系，建立完善失信惩戒制度。结合实际建立信用修复机制和异议制度，鼓励和引导失信主体主动纠正违法失信行为。加强行业协会商会诚信建设，完善诚信管理和诚信自律机制。完善全国信用信息共享平台和国家企业信用信息公示系统，进一步强化和规范信用信息归集共享。加强诚信理念宣传教育，组织诚信主题实践活动，为社会信用体系建设创造良好环境。推动出台信用方面的法律。

四　加强权利保护

切实保障公民基本权利，有效维护各类社会主体合法权益。坚持权利与义务相统一，社会主体要履行法定义务和承担社会责任。

（十二）健全公众参与重大公共决策机制。制定与人民生产生活和现实利益密切相关的经济社会政策和出台重大改革措施，要充分体现公平正义和社会责任，畅通公众参与重大公共决策的渠道，采取多种形式广泛听取群众意见，切实保障公民、法人和其他组织合法权益。没有法律和行政法规依据，不得设定减损公民、法人和其他组织权利或者增加其义务的规范。落实法律顾问、公职律师在重大公共决策中发挥积极作用的制度机制。健全企业、职工、行业协会商会等参与涉企法律法规及政策制定机制，依法平等保护企业、职工合法权益。

（十三）保障行政执法中当事人合法权益。规范执法行为，完善执法程序，改进执法方式，尊重和维护人民群众合法权益。建立人民群众监督评价机制，促进食品药品、公共卫生、生态环境、安全生产、劳动保障、野生动物保护等关系群众切身利益的重点领域执法力度和执法效果不断提高。建立健全产权保护统筹协调工作机制，持续加强政务诚信和营商环境建设，将产权保护列为专项治理、信用示范、城市创建、营商环境建设的重要内容。推进政府信息公开，涉及公民、法人或其他组织权利和义务的行政规范性文件、行政许可决定、行政处罚决定、行政强制决定、行政征收决定等，依法予以公开。

（十四）加强人权司法保障。加强对公民合法权益的司法保护。加大涉民生案件查办力度，通过具体案件办理，保障人民群众合法权益。探索建立消费者权益保护集体诉讼制度。完善律师制度。强化诉讼参与人诉讼权利制度保障。加强对非法取证行为的源头预防，严格执行非法证据排除规则，建立健全案件纠错机制，有效防范和纠正冤假错案。健全执行工作长效机制，依法保障胜诉当事人及时实现合法权益。加强检察机关对民事、行政、刑事诉讼活动的法律监督，维护司法公正。在司法调解、司法听证等司法活动中保障人民群众参与。落实人民陪审员制度，完善人民监督员制度。推动大数据、人工智能等科技创新成果同司法工作深度融合，完善“互联网＋诉讼”模式，加强诉讼服务设施建设，全面建设集约高效、多元解纷、便民利民、智慧精准、开放互动、交融共享的现代化诉讼服务体系。

（十五）为群众提供便捷高效的公共法律服务。到2022年，基本形成覆盖城乡、便捷高效、均等普惠的现代公共法律服务体系，保证人民群众获得及时有效的法律帮助。加强对欠发达地区专业法律服务人才和社会工作者、志愿者的政策扶持，大力推广运用远程网络等法律服务模式，促进城市优质法律服务资源向农村辐射，有效缓解法律服务专业力量不足问题。健全公民权利救济渠道和方式，完善法律援助制度和国家司法救助制度，制定出台法律援助法，保障困难群体、特殊群众的基本公共法律服务权益。加快律师、公证、仲裁、司法鉴定等行业改革发展，完善公共法律服务管理体制和工作机制，推进公共法律服务标准化、规范化、精准化，有效满足人民群众日益增长的高品质、多元化法律服务需求。健全村（居）法律顾问制度，充分发挥村（居）法律顾问作用。加强公共法律服务实体、热线、网络三大平台建设，推动公共法律服务与科技创新手段深度融合，尽快建成覆盖全业务、全时空的公共法律服务网络。

（十六）引导社会主体履行法定义务承担社会责任。公民、法人和其他组织享有宪法和法律规定的权利，同时必须履行宪法和法律规定的义务。强化规则意识，倡导契约精神，维护公序良俗，引导公民理性表达诉求，自觉履行法定义务、社会责任、家庭责任。引导和推动企业和其他组织履行法定义务、承担社会责任，促进社会健康有序运行。强化政策引领作用，为企业更好履行社会责任营造良好环境，推动企业与社会建立良好的互助互信关系。支持社会组织建立社会责任标准体系，引导社会资源向积极履行社会责任的社会组织倾斜。

五　推进社会治理法治化

全面提升社会治理法治化水平，依法维护社会秩序、解决社会问题、协调利益关系、推动社会事业发展，培育全社会办事依法、遇事找法、解决问题用法、化解矛盾靠法的法治环境，促进社会充满活力又和谐有序。

（十七）完善社会治理体制机制。完善党委领导、政府负责、民主协商、社会协同、公众参与、法治保障、科技支撑的社会治理体系，打造共建共治共享的社会治理格局。健全地方党委在本地区发挥总揽全局、协调各方领导作用的机制，完善政府社会治理考核问责机制。引领和推动社会力量参与社会治理，建设人人有责、人人尽责、人人享有的社会治理共同体，确保社会治理过程人民参与、成效人民评判、成果人民共享。加强社会治理制度建设，推进社会治理制度化、规范化、程序化。

（十八）推进多层次多领域依法治理。推进市域治理创新，依法加快市级层面实名登记、社会信用管理、产权保护等配套制度建设，开展市域社会治理现代化试点，使法治成为市域经济社会发展的核心竞争力。深化城乡社区依法治理，在党组织领导下实现政府治理和社会调节、居民自治良性互动。区县职能部门、乡镇政府（街道办事处）按照减负赋能原则，制定和落实在社区治理方面的权责清单。健全村级议事协商制度，鼓励农村开展村民说事、民情恳谈等活动。实施村级事务阳光工程，完善党务、村务、财务“三公开”制度，梳理村级事务公开清单，推广村级事务“阳光公开”监管平台。开展法治乡村创建活动。加强基层群众性自治组织规范化建设，修改城市居民委员会组织法和村民委员会组织法。全面推进基层单位依法治理，企业、学校等基层单位普遍完善业务和管理活动各项规章制度，建立运用法治方式解决问题的平台和机制。广泛开展行业依法治理，推进业务标准程序完善、合法合规审查到位、防范化解风险及时和法律监督有效的法治化治理方式。依法妥善处置涉及民族、宗教等因素的社会问题，促进民族关系、宗教关系和谐。

（十九）发挥人民团体和社会组织在法治社会建设中的作用。人民团体要在党的领导下，教育和组织团体成员和所联系群众依照宪法和法律的规定，通过各种途径和形式参与管理国家事务，管理经济文化事业，管理社会事务。促进社会组织健康有序发展，推进社会组织明确权责、依法自治、发挥作用。坚持党对社会组织的领导，加强社会组织党的建设，确保社会组织发展的正确政治方向。加大培育社会组织力度，重点培育、优先发展行业协会商会类、科技类、公益慈善类、城乡社区服务类社会组织。推动和支持志愿服务组织发展，开展志愿服务标准化建设。发挥行业协会商会自律功能，探索建立行业自律组织。发挥社区社会组织在创新基层社会治理中的积极作用。完善政府购买公共服务机制，促进社会组织在提供公共服务中发挥更大作用。

（二十）增强社会安全感。加快对社会安全体系的整体设计和战略规划，贯彻落实加快推进社会治理现代化开创平安中国建设新局面的意见。完善平安中国建设协调机制、责任分担机制，健全平安建设指标体系和考核标准。2020年年底前制定“互联网+公共安全”行动计划。推动扫黑除恶常态化，依法严厉打击和惩治暴力伤害医务人员、破坏野生动物资源、暴力恐怖、黄赌毒黑拐骗、高科技犯罪、网络犯罪等违法犯罪活动，遏制和预防严重犯罪行为的发生。强化突发事件应急体系建设，提升疫情防控、防灾减灾救灾能力。依法强化危害食品药品安全、影响生产安全、破坏交通安全等重点问题治理。健全社会心理服务体系和疏导机制、危机干预机制，建立健全基层社会心理服务工作站，发展心理工作者、社会工作者等社会心理服务人才队伍，加强对贫困人口、精神障碍患者、留守儿童、妇女、老年人等的人文关怀、精神慰藉和心理健康服务。健全执法司法机关与社会心理服务机构的工作衔接，加强对执法司法所涉人群的心理疏导。推进“青少年维权岗”、“青少年零犯罪零受害社区（村）”创建，强化预防青少年犯罪工作的基层基础。

（二十一）依法有效化解社会矛盾纠纷。坚持和发展新时代“枫桥经验”，畅通和规范群众诉求表达、利益协调、权益保障通道，加强矛盾排查和风险研判，完善社会矛盾纠纷多元预防调处化解综合机制，努力将矛盾纠纷化解在基层。全面落实诉讼与信访分离制度，深入推进依法分类处理信访诉求。充分发挥人民调解的第一道防线作用，完善人民调解、行政调解、司法调解联动工作体系。充分发挥律师在调解中的作用，建立健全律师调解经费保障机制。县（市、区、旗）探索在矛盾纠纷多发领域建立“一站式”纠纷解决机制。加强农村土地承包经营纠纷调解仲裁、劳动人事争议调解仲裁工作。加强行政复议、行政调解、行政裁决工作，发挥行政机关化解纠纷的“分流阀”作用。推动仲裁委员会积极参与基层社会纠纷解决，支持仲裁融入基层社会治理。

六　依法治理网络空间

网络空间不是法外之地。推动社会治理从现实社会向网络空间覆盖，建立健全网络综合治理体系，加强依法管网、依法办网、依法上网，全面推进网络空间法治化，营造清朗的网络空间。

（二十二）完善网络法律制度。通过立改废释并举等方式，推动现有法律法规延伸适用到网络空间。完善网络信息服务方面的法律法规，修订互联网信息服务管理办法，研究制定互联网信息服务严重失信主体信用信息管理办法，制定完善对网络直播、自媒体、知识社区问答等新媒体业态和算法推荐、深度伪造等新技术应用的规范管理办法。完善网络安全法配套规定和标准体系，建立健全关键信息基础设施安全保护、数据安全管理和网络安全审查等网络安全管理制度，加强对大数据、云计算和人工智能等新技术研发应用的规范引导。研究制定个人信息保护法。健全互联网技术、商业模式、大数据等创新成果的知识产权保护方面的法律法规。修订预防未成年人犯罪法，制定未成年人网络保护条例。完善跨境电商制度，规范跨境电子商务经营者行为。积极参与数字经济、电子商务、信息技术、网络安全等领域国际规则和标准制定。

（二十三）培育良好的网络法治意识。坚持依法治网和以德润网相结合，弘扬时代主旋律和社会正能量。加强和创新互联网内容建设，实施社会主义核心价值观、中华文化新媒体传播等工程。提升网络媒介素养，推动互联网信息服务领域严重失信“黑名单”制度和惩戒机制，推动网络诚信制度化建设。坚决依法打击谣言、淫秽、暴力、迷信、邪教等有害信息在网络空间传播蔓延，建立健全互联网违法和不良信息举报一体化受理处置体系。加强全社会网络法治和网络素养教育，制定网络素养教育指南。加强青少年网络安全教育，引导青少年理性上网。深入实施中国好网民工程和网络公益工程，引导网民文明上网、理性表达，营造风清气正的网络环境。

（二十四）保障公民依法安全用网。牢固树立正确的网络安全观，依法防范网络安全风险。落实网络安全责任制，明确管理部门和网信企业的网络安全责任。建立完善统一高效的网络安全风险报告机制、研判处置机制，健全网络安全检查制度。加强对网络空间通信秘密、商业秘密、个人隐私以及名誉权、财产权等合法权益的保护。严格规范收集使用用户身份、通信内容等个人信息行为，加大对非法获取、泄露、出售、提供公民个人信息的违法犯罪行为的惩处力度。督促网信企业落实主体责任，履行法律规定的安全管理责任。健全网络与信息突发安全事件应急机制，完善网络安全和信息化执法联动机制。加强网络违法犯罪监控和查处能力建设，依法查处网络金融犯罪、网络诽谤、网络诈骗、网络色情、攻击窃密等违法犯罪行为。建立健全信息共享机制，积极参与国际打击互联网违法犯罪活动。

七　加强组织保障

坚持党对法治社会建设的集中统一领导，凝聚全社会力量，扎实有序推进法治社会建设。

（二十五）强化组织领导。党的领导是全面推进依法治国、加快建设社会主义法治国家最根本的保证。地方各级党委要落实推进本地区法治社会建设的领导责任，推动解决法治社会建设过程中的重点难点问题。地方各级政府要在党委统一领导下，将法治社会建设摆在重要位置，纳入经济社会发展总体规划，落实好法治社会建设各项任务。充分发挥基层党组织在法治社会建设中的战斗堡垒作用。

（二十六）加强统筹协调。坚持法治社会与法治国家、法治政府建设相协调，坚持法治社会建设与新时代经济社会发展、人民日益增长的美好生活需要相适应。地方各级党委法治建设议事协调机构要加强对本地区法治社会建设统筹谋划，形成上下协调、部门联动的工作机制。充分调动全社会各方力量采取多种形式参与法治社会建设，进一步发挥公民、企事业单位、人民团体、社会组织等在推进法治社会建设中的积极作用，形成法治社会建设最大合力。

（二十七）健全责任落实和考核评价机制。建立健全对法治社会建设的督促落实机制，确保党中央关于法治社会建设各项决策部署落到实处。充分发挥考核评价对法治社会建设的重要推动作用，制定法治社会建设评价指标体系。健全群众满意度测评制度，将群众满意度作为检验法治社会建设工作成效的重要指标。

（二十八）加强理论研究和舆论引导。加强中国特色社会主义法治理论与实践研究，为法治社会建设提供学理支撑和智力支持。充分发挥高等学校、科研院所等智库作用，大力打造法治社会建设理论研究基地。加强舆论引导，充分发挥先进典型的示范带动作用，凝聚社会共识，营造全民关心、支持和参与法治社会建设的良好氛围。适时发布法治社会建设白皮书。

各地区各部门要全面贯彻本纲要精神和要求，结合实际制定落实举措。中央依法治国办要抓好督促落实，确保纲要各项任务措施落到实处。

特　稿

《民法典》的四大伦理精神*

曹　刚

社会是一个利益共同体，也是一个伦理共同体。伦理精神是一个社会成员的价值认同系统，它引导社会成员形成价值共识，指引行动方向，促进社会团结。但伦理精神是看不见、摸不着、经验不到的超验存在。那么，如何把握一个社会的伦理精神及其走向呢？按照涂尔干的说法，观察道德现象的最好办法就是“撇开那些观察所不及的内在事实”，考察它的“外在事实”，而法律就是这样一种带有强制力的外在“社会事实”，一种能够表征社会团结的“可感的形式”和“看得见的符号”①。如果说，伦理精神是社会的灵魂，那么，法律制度可视为社会的“身体”，由表及里，就可以触及这个社会的“灵魂”，即伦理精神。《中华人民共和国民法典》（以下简称《民法典》）是新中国第一部以“法典”命名的法律，被誉为“社会生活的百科全书”，通过民法典，我们可以透视当代中国社会的伦理精神。

一　《民法典》之底线伦理

民法给人的感觉，主要就是财产法，但翻开《民法典》，首先看到的是“人”而不是“财产”，民法典的主旋律便是人文关怀。第一，《中华人民共和国民法通则》对于民法调整对象的规定是财产关系和人身关系，财产关系在人身关系之前，价值重心在“物”，《民法典》总则把这个顺序调过来了，把民法的调整对象规定为人身关系和财产关系，人身关系放在了财产关系之前，体现了贵人轻物的价值取向。第二，人格权独立成编在体系上改变了传统大陆法系“重物轻人”的结构，在价值上确认了人格权在诸种权利中的重要地位，在实践上回应了社会发展尤其是科学技术发展所带来的对人格利益的保护问题，从根本上满足了人们日益增长的美好生活需要。第三，在人格权编中，人格尊严的保护问题是最为基本的、重要的、迫切的问题，把对

---

* 该文章原载《道德与文明》2020年第6期。

① ［法］埃米尔·涂尔干：《社会分工论》，渠东译，上海三联书店2000年版，第27页。

自然人隐私权和个人信息的保护作为人格权的重要内容。总之，《民法典》回归了“人法”本位，将因此成为21世纪民法典的代表之作。①

回归“人法”本位的民法典确认和维护了人格尊严作为社会的道德底线。应该说，每个社会个体都可以向社会和国家提出必须无条件予以满足的要求，即社会和国家要把人当人看，不能仅仅当作工具来使用。这个要求是最根本的也是不可取消的，因为人格尊严具有压倒一切的道德分量。社会和国家不能拒绝，只能满足并加以保护。这种满足和保护，通过宪法，以基本权利的方式落实下来，通过民法典，以人格权利的方式确认下来。正是在这个意义上，我们说，民法典是人民权利的宣言书。

人格尊严何以成为民法典所确认的社会生活的道德底线？这取决于对人格尊严的定义与价值定位。尊严的内涵很丰富，也很模糊，但民法典上的尊严内涵与价值是确定的。

第一，只有自然人才是尊严的主体。所谓自然人，是指具有人类生命基因的有生命的个体。也就是说，自然人的确立只需要具备两个条件：一是必须是一个由人类基因组所表达的生命形式，二是必须是一个活着的个体。“自然人”的定义界定了尊严主体的范围，既避免了对尊严主体定义过宽之弊，譬如某些非人类中心主义者，主张非人类存在的生命也有尊严，这就把生命尊严的主体宽泛化了；又避免了对尊严主体定义过窄之弊，譬如恩格尔哈特就把“人”与“人类”做了区分，认为不是所有的人类都是人，只有那些有理性的、有自我意识的、有责任能力的人类才是人，只有这种“人”才是尊严的主体。如此一来，那些脑瘫患者、老年痴呆症患者、婴儿、植物人等，只能被同情，不必被尊重，因为他们不是尊严的主体②。总之，如果我们确定尊严的主体是自然人，那么，尊严主体的范围既不会泛化到非人类的生命存在，也不会窄化到只有部分的人群享有，从而更符合人们的道德直觉。

第二，自然人的尊严由人“类”的尊严和个体的尊严两个层次构成。（1）所谓“类”的尊严，是人之为人应有的、有别于动物等其他生命形式的形象和存在方式。荀子有言：“水火有气而无生，草本有生而无知，禽兽有知而无义，人有气、有生、有知，亦且有义，故最为天下贵也。”（《荀子·王制》）这个“贵”就是人类尊严的价值源头，它来自自然进化和劳动实践的共同结晶。按德沃金的说法，其是内在价值源于自然或人的投入③。通俗说来，自然人是凝结了自然进化和人类创造的成果结晶，仿佛是鬼斧神工和人类劳动共同锻造的艺术品，其珍贵程度无可比拟，值得我们肯定和珍惜。努斯鲍姆谈到婴儿是否具有尊严的问题时就指出，“任何出生于人类物种的幼儿都应该具有与该物种相关的尊严，而无论它看上去是否具有与该物种相关的

① 王利明：《提请本次会议审议的民法典草案最大的亮点是什么?》，《羊城晚报》2020年5月19日。

② 参见［美］恩格尔哈特《生命伦理学基础》，范瑞平译，湖南科学技术出版社1996年版，第144、147页；胡玉鸿《“人的尊严”的法理疏释》，《法学评论》2007年第6期。

③ 刘时工：《价值类型和生命的意义》，《道德与文明》2015年第2期。

‘基本可行能力’”[①]。(2) 所谓个体的尊严，是指每个人都是自己人生传记的作者，这个地位是不可取代的，否则人生就不是自己的人生了；这个地位也是不可动摇的，否则人生的意义就会落入虚妄。詹姆斯·雷切尔斯（James Rachels）认为“生命”有两种存在形态：一是生物生命，这是所有有生命的存在都具有的；二是传记生命（biography），这是人所独有的。人是可能性的存在，他是通过自主的选择使类本质走向定在的；人是历史的存在，他通过人生的规划把人生历程的不同阶段和人生的方方面面整合为一个整体的人生，从而谋篇布局而写就人生的篇章；人是一个现实的活动主体，从而以动态的形式将人的精神和肉体、主观和客观、否定和肯定、无限和有限、理想和现实等诸多包含在人身上的矛盾具体地、历史地统一了起来。总之，每个人都是自己人生传记的唯一作者，只有这样才能成为掌握自己命运的主人，才能超越身体的所与性和偶然性，通过支配身体、财富和精神，彰显出人的自由本质。在这个意义上，个体的尊严是指本人就是传记人生的作者的地位是不可替代和不可动摇的，对这个地位的尊重，是个体尊严的价值来源。总之，人“类”的尊严是最基本的，而自主尊严是人“类”尊严实现的主体条件，这两个方面的尊严都具体统一到“自然人”这个基本点上。

第三，尊严的价值具有内在性、绝对性和普遍性三个特征。(1) 尊严的价值是内在的。舍勒就把人格作为一切价值的起点。“原初唯一可以称为‘善’与‘恶’的东西，即在所有个别行为之前并独立于这些行为而承载着质料价值的东西，乃是‘人格’、人格本身的存在。”[②] 人格本身的存在就是人作为人的存在。人的存在自有其价值，如果人的存在本身没有价值，那么人的存在便不能成为衡量其他价值的尺度，这就像自身没有长度的东西不能衡量其他物体的长度一样[③]。只有具有内在价值的东西才能成为其他价值的根据，只有具有内在价值的东西也才能成为衡量其他事物的价值的标准。(2) 尊严的价值具有绝对性。康德说：“在目的王国中，一切东西要么有一种价格，要么有一种尊严。有一种价格的东西，某种别的东西可以作为等价物取而代之；与此相反，超越一切价格、从而不容有等价物的东西，则具有一种尊严。”[④] 绝对性意味着具有压倒一切的约束力。具有内在价值的东西有很多，但不一定都具有绝对性，譬如，生命、财产、荣誉等都是可以剥夺的，但尊严却是绝对不能被剥夺的。尊严的绝对性意味着不可限制、不可替代、不可交换。(3) 普遍性。自然人尊严的两层内涵决定了，人的尊严不是少数人的尊严或统治者的尊严，它将尊严的荣光落实于每一个具体的个体身上。无论在性别、民族、种族、宗教信仰、教育程

① Nussbaum, Martha, C., Frontiers of Justice, Cambridge: Harvard University Press, 2006, p. 347.

② ［德］马克斯·舍勒：《伦理学中的形式主义与质料的价值伦理学》，倪梁康译，生活·读书·新知三联书店2004年版，第31页。

③ 兰久富：《重思价值的本质——人的存在是价值的根源》，《哲学动态》2012年第2期。

④ ［德］康德：《道德形而上学奠基》，李秋零译注，中国人民大学出版社2013年版，第56页。

度等方面有何差异，只要是人类大家庭中的一员，即可以以其人的资格而拥有这样一种地位。可见，在现代文明社会里，如果要确立一个确定无疑的价值支点，那就是自然人的尊严。正如德沃金在《民主是可能的吗？——新型政治辩论的诸原则》一书中所宣称的那样，人性尊严是法律、政治与道德论述的“共同立基”。

如果上述分析是合理的，那么，《民法典》通过人格权编独立成编的结构设计和诸多人格权的确认，无异于划定了社会生活的“人格尊严”的道德底线。

二 《民法典》之市场伦理

《民法典》是市场经济的基本法。市场经济是指通过市场配置社会资源的经济形式，是最具效率和活力的资源配置机制。这种机制是如何形成的呢？对此大致有两种不同的看法，一是所谓的自发说，一是所谓的嵌入说。自发说认为，这一机制是自发形成的，是一种超历史的自然之物；嵌入说则认为，市场经济嵌入在一个社会的政治、文化和社会之中，是国家在特定历史条件下有意识地建构起来的机制。两种学说，各执一端，难免片面。我们以为，市场经济有其自身的生长土壤和运行规律，具有历史的自发性；同时，市场经济又嵌入在具体的共同体的文化传统和社会制度之中，有着特定的文化价值取向，并且还可以作为一种有效的资源配置手段，服务于不同的社会理想。在这个意义上，市场经济又是建构的。由此，所谓的中国特色社会主义市场经济，既意味着一种区别于计划经济的市场经济形态，又意味着选择建构的“一种特定的市场模式”。

《民法典》是市场经济的根本大法，既要适应和体现市场经济的内在道德，又要适应和体现市场经济所嵌入其中的社会道德。所谓市场经济的内在道德，是指市场交易之所以成为交易的内在道德规定性。没有这种规定性，市场交易就不成其为市场交易，或者市场的主要功能就无法实现。所谓外在道德，是指市场经济所嵌入其中的社会道德，这是具体形态的市场社会的道德要求，违背了这种要求，市场交易虽然还是交易，但不是一个好的交易，譬如性交易、毒品交易、武器交易等。《民法典》作为市场经济的基本法，既体现了市场经济的内在道德，又体现了中国特色社会主义的道德风貌。

《民法典》总则编第七条规定了诚信原则，即民事主体从事民事活动，应当遵循诚信原则，秉持诚实，恪守承诺；第八条规定了守法与公序良俗原则，即民事主体从事民事活动，不得违反法律，不得违背公序良俗。其中诚信原则是市场经济的内在道德要求，公序良俗原则是市场经济的外在道德要求。

第一，诚信原则是市场的内在道德。市场不同于简单商品生产条件下孤立的、个别的、偶然的交换，它是一个劳动分工和交换的体系。市场经济的商品交换是通过货币和契约的中间环节进行的，否则就不可能形成有规模的市场经济，而市场交换由于存在着时间和空间上的某种分离，蕴含了极大的交易风险，要想有效地降低和避免这种交易风险，契约无疑成了人们最理想的选择。可见，市场离不开两种东西，一是货币，一是契约。没有货币和契约的中介，一个跨时空的交易就是不可能的，而货币和契约的本质是一种信用机制。正是在这个意义上，我们说，没有诚信原则，就没有交易，就没有市场。就像是没有“象走田马走日”的规则，就没有象棋这样一种游戏一样。诚信原则是市场经济的构成性规则，是任何市场经济，无论是资本主义市场还是社会主义市场，无论是何种文化背景下的市场经济，都必须具备的。

第二，公序良俗是市场的外在道德。（1）任何交易都是具体的人在特定时空所发生的具体关系。除了要遵守诚实守信的内在道德之外，这个交易活动还要遵守交易主体所在共同体的文化传统和公共秩序。其载体就是习俗。如果说，内在道德是普遍的，那么外在道德就是具体地内在于共同体的文化传统和社会制度。（2）如果说诚实守信与公序良俗是交易伦理的内在与外在的关系，那么公序与良俗就是目的与规范的关系。公序其实就是人类社会生活的基本秩序，包括政治、经济、文化等领域的公共秩序，如果加以抽象，所谓的公序，无外乎团结共生的关系、合作共赢的关系和互助共享的关系。这种共生、共赢和共享的关系是任何个体生存和发展的前提和基础，但其自身却不能得到自发的维护和实现，所以人们才组织起来，共同维护和发展这种合作关系，这才有了共同体，才有了各种各样的规范，譬如习俗、道德和法律等，因为这些规范有维护“公序”的共同目的，才有了不同社会规范之间的协调和转化。良俗也因此可以沉淀为道德，转化为法律。（3）风俗与善良的形与神的关系。风俗是指长期相沿积久而成的风尚、习俗。风俗的种类及其表现形式繁复多样、良莠不齐，良俗就是从这些良莠不齐的风俗中，依据社会的道德要求检选而出的。检选风俗之良莠的标准，可以是国家提出和推行的主流意识形态，譬如社会主义核心价值观；也可以是社会知识精英所提炼和概括出来的具有系统化、逻辑化、体系化的道德规范体系；还可以是人们在日常的生产生活经验中自发形成的道德常识，包括为人处世的基本道理，众所周知的人情世故、常情常理等。

第三，民法法典化的价值取向，就是编纂一部适应中国特色社会主义发展要求，有助于凝结价值共识，符合我国国情和实际的民法典。法国前总统希拉克在纪念《法国民法典》二百周年诞辰时说过：“民法典，它首先是一些价值：法国社会围绕这些价值而建立起来；在这些基本价值中，法国社会继续寻求其平衡及其凝聚力。”① 道理是相通的。翻开《民法典》，我们也能看到社会主义市场经济所需要的道德共识。这主要体现在《民法典》的立法目的上，即为了保护民事主体的合法权益，调

① Discours de M. Jacques sur le code civil，la modernisation du droit civil，notamment le droit des obligations，l'effort de cofification et de simplification des droits et communautaires et le rayonnement du droit à I étranger，in Les Annonces de la Seine，le I I mars 2004. 转引自石佳友《民法典的“政治性使命”》，《山东法官培训学院学报》2018年第1期。

整民事关系，维护社会和经济秩序，适应中国特色社会主义发展要求，弘扬社会主义核心价值观；同时也体现在公序良俗的入法上，《民法总则》第八条规定：“民事主体从事民事活动，不得违反法律，不得违背公序良俗。”《民法典》总则编第十条规定：“处理民事纠纷，应当依照法律规定；法律没有规定的，可以适用习惯，但是不得违背公序良俗。”《民法典》总则编第一百四十三条规定：“具备下列条件的民事法律行为有效：（一）行为人具有相应的民事行为能力；（二）意思表示真实；（三）不违反法律、行政法规的强制性规定，不违背公序良俗。”《民法典》总则编第一百五十三条规定：“违反法律、行政法规的强制性规定的民事法律行为无效，但是该强制性规定不导致该民事法律行为无效的除外。”“违背公序良俗的民事法律行为无效。”我们之所以强调公序良俗入法的意义，是因为它体现了民法典作为市场经济的基本法，实质上也内含了特定的社会主义价值取向和特殊的民族伦理。

三　《民法典》之关怀伦理

翻开《民法典》，我们还能感受到对弱者的悲悯和关怀。第一，民事主体制度中，为无民事行为能力和限制民事行为能力人设定了监护制度；第二，合同法中对格式合同中不利于弱者的免责条款的严格限制及在合同解释存在两种以上可能时，选择其中有利于弱者的那一种规定；第三，《婚姻法》对妇女、老人和儿童的特别保护；《继承法》中规定为无劳动能力又没有生活来源的继承人保留必要的份额；第四，在《民法典》的侵权责任编里，尤其是关于侵权责任归责原则的过错推定原则和无过错责任原则的规定，使我们更强烈地感受到了对弱者的同情和关怀。譬如，针对无民事行为能力人在教育机构遭受人身损害、患者在医疗机构遭受损害等诸种情形，规定了过错推定责任，即当责任方无法证明自己没有过错时，推定其存在过错，应当承担侵权责任；在动物致人损害、环境污染、产品责任等诸种情形中明确适用无过错责任原则，这些都是保护相对弱势一方权益的方式。

在传统观念中，民法是强者的法律，为什么《民法典》会表现出对弱者的关注和同情呢？

第一，“人设”变了。传统民法上的人都是“强而智”的人。他们自利而理性、谨慎而精明、自主而负责。这样的“人设”要的是尊重，而不是关怀。问题是，人是一个脆弱性和坚韧性二重属性的统一体，人可能没有想象得那么强大，那么有理性，那么有韧性。经验告诉我们，脆弱性贯穿了人生的整个生命周期和生活的方方面面，民法作为生活的百科全书，当把眼光从抽象的市场主体转移到现实的生活主体时，也不得不修正自己的“人设”。星野英一把这一转换概括为：“从把人作为理性的、有意识的、强而智的存在的把握方法，向以弱而愚的存在为中心去把握的方向的转换。”① 如此一来，立法者的眼里难免有了些许柔情。

第二，平等的诉求变了。传统民法上的主体资格是平等的，权利能力就是这样一个抽象的装置，它把现实生活中的所有差异都抽象掉了，剩下的只是幽灵般的没差别的原子人。传统民法号称调整平等主体之间的财产关系和人身关系，所谓的“平等”就是这种抽象人的形式平等。但现实生活中，差异无处不在，在各种差异中，弱者与强者的差异恐怕是最普遍也是最根本的差异。因此，在同等情况同样对待的平等诉求之外，不同情况区别对待的平等诉求也应被重视，这是一种实质的平等观。如何差别对待弱者和强者的问题，自然成为“生活的百科全书”的民法典的题中之义。

第三，对弱者的倾斜保护。差别对待就是要对弱者予以倾斜保护。弱者总是相对于强者而言的，他们是这样一群人，他们或者没有稳定的经济来源，或者缺乏获取生活资料的能力，或者权益难以得到保障和救济，总之，他们无力通过自己的努力摆脱面临的困境，如果不能得到政府和社会的同情和帮助，他们就会陷入被强者欺负的不利地位。因此，法律在通过权利和义务的形式进行利益分配时，会对这群人特别予以关照，以保护他们的权益。社会法自然是通过对弱者的倾斜保护来实现社会的平等诉求，民法也不能与这样的价值诉求相背离，也需要在强弱之间，适当地节制强者的任意，保护弱者的利益。这也是中国特色社会主义的制度伦理。譬如，消费者权益的保护，就要在承认消费者相对于经营者处于弱势的前提下，给予消费者特殊的保护，科以经营者一方无过错责任。

《民法典》对弱者的关注和同情不是偶然的，它体现了当代社会从强者伦理到弱者伦理的转向。玛莎·努斯鲍姆、麦金太尔等伦理学家，在考察西方道德哲学史后指出，脆弱和不幸本应当置于理论思考的中心，遗憾的是，自柏拉图一直到摩尔，人们通常只是偶然地才思考人的脆弱性和痛苦。只是到了现代，传统的强者伦理才有向弱者伦理转向的趋势。为什么会出现这个转向？第一，脆弱性是人类存在的普遍特征。这一特征在现代人类社会所发生的诸如世界大战以及大规模流行病之类的惨痛经历中被凸显出来。第二，传统社会是身份社会，强者与弱者的地位是固化的，下层的弱者被标签化和污名化，在伦理学里自然没有地位。而在现代社会里，传统的固态社会转向了液态社会，弱者是个流动的标识，每个人在某种特定的关系中都可能处于劣势。这样，弱者褪掉了价值的标签，被还原为一个事实，而且是一个伦理学不得不面对的具有根本重要性的事实。第三，风险社会的来临，凸显了人的脆弱性。在这个社会里，每个人在风险面前都可能是弱者；随时都可能成为处于风险中的弱者；每个事件都可能使一个人难以承受其后果。所以，只能以社会依赖与互助的形式来分担这个风险，由此，风险社会的伦理学必然是强调脆弱性和保护弱者的伦理学。在规范伦理学的理论和实践中，波普尔的消极功利主义、罗尔斯的正义论和麦金太尔的依赖性理论

---

① ［日］星野英一：《私法中的人》，王闯译，中国法制出版社2004年版，第82页。

都表现了这一倾向。

四 《民法典》之生态伦理

翻开《民法典》，在烟火气之外，我们还能感受到清新的自然气息，由此，《民法典》被称为“绿色民法典”。第一，《民法典》总则编第9条规定：“民事主体从事民事活动，应当有利于节约资源、保护生态环境。”这是将绿色原则确立为民事活动的基本原则。第二，《民法典》各分编中，直接涉及资源环境保护的条款达18条之多，主要体现在以下三个方面。一是在物权编中确立了物权的生态边界。譬如，自然资源有偿使用制度、用益物权人合理开发利用资源的义务、建设用地使用权应当符合绿色原则即符合节约资源与保护生态环境的要求等。还有小区绿地共有的规定，关于任意弃置垃圾、排放污染物或者噪声、违反规定饲养动物的物权救济，以及相邻关系条款等，都有确认和保障环境权益的相关内容。二是在合同编中，规定了对合同履行的生态边界。譬如在履行合同过程中，应当避免浪费资源、污染环境和破坏生态等。三是侵权责任编第七章以七个条文全面规定了环境污染和生态破坏责任。譬如，规定了污染环境和破坏生态的惩罚性赔偿制度、规定了生态修复责任和赔偿请求权等。可见，《民法典》之为“绿色”，实非虚言。

1. 透过“绿色民法典”，我们看到的物是什么？近代民法上的“物”是可分割、可支配、可交换的具有经济价值的东西。中国民法典上的“物”自然具有这些特征，但我们也看到了“物”的另一个绿色面向：民法上的“物”同时是生态环境资源的一部分。这些作为生态资源一部分的物不但是难以分割的，而且具有经济价值之外的生态价值。习近平说：“山水林田湖是一个生命共同体，人的命脉在田，田的命脉在水，水的命脉在山，山的命脉在土，土的命脉在树。”① 这是对“人与自然是生命共同体”的最生动的描述。可见，一旦为了经济价值而把“树”从自然秩序中分割出来，就破坏了自然生态的内在有机联系，就可能从根上抽掉了人类赖以生存的生态秩序和安全。由此，从生态共同体的理念出发，一个绿色的民法典的物权制度不但要从个人权利保护角度解决“物”的归属、利用问题，也要从生态公共利益的角度顾及生态环境资源的归属、利用问题，从而不但确立手持可分割、可支配、有效用的独立物的私有权人，还要确认那些江河大地、雪山高原、森林草原之类不可分割的生态资源的国家和集体的看护者；一个绿色的民法典不但要关注“物”的经济价值，也不能忽略其生态价值。经济价值的物是人类生活之必需，自无异议，但是，资源枯竭、环境污染、气候变暖等环境问题的日益严峻，促使人们意识到了“物”的生态价值。

① 习近平：《关于〈中共中央关于全面深化改革若干重大问题的决定〉的说明》，《人民日报》2013年11月16日，第1版。

问题是，虽然一个物的经济价值和生态价值都是人类生存所必需，但是它们却不能一体得以实现，经济价值的实现往往是以消灭其生态价值为前提的，反之亦然。譬如，如果把“树”制作成家具或造纸，在实现经济价值的同时，就失去了其涵养水土的生态价值。在这一价值冲突面前，立法者必须要有所权衡，在满足人们的经济需要的同时，要顾及生态的需要，用习近平总书记的比喻，就是“既要金山银山，又要绿水青山”，表现在民法典上，就是要整合物的经济价值和生态价值，并以此为价值依据，确立财产占有与流转的绿色边界。

2. 财产占有与流转的绿色边界在哪里？生态共同体的理念要现实化，成为人们的自觉活动，需要通过制度的中介。由于《民法典》涉及人的生产生活的方方面面，无疑应该成为最重要的制度中介。由此，《民法典》不但要保护“物”的经济价值，强调“物”在经济上的有用性，并以此建立所有权、用益物权和担保物权制度，也要保护“物”的生态价值，并因此做出解决这样两种价值冲突的制度安排，包括：对传统民法所有权的绝对性进行必要的限制，以确保土地、矿藏、水体、森林等自然资源的所有权主体是国家和集体；确保使用权人对这些资源的开发利用也要承担环境保护的义务；确保我们在签订合同、履行合同的时候，必须同时考虑环境保护方面的问题。比方说，将产生的废弃物进行处理，须交给有资质的企业负责，否则须承担共同的污染侵权责任；最后还要确保在分享环境利益和分担环境责任的问题上，某些利用环境要素的行为一旦构成权利滥用或其他民事侵权，就必须予以法律上的惩处与矫正。

3. 透过“绿色民法典”，看到了中国伦理精神的走向。可以说，“绿色民法典”给我们打开了“由近及远”的伦理发展的画卷，使我们看到了道德共同体的边界不断拓展，道德关怀的对象不断扩大，道德经验和知识不断普遍化的进程。这种由于道德应用范围的扩展所引起的伦理形态的变化过程，我们概括为从族群伦理到全球伦理再到生态伦理的过程。按照罗尔斯顿的说法，人类起初只是承担对家庭和邻人的义务，往外依次为对社区、对国家和对全人类的义务，还有对未来的后代的义务，再往外推是自然界，包括动物、植物、大地的义务。西尔凡（Richard Sylvan）和普兰伍德（Val Plumwood）十分贴切地用“树的年轮”来指称这个由近及远的演变过程。这个由近及远的过程如果用色谱来表达，就是从黄到绿的过程，这也是《民法典》被贴上绿色标签的内在逻辑。

2020 年新冠肺炎疫情相关伦理问题研究综述

郭清香　李明明*

2020 年在全球肆虐的新型冠状病毒肺炎疫情是百年来最严重的传染疾病疫情，由此引发了新中国成立以来，我国遭遇的传播速度最快、感染范围最广、防控难度最大的突发性公共卫生事件。2020 年伦理学学界紧跟时事，围绕疫情抗击工作中涌现的诸多问题进行了伦理向度的探讨、研究与反思，取得了一系列的研究成果。一方面，伦理学界对以往公共卫生事件暴发时涌现出的伦理问题有了更为深入、细致的研究；另一方面，也对许多新问题展开了思考、研究与讨论。概括来说，针对此次抗击疫情工作的伦理研究主要涉及公共卫生伦理、当代抗疫精神以及后疫情时代的反思与展望三个方面，体现了伦理学及伦理学研究的时代性与人文性。

一　疫情中的公共卫生伦理

新冠肺炎疫情暴发以来，社会各界的力量都投入抗击疫情的战斗中，伦理学界关于公共卫生伦理的研究十分集中。这一问题领域的相关主体有政府、公共卫生机构、医疗机构和公民等，主要研究内容涉及相关主体的权利、义务和责任，体现出以公共利益为重的价值倾向，即要求个人利益服从集体利益。

（一）公共卫生伦理中的整体利益与个人权益

一些学者挖掘不同的理论资源，认为疫情防控中的个体利益与整体利益是统一的。周碧雯从功利主义的视角分析了新冠肺炎疫情中的公众抉择。她在文章中从隔离措施和医疗相关的抉择出发，考察此次疫情中公众的个体抉择是否符合功利主义原则，进而认为抗疫工作最大限度地体现了功利主义从最大多数人利益出

---

* 郭清香，1974 年生，山东文登人，中国人民大学伦理学与道德建设研究中心研究员暨哲学院副教授，研究方向为中国伦理思想史，伦理学原理。李明明，1998 年生，河南周口人，中国人民大学哲学院伦理学专业硕士研究生，研究方向为中国伦理思想史。

发的特点。因为综观疫情防控的成果，公众个人利益与整体利益的得失在总体上是统一的。虽然从公众个体角度而言，疫情中的公众抉择与功利主义基本原则可以相洽，但需要做到这样几点：一是利己利人共赢；二是着眼长远利益；三是增强信息辨别能力。① 蔡昱认为，公共卫生伦理的核心价值是个体权利与整体利益的统一、团结互助，然而自由主义与社群主义无法为个人权利与整体利益之间的统一提供辩护，甚至直接造成了个人权利与共同善的冲突。同时，自由主义无法为团结互助提供超越狭隘私利的能力，社群主义不能提供独立的个体间的团结互助，也不能提供不同民族国家之间团结互助的能力。“超个体的个体”和“人类生命共同体”满足了人的本真存在方式的需要，因而可以作为公共卫生伦理的理论资源。②

一些学者认为，为了维护社会公共健康，社会公共权力采取的措施及目标与个人权利之间很容易产生冲突，因而必须明确二者之间的界限。在重大公共卫生危机下，社会公共权力可以对个人权利有所限制，但是这种限制应当能够得到伦理辩护。关于疫情中公共卫生与个人权利的问题，王珏和王硕通过实证分析，认为公共健康伦理的实质是个人权利与公共善的伦理博弈，并具体划分出了四种博弈类型，即基于人身自由权利的伦理博弈、基于信息权利的伦理博弈、基于医疗权利的伦理博弈和基于经济权利的伦理博弈。个人权利与公共善的边界在于制度化的、合理正当的个人权利，二者的伦理博弈过程由政府充当利益调和者，因而政府应通过伦理关怀原则和公正原则来平衡个人权利与公共善的冲突。③ 黄云明认为，划定社会公共权力和个体自我权利的界限是伦理道德和法律等社会管理文化的根本问题。在社会发展的危机时期，公共权力可以对社会成员的个体自我权利或者自由给予更多的限制，但是这种限制不应该是无限度的，一个根本的标准是维护社会秩序的基本和谐有序。在社会的危机时期，社会公共权力也应该被给予更多的空间，其限度大小应以维护社会秩序为准，过度执法也应受到社会伦理道德的谴责。④ 雷瑞鹏与邱仁宗讨论了公共卫生中群体健康与个人自由的边界，即个人自由让位于群体健康的可辩护条件。个人自由在公共卫生工作的某些情境中有必要让位于群体健康，但必须满足限制个人自由的可辩护条件，即有效性、相称性、必要性、侵犯最少和透明性。⑤ 关健结合公共卫生服务的目的及使命，从伦理和法理的角度分析突发公共卫生疫情防控实践及研究中的个体权益，认为突发公共卫生疫情的防控实践和研究要兼顾个体权益和公共健

---

① 周碧雯：《从功利主义视角看新冠肺炎疫情中的公众抉择》，《中国医学伦理学》2020 年第 5 期。

② 蔡昱：《论作为公共卫生伦理基础的“超个体的个体”和“人类生命共同体”——兼论自由主义和社群主义的前提错误》，《中国医学伦理学》2020 年第 4 期。

③ 王珏、王硕：《公共健康的伦理博弈与道德边界——基于新冠肺炎疫情的实证研究》，《探索与争鸣》2020 年第 4 期。

④ 黄云明：《疫情防控中的群己权界》，中国伦理在线：https：//mp. weixin. qq. com/s/bxHSjqGuvSh - SuLG3U2eTg，2020 年 3 月 10 日。

⑤ 雷瑞鹏、邱仁宗：《公共卫生中群体健康与个人自由的边界何在》，《探索与争鸣》2020 年第 10 期。

康与健康公平。[①] 其中，关于疫情中公共卫生与个人隐私权的问题，姜鑫等人从界定突发性公共卫生事件和患者隐私权的概念入手，在理论和现实两个维度下探讨了突发性公共卫生事件中消减患者隐私权的正当性，并认为应当在最大限度保证公共健康权的条件下合理保护患者的隐私权。[②] 赵晴则从隐私让渡的角度出发，认为公民在公共安全危机下需要配合相关部门让渡部分隐私。隐私让渡的现实依据在于个人隐私会对他人安全、公共安全造成一定的威胁，隐私让渡的最终目的是保证全体公民的隐私得以实现，这些因素共同决定了隐私让渡的界限，即在公共安全危机状态下让渡出去的隐私必须是与公共安全、他人安全相关的隐私。与此同时，相关部门应当在让渡公民隐私的同时尽力保护公民的隐私：第一，保证公民的知情同意是隐私让渡的前提。第二，保障公民对让渡出去的隐私依旧享有权利。第三，关注隐私让渡中的隐私风险，并且保护公民隐私的安全。[③]

常健与王雪梳理了保障生命权在疫情之下面临的冲突，并提出可能的解决路径。疫情之下的生命权保障面临四类冲突：生命权保障措施与其他人权实现方式的冲突、生命权保障措施与其他公共利益实现方式的冲突、生命权保障的主体间的冲突、生命权的当下保障与长远保障的冲突。针对以上冲突，应当综合运用基于规则、资源和机制的解决路径，以实现重大疫情下生命权的切实保障。首先，基于规则的冲突解决路径就是要根据关于人权的已有规则来确定权利和公共利益的优先排序、克减程度、平衡方式。其次，基于资源冲突的解决路径就是要迅速采取措施，增加医疗设施、用品和人员的供给，改变供不应求的状况，使每个患者都能够得到及时和有效的救治。最后，基于机制的冲突解决路径就是要通过建立合理的机制，高效利用资源，顾全各项人权和公共利益的保障。[④]

有学者从经济伦理的角度出发，分析了“发国难财”这一唯市场论行为的局限性，认为经济生活也应当考虑社会公共利益。“发国难财”论点的理论源于西方的新自由主义，它把市场看作万能的、不受任何干预的。乔法容认为，首先，“发国难财”的论点扭曲价格理论，破坏公平竞争的市场秩序。稀缺资源的价格上涨，需要政府加以干预。其次，“发国难财”的论点是一种极端利己主义的商业价值观，是在为恶辩护，必然不得人心。最后，“发国难财”的论点排斥伦理价值分析，也是一种偏颇狭隘的经济伦理观。扶危济困和见义勇为是中华民族的传统美德，即便是在经济生活领域，道德也不能缺席。人们只有互助合作，以人民的生命健康和社会公共利益

① 关健：《从伦理和法理角度谈突发公共卫生疫情防控实践及研究中的个体权益》，《中国医学伦理学》2020 年第 9 期。

② 姜鑫、徐晗宇、王萍：《突发性公共卫生事件中患者隐私权研究》，《中国医学伦理学》2020 年第 4 期。

③ 赵晴：《公共安全危机中的个人隐私让渡》，中国伦理在线：https://mp.weixin.qq.com/s/e-4wX6iXLNrThKWjnbT4O8g，2020 年 7 月 29 日。

④ 常健、王雪：《疫情下生命权保障的冲突及其解决路径》，《南开学报（哲学社会科学版）》2020 年第 4 期。

为重，坚守社会主义的商业价值观，才能凝心聚力战胜疫情。① 许川川认为，抗疫医用物资不能唯市场论价格，原因有三：首先，疫情中的物资成了人赖以生存的必需品，而不再只是普通商品。其次，乘人之危的逻辑剥夺了人们自由选择的权利，同样是对市场中平等交换原则的违背。最后，任由市场价格操控医用资源必然导致物资紧缺，危害社会安定和国家安全。因此，于情于理，唯市场论都是站不住脚的。②

（二）抗疫物资的分配正义

新冠肺炎疫情暴发后，用于防疫的卫生资源稀缺，关于抗疫资源分配的伦理问题凸显出来。学界针对这一问题，结合疫情中的现实情况，探讨了如何才能保证抗疫物资的分配正义。

如何在医疗资源紧缺的情况下合乎伦理地分配稀缺医疗资源，成为医务人员、医院管理者和卫生行政决策者面临的难题。邱仁宗与雷瑞鹏就抗疫医疗物资的分配问题表达了几点建设性思考：首先，资源的分配公正是医疗卫生事业的基本伦理原则之一，这一原则源于人的尊严和内在价值皆为平等的认知理念。其次，效用和公平原则需要全面考量和权衡，效用原则要体现有益和不伤害的基本伦理原则，而在应用公平的伦理原则时，应该特别注意那些最容易受到歧视、被污名化或脆弱的个人和群体。再次，稀缺资源分配可借鉴战伤处理的“类选法”。最后，将弱势群体置于优先地位是伦理的基本价值。③ 也有学者针对疫情期间的医疗资源分配问题提出解决建议。李琳等人从人力资源、医疗设施以及资源利用效率这三个方面出发，对新冠疫情中医疗资源的分配现状以及存在的伦理问题进行了分析，认为互联网医疗有望解决疫情防控中的一些问题。互联网医疗作为一种优化医疗资源配置的伦理策略，可以促进医疗资源公平配置，也符合患者有利原则，因而有望作为一种优化医疗资源配置的伦理策略用于疫情防控，并促进医疗服务公平。④

针对社会上的慈善组织在分配方面暴露出的问题，周中之针对抗疫中慈善组织的道德建设进行了反思。他指出慈善组织作为重要的抗疫物资分配力量，应坚持公平分配的原则和效率原则。分配公正原则就是要贯彻“人民至上”和“生命至上”的价值方针，进行轻重缓急的价值排序。因为透明是公正原则得以实现的保证，慈善组织还要敢于接受社会公众的监督。同时效率原则也是道德原则，因为抗疫时期的效率意味着及时拯救人们的生命与健康。所以慈善组织要贯彻公正原则和效率原则，其理论

---

① 乔法容：《“发国难财”之恶》，中国伦理在线：https：//mp. weixin. qq. com/s/F7bLgP2E3Z_9W1eBCd1pqw，2020 年 2 月 2 日。

② 许川川：《抗疫医用物资为什么不能唯市场论价格?》，中国伦理在线：https：//mp. weixin. qq. com/s/Xp0QRkWW7IBp3sQzorA3jg，2020 年 3 月 12 日。

③ 邱仁宗、雷瑞鹏：《疫情期间，稀缺医疗资源该如何分配》，《健康报》2020 年 10 月 31 日。

④ 李琳、何梅、刘刚、杨小霞、唐喻莹：《新型冠状病毒肺炎疫情中互联网医疗与优化医疗资源配置的伦理探索》，《中国医学伦理学》2020 年第 4 期。

基础可以说来源于墨家蕴含的“志功统一”思想。①

除了抗疫资源的分配正义，学界还出现了将分配正义引入风险分配的相关研究。张晒认为，这一研究对于厘清风险发生的深层次机理进而避免类似风险再次发生具有重要的意义。如同正义是财富分配的核心和宗旨一样，正义也是风险分配的核心和宗旨，因而要对风险进行公正的分配进而实现风险分配正义。而对人的生命权和自由平等权的保障，以及对人因拥有不同的禀赋和不同的条件所具有的不同抗拒风险能力的维护，使得风险分配必须坚持“不平等的平等”理念。例如，就生命权和自由平等权而言，要通过外力手段拉近人们所面临的风险的差距，尽可能地做到实质上的平等，其限度是生命权和自由平等权得到保障为止。②

与此同时，一些学者还概括性地梳理了抗击疫情工作中面临的道德冲突，并尝试给出解决思路。曹永福概括出了四个疫情防控的伦理两难并给出了原则上的建议。伦理两难即防控措施是否适度之难、优先救治之难、是否予以积极防疫之难，以及自由到底应该限制到什么程度之难。而破解伦理难题的建议性原则是：有利于疫情防控原则、科学防控原则、依法防控原则及遵循程序伦理原则。③ 曹永福还从程序伦理的角度出发，讨论如何解决抗疫中的伦理两难。这些伦理两难包括积极防控是否应该和值得，防控措施限制人们的权利是否适度，以及卫生资源应该如何公正分配，等等。而解决这些难题则需要遵循几点程序伦理的要求：决断信息应该公开透明；决断措施应该沟通与协商；伦理决断应经评议与审查。④ 朱海林提出疫情防控中的六个焦点性冲突：公共健康与经济社会发展、政府干预与公民自主权、病人权利与公共健康、资源稀缺与分配公正、知识产权与信息共享以及公众知情权与患者隐私权之间的冲突。从实质上看，这些冲突都是主体在进行道德选择时面临的不同道德价值之间的冲突，主要可以概括为三类：一是道德目标的冲突，二是道德规范的冲突，三是道德权利或道德义务的冲突。在价值冲突中进行道德选择应遵循的基本思路主要有四点：区分真实与虚假两类不同性质的冲突；坚持生命至上理念和相应伦理原则；结合“最大善的目的”与“最小恶的手段”进行道德选择；给予遭受道德创伤的“少数人”伦理关怀。⑤ 此外，孟丽君等人从公共卫生伦理的概念和原则出发，分析了隔离、春节期间不聚集和公共场所戴口罩等防疫措施，认为它们均在不同程度上体现了公共卫生伦理的原则，即效用原则、公正原则、尊重原则、互助原则和

---

① 周中之：《抗疫中慈善组织道德建设的反思》，《道德与文明》2020 年第 5 期。

② 张晒：《风险分配何以公正？——基于新冠肺炎疫情的哲学审思》，《北京理工大学学报（社会科学版）》2020 年第 3 期。

③ 曹永福：《全球新冠肺炎疫情防控引发的伦理两难及其对策建议》，《山东大学学报（哲学社会科学版）》2020 年第 4 期。

④ 曹永福：《程序伦理在破解新冠肺炎疫情引发伦理难题中的价值》，《医学与哲学》2020 年第 11 期。

⑤ 朱海林：《“新冠”疫情防控中的伦理冲突及道德选择》，《齐鲁学刊》2020 年第 3 期。

相称性原则。①

二　抗疫精神

2020年9月8日，习近平总书记在全国抗击新冠肺炎疫情表彰大会上深刻总结和阐发了“生命至上、举国同心、舍生忘死、尊重科学、命运与共”的伟大抗疫精神。其具体内涵如下：生命至上，集中体现了中国人民深厚的仁爱传统和中国共产党人以人民为中心的价值追求；举国同心，集中体现了中国人民万众一心、同甘共苦的团结伟力；舍生忘死，集中体现了中国人民敢于压倒一切困难而不被任何困难所压倒的顽强意志；尊重科学，集中体现了中国人民求真务实、开拓创新的实践品格；命运与共，集中体现了中国人民和衷共济、爱好和平的道义担当。② 抗疫精神同中华民族长期形成的特质禀赋和文化基因一脉相承，是爱国主义、集体主义和社会主义精神的传承和发展，是中国精神的生动诠释，丰富了民族精神和时代精神的内涵。我们要在全社会大力弘扬伟大抗疫精神，使之转化为全面建设社会主义现代化国家、实现中华民族伟大复兴的强大力量。③ 我国伟大的抗疫斗争孕育出了伟大的抗疫精神，这不仅是民族精神在新时代的展现，也是本年度学术研究中的亮点。杨义芹认为，伟大的抗疫精神是对人民群众在抗疫斗争中表现出的精神特质的高度概括，它丰富了民族精神和时代精神的内涵，是民族精神在新时代的生动体现，是激励人民奋进的新动力。④

权麟春在我国的文化语境中梳理了抗疫斗争中精神研究的缘由。人无精神则不立，国无精神则不强，抗击新冠肺炎疫情斗争更需要发挥精神的能动作用。因而，学界对这一问题的研究颇具现实意义。而在抗击新冠肺炎疫情斗争中，形成了伟大的抗击新冠肺炎疫情精神，其核心是爱国主义精神。这种抗疫精神主要体现为国家层面的团结精神、科学精神、斗争精神等；社会群体层面的不畏艰险、不怕牺牲、恪尽职守、顾全大局、甘于奉献、救死扶伤、勇于担当等精神；个体层面的敬畏生命、团结互助、明礼守法、厚德仁爱、敢于胜利等精神。⑤

一些学者认为，此次抗击疫情的工作彰显了中华传统伦理精神和中国智慧。温海明在《道德经》中汲取智慧，从个人层面、国家层面、世界层面来理解此次疫情。首先，在个人层面，“无为而治”“小国寡民”和“载营魄抱一”等思想启示人们安然居家就是为国奉献，封城闭户正好养心养生。其次，在国家层面，“战胜以丧礼处

---

① 孟丽君、何静杰、吴世彩、李义庭：《新型冠状病毒肺炎疫情引发的公共卫生伦理思考》，《中国医学伦理学》2020年4月。

② 习近平：《在全国抗击新冠肺炎疫情表彰大会上的讲话》，《人民日报》2020年9月9日。

③ 习近平：《在全国抗击新冠肺炎疫情表彰大会上的讲话》，《人民日报》2020年9月9日。

④ 杨义芹：《伟大抗疫精神是时代精神的新丰碑》，《道德与文明》2020年第6期。

⑤ 权麟春：《抗击新冠肺炎疫情斗争中的精神研究》，《内蒙古师范大学学报（哲学社会科学版）》2020年第3期。

之”等思想启示人们即便最后战胜了疫情，也要用丧礼和哀伤的礼仪和心情来面对疫情中牺牲的生命。最后，在世界层面，“以天下观天下”以及老子关于“大国”“小国”等论述都启示人类应该建立命运共同体，而大国也应该谦柔居下。[①] 赵平也进行了进一步分析，其观点如下：首先，疫情导致假期延长，家人们在家中温情地陪伴彼此，这背后有“亲亲伦理”的支撑。其次，无论是在抗疫一线奋战还是居家隔离，都体现了传统的家国情怀和责任感，这背后有家国一体的伦理支撑。再次，全民抗疫中展现出的集体主义精神是对中华伦理文明之崇尚“整体精神”的承继与发展，这背后有“个人—集体”伦理的支撑。最后，中国自愿援助其他国家，推动构建抗疫统一战线和人类命运共同体，这背后有大同理想的伦理支撑。以上几点无不彰显了中华伦理文明的价值。[②] 秦文认为，以人为本、以生命为重的战“疫”方针，是中华民族“以民为本、生命至重”精神的充分体现。中国人用自己的实际行动，充分展现了仁、智、勇三达德的精神风貌，彰显了中华民族同舟共济、守望相助的家国情怀。而向他国提供战“疫”经验和帮助，是对中华民族“尚中贵和”与“协和万邦”精神的弘扬。[③] 张留青认为我国的疫情抗击工作体现了中国一以贯之的价值倾向、精神风貌和美好品质。其中，党和政府将人民群众的生命安全和身体健康放在第一位，体现了义先于利的价值选择；无数抗疫英雄涌现出来，体现了勇于担当的美好品格；人们在疫情中共通的情感体现了崇德向善的社会风尚；与此同时，中国在全球治理中一直致力于为实现人类命运共同体的繁荣与发展贡献自己的力量和智慧，体现了兼济天下的大国意识。概而言之，我国的抗疫精神既为传承数千年的中华文明添上了新的光彩，也让文明底色多了一分厚重。[④] 此外，学界还举办了抗疫精神的学术研讨会。2020 年 4 月 18 日，由天津社会科学院、中共中央党校专家工作室、华中科技大学国家治理研究院联合主办的“全球战‘疫’彰显中国精神”学术研讨会在天津社会科学院召开。在此次研讨会上，学者们一致认为，全国人民团结一致，用责任和担当为全球疫情防控作出了重大贡献，不仅展现出了“中国经验”“中国风格”和“中国精神”，而且彰显了伟大的民族精神与凝聚力。

抗疫工作也体现了生命至上的抗疫精神。张永路则从中华文明的精神内核分析抗疫精神，集中讨论了抗疫精神体现生命至上这一重要的内涵。中华文明自殷周之际便高扬人文主义精神，生命至上的理念也随之萌发。儒家仁爱思想表明了一个基本事实：仁爱思想的核心是对人的亲爱，以及对生命的无限珍重。从先秦到当代，生命至上都是中华

---

① 温海明：《如何运用〈道德经〉哲学智慧解读当前疫情?》，中国伦理在线：https：//mp. weixin. qq. com/s/7o0Ob3H30nvAo_ - 0MaRvFg，2020 年 3 月 8 日。

② 赵平：《全民抗击疫情的伦理审思》，《兰州学刊》2020 年第 6 期。

③ 秦文：《战“疫”彰显中华民族精神》，中国伦理在线：https：//mp. weixin. qq. com/s/Me9I68ppFK07fICrrGUJaA，2020 年 4 月 14 日。

④ 张留青：《疫情中彰显的中华传统文明底色》，中国伦理在线：https：//mp. weixin. qq. com/s/92NG2a1S1GRTf83ZK3tLyw，2020 年 7 月 16 日。

文明一以贯之的精神内核，也是民本思想的理论根源。而在此次疫情抗击工作中，全党始终坚持以人为本，明确指出每一个生命都必须得到应有的呵护和珍重，无数医护人员奔赴抗疫前线，全力护佑着每一个人的生命、价值和尊严。这种生命至上的理念在这次抗击新冠肺炎疫情中得到全面彰显，成为伟大抗疫精神的重要内容。① 张康之从风险社会入手，论述人的生命价值具有优先性。当我们置身于风险社会中，更应认识到人的生命是平等的，人只能通过合作来谋求共生共在，进而将自己存在的可能性转化为现实性。因而，必须坚持人的生命价值的优先性，不能让“生命价值”从属于“有用价值”，也必须反对为了自我利益而忽视人的共生共在的做法。②

抗疫工作不仅体现了医护人员救死扶伤的职业道德，而且体现了他们舍生忘死的抗疫精神。有学者认为医护人员舍生忘死的抗疫精神无疑值得赞美，但也应当正确认识医护人员的责任伦理和医患关系，避免对医护人员造成道德绑架。袁和静与李凌从法律、道德和职责这三个方面分析了医护人员的责任，认为医护人员这一社会角色不应该拒绝抗击疫情的责任，但同样也应当给予他们完善的保障。③ 范宝舟与赵建芬认为，疫情期间的广大医护人员把“救死扶伤”的职业道德升华至“以生命拯救生命”的崇高伦理境界，彰显了医护人员在重大疫情中对他者生命的尊重和关爱，已经远远超出了传统医护道德的范围。医护人员“以生命拯救生命”的原则和道德行动演绎了医护伦理关系崭新而崇高的道德内涵，体现了对他者生命的责任和担当，以及对人民、国家和社会的大德。④ 关于医护人员的角色与医患关系，梁立智认为，医生在医患关系中的角色是施助者，而医患关系则是战友关系。医生的角色是施助者而非祛病者，二者的不同就在于施助者的角色是从义务论视角界定医者的诊疗责任，而祛病者的角色则是从后果论视角界定的。既往对医患关系的研究大致有诊疗关系、契约关系、信托关系、朋友关系、战友关系等结论，而通过此次疫情，医患双方应认识到医患关系的本质是基于诊疗事实的战友关系。医护人员值得全社会的高度评价，但舆论不应当用赞美形成对医生的道德绑架。⑤ 此外，针对社会上出现的道德绑架医护人员的个别现象，喻丰提出要正确认识医护人员的社会伦理角色与责任，如果神化医护人员，就容易对他们产生道德绑架。⑥

欧阳辉纯秉持着尊重科学的抗疫精神，从道德哲学的角度出发对此次疫情提出了

① 张永路：《生命至上：中华文明的精神内核》，《道德与文明》2020年第6期。

② 张康之：《论风险社会中人的生命价值的优先性》，《中州学刊》2020年第5期。

③ 袁和静、李凌：《请善待和保护“逆行者”》，中国伦理在线：https://mp.weixin.qq.com/s/Fuiu3wyiR2AwvZbv6WQHFw，2020年1月29日。

④ 范宝舟、赵建芬：《抗击重大疫情实践中彰显的伦理意蕴》，《思想理论教育》2020年第5期。

⑤ 梁立智：《医生是战友而非神!》，中国伦理在线：https://mp.weixin.qq.com/s/-y8008ynHX-lf9ZqD0OSE0A，2020年2月18日。

⑥ 喻丰：《这10个道德心理学思考，让我们看清疫情中的人心与人性!》，中国伦理在线：https://mp.weixin.qq.com/s/5sudH6QEt66hPqfrUgVK3A，2020年2月15日。

三点反思。一是从道德境界的角度来看，要遏制“天人二分”的自然主义道德观和独断的道德理性主义，坚持辩证唯物主义生态道德理念。二是从道德规范的角度来看，要摆脱“人类中心主义”和“非人类中心主义”，坚持辩证的有机的自然观。三是从道德实践的角度来看，要纠正错误的“灭天理，穷人欲”的道德实践原则，反对极端物质主义与极端拜金主义，坚持自然与环境正义原则。①

戴木才讨论了伟大抗疫精神的价值观意义。第一，伟大抗疫精神生动展现了社会主义核心价值观的精神力量，体现了中华民族共同信念的价值追求。第二，我国始终把人民群众的生命安全和身体健康放在第一位，使得伟大抗疫精神充分彰显了人类生命的最高价值。第三，我国与世界各国的人道援助、团结合作和共克疫情，是体现构建人类命运共同体理念的实际行动和最佳诠释。②

高国希从集体主义的角度挖掘了抗疫精神的内涵。集体主义的道德是要真正地实现每个人的自由全面发展，它突破个人主义的局限，并在一种更加科学、完满的意义上达到了个人主义对个人权利、自由的尊重，以及对全面平等的保障。因而，“集体主义”超越了“个人主义”。而集体主义作为社会主义道德的基本原则，其精神也在此次抗疫斗争中充分展现，主要表现如下：一是集体主义要求以人民为核心，因而是“真实的共同体”的道德原则，而且集体主义在中国有着“群”文化的土壤和基因，人们在疫情面前自然能够以大局为重。二是个体对核心价值的认同和遵守。三是共同体能够保障个体幸福的实现。四是共同体的价值观有着道德相通的人类情怀和友爱观念，它可以由己推人，由一国而及天下。③

三 后疫情时代的反思与展望

国内抗击疫情的工作取得了阶段性成果后，学界也对“后疫情时代”有了反思与展望。对于“后疫情时代”的概念，晏辉认为它不仅是一个时空概念，还应描述重大灾难和疫情过后，人们该如何思考、怎样生产和交往、如何过好平凡甚至平淡生活的过程；如何通过修改、矫正甚至改变原有的观念、政策、制度，以创制更能体现手段之善、实现目的之善的社会结构的过程。人们需要进行整体性的道德反思，建立起行之有效的“集体道德记忆”，吸取教训，总结经验，以公共危机的防控、处置和解除中的道德体验和道德经验为基础，以实现从公共危机向正常生产、交往和生活状态转向为契机，矫正、修正、完善原有的制度和体制。④ 基于疫情带来的反思与启

---

① 欧阳辉纯：《新冠肺炎疫情暴发的道德哲学反思》，《内蒙古师范大学学报（哲学社会科学版）》2020 年第 3 期。

② 戴木才：《伟大抗疫精神的价值观意义》，《道德与文明》2020 年第 6 期。

③ 高国希：《抗疫精神的集体主义内涵》，《道德与文明》2020 年第 6 期。

④ 晏辉：《面对公共危机，伦理学该如何思考和表达》，《道德与文明》2020 年第 3 期。

示，曹刚较为全面地提出疫情过后的七个道德愿景：第一，医务人员应该受到尊重和关怀，因而以预防、公共卫生和基本医疗保健为主体的改革势在必行；第二，应重视公共文明建设；第三，用互联网思维治理互联网，使谣言和暴力不再肆虐网络世界；第四，社会应当是一个弱有所扶的温暖社会；第五，科研论文应致力于解决当今社会发展所面临的基本的、重大的、迫切的问题，而写作者应该以创造性的带来的内在利益为主要驱动力，并遵守科研道德要求；第六，人类命运共同体还应是精神共同体；第七，人类应该改变对大自然的态度，诗意地栖居在大地上。①

2020 年度伦理学界也从卫生健康角度入手，深入推进了人类命运共同体的相关研究。周山东等人认识到，突发公共卫生事件使得公民对自己与他人健康责任的关系趋于紧张，这一情况集中表现为责任主体互损、责任结构拆解和责任价值断裂。这一情况的解决应当从公民自我、公民自我与他人以及公民作为人类一员的三个维度出发，重建对自我和他人健康责任的关联，进而构建“卫生健康共同体”。而这三个维度的内容如下：从公民自我的视角，建立对自我和他者健康责任的连接；从公民自我和他者关系的视角，重建他者优先的健康责任结构体系；从公民作为人类一员的视角，在人类命运共同体和地球生命共同体基础上构建卫生健康共同体。② 刘云章等人从共同体的角度出发，认为只有坚强的共同体才能筑牢公共卫生防疫之基，阐明了建立起人类命运共同体的必要性和紧迫性。应当建立医患命运共同体、人类命运共同体和地球生命共同体的多重共同体，以满足公共卫生防疫不同阶段的要求。③ 徐椿梁与郭广银分析了疫情防控中有关命运共同体的伦理态度、伦理实践和价值超越，并认为人类命运共同体意味着价值和精神的超越。当疫情来临时，“共同命运”就是人类共同抗疫的核心价值理念，它不仅是共同体的价值情感，更应该是共同体的价值使命以及在共同体中形成的共同的价值意志。疫情期间，不同地域的人们能够形成命运共同体，这是因为人们对灾难中所遭受的痛苦产生了价值共鸣，在此基础之上又形成了价值共识，并以责任共担的方式来保障命运共同体中的伦理价值。虽然命运共同体偏向于整体性价值，但绝不意味着共同体价值是通过整体强制力来实现并无视单个个体的合理性存在。命运共同体的价值理念超越个体存在的价值理念，也超越了一般公共价值理念。人类必须从整体价值理念出发进行疫情防控，进而达成“命运与共”的价值共识，生成超越型的价值理念。④ 张肖阳与肖巍则提出了“全球公共健康伦理”（global public health ethics）这一新概念，给全球新冠肺炎疫情的防控实践也带来了

① 曹刚：《疫情过后的七个道德愿景》，中国伦理在线：https：//mp. weixin. qq. com/s/hr_83cOjSv_6FPD6VOr2tw，2020 年 3 月 20 日。

② 周山东、王泽应：《突发公共卫生事件中公民健康责任的伦理分析》，《东南学术》2020 年第 4 期。

③ 刘云章、刘于媛、赵金萍：《构筑公共卫生防疫之基：“共同体”视角的思考——基于防控新冠病毒肺炎疫情的启示》，《中国医学伦理学》2020 年第 4 期。

④ 徐椿梁、郭广银：《命运共同体视域下疫情防控的伦理关切》，《江海学刊》2020 年第 2 期。

新的思考。"全球伦理"和"全球生命伦理"都是近三十年来伦理领域颇有争议的论题，难以在文化和道德多样性的世界达成共识，而"全球公共健康伦理"这一新概念或许有助于从理论上超越既有的争论。"全球公共健康伦理"的概念有助于从全球公共健康视角整合既有研究，以一种伦理新视角思考如何应对新冠肺炎疫情，团结国际社会共同抗疫。基于这一新概念，对全球新冠肺炎疫情防控实践应该进行三个维度的思考，即保护全球健康和生命安全的伦理目标、"人类卫生健康共同体"的价值观以及公正与关怀的伦理原则。① 李京站在全球视角，审视中国在此次疫情中发挥的重要作用，对人类在后疫情时代的发展提供了建议。后疫情时代的全球化叙事将从经济全球化转向人类命运的全球化，全人类的命运休戚与共，人类命运共同体思想是后疫情时代全球价值共识的最优选择。疫情为反思和修正全球化提供了重要契机，中国提出"人类命运共同体"思想，推动"一带一路"建设，倡导"中性"的全球规则以及国际关系民主化，在后疫情时代更凸显其重要价值，为人类走出共同的困境贡献中国方案。新型全球化的中国方案是超越西方中心主义的新理念，只有从人类命运共同体思想出发，才有可能重建国家间信任，搁置争议，携手抗击近百年来最为严重的全球性公共卫生危机。②

一些学者提出了对后疫情时代的社会治理和国家治理的启发和建议。郑士鹏认为，在"原子化社会"环境下，个人主义的盛行改变了公共精神培育和社会责任建构的境遇。面对这一现象，伟大的抗疫精神可以为二者在新时代的建构带来深刻的启思：一是加强对大众公共精神和社会责任的思想熏陶；二是引导公众有序参与公共事务；三是以法治建设为社会责任提升夯实基础；四是注重个人正当利益的维护。③ 王磊与王青芸通过梳理认识到，自新型冠状病毒肺炎疫情在全球暴发以来，各国应对方式主要表现为"强国家，弱社会"式刚性治理和"弱国家，强社会"式柔性治理两种模式。面对两种治理模式各有优缺点的情况，王磊与王青芸提出将韧性治理作为后疫情时代重大公共卫生事件的常态化治理路径，一方面要形成层级分明和权力集中的刚性治理主体兜底平台，另一方面非权力的柔性主体应该形成社会性的风险认知、风险应对、风险恢复和风险预防的动态应对机制。这一过程将实现柔性治理和刚性治理主体的伙伴关系，形成自适性韧性治理区间。通过韧性治理自发性、自适性、主动性的动态治理模式，以期有效应对风险社会的流动性、随机性、复杂性和不可控性。④

有学者通过此次疫情认识到了中国方案和中国体制机制的优越性，肯定了中国在

① 张肖阳、肖巍：《"全球公共健康伦理"：建构危机时刻的全球伦理共识》，《探索与争鸣》2020 年第 4 期。

② 李京：《后疫情时代新型全球化的中国方案》，《科学社会主义》（双月刊）2020 年第 5 期。

③ 郑士鹏：《公共精神培育与社会责任建构——学习伟大抗疫精神启思》，《中国特色社会主义研究》2020 年 Z1 期。

④ 王磊、王青芸：《韧性治理：后疫情时代重大公共卫生事件的常态化治理路径》，《河海大学学报（哲学社会科学版）》2020 年第 6 期。

后疫情时代将会发挥的作用，并展望了未来的全球秩序。唐慧玲翻译了内森·阿尔德拉拉的《自由主义必胜信念的终结——中国与后疫情时代的全球秩序》。新冠肺炎疫情暴露了西方自由秩序的一个缺陷，即在抗击疫情中缺乏合作和领导力，这终结了所谓全球秩序中自由主义必胜的信念，而中国应对新冠肺炎疫情的行动则充分体现了其应对全球危机的体制机制的优越性。对世界而言，中国在后疫情时代的作用愈发不可或缺，中国应继续坚持多边主义与和平发展，加强团结合作，秉持人类命运共同体理念，维护世界和平发展大局，推动国际秩序健康稳定地向前发展。可以说，后疫情时代中国在国际事务中的作用是其在全球疫情暴发前参与全球事务的延伸。①

一些学者则结合中国传统伦理思想，给予了人们在后疫情时代如何实践的启发。郭齐勇认为，在“后新冠疫情时代”即将到来之际，我们还应重新思索和重视中华人文精神中的反省品格，发挥中华人文精神的当代价值。中华文化精神的反省品格不仅体现为个人修养的省思，也体现了对于人和天地、自然关系的省思，这些思想都启示我们如何善处人与人、人与自然、人与社会、国家与国家、民族与民族的关系。②孙向晨认为，疫情时期的网络空间出现了各种相互碰撞的意识，这对于常态生活是一种“撕裂”。后疫情时代，现代世界面对这种撕裂应当循着“中道”之路，以寻求社会最大的“共识”道路，具体做法是回归真相，坚持理性的公共使用，恪守忠恕之道。③ 郭清香从中国传统伦理的角度出发，对疫情之下的生死问题进行了深刻反思。面对死亡问题，孔子的重生、老庄的豁达以及佛祖的无畏，共同组成了中国人对待生死的基本态度，也影响着疫情下人们的生死抉择和对生死的评价。中国人对待生命的基本精神就是珍视生命，它包含基本的不伤害生命的责任，还包含由恻隐之心而发的积极互助的义务。疫情威胁生命之际，豁达接受死亡并且求生、乐生，是活着的人的责任。我们应当进行纪念、反省、恢复和规划：首先，出于对生命的珍视，我们应当哀悼和缅怀灾难中失去的生命；其次，通过反思来避免悲剧再次发生，通过反思带来的批判、追责和痛苦给死者一个交代；最后，生者应当痛定思痛，向死而生。④

目前，万众一心的全民抗疫行动已经取得了阶段性胜利。这一胜利不仅彰显了中国共产党全心全意为人民服务的宗旨、社会主义制度的优越性，而且彰显了中国人民英勇、团结的精神品质，同时彰显了中华伦理文明与精神在当代的价值。而伦理学界及时对疫情防控工作进行伦理向度的关注、探讨与反思，这无论是对疫情防控的理论发展，还是对疫情防控的实践改善与体系构建，均提供了伦理视角的助益和启迪，同时也为当代中国社会治理提供了学理性启示与借鉴。

---

① 内森·阿尔德拉拉：《自由主义必胜信念的终结——中国与后疫情时代的全球秩序》，唐慧玲译，《国外理论动态》2020 年第 6 期。

② 郭齐勇：《自省：中华人文精神的时代品格》，《探索与争鸣》2020 年第 4 期。

③ 孙向晨：《疫情时刻与守护中道》，《探索与争鸣》2020 年第 4 期。

④ 郭清香：《疫情之下的生命抉择与生死反思》，《健康报》2020 年 4 月 3 日第 5 版。

研究报告

2020年伦理学专题研究报告

陈伟功*

一　伦理学理论形态

（一）理论概况

新中国70年，既是“新”的中国在世界民族之林中挺拔的历程，也是一部日新又新的精神史。70年的伦理道德发展表现为三大历史阶段构成的精神哲学的辩证运动：前20年高昂政治热情推动下直接同一的伦理精神，“文化大革命”10年伦理精神的异化，改革开放40年核心价值观引领下“相互承认”的伦理精神。70年伦理道德发展呈现伦理型文化的精神哲学轨迹和精神哲学规律，家国一体、由家及国，伦理道德一体、伦理优先，经济的“最好动力”与伦理的“最强动力”辩证互动，是其“伦理型文化”的中国气质和中国气派的精神规律的哲学体现，也是内在于中国伦理道德现实发展的精神哲学课题。① 当代中国伦理道德在内容和形式上都出现了诸多变化，既包括道德观念、道德行为方式、道德评价标准的变化，也包括对于道德问题和伦理难题认识方式和角度的变化。有学者认为，在现代化的影响下，伦理道德领域呈现老传统与新传统、现代性与后现代性之间相互冲突、相互融合、相互激荡的局面。新的时代，制定适应新的社会结构、新的国家治理体系的伦理道德文化发展战略，需要更新已有的理论框架，更改寻常的思维惯性，从现实出发，与包括社会科学、自然科学尤其是生命科学等新兴科学在内的一系列学科进行广泛的交流与对话。同时，还必须把这一战略放在日益加快、日益深化、日益全面的全球化进程中加以考虑，只有这样，我们才能准确把握伦理发展的轨迹和趋势，理解道德变迁的文化发展战略。②

中国伦理学70年的发展深刻地昭示着新时代中华民族精神的崛起，学者们在总结中国伦理学取得的伟大成就的同时，也关注伦理学学科边界的问题，担心多学科的

---

* 陈伟功，1972年生，山西人，北京第二外国语学院研究生院及文化与传播学院兼职讲师，研究方向为哲学伦。

① 樊浩：《新中国70年伦理道德发展的精神哲学轨迹与精神哲学规律》，《江海学刊》2020年第5期。

② 姚新中：《从现代化进程看伦理道德的文化发展战略》，《江海学刊》2020年第4期。

侵染，充满学科自觉的危机意识。还有学者认为，如果说伦理道德发展史就是民族精神发展史，中国伦理学的危机与生机就意味着伦理学发展的挑战与希望。① 有学者更为明确地指出，当代伦理学面对的特殊困境是，伦理学的空间在不断萎缩。当代伦理学对伦理问题的理解日渐贫乏单调而且脱离事实，而政治哲学、经济学、政治学和社会学却为伦理学问题提供了许多不可忽视的有效解释。其中一个重要原因是，现当代的制度、规则和价值观形成了“淘汰伦理”的机制，在很大程度上削弱了伦理的效力，压缩了伦理的有效空间。伦理学如果不能回归本源去重新反思形而上的问题，就终将失去立足之地。② 有学者认为，从现实来看，伦理学的研究不仅要立足于自身“知行合一”的理论品质与相应的哲学基础，而且要重点着眼于对现代公共性问题进行深入的考察。伦理学的基本问题就是要解决人们如何在公共空间中实现从自身到组织，乃至整个社会的多元价值，应该以一种既回归本原又面向未来的宏大视野来思考伦理学研究所面对的核心问题。③

还有学者提出伦理学知识体系的当代中国重建，认为这是中国现代伦理学自我发展的内在要求，是中国伦理思想传统的创造性转换和创新性发展，是新时代构建中国特色伦理学理论体系和实践探索的重要组成部分。伦理学要顺应时代大潮，不断回应社会变迁，实现自我更新自我发展，这就需要不断创新问题域和知识生产空间。要在梳理和澄清思想素材的基础上，探究伦理学知识体系的古今之变、中西之别，进而构建当代中国伦理学的知识地图。④ 有学者进一步指出，“中国伦理学”有三种不同的意义，重写或构建当代中国伦理学需要弄清楚是在哪种意义上进行构建。我们要构建的并不是在中国产生的伦理学，也不是仅仅适用于中国的伦理学，而是当代中国特色伦理学。中国特色伦理学在中国历史上已经存在，而且对世界作出重要贡献，产生了深远影响。构建当代中国特色伦理学需要传承中国传统伦理学的优秀基因并弘扬其中的合理元素，着力提炼和提升时代道德精神，坚守伦理学的学科性质，从而让当代中国特色伦理学走向世界。⑤

（二）美德伦理学

在关于美德伦理学的讨论中，经常出现三个近义词：“美德伦理学”“德性伦理学”和“德行伦理学”。有学者认为，它们或者是对英文 virtue ethics 的翻译，或者是对儒家伦理学的概括。在这三者的使用中，第二个略逊于第一个，因为 virtue 相对

---

① 李萍：《中国伦理学的危机与生机》，《江海学刊》2020 年第 4 期。

② 赵汀阳：《伦理的困惑与伦理学的困惑》，《道德与文明》2020 年第 3 期。

③ 晏辉：《理论品质、致思基础与现代公共性：伦理学当代发展的核心问题》，《晋阳学刊》2020 年第 2 期。

④ 付长珍：《作为时代问题的中国伦理学知识体系》，《探索与争鸣》2020 年第 9 期。

⑤ 江畅：《“中国伦理学”的三种意义之辨析——兼论当代中国特色伦理学构建》，《华东师范大学学报（哲学社会科学版）》2020 年第 1 期。

于 vice，即“美德”相对于“恶德”。此外，无论是作为对 virtue ethics 的翻译还是对儒家伦理学的描述，问题更大的是“德行伦理学”。在当代西方哲学中得以复兴的 virtue ethics，与近现代西方哲学中强调人的行动的道义论和后果论不同，其强调人的内在品格。这样的品格不仅决定了这个人的行动，而且决定了这个人的情感。德行伦理学无法把握 virtue ethics 的这种特征。在认为人的品性决定人的行动方面，在对道德情感的强调方面，儒家伦理学与西方的美德伦理学有类似性，因此“德行伦理学”也无法反映儒家伦理学的特征。[①] 有学者指出，从西方美德伦理学在现代的复兴历程及类型演变来看，儒家伦理学也符合美德伦理学的基本特征。斯洛特提出道德对称性以解决美德伦理学与其他类型的伦理学相竞争的问题，从而确立美德伦理学在当代西方伦理学中的基础性地位；儒家伦理学中也含有道德对称性问题，孔子“父子相隐”、孟子“窃负而逃”的伦理叙事体现了儒家在涉己和涉他的道德选择中持一种中道观点，即在自我利益和他人利益之间进行权衡以确定最恰当的行为方式来处理特定的道德情境中出现的道德难题，儒家并不偏爱私己利益而牺牲他人利益，也没有只考虑他人利益而完全牺牲自我的利益，从而在伦理学上表现出典型的道德对称性特征。[②]

有学者认为，儒家伦理思想是一种美德伦理学，尽管在很多方面不同于亚里士多德的美德伦理学。现代以来对公德与私德的区分导致公德压倒乃至摧毁私德的局面，这也是现代社会在美德问题上面临的普遍困境。公德与私德的问题，实际上就是古今之争在伦理学上的直接反映。有学者围绕陈来“儒学美德论”进行讨论，认为顺着陈来的思路，对现代社会公德压倒私德的批判还有进一步推进的余地，既然公德概念的提出和提倡是为现代社会张目，那么，公德与私德的关系就不可能只是一个失衡的问题，质言之，公德根本上来说会摧毁私德，被划入私德的传统美德在这个被理性化地认知与构想的现代社会中其实毫无容身之地。现代共和主义在美德问题上存在着一个巨大的悖论，恰恰表现为公民美德的教育困境：现代社会结构使美德传统失去了其存在和生长的土壤，从而也断绝了公民美德的真正来源。这或许正是现代政治越来越激进、对美德的关切每况愈下的重要原因之一。[③] 与此观点不同，有学者认为，蓬勃兴起的“儒家美德伦理学”有其盲点与偏见。在“儒家美德伦理学”逐渐成为主流的过程中，发生了“伦理学的”转向与“伦理学理论的”转向，它们让我们远离而非接近儒家。“美德伦理学”并非“关于美德的理论”，要证明儒家思想是一种“美德伦理学”，就不仅要说明儒家重视美德，而且需要证明美德对于儒家是一个基础的概念。作为一种伦理学理论，标准美德伦理学具有“总体上的等级结构”；但是，孔

---

① 黄勇：《“美德伦理学”“德性伦理学”和“德行伦理学”与儒家伦理学》，《江海学刊》2020 年第6 期。

② 陈志伟：《道德对称性与儒家美德伦理学》，《道德与文明》2020 年第 5 期。

③ 唐文明：《美德伦理学、儒家传统与现代社会的普遍困境——以陈来“儒学美德论”为中心的讨论》，《文史哲》2020 年第 5 期。

子的学说更接近一种具有“总体上的非等级结构”的非标准伦理学理论。从孔孟出发，我们可以审视伦理学理论的独立性教条。但是“美德伦理学”这个来自标准类型学的概念不适合用来刻画孔孟的“广义伦理学”。①

有学者认为，关于道德典范示范效应在道德实践中是否可能，以及道德典范示范效应在道德实践中怎样发挥作用，学界均存在争议。这些争议并不足以否定道德典范的示范作用。这些否定性观点的共同问题在于，他们曲解了道德典范概念的实际含义，误认为只有道德圣贤才能发挥示范作用，然后提出道德圣贤的实际存在不合理、夸张或虚构；或误认为模仿道德典范就是按照道德典范给出的一般规则生活，然后提出只有作为抽象概念的道德，而非具体的道德典范，才能为道德行为者提供一般规则。实际的道德典范本来就是由一个个鲜活的、具体的道德行为者充当。参与并效仿道德典范的美德品质及行事风格，是智慧上相对逊色的道德行为者在尚不能洞悉道德规则的情况下选择美德生活的一种简单有效的途径。② 有学者认为，现代美德伦理必须借助心灵哲学相关论述与美德伦理传统资源，考察“意图”“意愿”“意志”等道德心理概念的内涵和位置。在美德伦理视域中，作为一种特殊的意向性，意图与行动相关，与行为者试图改变世界的欲望及其活动相关，表现为实践推理的大前提与小前提所共同构成的行为理由。意图不仅是一个行为出于意愿的必要条件，而且是其充分条件。那些有意图却不情愿去做的行为，并不是行为者违背了自己的意愿，而是行为者改变了自己通常倾向采取的意图。当行为者通过运用实践理性而获得行动的理由从而形成意图时，他还需要坚定有力的意志，才能保证意图的连贯与稳定，进而确保意图真正转变为现实的行动。③

有学者则运用基于智能体的建模技术对公正这一美德进行建模，并设计了两组计算实验，为美德伦理学作辩护，揭示出人工智能技术在规范伦理学等人文学科中广泛的应用前景。由此也对境遇主义对于美德伦理学的批评进行了一种有力的回应，这类批评主要集中在两个方面：一种质疑美德作为稳定的行为倾向是否存在，另一种质疑理性地培养和习得美德是否可能。④ 有学者认为，情境美德论是依据人格心理学与情境主义关于人格特质、情境与行为之间关系的共识而提出的，它由两个方面的观点构成。第一，现实的美德是情境化的，具有广度和强度差异。第二，道德品格作为一种人格特质，与道德情境之间存在交互作用。情境美德论的实践性主要体现为对个体道德行为的解释和预测、个体道德品质的发展和培育。美德是个体在具体情境中生成

① 萧阳：《论“美德伦理学”何以不适用于儒家》，高菱译，《华东师范大学学报（哲学社会科学版）》2020 年第 3 期。

② 韩燕丽：《道德典范示范效应再检视——一种基于美德伦理学的分析》，《华中科技大学学报（社会科学版）》2020 年第 1 期。

③ 李义天：《美德伦理视域中的意图、意愿与意志》，《天津社会科学》2020 年第 6 期。

④ 杨仁杰：《用人工智能方法为美德伦理学辩护》，《首都师范大学学报（社会科学版）》2020 年第 6 期。

的，美德伦理学不应当简单地通过规范性观点来化解情境主义的挑战，还应当考察情境与美德的关系。

（三）功利主义

由于产生与发展的社会环境不同，中西方功利主义思想既有相同点又有不同点。有学者指出，西方功利主义思想是伴随着资本主义的萌芽、形成和发展而产生的资产阶级伦理学说。在我国文化语境中使用的“功利主义”概念可划分为我国传统功利主义、无产阶级功利主义和以利己为核心的功利主义。中西方功利主义思想的相同点是承认追求个人利益、个人幸福的合理性，都有利他的一面。不同点在于，二者产生发展的源流不同，追求个人利益与集体利益的侧重点不同，判断行为正当性的道德标准不同，所代表的阶级立场不同。分析中西方功利主义思想之异同，有助于正确区分与准确运用“功利主义”概念。[①] 马克思的道德理论是不是一种功利主义？有学者指出，这是由德里克·艾伦和乔治·布伦克特发起的争论所产生的一个当今西方学界非常关注的问题，对这个问题的澄清和回答关系到一个更为根本的问题：如何理解马克思的伦理观。从马克思的原初思想来看，马克思的道德理论不是一种功利主义。这一方面表现为马克思的道德理论不是后果论的；另一方面表现为马克思的道德理论不是普遍主义的。“马克思的伦理观”并不是与其他规范理论的伦理观相并列的一种观点，而是以历史唯物主义评价其他规范理论的价值原则、思考和解决现实社会问题的独特视角和方法。[②]

当代功利主义分为两派，一派是“行为功利主义”，另一派是“规则功利主义”。有学者认为，行为功利主义能给道德提供功利主义的解释，但是它不符合人们的道德直觉；规则功利主义符合人们的道德直觉，但是它不能给道德提供功利主义的解释。为了克服这种困境，黑尔提出了“双层功利主义”。双层功利主义把道德哲学分为两个层面，即直觉的和批判的。在直觉的层面，人们可以像规则功利主义者一样思考，并且按照初级道德原则行事。在批判的层面，人们可以像行为功利主义者一样思考，并且基于功利最大化来选择初级道德原则。虽然黑尔认为这种双层功利主义是一种合理的道德理论，但是它仍然存在一些难以克服的问题。[③] 有学者认为，在界定功利原则时，我们至少有三个选项，即最大幸福原则，最大多数人的幸福原则，以及最大多数人的最大幸福原则。最大多数人的最大幸福原则要求人们的行为既要增进幸福的总量，又要顾及幸福的人数。增加幸福的总量与给尽可能多的人带来幸福有时确实可以为同一个行为满足，但有时则只能为不同的行为满足。当追求最大幸福与追求最大多数人的幸福出现冲突时，功利主义者必须澄清自己的根本承诺究竟是什么。若必须在

① 尹海燕：《中西方功利主义思想异同探析》，《河南社会科学》2020 年第 6 期。

② 曲红梅、石尚：《为什么马克思的道德理论不是一种功利主义》，《吉林大学社会科学学报》2020 年第 2 期。

③ 姚大志：《双层功利主义》，《社会科学研究》2020 年第 1 期。

最大幸福原则与最大多数人的幸福原则之间进行抉择，它定然会是一个两难的抉择，因为无论是最大幸福原则还是最大多数人的幸福原则都有很强的直觉上的力量，有比较深厚的人性或观念的基础。虽然很难选择，但功利主义者事实上的确作出了选择。他们选择的是最大幸福原则，这可以从功利主义者特别重视的加总排序或人际比较与不偏不倚或客观性的要求中得到解释。可是，事实上的选择并不一定是应该的选择，也许最大多数人的幸福原则才是更好的选项。①

还有学者研究了西季威克的功利主义思想，认为西季威克第一个发现了边沁、密尔形态的功利主义在其基本思想内部的深刻矛盾，即主张以自我快乐幸福为目标的自我主义与主张“最大多数人的最大幸福”的功利主义最高目标之间的矛盾，因而在西季威克的功利主义理念中，首先，他把自我主义排除在功利主义的理念之外而单独称为一种自我主义的伦理观；其次，他在最大多数的最大幸福意义上来专门讨论功利主义，同时他的理论也揭示了从前者过渡到后者的困难，而要解决这样的困难，他所诉诸的是直觉或直觉主义。直觉主义是他的伦理学基本方法。在提倡直觉主义这一方面，他直接继承了哈奇逊、巴特勒等人的道德直觉论，同时又直接开启了以摩尔为代表的现代直觉主义伦理学。②

二 伦理学基本问题

（一）道德判断

道德判断是道德哲学中一个亘古而常新的基本问题。有学者认为，黑格尔在《精神现象学》一书中基于否定之否定的辩证理路，以人的意识、精神的自我运动与发展过程为视角，揭示出道德判断在精神的自我发展中经历着一个从普遍意识的判断到伪善的宿命，再到良心的“优美灵魂”及其和解的动态辩证过程，这对当代人深刻认识道德判断及其精神哲学意义具有重要的指导作用。③ 有学者也指出，证词是我们了解世界的一个重要途径，但关于道德证词能否作为我们道德知识的来源或根据，哲学家们却有争议。一些哲学家认为，我们可以依赖非道德证词，但不能依赖道德证词，因为存在一个规范使得依赖道德证词是有问题的，这个规范就是：道德主体应该根据道德理解行动。另一些哲学家则认为，关于道德证词和非道德证词的“非对称性”观点是错误的，道德证词与非道德证词一样，完全没有问题。但事实上，在某些情况下依赖道德证词是有问题的——即道德理解问题。在这一点上，非道德证词与

① 杨伟清：《最大幸福，最大多数人的幸福，抑或最大多数人的最大幸福？——论功利原则的界定问题》，《齐鲁学刊》2020 年第 2 期。

② 龚群：《西季威克的功利主义》，《东南大学学报（哲学社会科学版）》2020 年第 6 期。

③ 蒋艳艳：《道德判断的精神哲学诠释——以黑格尔〈精神现象学〉为学术资源》，《华中科技大学学报（社会科学版）》2020 年第 5 期。

道德证词有同样的问题。[①]

在日常生活中，人们的判断、决策和态度在相当大程度上是基于直觉作出的。是否有理由相信直觉，以及哪些直觉是值得接受的，构成了直觉的确证问题。诉诸直觉自身的自明性，是最主要、历史最悠久的确证之路。关于自明性命题的直觉无须借助其他理由或依据而获得确证，而对自明性命题的恰当理解构成了其中的一个关键元素。在以往的讨论中，对什么是自明性命题所要求的“恰当理解”缺乏明确的回答；对如何经过恰当的理解来确证直觉，也缺乏深入的讨论。有学者结合当前对直觉确证中理解问题的研究，揭示“直觉”“理解”和“自明性”三者之间潜在的张力，并分析“理解”在直觉确证中扮演的角色。这一工作既有助于加深对直觉确证的认识，又能为当前知识论界对“理解”的讨论提供一个新的维度。[②]有学者还研究了人工智能机器人是否有道德直觉的可能性问题，认为对于人工智能机器人而言，具有某种程度上的“直觉自由”是弱人工智能时代向强人工智能时代转变的重要标识。正如人类的道德直觉在日常道德实践中具有举足轻重的地位，人工智能机器人中的道德直觉问题始终关乎人工智能机器人的道德地位及其与人类关系的未来发展方向。基于人工智能技术的机器算法程序设计，辅之以对道德直觉的行为主义分析，我们确信能够寻找到一种为人工智能机器人所掌握的、可靠的道德直觉。[③]

还有学者对道德判断与科学实验间的关系进行了研究，认为用科学实验研究道德判断的方法已经取得了初步成果，但“实验负载待检验的理论”与“实验方法影响实验结果”两个更深层次的困惑一直未得到澄清。援引科学实验来讨论道德问题能够反思成见、启发思想、开拓领域，但要避免直接通过实验证据支持或反对既有争论。在道德判断的科学研究中，需要对实验方法影响实验结果予以重视。由于模块化程度低以及内容牵涉被试隐私，道德判断的加工机制与内容报告往往敏于实验方法。概念分析与科学实验如何并举是亟待哲学界思考的问题。[④] 有学者还通过实验研究道德概念软硬隐喻表征的心理现实性及其对道德判断的影响，结果显示内隐联想测验（IAT）效应显著：道德概念词与“软”属性词联合呈现、不道德概念词与“硬”属性词联合呈现时被试的选择反应时更短。该结果证实了道德概念软硬隐喻表征的心理现实性，个体的软硬具身经验可能是这种心理现实性的基础。另一实验考察物理环境和个人身体敏感性对道德判断的影响，结果显示物理环境与身体敏感性对道德判断的主效应均不显著，两者的交互作用也不显著。未来仍需采用多种研究范式，进一步改进研究设计，对道德概念的具身隐喻进行更加深入的

① 杨征源：《道德证词及其问题探析》，《道德与文明》2020 年第 3 期。
② 王奇琦：《直觉、理解与自明性》，《哲学动态》2020 年第 12 期。
③ 何瑶：《具有道德直觉能力的机器人是否可能》，《道德与文明》2020 年第 6 期。
④ 李大山：《道德判断能通过科学实验检验吗》，《道德与文明》2020 年第 6 期。

研究。[1]

（二）道德情感

当前国内外学术界对西方规范伦理学的研究仍然侧重于德性论伦理学、功利主义伦理学和义务论伦理学。有学者认为这三种学说的共性都是以伦理理性主义为基点，通过理性确证为人类行为寻找道德评判的基础。面对理性主义伦理学难以解释我们为什么负有道德义务、日常生活中的道德冷漠等现象的困境，情感主义伦理学再次引发人们关注。当代情感德性论者斯洛特通过对英国情感主义伦理学的修正和发展，对移情作为道德基础的必要性与可能性作出了系统论证，为情感主义德性伦理学的复兴提供了一种新的可能思路，使情感德性论成为与义务论、功利论和以亚里士多德为代表的美德德性论相并行的另一种重要流派。[2] 有学者认为，欲望从古到今都是哲学、伦理学等关注的重点情感。从符号叙述学的角度看，欲望是情感的一种，其叙述模态是“肯定主体做”。欲望本无善恶，却成为情感善恶争执的焦点。欲望按对象可以分为身体性欲望、物质性欲望、情感性欲望和符号性欲望四大类。欲望的反向情感是恐惧。古代社会和思想的建构以恐惧为核心，所以刹车过多而发展缓慢；现代社会和思想的建构以欲望及其组合情感为核心，所以动力十足而发展迅速。现代社会和思想在赋予欲望合法性和正当性的同时，仍然应该保持适当的恐惧感和敬畏感。[3]

学者们还探讨了儒家以及历史唯物论的道德情感论。有学者指出，直下心源、直契本心是由孔子确立的儒家道德情感论的核心特质，孔子后学由此出发，基于天人合一的视域建构了诚学，将诚提升为贯通天人、真实无妄的道德情感。儒家从质直、至诚之本心情感出发，涵养与推扩道德情感的内在理路可以概括为以下三个维度：第一，以反观内省的道德理性时时提撕和体认本心情感；第二，以本心情感为体，以礼乐文化为用，以文质彬彬为旨归；第三，以“亲亲而仁民，仁民而爱物”为路径，以四端之心为内在心理情感根据，在由近及远、由厚及薄、由亲及疏的无限推扩中实现对道德情感的涵养、提升与超越。[4] 有学者认为，好恶乃是人类的“本情”，作为“心之大端”，它们构成了儒家“情本哲学”的基本道德禀赋。好恶在基本定位上，既非“好恶之欲”也非“好恶之性”，而应归之于“好恶之情”与“好恶之心”。“好”为积极情感取向而“恶”乃消极情感取向，但作为“本情”之好恶却不能被推为心性化的“本心”。从横向结构看，好恶介于“心物”之间：一方面，好恶与物构成了“物化”的关联，好恶乃是感于物而“动”；另一方面，好恶与心构成了“心

① 张裕鼎、张翀、吴鹏：《道德概念的软硬隐喻表征及其对道德判断的影响》，《教育研究与实验》2020 年第 4 期。

② 郦平：《移情能否为道德奠基——情感主义德性伦理学的回应》，《社会科学战线》2020 年第 6 期。

③ 谭光辉：《论欲望：社会发展的情感动力》，《西南民族大学学报（人文社会科学版）》2020 年第 1 期。

④ 高志强：《儒家道德情感论的核心特质及其内在理路》，《心理学探新》2020 年第 2 期。

化”的关联，好恶形成了心之“大端”。从纵向结构看，好恶作为最基本的情感而存在，但是此“情”一方面以“欲”为根基，另一方面又为“性”所提升。好恶终为人类的“心—情”，这构成了中国儒家“情感哲学”之基本架构。①

有学者认为，历史唯物论坚持从社会生活与交往实践出发分析道德情感，注重道德情感内聚的社会历史文化要素，是释义道德情感与应对道德情感主义的科学理论范式。道德情感主义以“同感”为视角分析道德情感及其功能的实现机理，有合理性的一面。但是，从情感出发解释一切道德现象的理论进路，使之也带有把情感或同感等同于道德而陷入非认知主义道德论的理论窠臼、把情感视为道德行为的决定性要素而忽视利益与环境以及理性对道德行为的建构效用、彻底否定历史唯物论从生产活动和交往实践出发来分析道德现象的理论范式等主要缺陷。为此，以历史唯物论应对道德情感主义理论缺陷的致思进路为：合理评估道德情感对道德行为的构成作用，承认道德认知对道德行为的导向作用；肯定利益与环境对道德行为的形塑效用，凸显主体理性对道德行为的直接影响；坚持道德的社会经济制约性原理，注重培育道德情感与遵循道德发展规律相统一。②

（三）道德动机

在当代关于道德动机问题的探讨中，休谟主义通常被认为提供了一种经典解释，其核心主张是非认知性的欲望在道德动机中发挥着更基础的作用，它不可以被还原为任何认知性的状态，也不可以被任何认知性的考虑所取代。有学者认为，这就是要用工具原则说明道德动机的来源，即如果人们有欲望，并且相信通过做道德行为能实现欲望，那么就会有道德行为的动机。康德主义者继承康德的基本主张，反对人们的道德动机是为了满足某种源自自然的欲望，认为服从道德的意志源自对实践理性规定的法则的服从，而对实践法则的服从，最终又源于对实践生活和道德行为价值的认知。有学者指出，当代神经生理学的研究表明，在解释道德动机来源的时候，休谟主义更加占据优势。不过康德主义者对自己的理论其实亦在不断做出改良，把自治主义与认知性主张相结合或许是一条可行的途径。现实生活的复杂性表明，我们最好放弃在休谟主义和康德主义之间做二选一的选择题，因为前者描述了普通人道德动机的来源，后者则告诉我们理性人的道德动机应该如何产生。③ 托马斯·斯坎伦为休谟主义提供了一种强的替代方案：行动的本质动机是认知性的理由判断，并且理由判断才是动机的唯一来源。斯坎伦从两个方面展开了这一辩护：其一，他认为欲望不能成为动机的基础；其二，他认为动机也不需要欲望作为基础。有学者指出，斯坎伦这一激进的辩

① 刘悦笛：《作为“心之大端”的好恶本情——儒家“情本哲学”的基本情感禀赋论》，《人文杂志》2020 年第 7 期。

② 金德楠：《以历史唯物论分析和矫正道德情感主义》，《理论探索》2020 年第 2 期。

③ 杨松：《道德动机的来源——当代休谟主义与康德主义的争论》，《学术月刊》2020 年第 7 期。

护主要存在四个大问题：其一，他对欲望过于狭窄的界定是可疑的；其二，他对欲望内在结构的分析是自相矛盾的；其三，他无法说明非认知性的欲望中如何包含着认知性的理由判断；其四，他强调理由判断是动机的唯一来源的主张无疑掩盖了动机中其他必要因素的辅助作用。斯坎伦无疑对休谟主义动机论提出了挑战，但这种挑战并不是颠覆性的。① 有学者认为，在康德那里，道德法则是理性事实，它能进入人们的心灵，通过规定人们的意志而成为行为准则。道德法则对人表现为绝对命令的道德原则。道德原则对人具有动机性、主观有效性或实践性，即动机性和规范性相统一。康德道德原则具有实践性的主要原因如下：道德法则能审查动机并能检验准则；绝对命令是道德约束人的方式；践行道德原则能使人做到道德上的知行合一。②

在当代哲学中，理性主义的反休谟主义者宣称信念自身足以使人产生行动的动机，因此欲望不是必要的；而情感主义的反休谟主义者则宣称只有欲望或情感才能解释一个人的行动。第三种反休谟主义者既同意休谟主义的观点，认为信念和欲望都是解释一个人的行动所必需的；但又不同意休谟主义，认为信念和欲望并不是两个相互分离的心灵状态，相反它们构成了一个称作“信欲”的单一心灵状态。迈克尔·斯洛特是第三种反休谟主义者的代表，其信欲概念对道德动机问题的讨论作出了重要贡献，然而亦有其局限性。王阳明的良知概念及“知行合一”思想可以为克服斯洛特观点的局限性提供启发。③ 知行关系是宋明儒学探讨德性之知的一个主要面向，也是当代道德动机论研究的核心内容。不同于朱熹的“理不容已”将情感好恶仅视作当然之则在主体身上的偶然反应，王阳明在“心即理”和“是非即好恶”等命题的基础上，将道德情感作为道德真知的来源和道德实践的动力，由此形成“情理之不容已”的道德动机论。有学者认为，通过阐述主观性的道德情感如何确保道德客观性，道德认知主义的可错性与良知的可靠性如何兼容，以及人类道德心理的真实发生机制，可以进一步证成王阳明道德动机论的合理性。④

（四）道德责任

人何以要对自己的行为负责、何以能够负责，构成了德性伦理的问题与难题。有学者指出，无论是亚里士多德的品质论还是康德的能力论，其所面对的是同一个问题，即德性—正当行为如何可能的问题，区别只是前者把它归结为自制、自治，后者将其规定为意志自由。有学者认为，在已有的理论和思想的基础上，将何以要负责和何以能够负责问题安置到具体的场域中加以分析和论证，这是道德哲学从形而上学走

① 张晓渝：《托马斯·斯坎伦的反休谟主义动机论辩护》，《道德与文明》2020 年第 4 期。

② 姚云、代砚春：《康德道德原则何以具有实践性》，《齐鲁学刊》2020 年第 4 期。

③ 黄勇：《信念、欲望与信欲：斯洛特与王阳明道德动机论之比较》，段素革译，《伦理学研究》2020 年第 3 期。

④ 王振钰：《是非即好恶：阳明心学的道德动机论初探》，《求是学刊》2020 年第 4 期。

向实践哲学的根本道路，也是将德性论与规范论联通起来的根本方式。存在三种场域即前现代、现代与后现代三种社会结构及其运行方式，场域决定着实现意志自由的可能性空间。研究三种历史场域下的意志自由与道德责任的目的，乃在于指明具有有限理性能力的行动者，能够对自己的行为担负道德责任的主体根据和客体条件。① 有学者探讨了与此密切相关的道德绑架问题，认为这种现象之所以时有发生，是因为人们错误地将这种做法视为维护社会公正、伸张正义的表现而认识不到它的危害性，它的虚幻性在于实质上的不道德被“显得善”的面目所遮蔽，从而给人一种合理、正义的假象。从本质上看，道德绑架将不完全义务等同于完全义务，侵犯了人的道德选择权；它从“我”的视角对他人进行的判断和推理，既否定了道德主体的选择自由，也离开了特定的语境去空谈道德规则；道德绑架亵渎了道德的作用和功能，无法成为激发道德行为的动机性力量。论证“道德绑架为什么是错的”这一根本问题，旨在消除道德绑架给人们带来的恐惧和负担，唤起我们对他人道德权利的尊重，并为防范和杜绝道德绑架的发生提供学理上的依据。② 现代实践吁求道德义务的解释新论，已往的经验论、超验论、神令论、功利论、边际约束论的解释方式皆存在一定的缺陷。有学者认为，借助挖掘隐伏在西方思想史中的同意论，可以为重塑西方道德义务观的内在生成机理确立一个新的解释框架。在回溯霍布斯及洛克的“契约论”、康德的“德性论”和罗尔斯的“正义论”的基础上，发现同意论视角下的道德义务观既具有契约主义的理性，又兼具责任伦理的底色。洛克提出的“自愿同意”假设作为道德义务的确认程序完成了对个体意愿的观照，同时依据罗尔斯主张的正义制度的规制作用，保障了群体意志的在场。在技术加剧伦理冲突的当代社会，同意论的重拾和完善对于道德义务理论重塑以及马克思主义伦理视域下的伦理秩序建构皆具有一定的积极意义。③

有学者提出了道德义务根据及其合理性限度问题，认为根据黑格尔的看法，义务是尽本分，“尽本分”有伦理与道德两个方面。具体伦理秩序中的规范性要求是伦理的义务，出于良知听从心底声音要求是道德的义务。前者的精义是坚持伦理秩序的规范性职责要求，后者的核心是听从良心的声音。在现代法治社会，道德义务的根据既不是纯伦理的，也不是纯道德的，而是在伦理与道德之间的、弱意义上的伦理优先，即在坚持宪法法治秩序优先的同时也为良心保留了空间。④ 有学者具体分析了既是法律权利也是道德权利的财产权，认为基于权利和义务的内在联系，财产权与一定的义务直接相关，其中既有指向他人的义务要求，也有指向权利主体自身的义务要求；财

① 晏辉：《三种历史场域下的意志自由与道德责任》，《学术研究》2020 年第 4 期。

② 赵静波：《道德绑架的“善”幻象本质揭示》，《伦理学研究》2020 年第 6 期。

③ 张胜利、冯华南：《在个人与群体之间：同意论对道德义务的重塑》，《哲学研究》2020 年第 1 期。

④ 高兆明：《在“伦理”与“道德”之间：对道德义务根据的一种探究》，《东南大学学报（哲学社会科学版）》2020 年第 1 期。

产权与义务的相关性既有逻辑上的，也有道德上的。财产权负有社会义务和仁慈义务，财产权的仁慈义务是道德上的不完全义务，是极具道德特征的义务形式。在道德上廓清财产权的权利特征及其相关联的不同道德义务的性质，对于促使人们尊重和维护财产权并积极履行相关的道德义务具有重要的理论和现实意义。① 有学者还对“不知者无罪”这个命题进行了讨论，认为很多情况下无知的确可以成为开脱责任的理由，但也并不总是如此。什么条件的无知可以（或不可以）开脱责任？为什么？这是有关道德责任的知识条件的核心问题之一。通过对比各自理论的优缺点来揭示人们在面对某些无知情形时进行责任判断的深层困境，然后引入道德责任的两面观来解释这一困境的产生，或许可以为如何应对提供建设性意见。②

三　道德范畴

（一）道德与伦理

伦理与道德是理解伦理学和道德学的关键性概念，二者在以往的研究中经常是不加区分甚至是互用的，因为就词义而言，二者具有同源性，都是指社会的风俗、习惯、规约等。有学者指出，学术史发展表明，伦理与道德还是有重要区别的，甚至表现为谁对谁有优先解释权的问题，如黑格尔将道德上升到伦理，而李泽厚则主张从伦理进入道德，这表明二者具有共时态的互释性，即伦理与道德是可以相互解释的。当代伦理学发展的一个明显趋势是逐渐从“伦理学就是道德哲学”的“绑架”中挣脱出来，以更加广阔的视域和自身独特的方式进入并服务于真正的、新型的“人伦”世界，与道德学并行，实现“离而不分”的“自由发展”。这种分离会促使道德学侧向于道德本身的个体德性塑造，伦理学侧向于伦理实体之上的利益关系调节。无伦理规范的道德和无道德律令的伦理也许会成为可能，德性伦理与规范伦理之争论也许会得以破解。③ 现代伦理学的重要主题是探讨道德的语言用法与规范性蕴含，尤其是在现代中国哲学与中国伦理学中，流行以道德观念为核心来诠释儒家思想。有学者指出，以汉语词“道德”翻译西文 moral 或 morality 存在观念上的龃龉之处。morality 意指一个人的行为的正当性与规范性，若以中文术语译之，更恰当的对应是儒家之谓伦常、义或谓道义。汉语“道德”的意涵比伦常或者仁义要广泛，道德本于天道而成就于人道。先秦诸子皆称道德，儒家以仁义充实之，故后世以仁义道德连用。仁义道德与 morality 的一致性在于其为行为规范的内涵与价值，但仁义道德尤指君子已经表现出来的品质、能力及其教化百姓、泽被众生的功德，而 morality 则强调个体意志的

① 余涌：《论财产权及其关联的道德义务》，《中州学刊》2020 年第 8 期。

② 虞法：《无知与道德责任》，《伦理学研究》2020 年第 1 期。

③ 李建华：《伦理与道德的互释及其侧向》，《武汉大学学报（哲学社会科学版）》2020 年第 3 期。

自由、自觉选择所产生的行为规范性，含义相对较窄。以道德对译 morality，并反过来用作为译名的“道德”来诠释中国哲学与中国伦理学，可谓是中国传统基于现代处境自我调适所产生的反向格义。① 从不同的视角对伦理提出不同的解释在某种程度上丰富和扩大了伦理学。有学者指出，人和世界整体上作为关系性的存在可以为伦理解释提供一个新的视角和方法（甚至可以称为“关系伦理学”）。这是因为，一般所说的伦理规范和价值，既是人类为了适应世界各种关系和建立良好关系而演化出来的，同时又在变化着的关系世界中变迁；伦理规范整体上具有互予、互惠、互利等各种各样的交互性和相互性特征，伦理上的互爱、互尊、互信、互让等就是它的具体表现；伦理上的赞赏和称誉是人们对个人的良好言行的报答，而谴责、惩罚则是人们让个人为不好言行付出的或大或小的代价。②

哈贝马斯在其九十大寿庆祝会上所作的演讲文《再论道德性与伦理性的关系》引起全世界的高度关注，并引发西方哲学界的笔战。有学者认为，哈贝马斯确实没有提出什么新观点，他对康德“道德性观点”的解读存在太多脸谱化的、缺乏学术性的描述。这是受黑格尔的意识形态误导而对康德道德哲学浅表性的老生常谈，既缺乏古希腊的“伦理”向拉丁化的“道德”概念史演变的历史意识，也缺乏对康德伦理学中伦理性与道德性的张力结构的领悟，因此不可视为对一个历史上的康德哲学的描绘。康德把伦理学界定为探究自由的因果性的学问。在这一点上，黑格尔依然是康德的后继者。康德主张伦理的先天立法性，以范导道德的自律立法。伦理性与道德性是两种不同立法的评价性标准。广义的伦理性立法又通过划分为公共领域的合法性权利—义务立法（狭义的伦理）和为个人道德主体的准则立法（道德性），从而在狭义上使二者有了区别。在这种张力中，道德性立法涉及的仅仅是个人行动准则与普遍伦理法则的关系，最终以立法主体自由自愿地服从普遍法则而达到对个人主观任意性的克服和消解。哈贝马斯把这种主体性实践哲学发展为主体间的协商对话，在道德性上不是对康德的发展，而是对康德的倒退。③ 也有学者认为，哈贝马斯试图把康德、黑格尔和马克思有关道德与伦常的观点综合起来，他认为，如果放弃了道德自律的理性自主的概念，就不能从理性出发建立正义的规范，并以此对社会上的不公正现象展开理性的批判；如果不考虑伦常的历史性概念，那么从道德原则出发的社会批判和社会建构就会是抽象的空中楼阁，从而缺乏实际的维度；如果不吸纳马克思阐明的意识形态受到经济利益驱动和权力支配的观点，那么就不能调动社会各阶层的公民，去扬弃不合理的旧制度，建构一个更加美好的社会。这份报告至关重要，从中可以看出哈贝马斯哲学的关键思路和对现代社会紧要问题的立场，也可视为其核心思想的总结。而

① 秦际明：《道德与 morality 之关系辨正》，《杭州师范大学学报（社会科学版）》2020 年第 3 期。

② 王中江：《关系世界、相互性和伦理的实态》，《武汉大学学报（哲学社会科学版）》2020 年第 3 期。

③ 邓安庆：《“道德性”与“伦理性”在康德实践哲学中的张力结构——哈贝马斯〈再论道德性与伦理性的关系〉之批判》，《哲学分析》2020 年第 3 期。

且，这篇讲演体现了他对当前世界局势忧心忡忡的关切，从中也可以看出他建构自己理论的现实动机。①

（二）善与恶

善与恶是道德哲学的基本范畴，有关道德的其他所有问题的解决无不与之相关。有学者指出，善与恶的范畴在道德悖论学者们的理论中始终是模糊不清、混淆不分的。这种理论把有利和有害直接与善恶等同起来，认为有好处就是善，有坏处或没有好处就是恶；在行为的结果中极力寻找某些肯定的方面，并把它们当作善，将否定方面称为恶；最后得出的结论是善恶同在。道德悖论理论将快乐视为善，将不快乐或痛苦视为恶，混淆善恶之间的界限，抹杀了二者之间的区别。② 有学者用溯源法考察古希腊罗马感性善恶观的源流，发现荷马时代的希腊人已经生成一种以善恶观念为基本工具的道德判断模式，有了自己的感性善恶观。诗人荷马和赫西俄德将这两种道德观念具体化，对众多行为提出道德判断和评价，进而提出道德训诫，从而使他们的作品发挥道德教化的作用。希腊早期和古典时期哲学家的善恶观表明，理性思维的诞生为希腊伦理思想的发展提供了助力。通过不断地对荷马、赫西俄德式的感性善恶观进行理性加工，以及在希腊化时期和罗马帝国时期的继续扩展和传承，哲学家们形成了内容和结构各异的理性善恶观。③ 有学者分析了孟子的人性论，认为其中有一个常被忽略的面向：人的感官欲望生而具有，亦属人性；感官欲望中含有易于趋恶的因素，这种因素往往遮蔽了善端的有效扩充；意欲成善，必须努力抑制生而具有的恶端；正因为恶端自发，不易控制，因此，成就现实之善，还必须依靠来自外部的优质教育。综合而言，孟子充分认识到人性善恶两端并存的事实，并提出了自成其善、教而成善的两种不同路径。④

在康德的人性观念上，学界侧重于揭示人格中的人性对于定言命令式的意义以及对人性中善恶两种属性进行静态考察。有学者指出，康德的人性观念还可以从动态的和发展的视角来思考。在这种视角中，人性基于善恶两种属性的内在对立而自我驱动和自我完善；人格中的人性则是人性发展的最后和最完美的状态。但善恶在人性中并不具有相同权重，趋恶的倾向乃至一切恶习只是嫁接或附着在向善的禀赋上。这决定了，向善被设想为人类历史的正轨，趋恶则是对善的偏离。唯有如此，善才能在与恶的持续对立中逐渐战胜后者，并使人性的发展趋向于一种纯粹理性的道德目的。康德在其人性思想上所具有的历史性和辩证性的思维方式，虽然不能称得上是一种普遍方

---

① 张庆熊：《再论道德与伦常的关系——哈贝马斯九十寿辰报告述评》，《复旦学报（社会科学版）》2020年第2期。

② 宇海金：《善恶的彼岸：以道德悖论学说作为批判对象》，《上海师范大学学报（哲学社会科学版）》2020年第5期。

③ 王晓朝：《论古希腊罗马善恶观的生成与理论建构》，《学术月刊》2020年第11期。

④ 强中华：《孟子的人性善恶混论》，《齐鲁学刊》2020年第6期。

法论，却是对其先验思维方式的辅助和补充。[①] 阿多诺认为，康德的绝对命令是资本主义社会市场规律内化的结果。所谓自由就是自律，就是按照市场原则进行自由交换。如果康德那里的自由可以被理解为不自由，那么康德那里的道德也可以转变为不道德。阿多诺把康德与萨德加以对比，从多方面指出了康德与萨德的一致性。而这种外在的一致性背后包含内在的一致性，表现在康德和萨德所确立的理性原则都是否定自然的。康德从否定自然中得到道德原则，萨德也从否定自然中得到道德原则，但这两种道德原则完全对立。由此可以得出结论，我们把肉体和精神对立起来，在恐惧我们自身的自然的基础上得到道德规则，那么无论这种道德规则是什么，它都一定会是不道德的。现代资本主义社会把从人类文明一开始就出现的恐惧自然的文化心理推到极端。资本主义社会矛盾以及它对待自然的矛盾态度会使任何一种道德走向自己的反面。[②] 有学者对共同善这一重要范畴进行了研究，认为公共与私人、共同体与自我之间的冲突常常会导致现实中面对"共同善"时难以回避的道德两难困境。对共同体与个人何者优先的不同回答，会导致对"共同善"概念的不同理解。若把共同善建基于个体自我关切的互惠互利，则容易陷入"单元论"的谬误；而在交互主体性的视角中强调共同体之优先性，虽在概念上更为完备，但同样难以回应多元文化"不可通约性"的诘难。因此，要回应这一诘难并为共同善进行辩护，其中一个方案是论证"共同体感"的先天价值，为共同善建构稳固的道德情感基础。而在实践中，共同体感的先天存在无法避免共同善所遭受的冷遇及不同个体在实践中所呈现的特殊性，这一难题的解决需要我们进一步探索共同善的道德实践机制，为激发道德感知与规范情感的道德赋能概念创造理论和实践空间。[③]

（三）应当与能够

权利诉求的强化和道德责任的弱化是现代社会的两大特征，有学者认为，责任主体的"不知道""不能够"和"不愿意"造成了"责任感不充分"的现代性生存困境。当然，要求人们承诺并践行道德责任时还须辨明其来源和基础，从理论上确证其必要性和正当性。现代社会的道德责任主要源自三个方面：第一，哲学基础，"人类中心主义"的实践催生了人类爱护自然的生态责任；第二，技术基础，现代技术对人、自然和未来的可能风险对人提出了宏大、复杂的远距离责任；第三，政治基础，现代公民身份要求个体是负责任的公民，政府是负责任的政府。交织共生的三个方面构成了现代社会道德责任的基础。[④] 有学者具体地分析了应当与能够这对范畴。通常

---

① 刘凤娟：《康德论人性中的善恶共居》，《安徽大学学报（哲学社会科学版）》2020 年第 2 期。

② 王晓升：《善为什么会变成恶——阿多诺对康德启蒙道德的分析及其启示》，《学习与探索》2020 年第 4 期。

③ 卢俊豪：《共同体感与道德赋能——论共同善的情感基础与实践机制》，《道德与文明》2020 年第 3 期。

④ 田广兰、李兰芬：《论现代社会道德责任之基础——基于现代技术挑战的伦理思考》，《上海师范大学学报（哲学社会科学版）》2020 年第 2 期。

情况下，我们认为如果一个行动者S应当（或者说有义务）做一件事A，那么，S也有能力做A，这就是所谓的“应当蕴含能够”原则。然而，这一原则始终伴随着不少挑战，近年来更有学者从经验上对该原则提出质疑，试图通过实验科学的数据拒斥该原则。然而，实验设计本身存在一定的误导因素，这些因素导致被测试者选择的实际上是实验设计者想要他们选择的答案。从理论的角度说，直觉性的道德判断本身也是不可靠的。①

道德良知是一种“能够”，这个问题在伦理学研究中意义重大，有学者指出，中西伦理学在这个问题的思考上，经常将“良知”等同于“良心”，并不明确区分二者，这也反映了二者在概念内涵上存在着千丝万缕的联系。对是非善恶的认识与判断，从道德心理上说，是“良心”；从道德认识上说，是“良知”。中西伦理思想家们在良知（良心）的起源、构成、价值判断和本质问题上提出种种不同见解。作为能力的道德良知，是主体对道德知识、原则、规范等道德现象的辨识能力；是主体以自我道德认识贯穿于行动之中的行动能力；更是主体在不同的场合、不同的时间都能坚持自我良知的同一能力。② 有学者探讨了阳明后学的“致良知”，认为中晚明时期，面对政治腐败和道德沦丧等社会危机，阳明后学积极开展了一场面向普通民众的社会化讲学运动。通过化良知为德行的“致良知”实践，将儒学的“外王之道”深入“觉民行道”的社会伦理建构中，开启了“士学”向“民学”的儒学民间化发展转向。阳明后学以“良知”为统摄，试图通过讲学明道，树立化民成俗的道德信念以整顿道德人心。乡约制度的建立，将内涵心学伦理教化的儒家伦理制度和规范呈现出来，使得民众自觉形成对人伦之理、教化之道的伦理认同。而对发展经世致用之实学的提倡，促进了经世济民实用儒学的民间化发展，繁荣了国计民生。阳明后学自觉进行“传学脉”“觉民众”的儒学民间化社会伦理实践，对重建晚明社会伦理秩序，重拾道德人心具有积极的时代意义。③

（四）自由

道德自由是道德主体的意志觉解和境界，是在道德意志的统摄下，按照道德必然采取行动的能力。有学者指出，技术作为人类把握客观世界的独特方式，一方面确证和实现道德自由，另一方面限制和压抑道德自由。自从人猿揖别后，人便始终处于技术化进程当中，随着习俗教育、生物医学、人工智能、基因编辑的技术侵入，道德自由因此展开了一幅跌宕起伏的历史图景。④ 有学者进而认为，自由与必然的关系问题

---

① 陈杰：《应当蕴含能够吗？——对一个经验性拒斥的回应》，《江西社会科学》2020年第10期。

② 吴瑾菁、刘光华：《作为能力的道德良知》，《江西社会科学》2020年第6期。

③ 王晓娣：《儒学民间化：阳明后学“觉民行道”的社会伦理建构》，《东南大学学报（哲学社会科学版）》2020年第5期。

④ 陈万球：《技术侵入：道德自由的传统与超越》，《伦理学研究》2020年第3期。

在大数据算法时代呈现新的表达方式，焦点集中在意识或自我意识的统一与超越上。科学家否认意识的统一性甚至其存在，并由此质疑自由意志的存在。康德通过区分现象和本体，在论证“算法”的合理性并限制它的同时，为自由和道德保留了地盘。海德格尔通过人与动物行为的比较，表明人作为在时间中存在的有限存在者，必须承受生存论层面上的自由和必然。两位哲学家分别在不同的语境中，揭示了“算法”的局限性及其“泛人本主义”本质，人因为能够建立客观意义世界并超越它，而拥有不同于动物、人工智能和神的自由和尊严。①

自由与伦理的关系之于世界主义尤具重要意义。有学者指出，自由的世界主义强调每位个体都拥有人格自由、道德自由和意志自由，其内涵是对个体自由在自然法和基本人性意义上的确认。自由伦理的世界主义意味着自由伦理语境下的世界主义道德关系、道德权利和道德责任；在自由伦理的背景下，世界主义的自由个体成为自由的世界公民，但个体的自由边界须与其道德边界、关切边界和利益边界保持一致。自由伦理学的世界主义致力于探究如何实现此种一致性，它认为自由个体寻求世界主义意义上的自由个体间的契约关系——世界公民法——是必然选择。这可消解自由个体在社群范畴外的道德关系赤字与契约关系赤字以及传统自由理论的国际伦理困境，自由伦理学的目标和意义由此得以更好地实现和彰显，这种情形下的自由与自由伦理才是完整的，而建基于自由伦理学的世界主义因此成为自由伦理学在国际伦理领域的理论呈现。② 有学者还指出，现代民主法治国家的理论建构与实践展现的历史进程表明，作为国家最高统领的宪法规定了国家具有既保障民众人身安全又维护公民自由权利的双重功能与任务。就自由与安全两者的关系而言，毫无疑问，安全构成了自由之所以能够存在的前提条件，但安全仅仅是人达到其目的的手段，自由才是人真正的目的。鉴于国家权力的滥用造成的危害远甚于自然状态下人们失去安全时所遭受的苦难，故在国家保障安全与维护自由两种任务之间发生矛盾之时，应坚持把自由放在优先地位的价值导向，且这一点应在法律中得到明确的规定与制度的固化。③

（五）正义

传统伦理学认为，正义是具有相互性的主体之间的权利与义务关系，正义理论可以通过契约论的框架来解释。有学者指出，面对环境正义和代际正义问题，对正义的相互性理解受到挑战。传统正义概念的实质性内涵需要加以扩展：将相互性的有意志的主体关系扩展到无意志主体和不在场主体之间的关系；承认正义不仅存在于意志主

---

① 赵卫国、华锐：《大数据算法时代的自由和必然——从海德格尔的动物学研究入手》，《陕西师范大学学报（哲学社会科学版）》2020 年第 6 期。

② 张永义：《自由伦理学的世界主义论证》，《哲学动态》2020 年第 12 期。

③ 甘绍平：《自由与安全的伦理困境》，《湖北大学学报（哲学社会科学版）》2020 年第 2 期。

体之间，而且存在于意志主体与理由主体之间。[①] 依据人类实践活动原则的不同，可以将生存空间划分为实在对象领域、交往活动领域和内在体验领域。正义作为揭示交往活动原则的规范性范畴，具有不同于事实性范畴和感受性范畴的基本性质。在交往活动领域，道德基本价值是利他性的奉献，而政治基本价值是公平性的平等，两者分别围绕着德性和权利构成交往活动领域的基本价值，但它们本身都还不是正义。正义是在个体主体性权利得到承认的基础上超越个体立场对他者的奉献，是利他德性和平等权利相统一的价值，因此是交往活动领域的根本价值。正义价值的形成需要主体性的共在意识、平等权利基础上的同情心以及作为二者统一的正义感。正义感就是在权利平等基础上与他者分享善品和分担不良事物的共在精神。[②] 正义理论通常被认为不应该涉及"至善"领域，"正义问题"与"幸福问题"应分属两个不同的领域，所以伦理学家很少用"幸福"论证正义制度和说明个体的正义行为，而多是从"利益"和"尊严"出发论证正义理论的合理性。但在理论结构上，从"利益"出发的"财产中心正义观"存在着不可自洽的缺陷，从"尊严"出发的"主体中心正义观"通过扩充前者的信息基础在一定程度上做了弥补，但"尊严"概念本身对社会合作和正义动机的解释力都稍显不足。赵汀阳教授用"可能生活"重新诠释了"幸福"概念，认为"幸福"的实现在于"可能生活"的多寡，借用这一概念，进一步扩充"主体中心正义观"的信息基础，一方面可以使得正义理论的结构更为自洽，另一方面在社会"正义"和人们"幸福"之间搭建了可能性桥梁。[③]

关于马克思的正义理论，有学者认为，在伍德、塔克尔、布坎南等西方学者或以"交换论"，或以"保守论"，或以"超越论"等论据证明"马克思反对正义"时，他们显然误解了马克思正义理论的批判精神、唯物主义本质、历史性特征，以及正义建构的经济—阶级性格。实际上，马克思通过"社会生产整体"的分析方式揭露了资本购买劳动力从表面上公平交换到实质上无偿占有这一"辩证的转变"的过程，因此，"交换论"是对马克思的误解；马克思的确反对抽象正义观或道德化正义观思考正义问题的立场、方法和具体观点，但并不否定和排斥正义这一范畴，而将其纳入历史唯物主义的体系之中，赋予正义以实践性和现实根基，使之成为借以展开历史变革力量分析的概念，"保守主义"的担忧也并没有使马克思走向反对正义的道路；马克思认为随着生产力的高度发达、劳动分工和对立的消除、生产资料的阶级垄断和剥削的消失等条件的出现，共产主义社会将超越法权正义，走向实质正义，实施按需分配这一高阶位正义原则，因此断定马克思认为正义在共产主义社会将变得多余而反对

---

① 龚群、兰超：《论传统正义概念的困境及其扩展》，《哲学分析》2020 年第 6 期。

② 罗骞：《作为交往活动领域根本价值的正义概念》，《中国人民大学学报》2020 年第 5 期。

③ 周晓：《正义能否从"幸福"出发》，《道德与文明》2020 年第 3 期。

正义的“超越论”不攻自破。[①] 也有学者指出，“马克思缘何批判资本主义”成为“塔克—伍德命题”相关争论的核心问题。乔治·G. 布伦克特认为答案是自由而非正义，在马克思眼中，自由优于正义，正义受生产方式决定，具有意识形态性；而自由具有超越性的一面，它最终是每个人能力的充分发展。布伦克特重释了马克思的“自由”观的双重含义和三个维度，并将马克思用于批判资本主义的“自由”划入道德范畴，进而把马克思的伦理道德观看作一种美德伦理学。事实上，马克思持有双重正义观，也隐含了对“自由”的形式与实质的对比；正义和自由都是马克思审视资本主义的不同角度；二者统一于马克思的“人类学”视角。布伦克特的观点既是对这一难题的独特解答，同时他的理论构建也存在着“具有超越性的‘自由’如何进入道德范畴”等逻辑难题。[②]

① 魏传光：《交换正义、保守主义与超越正义——对“马克思反对正义”的批判》，《东南学术》2020 年第 3 期。

② 李星：《正义还是自由：马克思批判资本主义的价值尺度——布伦克特对“马克思缘何批判资本主义”的解答》，《海南大学学报（人文社会科学版）》2020 年第 2 期。

2020年马克思主义伦理学研究报告

张　霄　刘武阳*

2020年，马克思主义伦理学仍是伦理学研究的一个热点问题，经过国内学界多年的探索与酝酿，相关研究在对于经典文本分析的基础上也显现出更加扎实的理论基础与深入的问题意识。更为重要的是，马克思主义伦理思想研究是新时期中国伦理学的重要起点，构成了中国伦理学界近四十年来的主要脉络和优良传统，国内马克思主义伦理学研究从一开始就特别注重本土的伦理传统与中国特色，这与马克思主义研究在国内的兴盛和老一辈马克思主义伦理学研究者的开创性贡献息息相关。总的来说，2020年马克思主义伦理学研究所涉及的主题主要包括：马克思主义伦理学基础理论研究、马克思主义伦理思想史研究、国外马克思主义伦理学研究、中国化马克思主义伦理学研究四个方面。

一　马克思主义伦理学基础理论研究

在2020年马克思主义伦理学基础理论研究中，主要涉及对马克思的经典文本中的思想转变、道德理论、意识形态理论、政治经济学的伦理维度等相关内容的分析与探讨，相对于往年来说，这些研究有了更加丰富的内容与更为深入的探索。

1845年春，马克思在笔记中写下了被恩格斯誉为“包含着新世界观的天才萌芽的第一个文献”——《关于费尔巴哈的提纲》。一年之后，两人合作完成了《德意志意识形态》，第一次正面系统地阐述了历史唯物主义，完成了世界观的革命。

张霄认为，这场革命不仅对一般哲学问题，而且对伦理学来说也具有划时代意义，即伦理学不但深度参与了两人的思想变革，而且在这个变革过程中变革了自身。而这个变革可以描述为：从基于形而上学的法哲学转变为基于社会理论（政治经济

---

* 张霄，1979年生，江苏南京人，中国人民大学哲学院教授，研究方向为马克思主义伦理学，应用伦理学。刘武阳，1993年生，河南许昌人，中国人民大学哲学院伦理学专业博士研究生，研究方向为应用伦理学与马克思主义伦理学。

学+社会主义和共产主义学说）的社会伦理思想。与此同时，这个变革经历了三个环节：一是通过对思辨哲学的批判，破除了传统伦理学的形而上学基础；二是通过阐述18世纪法国唯物主义与19世纪英国、法国共产主义的关系，指明了道德的基础是“正确理解的利益”；三是借助对政治经济学的社会分析，确立了经济利益与社会道德的伦理关系。这三个环节环环相扣，既是马克思恩格斯世界观革命的必经之路，也是两人革新伦理学的必要条件。在此基础上，作者进一步从对思辨哲学的批判：反形而上学的伦理学意义，唯物主义的立论；被正确理解的利益是全部道德的原则，政治经济学的社会分析；建立经济利益与社会道德的伦理关系三个方面去分析、揭示与论证了这一过程和转变。进而指出，1844年至1846年，马克思所经历的世界观革命既有自由价值参与其中，也对伦理学理论产生了划时代的影响。从总体上看，这个变革为伦理学置换了一个基础理论，即把基于某种对人的认识的哲学理论置换成基于对经济生活的认识的社会理论。由此，伦理学从法哲学变成了社会伦理学。①

“元伦理学”（meta-ethics）是20世纪西方伦理思潮的主脉之一，人们通常把这派伦理学称为“分析伦理学”（analytic ethics）或“批判伦理学”（critical ethics）。

曾俊认为，20世纪70年代由“塔克—伍德”命题所引发的关于马克思主义正义原则的争论，赞成与反对的双方事实上都未能找出证实或证伪马克思正义原则的足够依据。而这一命题提出的初衷是厘清“正义”“自由”“权利”等政治哲学概念在历史唯物主义理论中的内涵，但也引发了对历史唯物主义伦理学研究自身“确证性”的思考。因此，作者认为，虽然马克思主义理论视域内的“元伦理学”不同于一般元伦理学，而“指的是德性活动、伦理审慎、政治决断由以发生其中的社会制度安排”，但元伦理学的研究方法为马克思主义伦理学的构建提供了新的思路：对马克思主义伦理学的研究不必拘泥于是否能够从经典文本中“提取”出有关正义原则、道德原则的思想资源；而应该系统梳理历史唯物主义中的伦理逻辑，厘清马克思道德观念与历史唯物主义基本原理之间的内在关联，澄明马克思主义伦理学所依据的思想前提与理论基础，并基于经典文本回答马克思伦理思想中所存在的“二阶问题”——“道德原则”与“自然事实”如何还原的问题。②

张霄提出，“小马伦”是对马克思恩格斯伦理思想（伦理学）的简称。“大马伦”是对“小马伦”的延伸，即马克思主义伦理思想（伦理学）的研究。“小马伦”就是由社会伦理学和包括道德哲学与政治哲学在内的法哲学组成的，社会伦理学替换的就是黑格尔法哲学里的自我意识哲学。“大马伦”是对“小马伦”的延伸，而从“小马伦”里的马克思恩格斯到“大马伦”里的马克思主义，这种延伸至少包含两个

① 张霄：《从法哲学到社会伦理学：马克思世界观变革中的道德图景》，《马克思主义与现实》2020年第1期。

② 曾俊：《“塔克—伍德”命题的元伦理学“提示”——兼论马克思伦理思想中的“二阶问题”》，《齐鲁学刊》2020年第5期。

方面：马克思恩格斯没有明确提出，但的确可以从他们的立场、观点和方法中推断出的伦理思想和伦理学研究，即具有马克思主义性质的伦理思想和伦理学研究，这两个方面既相对独立，又有相互依存的关系。①

《黑格尔法哲学批判》早在1927年就在苏联发表，但国外学界对它的充分研究直至20世纪60年代才逐渐展开，而国内学界的研究则更晚。不过，自20世纪90年代以来，中国学人对其不断增长的兴趣迄今仍未减退。

李义天、王也认为，就目前来说，对《黑格尔法哲学批判》的研究通常会选择两条进路。其一，探讨其内容与马克思“成熟时期”思想之间的关系，识别其在马克思思想发展中的地位。其二，对马克思关于市民社会与国家关系等方面的论述进行提炼总结，试图呈现马克思宏大理论叙事的雏形。但这两种进路都有各自的局限性，如何在历史的语境中理解二者的思想交锋，仍是一个亟待深入的话题。因为在《黑格尔法哲学批判》中，马克思通过辨析黑格尔立法权概念的现实性，批判了黑格尔法哲学的政治保守性及其规范性的缺失。而在马克思看来，对黑格尔立法权概念的批判并非批判的“原本”，而只是用以批判当时普鲁士国家君主专制制度的“副本”。所以，我们一旦进入思想的历史语境，将发现马克思关注的并不是某种法哲学是否具有规范性的理论问题，而是规范性的法哲学如何映射和引导政治变革的实践问题，它要求人们在现实的历史活动中探究规范性的来源与作用。这不仅是马克思针对黑格尔法哲学的批判在德国观念论之外所能够生发出来的重要意义，而且是对人们习以为常的伦理规范性概念的扬弃与更新。②

法国结构主义马克思主义者阿尔都塞曾言：“把《资本论》归结为伦理学的构想是一种儿戏。”③ 他认为，《资本论》就其所包含的内容“可以说是整个人类史上三大科学发现之一，即概念体系（因而是科学理论）的发现，由于这一发现，一个可以称之为‘历史大陆’的领域向科学知识敞开了大门”。④

因此，肖祥提出，《资本论》的历史科学性主要体现在对资本主义经济运行规律的正确揭示和对古典政治经济学人本主义主体论的批判上，所以探讨《资本论》的（主体）伦理道德问题无疑是对其科学性的歪曲或遮蔽，对《资本论》进行伦理解读是不应该也是不可能的。此外，无视《资本论》的价值旨趣和价值批判功能，以实证主义科学性要求对待马克思主义，将科学性与价值性进行人为割裂，认为马克思主

---

① 张霄：《“大马伦”与“小马伦”：马克思主义伦理学研究的两个概念》，载吴付来主编《马克思主义与伦理学（第1辑）》，社会科学文献出版社2020年版。

② 李义天、王也：《法哲学的规范性及其历史语境——论马克思对黑格尔立法权概念的批判》，载吴付来主编《马克思主义与伦理学（第1辑）》，社会科学文献出版社2020年版。

③ ［法］路易·阿尔都塞、艾蒂安·巴里巴尔：《读〈资本论〉》，李其庆、冯文光译，中央编译出版社2017年版，第155页。

④ ［法］阿尔都塞：《列宁与哲学》，杜章智译，中国台北：远流出版事业股份有限公司1990年版，第75页。

义作为科学理论是排斥道德的，试图将马克思主义变成一门适应现代资本分析的中立科学，这不是对马克思主义科学性的捍卫，而是一种曲解或误读。基于以上分析，作者进一步提出，一方面唯物史观和辩证法在《资本论》中的科学运用，不仅为资本批判提供了历史辩证的科学方法，而且为马克思主义伦理学的创立提供了方法论支撑；另一方面《资本论》对资本主义社会道德现象的批判则阐明和厘清了伦理学的一系列根本问题，为马克思主义伦理学确定了清晰的问题域，从而使马克思主义伦理学成为一门能够正确阐明社会道德的科学理论。①

20 世纪 70 年代以来，英美分析马克思主义围绕马克思是否以正义之名批判资本主义，开启了一场持续深入的“正义之争”，随后这场争论进一步拓展到马克思与道德的关系问题之争，从而引发了学界对马克思主义伦理学的持续关注和研究。马克思到底有没有其自身的伦理学是这场争论的核心论题。

在此背景下，吴照玉认为，马克思一方面批判作为意识形态的道德的虚幻性，另一方面又明确表达了对资本主义社会的道德义愤以及对未来社会的道德憧憬，马克思文本中的这一道德难题构成了马克思伦理学的原初语境。而布伦克特通过重释历史唯物主义与伦理学之间的关系，构建了以自由为核心的马克思伦理思想，回应了马克思的道德难题。然而布伦克特将自由上升到本体论的高度，自由被看作衡量个人以及社会发展和进步的标准，这样一来，自由在布伦克特那里就被描绘成一种抽象的价值实体，这一解读在一定程度上背离了历史唯物主义的基本原则。因此，重新回到分析马克思主义在道德问题上面临的难题，就会发现，马克思的思想中同时包含了两个方面，历史唯物主义是科学性和价值性的统一。一方面，马克思运用政治经济学的方式对人类社会的发展规律进行了科学的解释；另一方面，马克思主义哲学又关心人的自由和解放问题，人道主义诉求是马克思主义哲学的重要内涵。马克思主义哲学中的这两个方面不是割裂的，而是相辅相成的。与此同时，作者提出，麦金太尔一直遗憾马克思没能在其理论中构建一套完整的无产阶级伦理观。但事实上，马克思在谈论伦理价值时并非没有主体性，他在对资本主义进行批判和建构共产主义的过程中，始终存在着一个人类视角，即马克思在《关于费尔巴哈的提纲》中明确阐述的：“旧唯物主义的立脚点是市民社会，新唯物主义的立脚点则是人类社会或社会的人类。”② 所以，麦金太尔所说的新社会制度的欲望和需要始终体现在马克思的文本中，未来共产主义社会中人的自由和发展始终是马克思思想的最高命题。③

基于以上背景，王静也认为，凯·尼尔森既不满于“道德主义”的辩护路径，也难以接受“非道德主义”的结论。他站在历史唯物主义的立场上，着重剖析了伍

① 肖祥：《〈资本论〉中马克思主义伦理学的理论旨趣》，《马克思主义研究》2020 年第 2 期。

② 《马克思恩格斯选集》第一卷，人民出版社 2012 年版，第 136 页。

③ 吴照玉：《道德难题与自由伦理学——马克思伦理学的原初命题与布伦克特的回答》，《道德与文明》2020 年第 6 期。

德的非道德主义正义观和科恩的道德主义正义观，提出了基于语境主义的道德社会学和基于时间性辩证法的层级性辩证法，以试图融贯两派观点中合理的部分，从而对马克思正义概念给出一种科学的而又不拒斥道德的阐释方案：首先，道德社会学视野下的正义不必被拒斥；其次，辩证法视野下的正义多重视角不会冲突；最后，共产主义社会是正义的社会。因此，尼尔森在马克思主义内部为正义开拓了一块生存空间，并对共产主义社会的正义原则进行了有益探索，为我们进一步激发马克思主义的理论活力提供了富有启迪性的研究范式。①

恩格斯在《反杜林论》里说："人们自觉地或不自觉地，归根到底总是从他们阶级地位所依据的实际关系中——从他们进行生产和交换的经济关系中，获得自己的伦理观念。"但是，马克思和恩格斯从未明确地告诉我们：人们是"如何"从进行生产和交换的经济关系中获得伦理观念的，人们又能从这些经济关系中获得"怎样"的伦理观念。

张霄通过对《资本论》第一卷第四章结尾文本中马克思关于资产阶级所鼓吹的价值观念的反讽的分析，认为从中可以找到马克思批判这些观念的价值标准，找出渗透在马克思政治经济学批判中的伦理道德观念。作者通过对其中的四个概念：自由、平等、所有权、边沁的伦理含义的分析，指出马克思在"经济关系人格化"这个概念中谈论的经济伦理问题是一种"第三人称视角"的认识论图景。但伦理学研究也不能缺少以"第一人称"为视角的图景，这个图景是行动的图景，即从认识论的图景看伦理行动，行动的图景是自在的图景。因此，马克思的伦理学提供的基于"第三人称视角"的认识论图景为开发"第一人称视角"的规范伦理学奠定了基础。②

杜林通过《哲学教程——严格的科学世界观和人生观》等著作，阐述了包括伦理学在内的折中主义哲学，对马克思主义哲学伦理学发起了全面挑战，在社会上尤其在工人运动中造成了极大的价值观混乱。为此，恩格斯专门写作了《反杜林论》，深刻揭露了杜林道德观的错误。

因此，丁雪枫首先从道德方法的机械唯心性、道德原则的绝对性、道德目标的狭隘性三个方面论述了杜林绝对道德观的缺陷，并认为这是其被批判的重要根源。其次，对恩格斯关于杜林三个层面的批判，即具体的道德方法、阶级的道德原则、发展的道德目标，进行了相对详细的分析与阐释。进而指出恩格斯的辩证道德观对杜林绝对道德观的价值颠覆，促进了以辩证唯物的道德方法、无产阶级性质的道德原则、"真正人"的道德目标等为主要维度的马克思主义伦理观的生成。最后提出，加强恩格斯辩证道德观对杜林绝对道德观的价值颠覆研究，对于从理论上驳斥马克思主义经

---

① 王静：《在伍德与科恩之间——凯·尼尔森对马克思正义概念的辩护与阐释》，载吴付来主编《马克思主义与伦理学（第2辑）》，社会科学文献出版社2020年版。

② 张霄：《马克思政治经济学的伦理维度——以〈资本论〉第一卷为例》，《伦理学研究》2020年第1期。

典作家伦理思想缺失的错误观点，对于推进马克思主义伦理研究系统化、深刻化，都具有重要意义。①

马克思主义研究史上很久以来就存在着“人道的马克思主义”和“科学的马克思主义”的对立。在对两者的整合中，“分析的马克思主义”力图借助“分析哲学”的方法和“事实与价值相融合”的立场，重建马克思的道德观，以求在新的形势下用它来论证社会主义的优势。

魏传光认为，虽然“分析的马克思主义”对马克思的著作中道德价值要素的挖掘极大地丰富和发展了马克思的道德观，但重建过程困难重重，分歧很大。其中一个重要原因是马克思的成熟著作中很难找到道德理论的明确表述，而这与马克思根本没有打算建构任何道德理论体系的基本立场有关。相对而言，恩格斯比马克思更直观地讨论了道德问题，所以梳理和分析恩格斯在《反杜林论》中的道德阐释是系统、融贯、清晰地表述“马克思主义的道德基础”必不可少的文本依据。而且恩格斯在《反杜林论》中，对杜林用“永恒正义”“永恒道德”构建的“道德巴别塔”的批判基本涵盖了马克思主义道德观的关键议题。此外，用“分析的方法”，把对“永恒道德”的批判置于马克思恩格斯对德国古典哲学理念性、抽象性特性批判的思想背景中，并思考“永恒道德”与“革命意识”的内在逻辑关系，是深化理解马克思主义道德观的不容忽视的学术路径。②

马克思的思想具有实践理论的特点，这是学术界逐渐认可的结论。然而，实践具有不同的含义，实践哲学具有不同的传统，这使得对马克思实践理论的理解仍然歧义颇多，从而，对马克思实践理论在哲学史上和批判资本主义现实中的革命意义的理解也成为问题。

丁立群认为，马克思哲学具有丰富的实践内涵。首先，与亚里士多德的“伦理—政治”实践哲学有着内在的继承、超越关系。亚里士多德区分了实践和制作，实践是以自身为目的的活动，制作则是目的在自身之外的手段性的活动，据此，他把二者完全对立起来，马克思的实践理论的最终主旨是二者的统一，是人的完成和全面发展，这既继承了亚里士多德的实践哲学思想，又克服了实践与制作二元化的弊端。其次，马克思以“劳动”“社会”和“人类解放”三个范畴转换了“伦理—政治”实践哲学传统的基本范式，开创了“劳动—社会”的实践理论，即以“劳动”为普遍实践的原型，把传统实践哲学当作非人活动的劳动提升为人类普遍的本质活动，赋予劳动阶级以一种普遍的实践主体性，使实践不再是一种“精英”主义的贵族活动；同时把实践由伦理政治领域转换到人类活动的基础层面——社会领域，拓展了实践理

---

① 丁雪枫：《论恩格斯辩证道德观对杜林绝对道德观的价值颠覆》，《毛泽东邓小平理论研究》2020 年第 5 期。

② 魏传光：《“道德巴别塔”批判——评〈反杜林论〉中恩格斯对“永恒道德”的驳斥》，载吴付来主编《马克思主义与伦理学（第 2 辑）》，社会科学文献出版社 2020 年版。

论的广度和深度；而且用社会解放代替了传统实践哲学狭隘的政治解放，使实践理论成为无产阶级革命和人类解放的理论。最后，作者提出，与传统的“实践—政治共同体—人的政治本质—政治革命—政治解放”不同，马克思构建了“劳动（实践）—社会共同体—人的社会本质—社会革命—人类解放”的全新理论。①

麦金太尔是著名伦理学家，德性伦理学当代复兴的代表人物。《追寻德性》不仅是他在德性论研究领域的力作，也是他久负盛名的学术精品。由于麦金太尔早年参加过左翼活动，而《追寻德性》中也不乏对马克思主义伦理学的评价。因此，有不少学者会把麦金太尔的伦理思想和马克思主义联系起来加以考察。

张霄提出，马克思在《资本论》第一卷中把未来社会描绘成一个“自由人的联合体”，这些自由的个人赞成对生产资料的共同所有权，赞同各种有关生产和分配的规范。但马克思并没有告诉我们，这些自由个人之间“自由联合”的基础是什么。在这个关键问题上，马克思留有空白，而后继的马克思主义者并不能充分地填补这个空白。所以这就不难理解，为什么那些后来的马克思主义者会把抽象的道德原则和功利条件当作“联合”的基础。这样一来，马克思主义者在实践上所采取的道德态度，恰恰就是他们把别人谴责为意识形态的那种道德。② 所以，对马克思主义来说，这里的关键问题是如何从道德上理解自由个人的现代联合问题。在此背景下，作者认为，麦金太尔早年试图用被德性论拯救过的马克思主义道德概念批判启蒙以来的自由个人主义传统。但在后来，由于他认为马克思主义也是启蒙以来自由个人主义传统的产儿，麦金太尔放弃了对马克思主义的信仰，转而进入专门的德性伦理学研究。麦金太尔看到更多的是资本主义在文化和社会心理上所造成的割裂与分离及其在思想史上反映出来的理论嬗变，他并没有在深入马克思政治经济学的基础上运用他的社会理论，正因为如此，他虽然看到了自由个人主义与马克思主义的关联，却并没有看到后者对前者的超越。因此，他最终选择退出资本主义社会生活的核心地带，转而寻求回归传统德性共同体生活方式的实践筹划是消极而保守的。但是，马克思政治经济学才是麦金太尔德性理论的打开方式，如果在马克思的政治经济学中还原马克思的社会理论，就可以从经济关系人格化的角度看到自由个人现代联合的客观基础。以这个被改造了的社会理论为基础，可以重新激活麦金太尔的德性理论，开发出更多对构建马克思主义伦理学有益的资源。③

对于伦理道德问题，马克思并没有像他之前的哲学家，如亚里士多德和康德那样，留下一套规范的伦理学体系。就如艾伦·伍德所说：“也许马克思在抨击资本主义社会的过程中展示了他所接受的某种价值观，但他几乎从未论及这些价值观是什

① 丁立群：《马克思与亚里士多德：实践理论范式的转换》，《哲学研究》2020 年第 6 期。

② Alasdair Macintyre, *After Virtue: A Study in Moral Theory*, University of Notre Dame Press, 2007, p. 261.

③ 张霄：《经济关系的人格化与自由个人的现代联合——从马克思的社会学看麦金太尔的德性论》，《江苏行政学院学报》2020 年第 4 期。

么，或者它们如何可能在哲学上得到辩护。”① 因此，马克思与道德之间的关系一直是一个具有争议性的论题。

基于此背景，张彦等人认为从20世纪70年代起，诸多西方学者开始着手重建马克思的道德理论，在这个过程中，马克思的道德观曾被归类于几乎任何一种道德理论类型，目的论是其中的一种主要形式。事实上，在《1844年经济学哲学手稿》以后，马克思逐步摆脱了费尔巴哈人本主义的影响，尤其是在人的本质这一核心观点上实现了重要变革，抛弃了《1844年经济学哲学手稿》中抽象的人的“类本质”，转向了对现实的、历史的人的关注。非功利主义目的论者忽视了马克思在人的本质观点上的思想转变，仍抓住《1844年经济学哲学手稿》中留存的人本主义遗迹和以抽象的、理想化的人的本质为出发点的思辨逻辑，忽视马克思在创立历史唯物主义过程中与费尔巴哈人本主义的决裂和对黑格尔哲学的“清算”以及历史唯物主义提供的历史性解释原则对于理解和构建马克思道德理论的根本性意义，片面地发展了这种以抽象的、理想化的人的“类本质”为基础的人本主义和目的论，在马克思道德理论中勾勒出抽象的“人的本质”来发展一套超越历史的普遍性道德规范，以此缝合事实与价值之间的裂隙。这与创立历史唯物主义之后的马克思立足于人所具有的具体的历史的社会特质，关注社会历史中现实的人的做法相悖，因而只是一种具有历史限度的理论建构。最后，作者提出，道德作为伦理观念范畴，必须在具体的历史境况中去理解，正如恩格斯代表历史唯物主义者所强调的：“一切以往的道德论归根到底都是当时的社会经济状况的产物。”② 这也是正确理解马克思道德观和构建马克思主义道德理论的根本原则。③

20世纪下半叶以来，大规模杀伤性武器的出现以及资源、环境、人口、气候等领域的变化，直接对人类的生存构成威胁。为了继续生存，人类文明必须改变原有的价值目标，寻找新的发展方向——新的轴心时代。

安启念认为，迄今为止人类一直处在物的支配之下，一切服从物质生产需要。这是人类文明陷入危机的深层原因，而新轴心时代将逐步实现人对物的支配。这也意味着旨在处理人与人、人与自然关系的伦理学，将在社会生活中获得独立地位，发挥前所未有的重要作用。而伦理学特别是马克思主义伦理学，将处于未来自由王国的中心地位，发挥决定性的作用。因为按照马克思恩格斯的设想，作为人的自由王国的共产主义社会，以无愧于人的本性实现人的个性的自由全面发展为宗旨的伦理学，即共产主义时代的马克思主义伦理学，将是人类全部社会生活的指导原则。那将是一个伦理学，马克思主义伦理学，在全部人文社会科学理论中，甚至是在全部社会生活中，处

① ［美］A. 伍德：《马克思与道德》，王颖译，《马克思主义与现实》2018年第1期。
② 马克思、恩格斯：《马克思恩格斯文集（第九卷）》，人民出版社2009年版。
③ 张彦、李家祥：《马克思道德理论：非功利主义目的论及其限度》，《伦理学研究》2020年第4期。

于核心地位引领人类文明的时代。①

二 马克思主义伦理思想史研究

马克思主义伦理思想史是马克思主义思想史的一部分，也是现代伦理思想史的一部分。在2020年对马克思主义伦理思想史的研究中，主要包括对马克思主义伦理思想史不同阶段的梳理与总结、20世纪上半叶马克思主义伦理学的发展两个方面，相比于往年来说，这些研究形成了更加客观、深入的探讨与发展，也为此后的研究奠定了基础。

李义天认为，我们不仅要关注那些通过马克思、恩格斯本人，马克思主义者或马克思主义研究者的文本所直接呈现出来的论证与表述，还要揭示这些论证与表述所形成的思想线索、观念谱系与演进规律。据此，马克思主义伦理思想史可被大致划分为四个阶段：19世纪40年代至90年代（马克思、恩格斯的思想初创至他们相继逝世）；19世纪90年代至20世纪40年代（恩格斯逝世以后至第二次世界大战）；20世纪40年代至90年代（第二次世界大战之后至东欧剧变）；20世纪90年代至今（苏东剧变以后）。在此基础上，作者指出，所谓“马克思主义伦理思想史”，与其说它是在经典作家那里就已经形成的一种稳定的伦理思想范式，从而在后续历史阶段上经由不同思想家的阐释而有所变化和不断展开，不如说它是通过思想家们针对“何为马克思主义伦理思想”的不断反思和诘问而建构的。换言之，它不是由关于同一个问题的同一个答案的不同形式构成的，而是由关于同一个问题的不同答案构成的；不是共同的答案将它们串联在一起，而是共同的问题将它们串联在一起。②

20世纪上半叶的马克思主义伦理思想是指恩格斯逝世以后至英美马克思主义开始兴盛之前长达半个世纪的马克思主义伦理思想的发展。这一时期马克思主义伦理思想的焦点问题研究是马克思主义伦理学研究中一个重大的、长期存在争论的话题。

曲红梅通过对当代西方与国内关于马克思主义伦理学研究成果的分析，认为当下的马克思主义伦理学研究在思考马克思主义伦理思想的发展逻辑和轨迹时存在“重视两头，忽视中间”的现象。也就是说，学者们更多关注马克思和恩格斯原初的伦理思想，关注马克思主义伦理思想的当代阐释，但关于20世纪上半叶马克思主义伦理思想的专门研究并不多。但是，从整个马克思主义伦理思想的发展历程来看，正是由于20世纪上半叶人们在理论和实践中的曲折探索，才使得在马克思、恩格斯那里尚未形成体系的马克思主义伦理思想不断丰富和发展，同时也为20世纪下半叶学界

① 安启念：《新轴心时代与马克思主义伦理学》，载吴付来主编《马克思主义与伦理学（第2辑）》，社会科学文献出版社2020年版。

② 李义天：《马克思主义伦理思想史：内涵与分期》，《吉林大学社会科学学报》2020年第2期。

关于马克思主义伦理思想的热烈讨论提供了思想资源和问题阈。纵观20世纪上半叶马克思主义伦理思想发展史中的若干重要争论事件，作者深入分析了这一时期关于马克思主义伦理思想的三次争论。通过分析，作者提出，20世纪上半叶丰富的马克思主义研究资源所展现出的焦点问题对于今天的马克思主义伦理学研究仍然具有重大意义，在批判性地理解和吸收这些成果的基础上，可以发现，现代西方道德哲学和当代西方道德哲学都不可能为马克思主义伦理学提供合理的解释框架。而且以历史唯物主义为哲学观和方法论，理解马克思意义上的“人道主义”“意识形态”“正义”“道德”等概念，将会瓦解所谓的“马克思主义伦理思想内部的冲突”，确立马克思主义伦理观。①

作为马克思主义伦理学的历史基础和主要内容，当代马克思主义伦理思想史研究具有重要的意义。

武卉昕从当代马克思主义伦理思想史研究的主要议题与学理依据两个方面进行了论述。从主要议题来讲，当代马克思伦理思想史的研究主要致力于世界范围的马克思主义伦理思想的发展历程。在结构形态上，广义的马克思主义伦理思想至少经历了经典马克思主义阶段，列宁主义阶段，苏联、东欧马克思主义阶段，新中国对马克思主义伦理思想的探索四个发展阶段，这些都是马克思主义思想史研究的主要内容。而从学理依据来说，当代马克思主义伦理思想史研究的主题内容决定了其研究的学理依据，我们需要遵循经典作家的道德观、坚持“史论结合”的原则、遵循伦理话语的内部统一、遵循伦理思想发展的历史规律、尊重道德评价的真理基础。因为马克思主义伦理思想史研究的核心人物与其他伦理学研究不同，它不是道德解释，而是道德批评和道德引导，是在总结思想史及其本质秉持的规律之后，找到那些能够给我国现阶段道德建设和解决我国社会面临的道德问题提供借鉴和参考的东西，是提升普通民众的道德素质，为建设中国特色的社会主义道德提供理论支持的基础。②

改革开放40年来，中国马克思主义伦理学研究成绩斐然，在学科上建构了中国特色马克思主义论理学的学科体系和学术体系，在理论上推进了马克思主义伦理思想的中国化，在实践上建构了中国特色社会主义伦理秩序，不仅开辟了马克思主义伦理学中国化的新境界，也极大地深化了社会主义精神文明建设和道德建设。

肖祥、李建华认为，改革开放40年中国马克思主义伦理学发展构成了中国伦理思想史和马克思主义伦理思想史的重要组成部分。他们认为，改革开放以来，中国马克思主义伦理学的发展可以分为三个时期：1978—1992年是中国马克思主义伦理学理论体系的形成时期；1993—2012年是中国马克思主义伦理学继续理论推进的繁荣

① 曲红梅：《二十世纪上半叶马克思主义伦理思想的焦点问题》，《伦理学研究》2020年第1期。

② 武卉昕：《当代马克思主义伦理思想史研究的主题及学理依据》，载吴付来主编《马克思主义与伦理学（第1辑）》，社会科学文献出版社2020年版。

发展时期；党的十八大以后，中国马克思主义伦理学研究迈入新时代。纵观改革开放40年，中国马克思主义伦理学研究成效显著、成果喜人，不仅在学科建设方面取得了巨大成就，也在理论研究上实现了繁荣发展；不仅开辟了中国马克思主义伦理学中国化的新境界，也推进了社会主义道德建设和精神文明建设，建构了中国特色社会主义伦理秩序。未来，中国马克思主义伦理学研究面临的主要任务是破解市场经济建设的“伦理瓶颈”、强化社会主义核心价值认同、促进社会伦理整合、增强中国特色社会主义伦理自信、建设具有中国特色中国风格中国气派的伦理学新形态。[①]

三 国外马克思主义伦理学研究

2020年，在国外马克思主义伦理学的研究中，主要包括对21世纪以来英语学界的马克思主义伦理学研究新动向与俄罗斯马克思主义伦理学研究的存在主义人类学转向两个方面，相比于往年来说，在范围与深度方面，都有一定的新发展。

21世纪以来，随着社会不平等以及阶层分化等问题以新的形式呈现，部分英美学者试图从马克思主义理论中寻找解决社会问题的资源。2005年以后，在英语学界中以肖恩·塞耶斯、保罗·布莱克里奇、比尔·马丁、迈克·汤普森、杰夫·诺南、乔治·麦卡锡和诺曼·阿瑟·费舍尔等为代表的研究者分别对马克思主义伦理学进行了集中探讨。这一研究动向除了在时间上具有“最新”的特点，在理论上也表现出与以往研究不同的新态势。

韦庭学从这些研究者各自的理论着力点出发，认为他们的研究主要表现为三个方面内容：第一，对分析的马克思主义在平等主义的自由主义理论构架内重构马克思主义伦理学的做法进行反思、批判，并试图恢复团结、人的自我实现和生活充足等价值准则在构建马克思主义伦理学中的作用；第二，追根溯源，考察马克思主义与“亚里士多德—黑格尔”哲学传统以及西方主流政治理论之间的关系，为马克思主义伦理学寻找更加坚实和清晰的理论基础；第三，重新考察马克思主义理论中的“事实—价值”关系问题，克服历史唯物主义理论中的科学性与规范性之间的矛盾，为马克思主义伦理学建立方法论基础。[②] 在此基础上，作者以诺南、麦卡锡、费舍尔、汤普森等人的理论线索为依据，综合介绍和分析了他们对马克思主义伦理学的建构路径。

当代俄罗斯马克思主义研究在经历了苏联解体前后的低谷时期后逐渐复兴，其复兴及趋势特点为马克思主义伦理学研究的转向提供了学术空间。

① 肖祥、李建华：《改革开放四十年中国马克思主义伦理学研究回眸与展望》，载吴付来主编《马克思主义与伦理学（第1辑）》，社会科学文献出版社2020年版。

② 韦庭学：《21世纪以来英语学界的马克思主义伦理学研究新动向》，《马克思主义与现实》2020年第2期。

武卉昕认为，存在主义人类学转向是当代俄罗斯马克思主义伦理学研究的趋势特点。当代俄罗斯马克思主义研究复兴下的存在主义人类学转向和趋势影响了具体学科的研究路径，包括马克思主义伦理学的研究基点、研究内容和方法。其中，“人之主体性”的研究基点、哲学人类学的方法特色、存在主义的伦理阐释方式、对道德主体的价值定位、对道德精神史的认知、对后资本主义社会新矛盾的判断等奠定了当代俄罗斯马克思主义伦理学研究存在主义人类学范式的研究基础。与此同时，在当代俄罗斯马克思主义研究的存在主义人类学转向对伦理学研究范式的影响中，揭示了社会科学方法论的创新与具体科学研究范式生成之间的逻辑关系，清晰地展现了当代俄罗斯伦理学，尤其是马克思主义伦理学研究的逻辑进路。[①]

四　中国化马克思主义伦理学研究

在2020年中国化马克思主义伦理学理论研究中，主要涉及在价值论的角度分析与推进当代中国马克思主义伦理学发展的研究，相比于往年来说，相关理论成果数量相对较少，但也呈现出新的方向与特点。

习近平总书记在党的十九大报告中提出要“深化马克思主义理论研究和建设，加快构建中国特色哲学社会科学”。伴随着中国特色社会主义进入新时代，中华民族伟大复兴的“中国梦”为哲学社会科学提出了新要求。在人类文明步入“命运共同体”以及中国社会发展进入“关键节点”的背景下，当代中国马克思主义伦理学研究正成为推进新时代中国特色社会主义伦理学理论创新、推动马克思主义伦理学中国化的重要力量。

高国希等认为，从价值论切入马克思主义伦理学，揭示马克思主义伦理学的价值之维，书写“做中国伦理学”的价值方案，是开展当代中国马克思主义伦理学研究的重要思路。其主要内容有以下四个方面：第一，当代中国马克思主义伦理学研究需要直面中国现代性社会所面临的种种价值境遇。它是伦理学在当下中国社会所要直面的思想背景和精神氛围，也是当代中国马克思主义伦理学建构所要立足的观念前提。第二，应从价值论的角度推进当代中国马克思主义伦理学研究，并植根于伦理学与价值论的内在联系。伦理学作为一门关乎“人们应当如何生活”的学问，具有强烈的价值属性。第三，当代中国马克思主义伦理学与社会主义核心价值观呈现出相互塑造、相辅相成的辩证关系。一方面，当代中国马克思主义伦理学要以社会主义核心价值观作为方向指引，社会主义核心价值观贯穿于当代中国马克思主义伦理学的理论形态、逻辑范畴、学理脉络、实践机制，规范当代中国马克思主义伦理学的学科建设、学术研究、话语建设等各环节；另一方面，当代中国马克思主义伦理学又肩负推进当

---

① 武卉昕：《俄罗斯马克思主义伦理学研究的存在主义人类学转向》，《伦理学研究》2020年第1期。

代中国价值建设的重大使命。第四，当代中国马克思主义伦理学应以人的自由全面发展为终极价值追求，以“美好生活”为价值实现的根本目标。伦理学总是以设定理想的生活目标意义、设定行为的规范、塑造主体品格的方式，成就至善的价值追求，这也是伦理学回应现实社会的方式。当代中国马克思主义伦理学植根当代中国特色社会主义的伟大实践，关切广大人民群众的精神需求，同时也积极地构建中国特色的伦理学学科体系，推动中国特色社会主义的繁荣发展。①

① 高国希、叶方兴：《当代中国马克思主义伦理学的价值理路》，《伦理学研究》2020 年第 5 期。

2020年中国伦理思想史基础理论研究报告

郭　明*

2020年，我国学界在中国伦理思想史基础理论研究方面，大体继承了之前的问题规模和理论框架，而在讨论的深度和广度上有所推进。但在相关论文成果的整体数量上，却有明显的下降。2020年特别值得注意的研究热点有两个：一是有关公德私德问题的讨论，二是对儒家美德伦理学相关问题的讨论。下面从基础问题、基础范畴和热点问题三个方面展开相关研究成果介绍。

一　基础问题研究

2020年，中国伦理思想史研究中的基础问题，主要集中于人性论、义利观两个方面。

（一）人性论问题

2020年的人性论研究，其主要研究对象还是先秦儒学和宋明理学，研究内容则以心、性、情内在关系的梳理为重点，且延续了近些年来重视“情”的研究趋势。2020年研究的突出特点是选取角度多样，包括普遍性、价值论、身心哲学，“心流”、德艺关系、形性关系等。其中，张汝伦对现代流行的心理学诠释方法进行了深刻反思，值得关注。

在先秦儒家人性论研究中，赵法生认为郭店楚简中的《性自命出》《五行》两篇，展现了原始儒家在人性论发展史上的“性情论”阶段。这一阶段中如“以情气论性”“以心统情感”等从人的情感世界寻找道德发端与动力的思想成果，逻辑地促成了孟子“性善论”的完成。具体来讲，孟子提出的“四端说”“四心说”，不仅实现了“心”的先验性与普遍化，同时促成了“情”的官能化与主体化，这是将原始

---

* 郭明，1994年生，河北秦皇岛人，中国人民大学哲学院伦理学专业博士生，研究方向为中国伦理思想史。

儒家的“心”“性”和“情”三个概念进行改造并有机统合于人的道德主体性中。基于此历史的考察，后世朱熹将孟子的性与情分为异质的两层，牟宗三将孟子的性心指为本体、情才指为虚位，皆有其方枘圆凿的一面。[①] 刘悦笛认为“好恶”是人类的本原情感之一，也是儒家“情本哲学”的理论基础。其定位应是“好恶之情”与“好恶之心”。从横向结构上讲，好恶成为沟通心与物的心灵情感机制，又为“心化”提供了内容支撑；从纵向结构上讲，好恶一方面是欲的根基，另一方面又能够为性所提升。[②]

王开元认为从探寻“普遍性”的角度可以准确把握孟子提出“恻隐之心”的前提预设和根本用心。他指出学界主要遵循经验向度和本体向度两种路径解读“恻隐之心”，并不能真正还原孟子的本意。作者认为，孟子谈“恻隐之心”，是为了探寻普遍性，具体表现为对普遍人性的探寻和对使普遍人性在具体生活情境中发挥作用的普遍方法的探寻。无论是道德问题抑或政治问题，恻隐之心在孟子对普遍性的探寻中都发挥了重要作用。[③] 刘伟从身心关系的角度反思孟子心性问题的特色和价值。作者认为孟子对心灵的论说，包括本心、情、性、思等多个角度，但核心特征在于两点：一是本心欲求义理，说明秩序感根于心灵；二是心灵感通外物，揭示万物一体相关。二者不可化约。孟子并不只是完成其道德形上学的建构，还要通过心灵与外物的关系来确立王与民众“一体”的内容，有明确的现实政治考量。[④]

张汝伦在理解《中庸》“喜怒哀乐之未发”句时，试图突破现代研究者的心理学解释范式，认为此句用于指出“中”的一个最基本特征就是毫无“喜怒哀乐”这类的主观性内容。中不是心中的某种状态，而是在阐发存在论的原理（天之道），是集可能性与生成性于一身的存在之理。因此必须注意现代偏见在理解传统文本上的影响。[⑤] 张斯珉同样从《中庸》“中和”思想的宋代疏解入手，去理解宋明新儒学的心性形态。作者认为，程颐将“中”分为“在中”“中之道”和“中者状性之体段”三个层次，并根据自身人性论思想，将“中”分出以“浑然在中”作为内在根据和由“发而中节”探寻中道状态两个思想次第。程颐的“中和”诠释，最后落在工夫论上，则是“敬义夹持”，保持心的已发未发的统一。[⑥]

在宋明理学人性论研究方面，许宁关注朱熹对张载“心统性情”说的改造与重

---

① 赵法生：《从性情论到性善论——论孟子性善论的历史形成》，《南京大学学报（哲学·人文科学·社会科学版）》2020 年第 4 期。

② 刘悦笛：《作为“心之大端”的好恶本情——儒家“情本哲学”的基本情感禀赋论》，《人文杂志》2020 年第 7 期。

③ 王开元：《普遍性的追寻：何谓孟子的“恻隐之心”?》，《孔子研究》2020 年第 2 期。

④ 刘伟：《心的两面：论孟子的心灵观念》，《中山大学学报（社会科学版）》2020 年第 3 期。

⑤ 张汝伦：《理解之难——从〈中庸〉“喜怒哀乐未发”句看》，《复旦学报（社会科学版）》2020 年第 3 期。

⑥ 张斯珉：《理学视域下的“中和”新解——论程颐的中和思想》，《人文杂志》2020 年第 12 期。

释，认为朱熹创造性地将“心统性情”进一步解释为“心兼性情”和“心主性情”两层义理。前者以体用、动静和已发未发解释心与性情的关系；后者以心为统御为主阐发心对性情的管摄作用。总之，朱熹通过“心统性情”，将理学的诸多概念融为一体，构建了具有鲜明理学特征的人性论系统。[①] 叶达、马爱菊则关注《孟子》的形—性关系问题。作者选取朱熹、王夫之和牟宗三三人的相关理论，比较理学、气论哲学和新儒家三种学说在形性问题上的特点和得失。三者虽然在形性问题上各有侧重，但都表现出对儒家传统的道德生命的肯认与追求。[②] 张新国则从陆九渊的心学体用论上，考察“心”之作为本体概念，是指人心的本来体段、本有状态。心直接决定了人的伦理行为的先验动源，并为其提供价值规范和意义担保。陆九渊的心之用，则是在儒家传统的“好恶”之论中展开的。这向下开启了王阳明以“好恶”之先验性来论“是非”之先验性的路径。[③]

汪燕借用“心流”这一形容意识沉浸、和谐有序心灵状态的概念，反思王阳明龙场悟道所表现出的精神修养工夫，以及此工夫所体现的传统儒家证悟的特点。作者认为王阳明通过立志“做圣贤”而提供了自我控制意识的基础条件；通过事上磨炼而能够将外在压力转化为心流；通过内外夹持促成了自我的成长。最终得以完成了整个心流的运转成熟。[④] 周广友着重探讨了王夫之根据《易传》所建立的“继善成性论”。作者认为，王夫之在天人一体的基本立场下，对儒家历代之“性”论进行了梳理与批判，尤其细化了宋儒的气化论、天道观和体用论等方面言“性”的传统理论。王夫之本人则从宇宙论和本体论两重维度对性加以讨论，以“继”和“成”两种逻辑内涵，渐次展开其关于人性本源、生成、善恶、异同等问题的具体分析，形成了独具特色的人性论思想。[⑤]

此外，还有一些学者尝试从一些独特的角度对中国传统人性论进行整体性的把握。岳音试图从传统艺与德的辩证统一关系中，反思儒家对心、性和情的理解与把握。作者认为先秦时期“艺”的主要内容是“乐”。儒家肯定乐的人性意蕴，且重视乐的教化功能，认为“乐者，与伦理通者也”。打通了艺与德的内在融合以及互相转化的通路，实现了人性认识上和落实上的德艺并进的理论模式。[⑥] 李景林反思儒家的人性论，认为儒家的人性论，是站在人的存在的整体性立场上阐发其具体内涵的。其言性，是从心上来确立性的概念。而心的内容和活动又通过情来表现。此精神性的情

---

① 许宁：《朱熹对张载理学命题的再诠释》，《中国哲学史》2020 年第 6 期。

② 叶达、马爱菊：《形与性：二还是一？——以朱子、船山和牟宗三解“形色天性也”章为中心》，《中国哲学史》2020 年第 5 期。

③ 张新国：《陆九渊心学的体用论》，《中国哲学史》2020 年第 3 期。

④ 汪燕：《王阳明龙场悟道的“心流”阐释》，《安顺学院学报》2020 年第 4 期。

⑤ 周广友：《王夫之“继善成性论”中的哲学建构》，《中国哲学史》2020 年第 3 期。

⑥ 岳音：《先秦儒家的“艺德观”构建论析》，《山东社会科学》2020 年第 8 期。

又必然与实存性的气或者身相互关联，彼此作用，使人性问题落地而成一人的存在整体。[①] 周德义认为儒家的心学不仅是学问知识，也是修养工夫。具体来讲，“养心”是心学伦理精神的基础，是人的道德价值实现的根本路径；“治心”是心学伦理精神的核心，是内外共同作用的工夫修养过程；“求放心”是心学伦理精神的旨归，是现实的人安心立本的终极追求。[②]

（二）义利观研究

义利问题是中国传统伦理思想中的基础问题之一，但2020年讨论热度稍减，且主要集中在宋明儒学领域。学者乐爱国在义利问题上发文较为集中，值得关注。

乐爱国认为，程颐对《孟子》首章的探讨，既有其“仁义未尝不利”的创新意义，又有将义利之对立讲为“公私”之对立的绝对性。朱熹则一方面继承了程颐的“仁义未尝不利”，另一方面又改造“义利”为“善利”后再与“公私”对应而论，以此消解程颐义利观的绝对性倾向。朱熹也不否定现实中“求仁却不利”的现象，但是认为利一定来源于义。[③] 乐爱国通过对思想史的梳理，发现无论汉唐、宋明，乃至明清，传统儒者讨论义利之辨，多引用《易传》中的“利者义之和”一句。这是为了证明孔子的义利观中，既有利又有义，且更多讲求义利之间的统一。这些理解多与朱熹相通。[④] 由此而言，乐爱国在对《论语》“子罕言利”这一论断的诠解中，认为孔子之“罕言”，并不是否定利，而是防止以利为目的去指导行为。[⑤]

郭晓东、于超艺聚焦于《论语》“君子喻于义，小人喻于利”一句，认为此句中的君子和小人，可以有以“德”和以“位”两种解法。而两种解法意味着此句可能蕴含着道德原则和政治原则两种义理架构。即“君子喻于义，小人喻于利”可视为一种修己之学，也可以视作不与民争利、以“义”而非“利”来化民治民。作者同意后者的解读路径。[⑥] 谭明冉反思了义利之辨在区别君子小人上的作用和影响。王夫之指出传统的“君子喻于义”“小人喻于利”之作为君子小人的区别，是以动机为取辨内容的。但动机并不足够，还应该通过对不同层次的“义”及其对应的不同层面的“利”的完成程度，来全面地、整体地判定君子小人。[⑦] 阮航重新考察了陈亮功利

---

① 李景林：《儒学的价值观念与价值系统》，《中国哲学史》2020年第1期。

② 周德义：《探求心觉之路：儒家心学伦理精神研究》，《伦理学研究》2020年第2期。

③ 乐爱国：《“仁义未尝不利”：朱熹对程颐义利观的展开——以〈孟子〉“何必曰利？亦有仁义而已矣”的诠释为中心》，《江淮论坛》2020年第6期。

④ 乐爱国：《从〈易传〉“利者义之和”看儒家的义利之辨——以朱熹理学的观点为中心》，《学习与实践》2020年第4期。

⑤ 乐爱国：《朱熹解〈论语〉“子罕言利”：不是不言，又不可多言》，《晋阳学刊》2020年第5期。

⑥ 郭晓东、于超艺：《“君子喻于义，小人喻于利”别解》，《道德与文明》2020年第2期。

⑦ 谭明冉：《“守正以待时、不争而贞胜”——王夫之论君子与小人相处之道》，《哲学动态》2020年第2期。

主义立场的确立过程，认为其大体经历了三个时期，最终完成了对宋代新儒学的反叛。陈亮与朱熹的王霸义利之辨，内在表现出新儒家内部外王与内圣之间的紧张关系。陈亮义利并重的思想，是对宋代新儒学偏重心性、忽视政治社会现实之弊病的深刻批判，其影响一直延续到近代。①

二 基础范畴研究

2020 年，在中国传统伦理学的基础范畴研究中，“仁”“礼”依然是重点内容。而“义”范畴的研究，也较去年获得了更多的关注。

（一）仁义

“仁”“义”是中国传统范畴中最核心的部分。2020 年的“仁”范畴研究，依然以先秦儒学和宋明儒学为主，且多着意于“仁”的实践修养意义的发掘。在诸多文章中，对《论语》中有关篇章的精细探讨、对《易》中“乾元”与仁的关系的辨析，以及通过中西、中日比较方式所做的“仁”的研究，都值得关注。

梁涛认为孔子的“仁”说包含“成己安人为仁”“以忠恕释仁”和“克己复礼为仁”三个不同维度。在“克己复礼”章中，孔子所强调的“复礼”，是指复兴礼乐秩序，建构一种良好生活制度，这就能够使人归向仁了。这也是孔子论仁礼关系的重要方面，最后为荀子所继承。② 而在荀子的仁论中，梁涛认为，荀子只是形式上将仁作为最高德，而并不真正在心性上寻求确证。在仁的落实方面，则以制度为根本依托。因此，荀子的仁论偏向于“以义成仁”。③

尹赋聚焦于《论语·雍也》的“井有仁”章，认为其中宰我设问“井有仁焉，其从之也”，是为了探讨成仁的绝对性和条件性问题。而孔子对宰我的“君子可逝也，不可陷也”之回答，在于誓志从仁，却不应当陷溺愚蔽。这是孔子对仁智二端都看重的表现，表现了孔子追求仁之践履的精神。④ 张中宇认为《论语》中的“仁”是成体系的概念，从本质上说，是以“爱人”及“德”为内核阐释；从本源上说，是以“孝悌”“利国利民”为具体说明；从实践上说，是以“恭宽信敏惠”和“己欲立而立人，己欲达而达人”等为现实标准。《论语》仁说具有极强的实践指向和鲜明的爱国利民追求。⑤

---

① 阮航：《陈亮思想的功利主义转向论析》，《江汉论坛》2020 年第 11 期。

② 梁涛：《〈论语〉“克己复礼为仁”章新诠——一种荀学的进路》，《学术月刊》2020 年第 11 期。

③ 梁涛：《仁学的政治化与政治化的仁学——荀子仁义思想发微》，《哲学研究》2020 年第 8 期。

④ 尹赋：《仁智关系及君子人格——〈论语·雍也〉“井有仁”章再解》，《西南民族大学学报（人文社会科学版）》2020 年第 9 期。

⑤ 张中宇：《〈论语〉“仁”学体系考论——兼及〈论语〉思想体系的“内隐”特征》，《重庆大学学报（社会科学版）》2020 年第 4 期。

李振纲认为儒家学说的根本追求是培育道德理性自觉的人。为此，儒家点出“仁”作为一切道德伦理之所以可能的基础。此“仁”则实现于人之“内在的善”和不间断的生命实践中。成仁的情感基础是至诚恻怛的生命情感，其具体实践的理性原则是执礼守中的中庸。①

在关于《易》的“仁”思想的探讨中，张文智从易学的角度理解“仁”的含义。他认为在儒学的传统中，《易》乾卦“元亨利贞”中的“元”常与“仁”相匹配，用以论证仁的本体地位；同时用其他如智、生生、天地之心等表现仁的发用。但若真想证成此仁体，不应仅与“乾元”对应，还需上溯至“先天太极”。仁本体是一种与“至善”之境相同的境界，可以通过“定、静、安、虑、得”的方式证得。②胡海忠同样反思了“乾元”与仁的关系。他认为《周易正义》创造性地解释了“元亨利贞”之间的兼包关系，为宋代道学，尤其是程颐的“仁包四德”的道学一元论架构，奠定了基础。朱子在程颐“仁包四德”基础上建立起一个理一元论结构，以此展开对世界统一性的论证，最终形成了宋代仁学的宏大格局。③

赵宁尝试从关怀伦理的角度理解儒家的“仁”。作者认为，关怀伦理对社会关系之重要性的极力肯认，也不能弥合“是”与“应当”的断裂。而儒家之“仁”，一方面肯定关系的重要意义，另一方面却具有“体用合一”的特征，用“孝悌”“万物一体”等理论，使“是”与“应当”融为一体，具有重要的启发意义。④

在宋明的“仁”思想研究中，赖尚清反思了朱熹以“爱之理”训仁的内涵和意义。作者认为朱熹继承了儒家以爱言仁的传统，并受到程颐、胡宏等人的影响，在“天地以生物为心”的基础上，奠定了其“仁论”的形上根基。一方面，仁是道德的法则，即天理本体的道德性呈现；另一方面，“仁心”是使道德主体走向至善的必然性保证。⑤ 刘毓庆、王岩深入比较了朱熹和伊藤仁斋的仁学思想，认为二者的仁学皆建基于《孟子》的“仁学”理论。但是，朱熹的仁学却以绾合宇宙与人生、贯通天人为根本指向，而伊藤仁斋则认为朱熹之说有“近禅”之嫌，不但反对宇宙人生的通一，更进一步指出“仁”只是人类世界的道德法则和情感表达，倾向于肯定仁在社会中的工具性作用。⑥

从一些特别的角度探讨仁的论文也值得关注。崔海亮、吴根友考察了《国语》

---

① 李振纲：《成德立人：“仁”的实践性》，《学习与实践》2020 年第 9 期。

② 张文智：《从〈易经证释〉本体生成论看本体之“仁”及其发用》，《周易研究》2020 年第 5 期。

③ 胡海忠：《从元包四德到仁包四德——〈周易正义〉与道学一元论建构》，《中国哲学史》2020 年第 4 期。

④ 赵宁：《关系本体论：儒家“仁”与西方关怀伦理》，《北京师范大学学报（社会科学版）》2020 年第 4 期。

⑤ 赖尚清：《朱子以“爱之理”“心之德”训“仁”的内涵及其意义》，《哲学研究》2020 年第 12 期。

⑥ 刘毓庆、王岩：《朱熹与伊藤仁斋关于孟子仁说之异同及其意义》，《山西大学学报（哲学社会科学版）》2020 年第 2 期。

中丰富的伦理道德思想。在《国语》中，“德”字凡250见，可用“德性”“德行”“德政”三个层面对其内涵加以归类。《国语》用诸多事例，反复陈述德政的重要性。作者还分析了《国语》中诸如礼、敬、忠、信、仁、义、智、勇等德目，认为该书作者尝试用“仁”“文”二德统摄诸德，正好为孔子仁学的创立提供了必要的理论基础和方法借鉴。[①] 黄梓根认为“老子反对仁”的传统观点是错误的。老子之“仁”，以“法自然”为根本逻辑，描述的是一种理性的、自然的“大仁”，而非儒家基于人的感性情感而建构起的“仁”论。老子之仁指向“上德不德”“仁而不以为仁”的生存之境，是对儒家仁论的一种超越。[②]

在对“义”范畴的研究中，陈来认为先秦时代的“义”表现出道德、道义、正义、端正的意涵；汉代则突出“义”作为道德原则的实践意义；宋代朱子取裁制、断决之说来阐发义之思想，把义置于“四德论”体系中，并扩展其到宇宙论意义之中，充实了朱子宇宙论的结构图景。[③] 孙伟认为，“义”是早期儒家连接内心道德修养与外在伦理政治实践的核心范畴。在孔子那里，义的道德“格物”意义大于政治“格物”意义，即相对缺少由义而具体化出社会制度的政治建构层面的工作。但郭店楚简和荀子的“义”则强调政治“格物”的重要性，建构起一个基于人的社会心理的外在立法制度，极大地扩展了义的政治和社会内涵。[④] 墨子的“义”同样是一个重要的范畴。王振钰认为“义”是《墨子》思想中的核心和主线。墨子意在探讨兴天下的为政之道，认为“义者善政”是兴天下的根本前提。就此，孟子展开对义之本、义之经、义之法、义之志等方面的论述，以兼爱、节用、非攻等为具体道德拓展，构建起一个颇具现代功利主义意蕴的“义”学思想体系。但墨子这种普遍主义进路，很容易落入理性动力不足、践行不力的境域，因此需要在现代进行必要的转化。[⑤]

（二）礼

“礼”直接决定着古代伦理道德生活的秩序和规则，在伦理思想史上具有极为基础性的地位。2020年的“礼”范畴研究，论述旨趣大都偏重于礼的内在合理性及其现代意义，既有某种特殊礼仪规范的研究，也有思想家的礼论的具体研究、对中国礼乐文明的整体性反思等。其中，荀子“礼”论依然是研究的热点。

杨华认为“礼崩乐坏”作为儒家学说中的基本话语之一，已经深入士大夫的深层政治文化意识，反映了对中国礼乐传统的根本认同和对礼乐文脉连续性的自觉维

---

① 崔海亮、吴根友：《〈国语〉中的儒家美德思想研究》，《道德与文明》2020年第3期。

② 黄梓根：《老子自然之“仁”的理论逻辑及其现实意义》，《湖南大学学报（社会科学版）》2020年第6期。

③ 陈来：《论古典儒学中“义”的观念——以朱子论“义”为中心》，《文史哲》2020年第6期。

④ 孙伟：《从道德“格物”到政治“格物”——荀子“义”论的新进展》，《邯郸学院学报》2020年第3期。

⑤ 王振钰：《墨子论“义”的普遍主义进路与现代启示》，《管子学刊》2020年第4期。

护。这种礼文化保证了礼在形上层面的稳定性，客观上促成了中国礼乐文明能够不断破而重立。① 丁四新认为学界对“礼不下庶人，刑不上大夫”这一古代礼法的理解有所偏差。他根据竹书《尊德义》认为，正确的理解，一在于“励节”，以保持士大夫阶层的人格尊严；二在于“《刑书》不上大夫”，将士大夫之刑与庶人之刑区分开来。总的来说，“礼不下庶人，刑不上大夫”并非单纯从社会地位论说，符合中国古代德政的思想特征。②

朱承关注到近年来“诗礼复兴”的趋势，认为其原因在于：一是诗礼文化自有其历史惯性，从先秦时代一直延续至当代；二是诗礼具有维护社会秩序，提供道德教化与规范的作用，满足了社会发展的道德建设要求。因此，诗礼传统成为当代社会道德重建的重要思想资源之一。③ 杨英回顾了改革开放以来中古礼学和礼制研究的诸多成果，认为从传统礼学、庙堂礼典、乡里礼秩三个方面，学界都有深入的探索，在广度和深度上均有可观之处。④

金正昆、张春雨关注孟子的“礼”，认为“礼”在孟子学说中占据重要地位。孟子一方面创造性地将之与“仁”“义”“智”并列为“四端”之一，完成了对礼的本质和作用的进一步探索；另一方面突破了孔子从体制规则讲“礼”的模式，而更加看重对“礼”的行为主体的讨论以及实践“礼”的可能性。⑤

刘旻娇则关注孟子的礼论，认为孟子之礼具有规范和德性两重内涵，彼此贯通，互为依托。因此，孟子论礼，不仅没有弱化礼的外在规定性，而且因为将礼内化为主体的“四德”，而使礼具有了实践中的必然性和灵活性。⑥

陈明关注王夫之的礼论，认为其“克己复礼”的工夫论思想，是以“复礼”为主导来统摄“克己”之功。王夫之详细阐发了“复礼”的三重工夫维度：“于物见礼”“于心见礼”“于身见礼”，这些共同构成了王夫之“复礼”之学。王夫之“复礼”的根本旨归是“以吾心之节为天下之人树立行事之正则，以吾心之文即天下之物以成美利之用”。⑦

于晓玥则关注老子的礼论。作者认为老子礼论的文化源头来自周礼及其“礼崩乐坏”，同时体现了老子思想内部的一致性——在老子那里，礼与德互为表里，具有内在的价值统一性，贯通而成老子哲学形上与形下两重视域。老子试图通过德将礼从他律转为自律，呈现道德的自觉和自在，具有深切的现实关怀。⑧

---

① 杨华：《“礼崩乐坏”新论——兼论中华礼乐传统的连续性》，《社会科学辑刊》2020 年第 1 期。
② 丁四新：《“礼不下庶人，刑不上大夫”问题检讨与新论》，《江汉学术》2020 年第 4 期。
③ 朱承：《“诗礼复兴”与回溯传统的社会心态》，《探索与争鸣》2020 年第 8 期。
④ 杨英：《改革开放四十年来的中古礼学和礼制研究》，《文史哲》2020 年第 5 期。
⑤ 金正昆、张春雨：《论孟子之“礼”》，《江西社会科学》2020 年第 3 期。
⑥ 刘旻娇：《请“礼”让位合理吗？——孟子论“礼”的双重内涵》，《哲学研究》2020 年第 3 期。
⑦ 陈明：《王船山的“克己复礼”说与其对儒家为学工夫的重构》，《中国哲学史》2020 年第 4 期。
⑧ 于晓玥：《论老子对“礼”的内化与超越》，《广西社会科学》2020 年第 11 期。

在对荀子“礼论”的研究中，李萍、吴之声认为荀子以“礼”为核心重构了儒家的伦理与教化理想。其理论的基点在于对人之“能群”和“情欲的恶之趋向”的本质理解。通过“礼”的教化调节功能，“群”才能将个体凝聚为一个伦理共同体，形成“群居合一”的共同价值旨趣；而礼的本质作用是觉醒人道，使规范与德性真正落实到人心。① 于超艺同样关注荀子的礼论，认为荀子之礼可以从两个方面把握：一是礼用于节制人情的可能滥用，帮助构建起稳定的政治秩序；二是礼用于肯定人情的正面意义，随顺人情而赋予人伦规范以合理性与可行性。对荀子的礼论，必须从人情上把握。② 王进文则从荀子与法家的互动中，发掘荀子礼论的内涵与意义。他认为荀子一方面借鉴了法家之法的客观性和公正性特征，将此特征赋予了“礼”；另一方面改造了法家之法的人为性特征，从礼的起源、作用和应用保障等方面，构建了“礼治”的社会治理框架。从思想史上看，荀子的“礼治论”成为自西汉以后社会政治架构的基础理论。③

（三）纲常及其他

“纲常”是中国儒家思想中颇具特色的范畴。方朝晖回顾了“三纲”的历史演变，认为“三纲”概念之本义是“人之大伦”或“人伦之纲”，这一含义在传统社会一直占据统治地位。宋代以来，则演变出强调“君为臣纲，父为子纲，夫为妻纲”这类单方面绝对义务的狭义概念。但此狭义并未代替本义。对“三纲”的研究应从本义入手，避免由狭义而自觉不自觉带来的现代偏见。④ 吴根友、崔海亮认为“五伦”在中国传统社会中，起到了维系社会道德精神的极重要作用。虽然在近现代社会，“五伦”逐渐失去了社会基础和相应功能，但是作者认为，基于“为仁由己”的思想原则而构建符合时代发展的“新五伦”，是极有意义的尝试。⑤

经权观念同样是中国传统价值观念的重要组成部分。周鸿雁、江畅撰文认为经权是中国人重要的实践智慧，最早产生于春秋时期，为孔子和孟子所重视和改造，形成三个明显的实践反思思路：“经常”因多且杂而不具有实践的绝对可能性；“经常”不能完全体现民众的意志；“权变”也必须有一定之规，才能真正为“经常”提供实现的可能空间。⑥

---

① 李萍、吴之声：《荀子“礼”教的伦理秩序向度及其逻辑》，《伦理学研究》2020 年第 1 期。

② 于超艺：《顺人情与制人情：论荀子思想中礼义与人情之关系》，《哲学分析》2020 年第 6 期。

③ 王进文：《“起礼义，制法度”——从“礼”的结构与功能探讨荀子对法家思想的吸收与改造》，《孔子研究》2020 年第 4 期。

④ 方朝晖：《试论“三纲”的两种含义及其历史演变》，《文史哲》2020 年第 6 期。

⑤ 吴根友、崔海亮：《“五伦”与“新五伦”之探索》，《南京师大学报（社会科学版）》2020 年第 2 期。

⑥ 周鸿雁、江畅：《中国传统价值观的“经权”观念检视》，《道德与文明》2019 年第 6 期。

三　热点问题研究

2020年学界讨论最为集中的应数公德私德问题以及儒家美德伦理学问题，因此专列此章，加以介绍。

（一）公德私德问题

伦理学界2020年最受瞩目的热点问题，应数公德私德问题。首先是陈来先生在《文史哲》上发表长文，提出近代公德私德发展的不平衡以及当代道德建设应大力提倡私德的问题。随后蔡祥元、任剑涛、肖群忠、陈乔见等学者纷纷针对此文而特别撰稿，或回应或商榷，参与讨论近代公德私德问题，引发了人文学界的强烈关注与反响。下面就此次论辩做专题介绍。

陈来先生首先发表《中国近代以来重公德轻私德的偏向与流弊》一文。文中，陈来对公德与私德这对概念之内涵模糊性表示不满。为此，他细致地考察了从梁启超、马君武、章太炎、刘师培、徐特立等近代学者，到中华人民共和国成立后党和国家相关道德建设文件中，关于公德私德之论述，以此考察公德私德问题的缘起、内涵和各种取向。陈来最终得出结论：近代以来最大的问题是“政治公德取代个人道德、压抑个人道德、取消个人道德，并相应地忽视社会公德，使得政治公德、社会公德和个人道德之间失去应有的平衡”，因此需要在当代道德建设中重视个人道德，倡导社会公德。①

蔡祥元随后撰文，一方面对陈来的儒家学者立场表示同情，另一方面却不同意陈来的通过私德建设来复兴儒家伦理道德思想的内在理路。他认为，陈来并未抓住近代学者讨论公德私德的思想旨趣——批判儒家“长于私德而短于公德”，并以此强调个人对社会国家的伦理责任。公德私德问题直击儒学“家天下”思想构架的内在困境，这一困境并不能简单地通过提升私德来加以解决。儒家传统道德想要与现代社会对接，需要首先区分开“家”与“天下”，区分开“私领域”与“公领域”，并通过正义有效的规则加以保障。②

肖群忠则首先指出了传统社会文化中私德与公德之间紧密联系的社会结构基础（即家国同构）和思维方式根由（即私德可以成为公共领域的精神基础），以及近代自梁启超以来开始强调二者区隔并且最终完全二分的时代因由（即强烈的保种强国的国家意识）；其次回应前两位学者的讨论思路，认为陈来强调个体道德的思路符合

① 陈来：《中国近代以来重公德轻私德的偏向与流弊》，《文史哲》2020年第1期。

② 蔡祥元：《儒家“家天下”的思想困境与现代出路——与陈来先生商榷公私德之辨》，《文史哲》2020年第3期。

当代道德建设的大趋势，而蔡祥元则有过度否定儒家道德精神的普遍性之嫌。①

任剑涛则以“古今之变”的视域来讨论公德私德，认为陈来虽总结出“近代以来重公德轻私德”的思想史事实，但也需从现代中国转型的语境中，重新理解这一事实的意义和影响，即所谓“近代以来重公德轻私德”就算为事实，也是为了找到公私领域的长远平衡点。传统儒家“推己及人”和梁启超的“私德推出公德”说，并不能适合现代国家的应群性变化。因此应确立公德建设的先导性与主导性地位。②

陈乔见从“美德统一性”的角度探讨公德私德问题，全面梳理了梁启超、马君武、章太炎、刘师培、蔡元培等人的“公德私德”之辩。作者认为，这些思想家在某种程度上都相信“美德统一性”，即都认为道德品性具有统一性，在道德培育上私德优先于公德。陈来的思路内在地继承自梁启超，具有鲜明的“儒家文化立场”，强调个人品性与品格的根本性。从“美德统一性”的视域看，这无疑具有相当的合理性与可行性。③

除了以陈来先生文章为标的、以《文史哲》为阵地的焦点讨论，2020 年度也涌现出了其他一批以公德私德为主要内容的研究成果。其中，周炯认为梁启超的公德私德观体现了其在国民德育建设中区分新旧道德、培育时代新民的改良思想，是在特定时代背景下对时代问题——中华民族救亡图存的现实考索。④ 阴玥认为梁启超的公德观注重“利群”的时代主题，对复兴中华文化、促进当代道德建设，具有重要启示意义。⑤ 陈云度认为梁启超的公德私德之辨是其引进西方思想对传统道德思想进行创造性转化的重要理论成果，体现了他的善“群”以成“己”的宗旨。⑥ 徐亚州认为梁启超的公私道德观表明，近代社会结构与传统德性思想之间有着相互结合的可能和巨大的实践空间。现代新型伦理话语形态的建构，需要充分反思梁启超德性思想中的历史厚度和人文关怀。⑦ 凌红、李超认为严复提出的“尚力”和“尚德”两个伦理维度，体现了其个体德性与公德统一、个体利益与民族利益统一的伦理诉求，有力推动了近代的伦理思想转型。⑧

---

① 肖群忠：《现代中国应并重公共道德和个体美德——对陈来、蔡祥元两位先生的回应》，《文史哲》2020 年第 4 期。

② 任剑涛：《古今之变与公私德行的现代理解》，《文史哲》2020 年第 4 期。

③ 陈乔见：《清末民初的“公德私德”之辩及其当代启示——从“美德统一性”的视域看》，《文史哲》2020 年第 5 期。

④ 周炯：《梁启超的“公德”“私德”观刍论》，《湖南师范大学社会科学学报》2020 年第 3 期。

⑤ 阴玥：《梁启超公德观及其对当代道德建设的启示》，《学术交流》2020 年第 5 期。

⑥ 陈云度：《善“群”成“己”：以〈新民说〉之“公德—私德”论为视角》，《杭州师范大学学报（社会科学版）》2020 年第 5 期。

⑦ 徐亚州：《新型伦理话语形态的德性构设——论梁启超公私道德观》，《华侨大学学报（哲学社会科学版）》2020 年第 2 期。

⑧ 凌红、李超：《严复思想的伦理向度：“尚力”与“尚德”》，《东南大学学报（哲学社会科学版）》2020 年第 3 期。

（二）儒家美德伦理学问题

随着美德伦理学在当代西方哲学中的复兴和走红，国内在研讨反思儒家伦理思想过程中，即多了美德伦理学这一重要视角。儒家伦理学与美德伦理学的关系，一直是此类研究的核心主题，也产生了诸多成果，客观上推动了儒家传统伦理思想的现代诠释和创新转化。2020 年，相关研究呈现出一个小的高潮，黄勇、陈来、杨国荣等学者都曾撰文讨论儒家美德伦理问题，值得关注。

黄勇在 2020 年集中发表了多篇儒家伦理学与美德伦理学的研究论文。他首先检讨了国内对英文 virtue ethics 的翻译，认为“美德伦理学”“德性伦理学”和“德行伦理学”这三个常见的译词中，后两个的问题都颇大。“德性伦理学”不能充分说明“virtue”的含义，而“德行伦理学”则过分强调人的行为，而无法把握 virtue ethics 的情感特征。而儒家伦理学之所以被与美德伦理学放在一起讨论，正因为二者都强调人的品性对人的行为的决定作用，且重视道德情感。① 此外，黄勇回顾了儒学研究群体中有关“儒家伦理学也是一种美德伦理学”观点的反对意见。他在对李明辉、安乐哲和萧阳等学者的相关讨论进行分析后，依然认为：儒家伦理学如果能够脱离历史形态而构造出一个理想形态，那么美德伦理学自有用武之地。②

随后，黄勇通过宋明儒学展示了美德伦理学与中国儒家伦理学互动的可能过程。他认为从宋明儒学看待美德伦理学，则宋明儒学在克服美德伦理学内在理论缺陷、局限和问题上，都能有所作为。这是一种比较哲学的方法，也是对中国儒学的可能性的开拓。③ 而从美德伦理学角度看待宋明儒学方面，黄勇以程颢思想为例，分析其思想中的美德论特征。黄勇认为程颢的万物一体思想，作为一种同感情感，能够与“仁”这一决定人之为人的美德相互关联，所以万物一体感也是人之为人的标志。因此，程颢不仅有情感主义伦理学家的一面，也可以被看作理性主义美德伦理学家。④

杨国荣撰文对黄勇的研究理路进行了评价，认为黄勇很好地贯彻了中西哲学交融的视域，能够站在中西双方的立场，彼此回应，深入互动。但是，杨国荣基于对儒家“仁”“礼”统一性的认识，认为儒家既有内在精神和德性上的完善，又有外在的社会规范系统，仅从德性伦理去考察儒学，并不足够。⑤ 陈来则对近年来兴起的“美德政治”这一研究角度表达了异议。他认为，儒家政治哲学自孔子以来，即确立了德与政紧密联系的传统，不仅包括为政者的自正，还包括“他正”的政治批评。中国

---

① 黄勇：《“美德伦理学”“德性伦理学”和“德行伦理学”与儒家伦理学》，《江海学刊》2020 年第 6 期。

② 黄勇：《儒家伦理学与美德伦理学：与李明辉、安乐哲和萧阳商榷》，《社会科学》2020 年第 10 期。

③ 黄勇：《美德伦理学：从宋明儒的观点看》，《四川大学学报（哲学社会科学版）》2020 年第 5 期。

④ 黄勇：《程颢的美德伦理学：超越理性主义与情感主义之争》，《东南大学学报（哲学社会科学版）》2020 年第 5 期。

⑤ 杨国荣：《德性、知识与哲学进路——由〈当代美德伦理〉引发的若干思考》，《天津社会科学》2020 年第 3 期。

传统政治哲学的政治批评内涵并不能在“美德政治”的论域内被充分发掘和刻画。[1]

萧阳则否定以“美德伦理学”规定儒家思想的内在合理性。他认为美德伦理学正让儒学研究走向某种“伦理学理论的”转向，即要将儒学研究陷入对美德的基础性地位的证明中去，进而建构儒家思想为一种标准“伦理学理论”。但是，这并不适合用来说明孔子和孟子的“广义伦理学”或“伦理—政治经济学”。[2] 陈志伟则认为儒家伦理学符合美德伦理学的基本特征。他从“道德对称性”这一概念出发，认为儒家伦理中强调伦理叙事中的“中道”观点，既不过分偏爱私己利益，也不否定他人的权益，而是寻求具体情境中的权衡。这符合美德伦理学中的道德对称性特征。[3] 付长珍则借美德伦理学反思儒家知识与德性的关系。作者认为儒家伦理学是一种以人格特质为基础的德性知识论，即学的目的是成就人之为人的美德。这种“学以成人”的伦理知识体系，却不能归于任何一个现成的规范伦理学类型，因此需要建设儒家自己的以知识与价值统一为核心标志的伦理学知识体系。[4]

① 陈来：《儒家的政治思想与美德政治观》，《中国哲学史》2020 年第 1 期。

② 萧阳：《论“美德伦理学”何以不适用于儒家》，高菱译，《华东师范大学学报（哲学社会科学版）》2020 年第 3 期。

③ 陈志伟：《道德对称性与儒家美德伦理学》，《道德与文明》2020 年第 5 期。

④ 付长珍：《重新发现智德——儒家伦理学知识体系的当代省察》，《求是学刊》2020 年第 4 期。

2020 年中国伦理思想与现实问题研究报告

张桂超*

伦理思想需要以现实世界为着力点，以解决现实问题为宗旨。2020 年，学者们充分以中国伦理思想为武器，对社会各个领域中的现实问题进行了有力的反思与解读，这主要涉及政治伦理、乡村伦理、家庭伦理、个体品德、经济伦理、生命伦理、生态伦理等各个领域。

伦理与政治密不可分，从古至今，政治伦理始终都是学者们关注的核心，伦理的最终发用要在政治中实现。2020 年学者们对政治伦理的研究主要集中在政治道德理念、政治制度伦理、政治主体伦理、政治治理伦理、传统政治伦理的反思及现代应用五大方面。

一　政治伦理

（一）政治道德理念

政治道德理念是基于对政治生活的本质的把握而设想的用来指导自身行为的道德标准，是全方位地对政治生活予以道德把握而形成的理念。2020 年学者们对政治道德理念的研究主要集中于王道政治。王道政治理念是儒家政治制度的核心，它与霸道相区分，主要遵循内圣外王的路径，依靠德治和礼制的教化。

在先秦各思想流派中，“王道”和“霸道”之辩是人们共同关注的一个问题。康香阁、贾建钢分析了荀子的“王道”观念，认为“王道”是荀子最高的政治理想。学术界研究的重点是其“信立而霸”的思想，但“王道”思想才是荀子政治理想的核心。荀子将“王道”规定为“义立而王”。“义”在理想的一面之外，也有现实的规定，即通过“分”使人群处于“群居和一”的状态，使社会处于正理平治。①

---

* 张桂超，1995 年生，山东潍坊人，中国人民大学哲学院伦理学专业博士生，研究方向为中国传统伦理。

① 康香阁、贾建钢：《荀子的“王道”观念》，《邯郸学院学报》2020 年第 2 期。

王道政治遵循的是内圣外王路径。吕泳庆、文碧方以孟子为例进行分析，指出孟子以性善论为基础，在本有的善端流露的基础上，不断扩充之并进行道德实践，最终成就理想人格。同时由“不忍人之心”而激发心志运用到政治层面，则可以产生“不忍人之政”以改造现实社会，实现王道。① 曲祯朋认为先秦时期的“道统”之关键不在于内外之辩，而在于政治正当性之证成，它包含“内圣”与“外王”两部分的正当性。不同于孔子以“仁”来统合内外之道，荀子以“中和—礼乐”的模式来统合内外。实现“内圣外王”之道，“中和”为之根本，“礼乐”为之表现。具体而言，“中—礼—外王”和“和—乐—内圣”相结合，其中，“礼”作为原则、规范，作用于外，体现“中”的精神；“乐”作为情感，作用于内，实现“和”的作用。内外贯通，从而实现个体、社会和天下的“中和”之理想状态。② 范立舟则以程颢、程颐的政治思想为分析对象，首先着眼于君主心术的本源。相较于兵刑法律制度的改进、财政税收与行政效率的提升，“正君心”则更为彻底和重要。而王道政治必须占据首要地位的理由在于它是天理之秩序与命令。王道政治是政治人物对内在秉性的自觉呼应，遵循天理以贯彻王道政治，既是外王事业之体现，也是内圣工夫之要求。因而，王道政治应是圣王以“纯王之心”行“纯王之政”。③ 除此之外，陈来通过对孔子、孟子、朱子的政治观念的分析，认为中国古代政治存在美德政治与批评政治两种模式。④

（二）政治制度伦理

政治制度伦理是一个社会制度建构、运行所遵循的伦理规范，是依靠国家的强制力将道德原则规范化，以确保政治制度的合理性和道德性。

1. 德治与礼治

王道政治制度主要依靠的是以德治和礼治为主的教化。丁四新分析指出“德政”与“德教”是《尊德义》篇中政治哲学的两个重点。在德政说上，《尊德义》提出了“以德率民”和“先之以德”的观点；在治理手段上，重视德礼而轻视赏刑；在德教说上，提出了“以道导之”和“教导之取先”的观点和方法。同时，人君应当让民“养心于慈良”以实现“民除害志”。⑤

汉代制度治理主要依靠孝廉，曹婉丰认为西汉在统治思想上极力矫正秦政流弊的重要举措就是“举孝廉”制度，该制度一方面成为政府选拔和储备人才、扩大政权

---

① 吕泳庆、文碧方：《孟子的内圣外王之道——儒家道德理想与现实政治的统一精神》，《兰州学刊》2020年第6期。

② 曲祯朋：《荀子“圣王”观与儒家道统论的内外维度》，《原道》2020年第1期。

③ 范立舟：《程颢、程颐论“王道”与“治道”及其现代意义》，《浙江社会科学》2020年第12期。

④ 陈来：《儒家的政治思想与美德政治观》，《中国哲学史》2020年第1期。

⑤ 丁四新：《德政与德教——论郭店竹简〈尊德义〉篇的政治哲学》，《社会科学战线》2020年第2期。

基础与增加政治活力的有效方式，另一方面也是朝廷推行儒家教化、增强国家凝聚力的重要手段。① 王子今认为两汉时期出现的“守冢”制度起到了维护政治等级的作用，亦表现出仁政关怀，同时也顺应了作为国家意识形态主导的“孝”的伦理原则的社会普及。② 孔祥安认为汉代最高统治者采取“以孝劝忠”方式对臣民不断进行思想引导与灌输，对臣民忠君之行为进行物质与精神奖励，对臣民不忠之言行以“不忠入律”的强制措施给予严厉惩戒。忠君逐步发展成汉代政治生活中具有主导地位和重要作用的伦理规范，成为当时居于首位的价值标准。③

包米尔指出，司马光强调经世致用之学，他以务实的精神把人性论纳入“用”的层面，提出“性善恶混”和“情道一体”，在此基础上，用以礼治国、以德取才和赏罚分明之路径达到“长其善而去其恶”的目的。就对权力的制约层面而言，司马光强调“以礼治国”，欲求通过制度设计来为权力提供规范和划定边界。④

2. 公平或正义

公平或正义作为社会政治制度构建的重要原则也在学者们关注的视野内。张秋山、贾琳认为在古典儒家思想中，“正义”通过仁、道、礼、义、中庸、正名、均富等相关概念得到了充分体现。因而儒家正义观是一种广义的正义观，其逻辑结构分为三个层次和面向，即对普遍的人格尊严进行平等对待基础上产生的生存正义；以应得为基础，通过差别（“礼”）原则安排社会秩序和资源的分配正义；以仁爱为最高价值，在对理想社会生活的追求中实现社会资源共享的仁道正义。⑤ 苏力用历史中国的材料重现中国古人的分配正义，展现其发生脉络：在农耕大国的背景下，历史中国产生了以“均平”为代表的有关分配正义的实践与思想。农耕中国的特征决定了分配正义必须同时考虑“家”（村落）和“国”两种共同体的需求。在实践层面，中国古代有关土地和赋役的分配，其目标在于既要促成大政治共同体的发生，又要维系村落共同体的稳定和互助。在思想层面，儒家的“不患贫而患不均”注意到分配正义只可能存在于“家”和“国”（而非“天下”）的共同体中，并充分考虑了村落共同体中的分配难题。⑥ 栗振风认为儒家通过“君子理天地”“人有其治”的分工正义突破神的正义，建立起人类的正义之道。所有权与治理权之辨将君权神授的君主与臣民一同纳入统一的社会分工正义体系，遵循按德分工与按能分工两个基本正义原则。君子与小人、劳心者与劳力者、治理者与被治理者上下两个阶层的划分乃是缘于各宜其

① 曹婉丰：《从“孝悌”到“举孝廉”——略论汉代政治与伦理的同构》，《现代哲学》2020 年第 6 期。

② 王子今：《两汉“守冢”制度》，《南都学坛》2020 年第 3 期。

③ 孔祥安：《汉代忠君伦理的发展与强化》，《武陵学刊》2020 年第 4 期。

④ 包米尔：《被忽视的司马光儒学——基于司马光的人性论和制度儒学的分析》，《江海学刊》2020 年第 2 期。

⑤ 张秋山、贾琳：《从生存正义、分配正义到仁道正义——古典儒家正义论的三重逻辑》，《青海社会科学》2020 年第 3 期。

⑥ 苏力：《历史中国的分配正义：实践与思想》，《学术月刊》2020 年第 3 期。

分、各取所长的分工合作的需要，但两者最终形成“以上正下”的单向主从关系而非平等合作关系。“选贤与能”“立贤无方”等理念的真正实现有赖于人与人平等关系的建立。①

（三）政治主体伦理

国家政治治理的主体主要是官员，官员又分为君与臣。对于官德的研究，君德无疑占据重要地位，因而，在此从君德与官德两个方面进行综述。

1. 君德

对于内圣外王的儒家政治而言，君德无疑是最为核心的，其道德要求主要体现在修己与爱民两个层面。

孙占卿认为儒家的“无为而治”主张“法天”，就是要仿效天道，实践爱人、养人之德性。在“法天”原则下，政治秩序不仅规范民的德行，更要规范君王的德行。相对而言，人民的“恶”应该受到宽容和教导，而君王的德行却关乎其合法性。② 姚莺歌、翟奎凤阐述了《大学》中的“絜矩之道”，认为它始于孝悌慈、人心所同然之善，在上位者以身作则，做好表率，上行下效，百姓自然受到感化，兴起道德良知。“所恶勿施”“己所不欲，勿施于人”为絜矩之方，为爱人之恕，将心比心，学会换位思考，为他人着想，在立体的社会关系网中，大家相互敬重理解。对于统治者来说，一定要体恤民情，让老百姓都能过上好的生活，保证其孝悌慈之良善能在现实中充分展开。与民同好恶，则体现了絜矩之王道精神，要求统治者以天下心为心，本着天下为公的仁爱精神，一心为百姓谋福利，不能盘剥民财，供自己享乐。絜矩之道要求先慎乎德，修身为本，德本财末，财为天下用，体现了儒家内圣外王之道。③ 贺更粹则从慈善观的角度做出分析，认为儒家以民为本的仁爱慈善规定人君首要考量的政治实践要求，包括养民与教民两个向度。④

2. 官德

官德是为官者立身从政之本，为官者具有良好官德是国家善治的必要条件。孔令梅、吴兆能以《吕氏春秋》为文本，分析其中的官德修养，指出它是一种对人的身体和精神同等观照的修养观念，既秉承了道家的返璞归真、少私寡欲、注重养生的思想，又吸取了儒家民本、仁爱、诚信等思想，包括“以道为宗”的道德修养准则、“贵公去私”的道德修养内涵、“自知贵直”的道德修养方法等丰富论断。⑤ 齐卫平、

① 栗振风：《先秦分工正义考论》，《孔子研究》2020 年第 4 期。

② 孙占卿：《从〈春秋繁露〉看儒家的“无为之治”》，《衡水学院学报》2020 年第 3 期。

③ 姚莺歌、翟奎凤：《〈大学〉“絜矩之道”思想的历史诠释与现代价值——以朱子为中心的讨论》，《东岳论丛》第 9 期。

④ 贺更粹：《论儒家慈善观的理路》，《社会保障评论》2020 年第 3 期。

⑤ 孔令梅、吴兆能：《〈吕氏春秋〉的官德修养及其当代启示》，《海南师范大学学报（社会科学版）》2020 年第 1 期。

秦宁波认为《晏子春秋》蕴含着极为丰富的官德思想，主要表现在以下四个方面：为官要“以民为本”，在遵循民意中恪守“爱民”“乐民”理念；为官要“尽礼行忠”，在躬亲践行中坚守礼义准则；为官要“劝谏纳善”，在处事履职中坚持刚正不阿；为官要廉洁清正，在省察自律中加强品性修养。[①] 王乐从传统儒家文化角度分析了为官之道，他依据于“道”，分别从明道有德、顺道有为、行道有神三方面分析了从政者的素养。[②] 孙敏分析了中国传统文化中的“官德”及现代启示。在官员个人修为方面，要求做到立志乐道、淡泊宁静，勤于自省、反求诸己，践行三慎、知行相资；在官员家庭美德方面，要求做到孝敬父母、教好子女、管好家人；在官员治国理政方面，要求做到心中有民、廉洁奉公、勤政务实、谏诤敢言。其现代启示为官德文化是提高党的执政能力、巩固党的执政之基的需要，是提升党在群众中形象、引领社会风尚的需要，也是从源头上拒腐防变、为政以廉的需要。[③] 王中江认为程颢光大了宋代“士大夫精神”，他既具有强烈的“求道之志”和淑世的热情，也具有从事地方政务的才识和务实精神，在不同的地方和职位上尽职尽责，身体力行，充分践履了儒家的公正、爱心等一系列美德。[④]

对于具体的官德德目，学者们也有进一步梳理与现代转化的思考。吴根友、崔海亮认为传统儒家“廉”的观念经过了从本义到引申义、从内涵宽泛到逐渐明确的一个过程。汉代以后，“廉”与政治伦理相结合，其道德内涵逐渐明确，具体表现为“廉俭”“廉耻”和“孝廉”，廉德成为从政者应该具有的一种职业道德。它在政治生活中主要表现为廉善、廉能、廉敬、廉正、廉法、廉辨六个方面，它们成为考核官吏廉政的主要依据，其养成主要通过修身、教化、制度约束和法律威慑来实现。[⑤] 谢海燕以“忠”“勤”“廉”“俭”四种官德为分析对象，指出它们各自的内涵与关系，但“忠”“勤”“廉”“俭”官德逐渐异化为“伪”“懒”“腐”“奢”等症候，其原因在于多种文化负面成分的隐性渗透和市场经济自身消极因素以及滞后的官德异化防控机制推波助澜，而对于它们的重塑主要通过读书学习和实践锻炼相结合、自我修养和外在约束相结合、从严管理和热情关爱相结合的举措。[⑥]

二　乡村伦理研究

自党的十九大明确提出乡村振兴战略以来，这一话题一直成为学术界的热点。其

① 齐卫平、秦宁波：《〈晏子春秋〉的官德思想及其当代启示》，《廉政文化研究》2020 年第 4 期。

② 王乐：《明道顺道行道——传统儒家对为官之“道”的文化诠释》，《中国领导科学》2020 年第 4 期。

③ 孙敏：《中国传统文化中的“官德”及现代启示》，《辽宁行政学院学报》2020 年第 3 期。

④ 王中江：《程颢的伦理政治志向、淑世及实践》，《现代哲学》2020 年第 1 期。

⑤ 吴根友、崔海亮：《试论传统儒家廉德的基本内涵、培育方法及其当代价值》，《现代哲学》2020 年第 4 期。

⑥ 谢海燕：《新时代“忠”“勤”“廉”“俭”官德的异化与重塑》，《广西社会科学》2020 年第 7 期。

主要关切的问题是乡村振兴面临的难题与挑战和如何实现乡村振兴，2020 年学者们对这些问题有了进一步的探讨。

（一）乡村振兴的伦理问题与抓手

乡村振兴意味着乡村走向现代化，在这一进程中，不少学者直面存在的诸多伦理问题。

杨伟荣、王露璐认为现代性选择、正义性建构和主体性批判是乡村发展伦理研究的三个基本维度，对应解决乡村现代化发展过程中出现的“乡村性”消解、城乡关系断裂和乡村发展异化三大基本问题。具体而言，现代性选择维度以“乡村性”觉醒为基础，致力于实现不同乡村性和多样现代性之间的互融共进，从而为不同国家和地区的乡村提供可选择的现代性实践形式；正义性建构维度以城乡融合发展为导向，致力于推动城乡发展关系的正义转向及其共生平等发展，并以此为乡村自主发展创造条件；主体性批判维度以乡村发展异化为对象，致力于开展农民抽象主体性和虚假主体性的双重批判，并以此为乡村发展进行合理的价值选择。① 曹琳琳认为新型城镇化应当是城乡政策相通、设施联通、贸易畅通、文脉融通的城乡空间的有机融合，这也正是城乡空间正义的应有之义。但传统城镇化模式造成了乡村社会体系的紊乱，导致了“空间五失”：生活空间失“居”，空间改造失“衡”，权责分配失“公”，城乡空间失“和”，乡土伦理失“传”。究其本因，政策与资本的强制嵌入割裂了乡村自治、乡村经济和乡村家庭伦理的发展脉络，新旧乡村伦理观的“空场”与“错位”引发了人的“虚”城镇化。② 柯凤华分析了道德在我国乡村社会治理中发挥作用仍存在的一些困境，主要表现为缺乏坚实的物质基础、社会转型带来的多元价值弱化了道德的控制作用、治理主体伦理素养不高、现有的乡村治理实践尚未对德治表现出充分的重视等。③

对于乡村振兴的抓手，学者们从家庭与传统农耕文化寻找突破点。夏当英认为乡村家庭秩序建设是思考乡村振兴、村民生活、文化传承之间联结方式的合宜的分析节点。虽然随着社会现代性变迁，乡村家庭伦理不断重塑，表现出前所未有的多元混合模式，但现实社会关系本质上并未超越“五伦”的传统伦理结构，因而家庭秩序建设仍是重要路径和切入点。④ 曹东勃、宋锐认为新时代农业农村现代化进程的内在悖论召唤着传统农耕文化的返场，并在这一过程中进一步发育现代性、融入现代性、扬

---

① 杨伟荣、王露璐：《现代性·正义性·主体性——乡村发展伦理研究的三个基本维度》，《哲学动态》2020 年第 6 期。

② 曹琳琳：《新型城镇化背景下城乡空间正义问题的伦理探究》，《齐鲁学刊》2020 年第 4 期。

③ 柯凤华：《乡村振兴战略背景下乡村德治的实现路径研究——以何斯路村的实践为例》，《领导科学》2020 年第 4 期。

④ 夏当英：《乡村家庭秩序的伦理逻辑与现代变迁》，《社会科学研究》2020 年第 3 期。

弃现代性。中华优秀传统农耕文化汇聚着中华民族关于人与自然、人与他人、人与自我相处的伦理智慧，集中体现为“道法自然、和谐共生”的基本法则，“父慈子孝、耕读传家”的家庭美德，“同甘共苦、守望互助”的乡邻关系以及“勤劳勇敢、自强不息”的奋斗精神。充分发掘优秀传统农耕文化契合乡村振兴伦理的逻辑关联及其内在张力，探寻优秀传统农耕文化助力乡村振兴之道，对于新时代农业农村现代化建设意义深远。①

（二）乡村振兴的道德方案

对于乡村振兴，传统伦理道德思想仍旧发挥着重要作用。对此，张燕认为早期中国共产党以土地改革奠定乡村社会伦理新秩序的经济基础，以民主政治制度建设保障乡村社会伦理新秩序的运行，以文化制度建设推动乡村社会伦理新秩序的发展，成为近代中国伦理秩序重建与转型最为重要的推动力量。在对社会伦理秩序的重建中，传统儒家思想中的合理与优秀成分得以保存，伦理的延续性使其在新的乡村生活中仍继续发挥着维系作用。② 但多数学者还是具体地分析了乡村振兴的道德方案。

1. 德治与礼治

乡村振兴也可以说是乡村伦理秩序的重构，面对乡村伦理问题，学者们主要通过德治与礼治两种方式进行了解读。这两种方式总体地把握了乡村治理的路径。

王海成、张丽君认为当代乡村治理体系中的“德治”本质上是以德治国方略在乡村治理中的贯彻落实，德治在乡村治理体系中的定位与以德治国方略在整个国家治理体系中的定位是一致的。但传统乡村德治的思想资源和方法途径在当代需要做到三方面转型：一是当代法治背景下的德治重新定位及德法关系的调整；二是乡村德治主体从乡绅向以农村基层党组织为领导核心、以村民为主、新乡贤和社会组织共同参与的多元治理主体格局的转型；三是乡村德治之“德”从儒家道德向社会主义核心价值观引领的社会主义新道德的转型。具体的实践方法则是以社会主义核心价值观引领乡村道德建设，积极发掘和改造乡村传统道德文化资源。③ 刘婷婷、俞世伟认为把德治融入乡村治理体系，发挥德治在乡村治理中的重要作用，是实现乡村振兴的关键。德治在乡村治理体系中的价值主要体现在：增加村民自治有效性和弥补法治效力不足两个方面。随着市场化、工业化和城镇化的发展，传统伦理道德规范的作用空间被严重挤压，逐渐丧失了维系乡村和谐与稳定的重要内在价值，其内在的凝聚力和向心力不断式微。在这样的背景下，寻求乡村德治中的传统有效资源和现代价值观念的成功

---

① 曹东勃、宋锐：《农耕文化：乡村振兴的伦理本源》，《西北农林科技大学学报（社会科学版）》2020 年第 3 期。

② 张燕：《中国共产党早期乡村制度建设与伦理秩序重建》，《伦理学研究》2020 年第 2 期。

③ 王海成、张丽君：《“三治”结合背景下乡村德治的定位与转型》，《西北农林科技大学学报（社会科学版）》2020 年第 6 期。

链接，实现“乡土”本色和“新”内涵的有效整合，才能成功构造出新时代的乡村道德治理体系，达及德治在乡村治理中的重构与归位。① 刘芳认为中国传统社会以伦理为本位，以孝治国和依礼治村是乡土社会治理的显著特征。首先，孝道传承始于“有礼可依”，仪式使孝道知识化和规范化，节庆又将族群的精神气质具象化为礼仪传统。其次，传统乡绅在地方自治和村庄教化中起到传道和卫道的作用，使得乡村孝道在运行中“违礼必究”。再次，乡村孝道的传播和再生产，还有赖于无形的乡村舆论形成的孝道保护的文化磁场，牵引着乡村社会“依礼而治”“无讼自治”。在百年社会急速蜕变中，现代社会良性协调机制的供给远远落后于传统社会良性治理机制的断裂速度，将传统的伦理资源转化为现代社区治理的社会资源，以礼治村与以法治村相辅同向而行，有助于构建新时代文明礼治的乡村社会共同体。② 顿德华认为现代化与城镇化的快速推进、传统经济生产形态的改变及离散型家庭结构的变迁，使传统孝文化受到冲击。传统孝文化对乡村青年思想道德教育、农村养老保障、乡村精神文明建设有着重要价值。要在乡村振兴中发挥传统孝文化的作用，可从强化家风教育、法律法规保障、社会舆论监督等方面建立长效机制。③

2. 公共道德平台与乡规民约的创新

在传统乡村，治理主要依靠公共道德平台与乡规民约，新时代下要对此不断创新。王露璐认为基于“乡土中国”的“熟人社会”特征，中国传统村庄形成了日常化的公共道德平台，并在道德评价、道德传播和道德约束等方面发挥了重要功能。伴随着乡村社会生产、生活、交往方式的变化和“半熟人社会”的出现，传统乡村公共道德平台日渐式微，但与走向市场化、工业化的村庄生产、生活方式和“半熟人社会”特征相适应的新型公共道德平台却出现了某种“空场”或“断裂”。通过重建新型的乡村公共道德平台，增强村庄成员之间的接触、交往和交流，使村庄从“熟人社会”转向“熟人社区”，既是实施乡村振兴战略题中应有之义，也是实现乡村振兴的有效路径。具体而言，乡村公共道德平台的重建应充分适应当地经济社会发展水平和农民居住形式，尊重当地民间习俗和吸纳优秀道德传统，体现乡村多元主体作用并注重发挥“新乡贤”的道德权威力量。④ 李喜英、高维认为乡规民约是维系中国传统乡村社会稳定有序的非制度性资源。它与社会资本理论中的参与网络、信任、规范存在某种内在逻辑的一致性，有着天然的契合点。随着社会转型，当前乡村社会资本存量严重不足，农村自组织能力下降，难以建立和维持高效的村民参与网络；市场经

---

① 刘婷婷、俞世伟:《乡村德治重构与归位：历史之根和现代之源的成功链接》,《行政论坛》2020 年第 1 期。

② 刘芳:《从孝道看传统礼治在乡村社会的运行及其当代启示》,《孔子研究》2020 年第 1 期。

③ 顿德华:《传统孝文化的时代价值及实现机制》,《人民论坛》2020 年第 4 期。

④ 王露璐:《从“熟人社会”到“熟人社区”——乡村公共道德平台的式微与重建》,《湖北大学学报(哲学社会科学版)》2020 年第 1 期。

济引发了传统普遍的互惠性规范弱化；社会信任缺失，农村集体行动能力减弱。创新乡规民约，增量社会资本，需要以自治增活力，强化乡村自组织能力，鼓励村民普遍参与基层治理；以德治扬正气，创新传统乡村文明，涵养社会资本互惠规范性的道德价值；以法治强保障，融入现代法治文明，为传统的参与网络、互惠规范和信任的机制提供可靠保障。①

3. 乡贤文化与农民价值观、道德观

传统乡村治理主要是指乡贤乡绅对农民的治理，新时代下要借鉴优秀的乡贤文化，同时也要对农民价值观、道德观进行重塑。

对于乡贤文化的现代应用。曾天雄、曾鹰认为现代中国社会的“发展主义”深入骨髓，乡村精英外流、乡村文化呈空洞化，乡村治理呈灰色化。新时代要重塑与创新乡土社会内生资源——新乡贤文化，发掘乡土新文化，嵌入乡治新因子，尊重地方性知识，回归道德教化，传承乡贤文脉，重塑乡村文化之魂，为乡村实现“三治合一”提供有力的道德支撑和精神动力。② 张馨文认为乡贤在乡村治理中具有独特的角色定位，是乡风文明的涵育者、乡村秩序的维护者和乡村振兴的推动者。随着市场经济的发展和城镇化进程的加快，传统乡村秩序的根基不断被削弱，文化习俗、伦理道德观念受到冲击，乡村治理效率有待提升。助推乡村治理现代化，不仅需要国家政策的实施，更需要借助乡贤这一优势资源弘扬乡贤文化价值。③

对于农民的价值观、道德观的引领。林志友、胡爽认为改革开放以来，中国农民代际价值观呈现显著差异。老一代农民价值观较为传统和同质化，新生代农民价值观相对现代和多元化。在义利观上，前者倡导仁义取向居于首位，后者崇尚利益取向占据主导。农村经济结构的变革、农民思想观念的解放、西方文化对中国乡村社会的冲击以及农民独立人格的成长是导致中国农民代际价值观差异的主要原因。就现实功用及发展趋势而言，无论是老一代农民的价值观，还是新生代农民的价值观，都与新时代中国乡村社会所要培育的价值观存在一定的差距，单一倡导任何一种价值观，都不利于维护乡村社会的稳定和助推乡村振兴战略的实施。新时代中国农民代际价值观的重塑和发展应该以社会主义核心价值观为引领，将乡村新乡贤作为引领主体，通过发挥新乡贤践行社会主义核心价值观的模范作用，实现中国农民代际价值观的和谐共处。④ 霍军亮认为加强农村公民道德建设对于全面推进乡村振兴战略具有重要的时代价值，是实现“产业兴旺”的前提条件、“生态宜居”的有效举措、“乡风文明”的关键环节、“治理有效”的核心所在和“生活富裕”的基础保证。现代化进程中社会

① 李喜英、高维：《社会资本视角下创新传统乡规民约的思考》，《广西大学学报（哲学社会科学版）》2020 年第 2 期。

② 曾天雄、曾鹰：《善治视域下的“新乡贤”文化自觉》，《广东社会科学》2020 年第 2 期。

③ 张馨文：《为乡村治理现代化注入乡贤文化价值》，《人民论坛》2020 年第 15 期。

④ 林志友、胡爽：《改革开放以来中国农民代际价值观差异及其引领》，《社会科学战线》2020 年第 6 期。

个体的崛起在增进广大农民现代性意识、促使农民群众走出传统的同时，也给农民的精神世界和道德认知带来新的挑战，农民的价值判断趋于多元、公共精神趋于式微、集体观念趋于弱化，基层党组织的引领作用发挥不够突出，农村公民道德建设面临着多元整合困境、公共性培育困境、价值取向困境和组织保障困境。新的时代背景下，应坚持用社会主义核心价值观引领农民，增进农民的价值共识，夯实农村公民道德建设的思想基础；发挥农民在乡村治理中的主体作用，培育农民的公共精神，夯实农村公民道德建设的社会基础；以乡村文化构筑新型乡村社会“共同体”，重塑农民的集体主义意识，夯实农村公民道德建设的文化基础；以提升组织力为主要目标，激发基层党组织的组织活力，夯实农村公民道德建设的组织基础。①

（三）政治治理伦理

中国传统政治治理伦理主要是以儒家为主，兼涉道家与其他各派的思想。这一部分更多地侧重于整体上分析经典或人物的政治治理思想，而非局限于某一方面。

1. 儒家政治治理思想

一些学者从经典和人物思想的角度分析政治治理思想。李前梅认为，郑玄《毛诗郑笺》中的政治思想主要包括以下四个方面：一是在君权的合法性问题上，郑玄沿袭了董仲舒以来君权神授的观点，但以君德作为唯一的评判标准；二是摒弃以阳尊阴卑来强化臣对君的片面服从的观念，而回归到先秦儒家的君臣以义合的君臣相对待关系，并且极大地丰富了它的内涵，将之具体化、情感化与友朋化了；三是在选官任人上，他主张明王不绝弃故旧功臣及其子孙、任人不求备，既发挥了选官的激励功能，又强调以德为基；四是关注后宫建设，从齐家及君权的运行角度赋予后妃权力。② 王锟认为桓范把阴阳五行论与儒家学说结合，主张德治为主，德刑合用，强调君德与臣道之不易，认为修政之要在于得民心，并以“慎刑”“息兵”“节用”为“得民心”的具体措施。③

陈力祥、陈平认为面对北宋的社会危机，周敦颐构建了一套丰富的政治伦理思想体系。他从“太极”的本体论出发，通过“因太极立人极”的逻辑推演方式，沟通“天”“地”“人”三才，为“圣人之道”找到本体论依据。圣人“因太极立人极”，通过制礼作乐，以“中正仁义”和“诚”教化万民，让社会回归到正常的人伦秩序当中，从而达到“万民顺”的理想状态。④ 孔妮妮认为，针对权臣擅政的痼疾，以真德秀为代表的晚宋理学家将“君为臣纲”的政治伦理贯彻在学术体系的建构中，继

---

① 霍军亮：《乡村振兴战略下的农村公民道德建设》，《西北农林科技大学学报（社会科学版）》2020 年第 5 期。

② 李前梅：《〈毛诗郑笺〉君权思想发微》，《天府新论》2020 年第 4 期。

③ 王锟：《儒家抑或法家：论桓范的政治伦理思想》，《船山学刊》2020 年第 4 期。

④ 陈力祥、陈平：《周敦颐因太极而立人极的政治伦理思想》，《中原文化研究》2020 年第 6 期。

承了先儒“正君而国定”的辅治宗旨，真德秀在以《大学》为框架建构帝王之学的同时，也以“正己”“格君”“谋国”“用人”为纲目建构辅臣之学，从而形成了君臣之学双翼并行的经世理论体系。晚宋理学家通过对君臣观的价值诠释，大力弘扬“不谋功利”的道德准则和“以道相合”的政治理想。① 陈力祥认为陆九渊政治伦理思想的产生，是对南宋政治危机的积极回应。其思想的开显是基于“本心”基础之上的君心政本，即本心敷于教化政事而展开，主要表现为益国裕民，本心为民；力图以“宣化承流”之势，实现三代之政以济斯民于大和。陆九渊的政治伦理思想凸显了政治主体性意识、责任意识、担当意识，为政治伦理思想开辟了一条“本心”之路，彰显其政治伦理思想的“本心”特色。②

周谨平、公敬认为，面对动荡的时局，王船山提出了“阐旧邦以辅新命”的政治伦理命题，他通过理、气关系认识政治，从理依于势中探寻政治合理性，从“公天下”衍生民本精神，从天地之则梳理君臣关系。③ 唐凯麟、唐苇熠认为康有为于戊戌前所构建的政治伦理体系，建基于自然主义的人性论，否弃了性之善恶的两分模式，将人性归于生存之本能。在康有为的诠释中，他称之为“阳教”的“孔教”，能够实现“顺人之情”与“节人之性”的中和，既易于使人遵循，又可安顿社会秩序。“孔教”之落实，则需借由上古政教合一的模式，通过再现敷教在宽、治教一体的国家理想，以拯救中国之时弊。④

其中一些学者从民本或政治角色角度研究儒家政治治理思想。杜俊燕、秦进才认为汉代教化传播的主体，由皇帝、官员和三老等组成，他们在不同的科层官僚机构中扮演不同的传播角色，承担不同的传播职能，利用官学、私学、家学、家训等传播渠道，将以孝悌为主的伦理道德和以农桑为本的经济思想传播至天下，以利于形成尊卑有序、上下和谐的社会秩序和强本重农、国富民安的经济环境，从而对巩固和维护封建政权，传承政治文化及稳定社会秩序产生积极的影响。⑤ 高恒天认为，王充的《论衡》在政治伦理思想方面阐发了君臣民三者间的应然政治关系。他主张君对臣应“佞可觉知”“观心定贤”；臣对君应“参政治国”“褒君颂君”“实事疾妄”；君对民应“安民”“慰民”“化民”，臣对民应“疾虚妄”而“归实诚”，而民对君、对臣应“悟迷惑而知虚实”。如此，则可形成一个君明、臣贤、民良的社会。⑥

---

① 孔妮妮：《论晚宋理学家对君臣观的学术建构与价值诠释——以真德秀为中心的考察》，《史林》2020 年第 2 期。

② 陈力祥：《论陆九渊“本心”为政的政治伦理思想》，《内蒙古师范大学学报（哲学社会科学汉文版）》2020 年第 4 期。

③ 周谨平、公敬：《王船山的政治伦理思想探微》，《浙江师范大学学报（社会科学版）》2020 年第 3 期。

④ 唐凯麟、唐苇熠：《康有为戊戌之前的政治伦理思想研究——基于〈康子内外篇〉的考察》，《湘潭大学学报（哲学社会科学版）》2020 年第 6 期。

⑤ 杜俊燕、秦进才：《汉代教化传播初探》，《河北学刊》2020 年第 5 期。

⑥ 高恒天：《〈论衡〉中的君臣民政治伦理关系探析》，《船山学刊》2020 年第 4 期。

陈力祥认为范仲淹的政治伦理思想大致从两个层面展开：一是在政治实践层面，他秉奉儒家政治理想，倡导经世致用；二是在价值教化层面，他通过义理融通的方式极力宣扬儒家的价值观念，并把“行道”作为其义理生发的重要内容。同时他也意识到，要想在北宋当时内忧外患的朝局中，肩负起“行道”的责任，必须有舍身弘道的自觉精神，于是他提出了“先天下之忧而忧，后天下之乐而乐”的思想作为精神鼓舞与为政准则。而这一切都是基于其“君民一体”的民本主义思想而进行的。① 单虹泽认为陆象山在继承孟子贵民论的基础上，提出了“主民”的思想观念。“主民”思想涵盖了三个层面，一是官员为政应以保民、利民为先；二是统治者应将民众视为治国的根本；三是民众能够为自己做主。可以说，“主民”思想确定了民众的主体性地位。② 谭明冉分析了王夫之的君子与小人相处之道。王夫之要求君子不用权术、避免与小人进入对立，即君子秉持正道以容纳、接触和控制小人，不能以权术对待之。一旦君子不能控制小人或局势，王夫之则斥之为“识暗而力柔”，但“识胜”而“力定”本身就是一种权术。王夫之及其同辈在小人面前的束手无策警示我们“喻于义”“喻于利”的动机鉴别并不适合于政治和社会管理，儒家的礼义教化和包容也不能有效制止小人的肆意妄为，反而制度的建立、法令的约束是超越君子小人之辨、约束小人妄为的良策。因此，应将道德修身与政治管理适当分离，而不是用君子小人之辨来混淆个体修身与政治管理。③

2. 其他各家

谢阳举认为在政治上，老子主张道治，即以道治国。道治高于神权和圣人政治，与超自然去向划清了界限，也堵死了用圣智干扰政治的愿望。④ 张榕坤认为庄子提出了人“无所逃于天地之间”的存在处境，并在伦理、政治层面提出了自己的正面主张。他以“天德”为人的修德依据，认为这一“不形之德”可以达成天地人我之和，实现道家式的内圣外王；面对伦理价值标准时，庄子主张以“天与人不相胜”的圆融智慧来面对是非善恶等相对价值；在为政治国方面，庄子提出善治天下者，应保有自然无为之天德，以不仁之大仁成就万物同体和谐的至德之世。由此，庄子的伦理政治主张在“天”与“人”两大根本维度上体现出其哲学“独与天地精神往来，而不敖倪于万物”的基本精神。⑤ 并且张榕坤进一步指出，庄子对先秦儒家在“外王”政治实践中成己成物的方式可能存在的弊端进行了自觉的反思，并提出人文化成的独特方式：以涵容虚静的“天德”为法，保有对恶者同情的理解与悲悯体贴，并通过

① 陈力祥：《先忧后乐：范仲淹的民本主义政治伦理思想探幽》，《船山学刊》2020 年第 4 期。
② 单虹泽：《陆象山的“主民”思想及其对晚明“觉民行道”的开启》，《学术探索》2020 年第 3 期。
③ 谭明冉：《“守正以待时、不争而贞胜”——王夫之论君子与小人相处之道》，《哲学动态》2020 年第 2 期。
④ 谢阳举：《论老子的自然之学及其世界影响》，《人文杂志》2020 年第 4 期。
⑤ 张榕坤：《往来天地间：庄子伦理政治的理据》，《江南大学学报（人文社会科学版）》2020 年第 5 期。

“先存诸己而后存诸人”的“心斋”工夫，将其落实于政治实践，这是成功化物的根基；继而，顺应“物性”与“物势”，与物宛转、因机点化，以巧妙的庖解之道完成对恶者的更新与转化。就此而言，“德合于天”前提下“顺物”且“因势”的文化治疗，无碍地贯通了“与天为徒”及“与人为徒”，成就了庄子式的人文化成，其中也蕴含着建构其内圣外王圆融之学的契机。①

祁志祥认为《鹖冠子》的天人关系从黄老及阴阳家的宇宙发生论出发，提出尊天地、因势命、先人事的基本主张，肯定了人道在政治生活中的决定地位。在人道环节中，《鹖冠子》从道家、儒家的观点出发批判勾心斗角的现实社会，提出共利同乐的社会理想，主张君主清虚无为，选贤任能，以仁治天下，以义治军事，辅之以严刑峻法。②

刘娟认为汉末道教的产生与道教知识人生逢乱世重建治世的企图有关，他们希望以老子的神学政治代替儒教谶纬神学，重建政教之基以立太平。其应对乱世而作的“治道”方案根源于神性世界本然和谐的神学信仰，人世太平靠每个人守善尊道，通天地之和气达成。③ 秦晓慧以道教经典《太平经》为文本分析了其中的“周穷救急”思想，认为治国之本应“以民为大急”，实施“安民”“养民”“救民”的保障措施，解决“民”之“三急”，即饮食、继嗣、衣服问题，使“民”能够具有生存的权益。“周穷救急”塑造了独特的民本思想，它以人本精神为理念，以和谐相处为模式，以公平正义为理想，是中国传统民本思想的有益补充。④

（四）传统政治伦理的反思及现代应用

有学者通过中西比较的方式分析了传统政治伦理，刘丹忱比较了孔子与柏拉图。孔子将以修己为本、以安百姓为旨归的仁学之道导入体现尊尊之制的君臣父子伦理关系之中，确立了以道德与政治的高度统一来治平天下的德治路径。柏拉图则以卓越的逻辑理性，运用正义与善的理念构建了一个各等级互不僭越的理想城邦治理模式。⑤

有些学者从社会公德治理的角度进行分析。王伟认为新时代社会公德治理是指政府、社会和公民共同携手，综合运用多种手段，消除社会公德不良现象，建构良好公共生活秩序的活动。而它的路径需要从文化、法治、科技和教育层面进行整体性建构，要以社会主义核心价值观为价值引领，以社会主义法治为坚强保障，以数字化治理为技术支撑，以培育社会公德意识为思想基础。⑥ 张冬毛、胡穗认为面对当前我国

---

① 张榕坤：《政治场域中庄子式的人文化成》，《江淮论坛》2020年第3期。

② 祁志祥：《〈鹖冠子〉的思想结构及其政治主张——先秦思想史系列研究之一》，《辽宁大学学报（哲学社会科学版）》2020年第1期。

③ 刘娟：《神学政治下的治道分野——论〈老子想尔注〉对“上圣之君”与“中贤之君”的治道评判》，《海南大学学报（人文社会科学版）》2020年第3期。

④ 秦晓慧：《“周穷救急”的民本思想研究——以〈太平经〉为例》，《江西社会科学》2020年第11期。

⑤ 刘丹忱：《孔子与柏拉图治国思想之比较互鉴》，《孔子研究》2020年第2期。

⑥ 王伟：《新时代社会公德治理的价值分析与路径建构》，《齐鲁学刊》2020年第5期。

社会公共道德缺失的困境，要以社会公共交往的基本规范和践行路径为切入点。儒家伦理社会公共交往基本规范主要包括“以礼为先”“以和为贵”“以信为本”“以恕为道”四方面，并通过“为仁由己”（以自律为前提）、“以刑辅德”（以法律为辅佐）、“为国以礼”（以制度为保障）、“化性起伪”（以教育为支撑）等途径来实现。① 韩玉胜认为新时代道德建设要从中华传统美德中汲取道德滋养来深化道德教育引导，用良好传统家教家风涵育道德品行，以传统嘉言懿行引领道德风尚，以优秀传统道德营造良好道德环境，以优秀传统文艺作品陶冶道德情操。在道德建设实践中以中华传统美德推动道德实践养成，以传统诚信美德推进当代诚信建设，自觉推进移风易俗行动，充分发挥传统礼仪礼节的教化作用，积极发掘传统生态智慧推进践行绿色生产生活方式，加强以传统道德文化为载体的对外交流交往。②

三　家庭伦理

家庭是人类生存、生产、生活的最基础的共同体，对于每一个人的重要性和意义是不言而喻的。对于家庭伦理的探究也是2020年学者们关注的重点，主要涉及孝道、婚姻与女性、家训家风、家庭伦理四大方面。

（一）孝道

在家庭中最重要的伦理规范就是孝，对于孝的研究，2020年学者们重新挖掘了之前关注较少的要点，进一步加深对它的解读。

1. “孝”的发展

学界论孝的发展一般皆由孔子开始，2020年学者们主要论述了从孔子到荀子孝道内涵的发展。陈明彪认为孔子的孝道观是以仁统孝，其由亲亲启始，再依次推扩到仁民和爱物。荀子的孝道观则展现出礼义对孝行的促成。二者除具有所处时代的特色外，还体现了儒家的孝道观衍传至今发展成为孝道文化，构成了中华德文化的一个重要部分。简言之，孝道是中华文化的核心价值和优良传统，它不仅彰显了孝子生前感恩、死后尊崇，对父母的不舍和仁爱之心；而且也凸显了中华民族从古至今对家庭伦理的重视，是报本返始、感恩精神的呈现。③ 唐晓英认为孝道是中华民族的传统美德，也是儒家伦理文化的核心范畴。孔子从精神赡养和具体孝行规范方面阐释了孝亲观念，并延伸出仁爱思想；曾子则从行孝当及时和尽孝有层次方面深化了孔子思想，并将孝道与忠君结合，不仅为后世孝治思想奠定了理论基础，也提供了情感支撑；孟

---

① 张冬毛、胡穗：《儒家伦理公共交往理论及其当代价值》，《广东社会科学》2020年第6期。

② 韩玉胜：《传承中华传统美德——加强新时代公民道德建设的不竭源泉》，《广西大学学报（哲学社会科学版）》2020年第3期。

③ 陈明彪：《从孔子的孝道观到荀子的孝道观》，《武陵学刊》2020年第3期。

子在继承孔子孝亲和曾子“移孝作忠”思想的基础上，对孝道伦理进行了人性阐释，提出了仁政学说，进一步阐明了孝与治之间的关系，不但达到了治国的目的，也从实践层面进一步完善了孝道文化；荀子则从性恶论的角度出发，倡导尊礼重义，认为君恩大于亲恩，对君主的过分推崇使孝道文化的政治意味更加浓厚，上升至社会和政治伦理层面，但也逐渐衍化成政治统治的附庸，成为封建统治的工具。①

2. 孝的定位、理论内涵与价值

《孝经》是中国以孝命名、专门讲孝的经典，而以孝为核心的家庭伦理是中国传统伦理的核心。戴茂堂、冯朝阳从家庭伦理的视角来考察《孝经》的道德旨趣，认为《孝经》顾名思义是讨论孝之原理的，在道德旨趣上属于家庭伦理范畴。但《孝经》意在以孝劝忠，始于论孝，终于论忠，实质上是将家庭伦理引向了社会伦理、国家伦理，更准确地说，是将社会伦理、国家伦理套牢在了家庭伦理的模板上。② 孟久琳对孝的理论内容与现代价值做出分析，认为孝道文化是传统文化的核心，其中蕴含着以敬侍养、慈孝相应、卑幼尊长、柔声以谏、俭葬诚祭、显祖扬亲、移孝作忠等丰富内容。作为中国传统文化重要组成部分的家训，因推崇忠孝节义、教导礼义廉耻而为世人所看重。其孝道教化思想对于当今家庭营造尊老敬老风气、促进社会和谐稳定、提供人才储备等有着积极影响，但也存在着愚孝愚忠、缺乏人格独立性等消极因素，因而需要在批判的基础上继承。在内容上汲取传统家训中慈孝相应、以敬侍养、显祖扬亲等思想精华，在教化方法上借鉴传统家训中以身立教、注重践行、培育家风等方式，在培养目标上批判地继承传统家训中移孝作忠的孝道思想，达到为当代中国的孝德建设服务的目的。③

一些学者对具体人物的孝道思想做出分析。高娜、黄玉雪认为荀子在孔孟孝道观的基础上，将“孝”与“礼”相结合，从而对“孝”提出新的要求和规范，形成了重视丧葬之礼、父有争子，君有谏臣、养亲而身敬、君恩重于父的孝道思想。④ 王馨从荀子关于仁、义、礼三者之间关系的论述中，明确其“礼义之孝”的双重维度；通过分析荀子的谏亲、谏君思想，由“从义不从父”的父子之道推出“从道不从君”的君臣之道，试图在父子亲情与社会“道”“义”之间寻求一种平衡；同时，以子道、君道、臣道一线贯穿，孝道成为荀子礼制建设的有机构成部分。⑤ 邓庆平、胡雅雯认为，朱熹对孝的理解涉及孝的多层含义。对“为人子，止于孝”的强调集中体现了他从个人道德的角度来定位孝的基本立场，这是其孝思想的逻辑起点；基于以天理为最高概念的宇宙论和本体论对孝的根源进行探寻，这是对孝德做出的哲学说明与

① 唐晓英：《先秦儒家孝道思想流变》，《佳木斯大学社会科学学报》2020 年第 6 期。
② 戴茂堂、冯朝阳：《〈孝经〉的道德旨趣：以家庭伦理为视域》，《湖北工程学院学报》2020 年第 1 期。
③ 孟久琳：《传统家训中的孝道教化及其当代价值》，《湖北工程学院学报》2020 年第 1 期。
④ 高娜、黄玉雪：《〈荀子〉中的孝道思想》，《邯郸职业技术学院学报》2020 年第 1 期。
⑤ 王馨：《礼义之孝——荀子的孝道观》，《人文天下》2020 年第 15 期。

论证；在仁与孝的关系上坚持仁体孝用观，揭示了孝之德的心性论基础；在孝行实践中重视孝心的重要性，为孝德的真正实现提供实际指导；从教育内容、方法和教材等方面来看，朱熹思想体系当中存在一个相对完整的孝道教育体系。[①]

（二）婚姻与女性

婚姻是家庭的开始，在传统婚姻和家庭中，女性一直处于次要或附属的地位，2020 年学者们对于女性教化、地位、婚姻等方面有所关注。

对于传统女教，曲宁宁认为它主要是基于儒家五经所建构的“内/外”模式来规训女性的言行举止与生活空间。而随着女教理论的发展，儒家修身学说逐步被移植并被用以型塑女子之德性。其中，“女四书”因其作者本身为女性，鲜明体现了女性对于礼教的自觉认同与“内卷化”特征，甚至表现出“立命”与“安身”相统一的趋势。但从唐代的《女论语》开始，在儒家的心性修养体系日渐深入女教理论的同时，作者已不满于《女诫》以来将女性圈囿于家庭之内的角色定位与伦理束缚，表达出了参与公共事务的强烈意愿与完善个人道德、安顿终极关怀的诉求。换言之，先秦乃至两汉的女教理论着意将女子型塑为“女子”，而唐代以降，女性的性别意识逐渐觉醒并致力于打破这一阃域，而力争成为“女君子”乃至“君子”，并因此产生了女性个体诉求与儒家传统礼教之间的矛盾。这一冲突在明清时期达到巅峰，从而呈现出礼俗互动的多重影像。[②]

对于女性的地位，耿艺源认为女性是社会的重要群体，然而在以男性为绝对中心的古代中国，女性在家庭及社会生活各个领域都处于被统治的卑下地位。在漫长历史中，儒学作为中国传统文化的中流砥柱，潜移默化地塑造并影响着人们的观念行为，其伦理观中体现出来的男尊女卑、三从四德等文化特征和道德要求，不仅禁锢了传统女性的发展，也在一定程度上影响着当代男女平等的推进。[③] 这也深刻地体现在女性的婚姻中。

刘洁以魏晋时期的女性为例，从八大方面探讨了处于不同婚姻状态中的女性境况。魏晋时期婚姻关系的缔结基本上是排除了结婚者本人意愿而由父母尊长包办的非自主行为。尤其对上层社会而言，择偶必须权衡利弊。作为礼教规范和法律条文，“夫尊妻卑”体现了中国古代社会夫妻关系的基本特点，是历朝历代所遵循的处理夫妻关系的不二法则，也是魏晋时期夫妻关系的主流。不过受多种社会因素的影响，实际生活中的婚姻形态也有许多变异。魏晋时期男女的情爱生活相对开放，男女私通的现象较为常见。某种意义上说，这是女性对于丈夫不忠的报复或是婚姻不遇的补偿，

---

① 邓庆平、胡雅雯：《朱熹“孝”论》，《南昌大学学报（人文社会科学版）》2020 年第 6 期。

② 曲宁宁：《“女子”与“君子”：从女教理论看儒家思想的传播及礼俗之互动——以“女四书”为中心》，《民俗研究》2020 年第 4 期。

③ 耿艺源：《儒学伦理观对女性地位的影响和限制》，《海外文摘（学术）》2020 年第 4 期。

是对无感情的婚姻生活的一种抗议。但这种行为并不包含推翻男权婚姻秩序合理性的考虑。魏晋时期沿袭了前代禁止婚外淫乱行为发生的规定，要求女子恪守妇道、从一而终。在礼法的影响下出现了一批“誓不更二”的节妇。但同时，受剧烈的政治变动、较为开放的社会风气等因素影响，实际生活中女性再嫁却比较平常，并未受到严格限制。这表明：一种道德观念从产生到完全的理论渗透，再到具有彻底的行为约束力，并不是立竿见影、一蹴而就的。魏晋时期政治风云变幻莫测，权力更替频繁，在政治因素的干扰下催生了一批别样的嫁娶离合。门阀士族政治斗争的残酷性，使得人格、名誉、婚姻等都成为政治的附属物。① 张倩也认为中国的女性在历史上受到了封建思想的毒害和各种道德的绑架，在封建社会鼎盛的明清期间，女性在社会中遭受的不公平待遇更甚，女性接触不到自由的空气，而其中一个最主要的表现便是女性没有婚姻自主权。这成为反映明清时期封建社会的一个缩影，更造就了封建社会以来女性婚姻的悲惨结局。②

申前程分析了宋代《袁氏世范》的女性伦理观，在婚姻方面，反对过早为女性议婚，不反对寡妇再嫁，冲击了当时注重贞洁的婚姻观；在教育方面，阐明妇人之道、姑嫂之道及母道，但本质上没有跳脱“三纲五常”的思想，但同时又赞成女子受教育，体现出袁采“超时代”的女性伦理观。③

“对于当代同性恋婚姻，传统儒家是否认同，理由是什么”，这成为一个难题。白彤东对张祥龙的儒家立场做出了分析和回应。张祥龙的观点是包容同性恋，反对同性婚姻，主要基于四个理由：同性婚姻会导致群婚制甚至婚姻解体；同性婚姻有违孝道；同性婚姻伤害这类婚姻下的孩子；同性婚姻的许可会鼓励更多的同性婚姻出现。白彤东则从更温和的儒家立场认为要包容同性婚姻。在他看来，儒家更应该担心的是离婚、夫妻不和、丁克家庭、某些宗教实践对儒家原则的伤害，而同性婚姻对儒家所关心的价值的影响都更可控。同性婚姻确实可能会导致婚姻形式的多元化。但在儒家看来，婚姻多元化不是其所必然要反对的。因为稳定和关爱才是儒家婚姻观中的首要善。而稳定与关爱并不一定与同性婚姻相冲突。然而在支持同性婚姻的自由主义者那里，多元化则是重大挑战。因为从同性婚姻的自由出发，必然会要求更多的婚姻形式的“自由”，比如一妻多夫等，这是自由主义者们还没有准备好应对的课题。④

（三）家训家风

中华民族历来十分重视家庭教育，并在长期的家庭教育实践中，积淀形成了丰富而独具中国特色的家训文化。对于家训的研究一直在学界的视野内。杨峻岭认为宋代

① 刘洁：《生活在天理和人欲之间——不同婚姻状态中的魏晋女性》，《东岳论丛》2020 年第 9 期。
② 张倩：《明清时期女性的婚姻自主权》，《法制博览》2020 年第 29 期。
③ 申前程：《论袁采〈袁氏世范〉的女性伦理观》，《绵阳师范学院学报》2020 年第 6 期。
④ 白彤东：《儒家如何认可同性婚姻？——兼与张祥龙教授商榷》，《中国人民大学学报》2020 年第 2 期。

是我国家训文化发展史上最繁荣的历史时期之一。其中蕴含的亲亲爱人、诚信为本、自强不息、孝老敬亲、廉洁公允的价值观念，依然是当前我国家庭美德伦理建设和社会主义核心价值观培育的宝贵精神财富。① 其中，《颜氏家训》也是研究的重点。缪方明认为《颜氏家训》蕴含了丰富的家庭伦理思想，他从家庭道德观、家庭教育观、家政观三方面进行了简单解读。② 彭陵飞认为《颜氏家训》中所包含的家庭伦理思想以血缘关系为纽带，以协调家庭成员间的关系为内容，以维护家庭稳定为目的，是对儒家传统人伦思想的继承与发扬。③ 陈建新认为《颜氏家训》的家庭教育思想主要表现为：知礼重孝、崇尚节操的家庭伦理道德；读书勤勉、勤奋务实的家庭治学理念；勤俭持家、身体力行的治家原则；反对溺爱、威而有慈的家庭教育方法；及早施教、贯穿始终的家庭教育时机。《颜氏家训》家庭教育思想的现代意蕴是：弘扬传统家庭美德，德智并重；营造良好的家庭读书氛围；崇尚勤俭节约、量力而行的家庭消费观；反对溺爱，注重“精神富养”，构建平等和谐的家庭亲子关系；把握儿童成长的关键期，倡导终身教育理念。④ 王浩东、陈延斌则分析明清之际孙奇逢家训中的伦理思想。在治理家庭方面，他强调父慈子孝、兄友弟恭、夫妇和顺；在为人处世方面，他强调待人宽容、交友诚信、处世谦谨；在处理政事方面，他强调为官廉洁、为政勤勉、为人淡泊。⑤

除此之外，陈冬仿还分析了汉代农民家风家教的基础与内容。个体小农家庭逐渐普遍化，为农民家风文化的形成提供了现实基础。同时，为了增强国家认同，统治者特别注重发挥以“忠孝一体”为内涵的“家国同构”核心价值观对农民家庭这一社会主体的价值引领作用，从而奠定了家风家教的基调和底色。在此背景下，汉代农民家庭家风家教以“孝亲忠君”的道德教育为主，以“为人处世”“耕读传家”为辅，共同构成了家风文化的主旋律，并以其自身别具特色的教育功能和方式促进了家庭和谐与社会稳定。⑥

（四）家庭伦理

2020 年学者们不仅对具体的家庭伦理规范即孝道进行了分析，也对家庭伦理有整体性研究。家庭伦理从古代到近代，再到现代，经历了曲折而又丰富的发展。

---

① 杨峻岭：《传统家训的道德意蕴及其创新发展——以宋代〈袁氏世范〉为主要对象》，《伦理学研究》2020 年第 1 期。

② 缪方明：《〈颜氏家训〉家庭伦理思想简析》，《徐州工程学院学报（社会科学版）》2020 年第 6 期。

③ 彭陵飞：《〈颜氏家训〉的家庭伦理思想》，《绵阳师范学院学报》2020 年第 1 期。

④ 陈建新：《〈颜氏家训〉家庭教育思想的现代意蕴》，《信阳师范学院学报（哲学社会科学版）》2020 年第 6 期。

⑤ 王浩东、陈延斌：《孙奇逢家训之伦理思想及其当代价值研究》，《湖北工程学院学报》2020 年第 5 期。

⑥ 陈冬仿：《从汉代农民家风家教探寻培育社会主义核心价值观之源》，《河南大学学报（社会科学版）》2020 年第 5 期。

1. 古代家庭伦理

汪凤主要是以《仪礼·丧服》为基础文本，以父子、夫妇、兄弟三者为研究对象，考察在宗法制以及“尊尊之义”和“亲亲之杀”相互作用下的家庭伦理关系。首先，讨论“尊尊”原则对丧服制服原则的影响，以及由此而形成的以父子为嫡之正体的宗法制家庭伦理。其次，分别对父在为母的压降、女子出嫁与男子出继的出降进行详细的文本分析，探究“尊尊”原则是如何在服制上处理和安排复杂的家庭关系。最后，论述随着后世宗族观念的改变，“亲亲”在家庭伦理中不断得到强化和巩固，“尊尊”观念的影响更多体现在对父母的尊崇上，并最终形成一种普遍接受的“孝道”文化。①

任健、徐婷认为王阳明的治家思想包括正心诚意的修身之道、忠孝敬信的立德之方、勤俭积善的齐家之道、立志勤学的为学之道、谦虚恭敬的为人之道、责善改过的交友之道、清静知止的处世之道、经世济民的治世之道等八大方面；蕴含修身立德的修己方法、待人接物的处事智慧、谦逊礼让的交往态度、清静知止的处世智慧、经世济民的参与意识、转消极被动为积极主动的良好心态等；呈现以良知教育为主要内容、以知行合一为主要途径、以治平天下为最终旨归的总体特征。②

除此之外，也有学者分析道家庄子的家庭伦理思想。辛昌泽、夏当英指出，庄子认为儒家伦理规制对家庭和社会的戕害表现在：孔子言行不一，未能发挥表率作用；礼仪制度诱发人们的私心泛滥，导致社会动荡；孝悌规范扭曲了亲情的内涵，损害家庭和谐。因而，庄子把道作为家庭建设的终极依据，包括朴素自由的家庭环境、男女平等的性别结构与顺随自然的家庭生活。③

2. 近代家庭伦理

近代中国遭遇了外强的侵略，救亡图存成为仁人志士的一致目标，受西方外来思想的影响，“破家”方能“立人”“立国”的“家庭革命”蔚为风潮，家庭及宗法伦理被当成革命的对象。赵妍杰分析认为晚清一部分思想激进的读书人批评国家和家庭都是自私自利的表现，而主张去国、去家。传统的修身、齐家、治国、平天下裂变为修身、去家、去国、平天下。在个人主义崛起的五四时代，一部分时人强调以个体直接面向社会来重构理想的人群组织，其特色便是儿童公育、父老公养、不要家庭。对于无家庭的人群如何凝聚成社会的问题，新青年期待以各式各样的“主义”来凝聚这个陌生人组成的社会。家庭革命的言说展现了部分读书人既反传统又反西化的倾向，也意味着他们对人性罪恶面、人能力的有限性以及亲情的可替代性等根本问题有着突破古今中西的新认识。家庭渐渐成为各派人士最不喜欢的社会建制，这也进一步

---

① 汪凤：《从〈仪礼·丧服〉看古代家庭伦理中的“尊尊”观念》，《鹅湖月刊》2020 年第 541 期。

② 任健、徐婷：《王阳明治家思想及其价值分析》，《学术研究》2020 年第 6 期。

③ 辛昌泽、夏当英：《“至仁无亲”：庄子视野中的理想家庭》，《沈阳大学学报（社会科学版）》2020 年第 2 期。

塑造了中国政治和社会的走向。①

同时，近代思想家对传统家庭伦理进行了批判与再认识或再建构。孙邦金、陈星认为在近百年来的去家庭化运动中，陈独秀采取了“集人立国”的去家庭化道路，即以个人本位主义取代家族本位主义，建构其家族伦理观，包括：解构忠孝一贯的家长制，伸张个体自由；批判男性中心主义，主张男女平等；消解泛道德主义，主张婚恋自由；反对同居共财的大家庭，主张小家庭主义。② 史焕翔认为蔡元培家庭伦理思想强调一种义务关系，可以将其理解为一种角色伦理与责任伦理并存的“双重伦理”。在“双重伦理”的逻辑下，衍生出“三伦一体”的思想特点，即一个家庭依托于亲子、夫妇、兄弟“三伦”之间的有序关系，这是对传统儒家伦理中以血缘关系和婚姻关系为伦理本原的传承。但在此基础上，蔡元培又强调家庭关系范畴中不同道德主体相对等的权利与义务，进而强调“双重伦理”的平等性，由此又超越了传统儒家家庭伦理的支配秩序之局限性。③ 姜瑀认为新文化人通过强调生育行为的偶然性和自然性，否定了父于子有恩，同时将生育的意义从世系延续改写为个体生命事件。与此同时，自然亲情被新文化人建构为亲子关系的本体性价值，情感原则成为代际交往的行为规范和道德准则。“爱”取代“恩”成为亲子伦理的本体价值和总体原则，反映的是中国家庭伦理由“秩序型”伦理向“情感型”伦理转变的过程。④ 王正认为家庭是中国传统文化、中国传统伦理的核心，却在近代以来发生了剧变。为了实现家庭的“转变”，梁漱溟将之置于自身乡村建设的大理论下来思考。一方面，他肯定中国传统家庭观中重情义、重伦理的普遍、恒常价值；另一方面，又认为未来的中国家庭需要吸收西方近现代的“组织化”因素。⑤

3. 新时代家庭伦理

在新时代下，家庭伦理重构既要吸收传统精华，又要立足于现状，进行具体分析。易彬彬、叶南客认为当前我国城市家庭处于由传统向现代甚至向后现代过渡的漩涡中，这对家庭结构、家庭伦理造成巨大冲击，家庭冲突不可避免地相伴而生。作者基于位育论，通过对城市家庭关系冲突背后的文化内涵进行分析，提出化解冲突，即构建和谐家庭关系的位育之道：个体—家庭层面上，家庭成员提高修养，家庭成员之间达成契洽；社区层面上，建立社区文化维系机制，加强家庭和谐文化建设；国家层

---

① 赵妍杰：《去国去家：家庭在重构社会伦理中的地位》，《清华大学学报（哲学社会科学版）》2020 年第 2 期。

② 孙邦金、陈星：《陈独秀的家庭伦理观与近代中国的“家庭革命”》，《杭州师范大学学报（社会科学版）》2020 年第 3 期。

③ 史焕翔：《蔡元培家庭伦理思想及其当代价值》，《理论观察》2020 年第 3 期。

④ 姜瑀：《“无恩有爱”：新文化运动亲子伦理再考察》，《文学评论》2020 年第 1 期。

⑤ 王正：《中国“家庭”的近现代困境与解决——梁漱溟乡村建设中的家庭思考》，《南开学报（哲学社会科学版）》2020 年第 1 期。

面上，从意识形态、社会政策上为家庭提供价值引领和制度支撑。① 江雪华认为新媒体改变了传统家庭的话语方式，赋予家庭伦理构建新可能。在新媒体语境下，多元互动的话语表达方式推动了情感的再续，让家庭的伦理凝聚力得以自觉修复；自我意识突显的话语主体身份提升了子代的伦理地位，使家庭伦理话语权在代际得以传递；这种主动积极的整体话语环境促进了新时代家庭伦理文化实现以“数字反哺”为方式的新传承，使家庭伦理文化的传承拥有了新的生机与活力。②

郭晓东认为传统意义上的“亲亲”之伦理情感，并不是自在的，而是需要被后天养成的，这对于现代社会的借鉴之处在于，唯有在礼的训导下，家庭之天然的亲人之情才可能成为一种有伦理意义的“家”的情感。③ 韩克庆、李方舟认为社会救助在满足低收入家庭老年人基本生活需求的同时，也在一定程度上引发了对家庭赡养伦理的挑战。社会救助的“去家庭化”趋势，带来家庭赡养责任的逃避、救助依赖与攀比心理，“再家庭化”过程中则面临子女赡养能力不足和健康照料缺失等问题。由此，作者从现代化与老龄化理论、生命周期理论的角度，探讨了社会救助对家庭赡养伦理产生挑战的原因，并提出实现政府兜底与家庭赡养责任的融合、强化低收入家庭中子女赡养的法律责任、构建以家庭为单位的社会救助政策等建议。④

四 道德教育与道德修养

围绕个人品德主要有道德教育和道德修养这两个关键性问题。2020 年学者们在这方面有不少探究，主要从目标、知行观和工夫论三个方面展开。

（一）道德教育与道德修养的目标

道德教育与道德修养的目标一般分为内、外两个方面，对内是理想境界或理想人格的实现；对外则是理想社会的实现，二者统称为“内圣外王”。

儒家所期待的人格是君子或圣贤，2020 年学者们主要对其内涵意蕴与现代转化做出分析。李振纲认为儒家圣人之教就是把人教化成具有爱的情感、恪守礼仪、孝悌忠信、崇德好学、知命乐天、达到道德理性自觉的人。这一切都可归结为“道”或“仁”。“仁”是人的一切道德行为和社会伦理责任之所以可能的生命意志和情感基础，此种“内在的善”需要在生命实践中不断完善。从道德人本主义出发，一个具

---

① 易彬彬、叶南客：《位育视角下城市家庭关系的冲突与弥合》，《河海大学学报（哲学社会科学版）》2020 年第 4 期。

② 江雪华：《新媒体语境下的家庭话语与家庭伦理构建》，《学海》2020 年第 2 期。

③ 郭晓东：《“亲亲”之“家”：传统之“家”在现代社会的重建》，《杭州师范大学学报（社会科学版）》2020 年第 6 期。

④ 韩克庆、李方舟：《社会救助对家庭赡养伦理的挑战》，《山西大学学报（哲学社会科学版）》2020 年第 5 期。

备了人的形骸的自然状态的人要成为道德意义上的理想的人，需要经过后天实践与考验，“成人”的最高成就即“成仁”，它蕴藉于一种至诚恻怛的生命情感和执礼守中的实践理性。[①] 涂可国认为儒家把“圣”或“圣人”用来指称道德和智能极为高超的理想人物，儒家之“圣”更为密切地与“贤”相辅相成，构成了“圣贤”组合理想人格。儒家的圣人之学内涵丰富，其主要特点是把德性人格与责任人格完美统一起来，并着重阐发了以圣贤为己任、成圣成贤的责任思想。儒家深刻地揭示了圣人责任伦理的丰富内涵，指明了圣人务必承担起学至于行、知天自为和乐善不倦的为己责任，为民和化性起伪的为人责任以及圣者尽伦、赏行罚威和治理天下的为国责任。[②] 侯文莉认为古代关于理想人格的思想集中体现在君子人格上，君子人格是仁、智、勇的统一，具有自强不息、厚德载物的精神品质，而修身、齐家、治国、平天下是君子践行的目标路径；时代新人是有理想、有道德、有知识的个体，爱国情怀和奋斗精神是时代新人的精神品格，为人民谋幸福、为民族谋复兴，是时代新人的责任担当。立足新时代，在有理想、有道德、有知识上，君子人格和时代新人既有相通性，又有差异性，在精神品质、情感情怀上，君子人格和时代新人又有一致性，因此，时代新人是对君子人格的创造性转化与超越。[③] 杨国荣首先通过比较君子与小人、君子与圣人确立了传统视野中君子的具体内涵及其特点。具体而言，在君子与小人的比较中，君子是在道德上应当加以肯定的、具有正面意义的人格形态，与之相对的小人则表现为在道德上应该加以否定的、带有消极意义的人格形态。从道德人格的角度看，君子与圣人都属道德人格，但具体内涵又有所不同。圣人主要表现为范导性的目标，君子则更多地肯定了人格的现实化品格。在圣人与君子的比较中，包含两个方面：其一，过程性与既成性。圣人的设定主要突出了人格的过程性这一面，君子则确认了人格的既成性；其二，理想性和现实性。以上两个方面的统一，使道德人格既不同于静态的人格模式，也有别于抽象的、思辨的构造。其次，通过传统君子与现代公民的比较分析了君子的现代意义。现代社会的人格追求应趋向于具有现代形态的君子与广义公民的统一，其具体的内涵体现为合格的现代社会成员与理想的道德人格之间的交融。[④]

张立文统论了内圣外王思想，他认为人类社会的存在和发展，是人类实践活动的凝聚。社会的演化是多元质料的融突和合，其间始终离不开人，因而必然要回答人之为人的话题，人的本质、人性、心性、性命、性情等。人性从食色性也的自然属性，进入仁义礼智的道德社会属性，然后才有内圣与外王的探赜。人如何超凡入圣，首先面临修身养性的课题。尽心知性，存心养性，以待天命，由此各正性命，才能保合太和。但由于各人对心性体认差分，其认知亦异。孟子主心性融合论；庄子倡心性合一

① 李振纲:《成德立人:“仁”的实践性》,《学习与实践》2020 年第 9 期。
② 涂可国:《儒家圣人责任伦理的要义》,《中原文化研究》2020 年第 1 期。
③ 侯文莉:《从君子人格到时代新人的转化与超越》,《广西社会科学》2020 年第 3 期。
④ 杨国荣:《君子人格：历史内涵与现代意义》,《江汉论坛》2020 年第 5 期。

论；荀子讲心性二分论；韩非提任法不任心；佛教以心性本净；道教讲心、性、命圆融。宋明理学家融突和合儒释道三教，主张性体心用，心性为一，而止于至善。性是人之为人的本性，情是人对现实对象、现象依据人和社会的需要而产生的一种体验，是人有意识地控制生理和心理变化而获得的一种心理机制和情感活动。性情不离，从性顺情；性情为一，心统性情；性正情变，性情中和。性命、心性、性情构成中和为大本的达道内圣论，以成就圣贤的理想人格。①

也有学者对道家理想人格与理想境界做出分析。陆朝森认为“樸”是老子道德修养的理想境界，“樸”作为道的指称，具有自然质朴、少私寡欲的内涵，具体表现为敦厚、无私和淡泊宁静这三种道德品质。“樸”也是“无为”“守雌”“不争”“处下”等众上德之所归。② 詹石窗、詹至莹认为与儒家圣人人格不同，道家讲的圣人则是一种“与道合真”的境界象征。在道家的精神文化世界里，圣人不仅要掌握自我完善的生命技术，而且需要在世俗生活中“和光同尘”，通过具体的服务社会的体验来升华生命境界。③ 焦玉琴指出道家的理想人格意象“圣人”是体悟天道且奉道而行的人，兼具“人格”与“道格”，是人与道德合一。圣人既是“圣”，是道的化身，顺随自然、无私无我、爱养万物、虚静素朴，超越世俗的物质世界的限制；也是“人”，以人的面貌呈现，作为道的使者，打通了人与道的隔膜。④

（二）知行观研究

知行观是道德修养的重要维度之一，知什么、如何行、知与行如何结合等都是道德修养指向的要点。

命是对人生偶然性遭遇的必然性解释，儒家认为，知命对一个人的道德修养来说显得非常重要。乙小康认为以孔子为代表的先秦儒家丰富了此前“命”的意涵，在“天命”落实到“人命”的过程中，用德性消解天的绝对意志所给予个体命运的限定性，从而彰显人的道德行为的意义。而作为受命主体的个人，将“知命”建立在个体积极的道德实践中，在自我德行的完善中实现对“命”的把握，从而超越对现实的利益得失以及寿命祸夭的恐惧。⑤

张欣阐述了荀子人性思想中的“知”，“知”使人们认识到纵欲、纵情是人性恶的根源，才能“化性起伪”，改变潜在恶的自然属性，形成善的社会属性。“知”使人们认识礼义、遵循礼义，在生产中理解自然万物的本质，利用万物养育人类，在生

① 张立文：《中国哲学元理 · 内圣外王论》，《学术界》2020 年第 6 期。

② 陆朝森：《樸：老子的道德修养理想境界》，《重庆科技学院学报（社会科学版）》2020 年第 2 期。

③ 詹石窗、詹至莹：《道家“学以成圣”精神发秘——以老子〈道德经〉第二十八章为切入点的解读》，《宁夏社会科学》2020 年第 5 期。

④ 焦玉琴：《“圣人”与老子之道论〈道德经〉中的理想人格》，《中国道教》2020 年第 5 期。

⑤ 乙小康：《命与知命：先秦儒家命论探析》，《浙江社会科学》2020 年第 10 期。

活中趋吉避凶，通过努力建立“文理隆盛”的善的社会。“知”使人有知、有义，具备道德属性，“最为天下贵”。因此，在荀子人性思想中，“知”同样是人重要的本质属性。①

马会闰对王阳明的“致良知”思想进行阐发，他认为“阳明心学”是主观唯心主义的心一元论体系，其基本要义包括“心即理也”“致良知”“知行合一”三个方面，“心即理也”是本体论，“致良知”是认识论，“知行合一”是实践论。自心与理的高度融合使得心实现了普遍性的道德规范与个体性道德意识的统一，格物致知就是把天赋良知中本来就有的正确认识贯穿到万事万物中去，主体通过知行合一能够不断明晰和感悟先天赋予的良知。②

田丰与王博分别对王夫之的“知”与“体知”做出论述。田丰指出王船山认为“知”是融贯知行仁智的高明能力，它包括在情境中合宜运用道德的实践判断力，认识物性是否合宜于目的以及使用物的技艺，并且在“知”之中还必须伴随有真诚中节的情感。所以既不可能仅通过对事物的穷理而获得“知”，也不能只依凭内心的灵明良知。物格不是知至的前提条件，而是知在实践中的充实与完成，二者与修齐治平相为始终。③ 王博认为王夫之的致知论具有明确的具身性与内在体验性等特征，强调人以身心交养、知行统一的方式获取“德性之知”，称为“体知”论更能彰显其理论特色。他的“体知”论依具体内容可划分为四个层次：“礼乐养德”主要通过审美体验，以感性与理性相结合的方式，从身心两个向度长养和陶冶人之性情；“学思相资”是指人在具体的社会伦理生活中以“心体力行”的方式获取客观知识，培养人的知性能力；“存神尽性”则是凝聚灵明知觉与清通的心神以存仁养性，并充分发挥人之灵明知觉的天赋良能，超越形体，从而贯通天人、物我，达到万物皆备、死生为一的境界；“明诚合一”则统贯前三个方面，是王夫之体知论的最高总结。在“明”与“诚”的互动中，人得以全面认识和体认运行不息的天道与生生之仁，保持刚健不息的精神，以及通过审美、认识、道德等广泛的知行活动，实现与天通理、与仁同德。“体知”论不是单纯的“命题性知识”或“能力之知”，是融契真、善、美的价值原则，全面关涉人之形体与精神结构的身心修养。④

（三）工夫论研究

对于道德教育与道德修养，最重要的就是方法与途径。2020 年学者们对其研究主要集中于先秦时期和宋明时期，这也是中国伦理思想史上的两大高峰期。

---

① 张欣：《荀子知性思想初探》，《邯郸学院学报》2020 年第 2 期。
② 马会闰：《王阳明“致良知”哲学思想研究》，《长江丛刊》2020 年第 13 期。
③ 田丰：《王船山“格致相因”所论“知”的实践意义》，《船山学刊》2020 年第 6 期。
④ 王博：《试论王夫之的“体知”论》，《周易研究》2020 年第 5 期。

1. 从典籍或人物角度研究道德修养

对于先秦时期的道德修养的研究主要有以下成果。谭忠诚分析了郭店儒简的道德修身论，它注重发挥孔子“为仁之方”的“求己”与“内省”方法，并借此深化了诸如“君子敦于反己”和“闻道反己，修身者也”的修身之道，而这种修身之道又肇端了孟子诉诸“反求诸己”来“尽心”“知性”以及“知天”的心性修养之源。① 张齐分析了《中庸》中“隐恶而扬善”的修养功夫，它以“扬善”为旨归，以中庸之道为基本进路，通过自觉的德性修省而达到克服恶并使之消隐的目的。其次第是“知善”“择善”“守善”，可分别对应“知、勇、仁”三达德，三者又由“诚”一以贯之，经由德性主体在时间上的恒久坚持与空间上的推广扩大，最终达到参赞天地化育，成就儒家理想人格的至高目标。②

对于宋明时期的道德修养的研究主要有以下成果。史少博分析了朱熹的道德修养。朱熹认为由于所禀之“气”的昏、明、厚、薄之别从而造成“人之初”的先天“道德”差异性，“气禀”浊偏成为恶之根源，也即昏浊之气造成对本性的遮蔽，从而影响了人的善的本质在某些方面的表现。但他也强调后天道德修养的重要性，这就要求针对每个人的个性差异、秉性特点，因人而异采取不同的道德教育方式，力图更好地、更有效地提高人们的道德修养。③ 徐建勇认为杨简心学的工夫，基本上是沿着内外两条道路进行，最后统一于心。向内，杨简心学工夫沿着毋意、反观之路，去体认“本心”的完满自足及其自现之后与传统伦理道德的一致性，到达“永”的境界，并在时时警醒、事事诚敬之中，保有“永”的境界，从而使“本心”上升为“心”，获得了普遍性、超越性和绝对性，这是体认工夫。向外，其工夫由家孝到德行最后到国治，成就己心。为此，杨简不仅借助《易传》的心学阐述，具体指出人们在各种社会场合中所应有的合于传统伦理道德的正确范式；而且通过孝德教化、打击犯罪、为民办实事等政治实践来化民移俗、治理社会，从而使“心”获得载体而得以体现，这是践行工夫。④

张娜分析了陆王心学“向内”的道德修养进路，指出其核心观点是内心本就包含先天的道德伦理知识，人心本善，而恶源于心为各种私欲杂念所遮蔽，从而丧失了道德判断的能力，因而通过“减损”的方式为本心除尘去垢，便可成就圣贤人格。⑤ 陈延斌、麦玮琪认为王守仁修己思想具有丰富的内涵，其中“明明德”是修己的核心要义，“致良知”是修己的根本宗旨，“止至善”是修己的最高追求。省察克治以扫私念、断思虑，事上磨炼以端私欲、持中正，格物以致良知、除私欲，知行合一以

① 谭忠诚：《闻道反己：郭店儒简的修身论》，《伦理学研究》2020 年第 5 期。
② 张齐：《〈中庸〉“隐恶而扬善”发微》，《武陵学刊》2020 年第 1 期。
③ 史少博：《朱熹论“气禀”与人的道德》，《社科纵横》2020 年第 5 期。
④ 徐建勇：《杨简心学工夫论》，《齐鲁学刊》2020 年第 1 期。
⑤ 张娜：《陆王心学“减损论”——论陆王道德修养方法的路径取向》，《北方论丛》2020 年第 6 期。

尽己心、达内圣，这就是王守仁提出的修己路径。[①] 陈睿瑜指出刘宗周以“慎独”为立学宗旨，它融合了“理”“气”“心”“性”本体论，赋予“意”和“知”道德本体意蕴，特标为粹然至善的“独体”，强化了本体的道德意义；又以“慎独”统领圣学工夫，通过“敬”“主静”“慎”“诚”工夫的持守来呈现“独”本体至善，使道德本体与工夫融通合一。[②]

2. 从特定主题研究道德修养

有学者以道德化育路径为主题展开论述。于欣揭示了先秦儒家德育传统中主体性确立的逻辑理路的三个阶段：由“礼”而“仁”，内求“礼乐之原”，揭示出人对“礼”的遵从是基于自身仁德的自觉行为；由“仁”而“性”，进一步探求仁德的人性根基，将仁德及其成就奠基于人的内在本性和自觉自为；由“性”而“心”，将人的自觉自为最终落实呈现于“心”，构建起一个涵盖“德性之心”“认知之心”“意志之心”等诸多方面的德育主体性思想体系。[③] 张鲲认为道德化育是儒家礼乐文明的内化和外显，是一种循序渐进、氤氲化生、内在超越的道德养成模式，其主要路径是礼和乐的融合。[④]

欲望是道德修养过程中面临的主要障碍，张兆端从欲望的角度分析了先秦诸子的控“欲”思想。他认为先秦诸子在普遍承认人生有欲的前提下，分别提出了“寡欲”“制欲”“节欲”“共欲”等控“欲”思想。[⑤] 生死是道德修养过程中的另一困境，云龙分析了王阳明龙场悟道的核心即生死问题，他认为由龙场之悟对生死一念的勘破，王阳明洞达了生命存在的实相：吾人本具长生不死之体，本有圆满自足之性。立于这一彻悟，王阳明一方面强调破除执着功夫，将对死生之道的理解完全转至当下的道德境域之中，从而奠定了他归本儒学的根基；另一方面他以儒学为宗，“校勘仙佛”，将二教所言生死的内涵进行了道德化的发明阐释，宣称原始佛道之义与儒家圣人之道实无不同，从而圆满地实现了对三教的判分与融通。由此，在阳明心学中，养身与养德一体同宗，居仁由义即可长生不死；儒学与佛道一体同源，尽性至命实能作佛成仙。[⑥] 权麟春则以尊重为主题，认为它是道德修养的途径，是礼的精髓，也是成仁的道德起点。尊重是伦理主体从某种角度以某种适当的方式对客体作出积极的回应，给予高度的评价。这就要求主体尊重别人或者其他事物，反省自身，保持伦理道德上的清醒和自觉，是提升自身道德水平的有效途径。[⑦]

---

① 陈延斌、麦玮琪：《王守仁修己思想及其时代价值》，《中国哲学史》2020 年第 5 期。

② 陈睿瑜：《刘宗周道德本体与工夫合一的慎独说》，《伦理学研究》2020 年第 3 期。

③ 于欣：《先秦儒家德育主体性思想的逻辑理路》，《思想政治教育研究》2020 年第 4 期。

④ 张鲲：《儒家道德化育的人格指向与实践智慧》，《宁夏社会科学》2020 年第 6 期。

⑤ 张兆端：《先秦诸子控“欲”思想研究》，《社会科学战线》2020 年第 4 期。

⑥ 云龙：《“死生之道”与三教之判——王阳明由龙场悟道而归本儒学之密钥》，《中南大学学报（社会科学版）》2020 年第 2 期。

⑦ 权麟春：《尊重的伦理意蕴》，《理论学刊》2020 年第 6 期。

五 经济伦理

经济伦理是以社会经济生活中的道德现象为研究对象，涵盖宏观经济制度、中观经济组织和微观经济关系中所有与道德有关的问题。2020 年学者们对古代经济伦理思想的研究主要关注其中最为核心的农商关系与义利关系。

（一）古代经济伦理思想

儒家道德观念在经济活动中影响深远，奠定了其思想基础。王木林认为儒家倡导以社会效益为本位、以义为上的经营理念。在富国裕民方面，儒家重义而不轻利，把物质财富的生产和积累作为实现治国平天下的基本前提；在生产分配方面，按照社会身份和政治地位分配；在社会分工方面，分为劳心与劳力。[①] 刘书正、刘朝阳则分析了荀子的经济思想，指出荀子的欲望论，是经济思想的理论前提；其义利观，是经济思想的理论基础。荀子认为要发展经济，实现国家富强，就要亲民爱民，取得民心，从而提出了以农为本、上下俱富、节用裕民、重农兴商、开源节流、轻徭薄赋、合理利用资源等一系列经济思想和经济措施。[②]

元代是一个特殊的历史时期，游牧统治者“起于内不足”的商业精神、务实作风和传统儒士社会地位的下沉，使元代的社会基础和经济伦理关系发生了巨大变化。解丹琪认为传统儒学、蒙古文化和西域文化分别作为农耕文化、游牧文化和商业文化的代表碰撞交融，形成了这一时期的多元文化面相，并间接作用于元代的经济伦理思想，使其表现出明显的“致用”倾向和“务实”特征。围绕经济伦理的核心——“义”与“利”、“本”与“末”等关系问题，元代的思想亦发生转变。“利”和“欲”的合理性在现实中得以证明，并被赋予了“义”或“理”的意义；“末”业进一步冲破传统重“本”思想的压制，被统治者大力推崇，并被理学家视作“亦有可为”。经世致用的义利观和农商并重的本末观，成就了这一时期独具特色的经济伦理思想，并充分展现其历史特质与价值。[③] 同时，元代首度实现了纸币在全国范围内的通行，并建立了一套世界上最早且较为完善的货币管理制度。解丹琪、刘可风认为元代的货币思想中蕴含丰富的经济伦理价值，反映了元人对货币问题的关注和诉求，并与其货币制度的形成、初获成功以及最终衰败密切相关。“信”作为货币之本，是元代中统钞发行初期纸币机制运行良好的经济伦理根据。“便”体现了游牧统治者对农耕传统的影响，使货币思想表现出对流通之“便”的经济伦理观照。纸币的流通之

① 王木林：《先秦儒家经济伦理思想阐释》，《山西财政税务专科学校学报》2020 年第 4 期。
② 刘书正、刘朝阳：《荀子“富国裕民”经济思想阐释》，《管子学刊》2020 年第 1 期。
③ 解丹琪：《元代经济伦理思想的历史特质与价值》，《内蒙古社会科学（汉文版）》2020 年第 4 期。

“便”必以“信”为本，不可用于谋利；一旦失“信”，纸币的铸造之“便”就被统治者利用而成为滥发敛财、填补赤字的工具，进而促发恶性通货膨胀，加速了元代的覆灭。①

也有学者对佛道两家的经济伦理思想做出分析。对于佛教经济伦理思想，张越、曾江认为佛教经济思想不同于传统中国以社会人生为主要出发点，而是把修行作为一切经济行为的大前提。原始佛教的经济观以正命为其基本准则，认为财富的求取与使用只要正当不贪婪就值得肯定。这种思想随着佛教的传布逐渐影响到中国人的观念，拓展了中国经济活动的道德边界。在佛教传入中国后，寺院组织首先与东晋南北朝的世族经济相结合，形成了庄园式的寺院经济，其分外活跃的商品经济、手工业、金融、慈善等事业对中国经济伦理产生了全面而深刻的影响。至唐代百丈怀海禅师改革后，佛教寺院建立起一种全新的农禅结合式的丛林制度，完全融入中国经济系统，其中展现的宗教精神也成为中国经济伦理中不可或缺的部分。② 对于道教经典《太平经》的经济伦理思想，李广义认为其现代价值体现在：“财富均平”的正义诉求为政治目的的公平定位提供一定的道德理念；“广嗣兴国”的人口政策是对性别歧视的社会现实有力的道德谴责；“以民为本”的仁政理念为经济手段的合理运用予以一定的道德控制；“保护资源”的生态意识为日益恶化的环境状况敲响清醒的道德警钟。③

（二）农、商伦理

经济中的农、商伦理是学者们关注的要点。李昳聪认为《周礼》蕴藏着中国古代农业伦理思想的关键要素，它以协调人与自然、人与社会以及人与人之关系为主线，用“三才”“三宜”“活民”“安农”等原则和规范将各种农业规划、农业管理和农业灾害救助贯穿起来，体现出那个时代农业伦理实践的守护精神和可持续性追求。④

商业在中国古代一直处于末位，并未真正的崛起。刘媛媛、冯磊认为中国古代经济的发展无一不受到伦理等级观念和“贵义贱利”道德原则的约束。中国古代抑商传统滥觞于战国时期的秦国，在汉武帝时期成熟定型。儒家和法家的经济思想在权力意志的基础上进一步合流，其一致性体现在三个方面：首先，从维护等差秩序的伦理原则着眼，降低自由商民的社会地位。其次，从财富创造的“礼制”路径立论，管制民间商业经营活动。最后，从分配财富的伦理均衡原则出发，阻碍商业资本的积累转型，夯实了中国古代抑商传统的政商伦理基础和利益协调原则。⑤

① 解丹琪、刘可风：《元代货币思想的经济伦理价值》，《中南财经政法大学学报》2020 年第 4 期。

② 张越、曾江：《试论佛教经济思想对中国经济伦理的影响——兼论其中国化发展》，《济南大学学报（社会科学版）》2020 年第 6 期。

③ 李广义：《〈太平经〉的经济伦理思想及其现代价值》，《西部学刊》2020 年第 21 期。

④ 李昳聪：《〈周礼〉农业伦理思想探析》，《农业考古》2020 年第 4 期。

⑤ 刘媛媛、冯磊：《中国古代抑商传统形成及伦理审视》，《学术探索》2020 年第 3 期。

受儒家思想的影响，从事商业活动的主体称为“儒商”，并形成儒商文化或商业伦理，影响至今。徐国利认为儒商虽然出现于春秋战国时期，但是直到明代中后期才出现意义与之相当的“儒贾（商）”和“（儒）士商”概念。儒商是以儒家思想作为经营管理准则和生活指导，有良好品德和专业知识，并在商业经营上取得成就的商人。中国古代儒商和儒商文化的发展经历了三个阶段：春秋战国时期儒商初步形成，儒商文化随之出现；宋代儒商得到新生，儒商文化开始复兴；明清时期儒商发展走向兴盛，儒商文化成为主流商业文化。传统儒商文化是中国古代儒商把儒家思想与商品经济法则相整合所形成的经营理念、管理思想、行业准则和行为规范，其内涵主要包括仁道的核心价值观、义利兼济的商道、诚信为本的经营原则、创新进取的职业精神、克己敬业的管理理念和热心公益慈善的家国情怀。① 李楠认为基于儒家思想而成长起来的儒家商道文化汲取了传统儒家哲学的精髓，促进了中华民族商业的发展，也凝聚了中华民族的商业智慧。从儒家商道与新时代企业家精神的具体内涵来看，二者的商业理念同源。在新时代，必须引领传统儒家商道与企业家精神走向归一，不断丰富企业家精神的内涵，为我国经济的发展提供更强有力的支持。② 刘英杰、田雨分析了深受中国传统儒家价值观浸润和涵养的乔氏家族。在长期的商业实践中，乔氏形成了以自律修身的理欲观、勤俭敬业的持家之道、杖信如石的信用伦理、“以义制利”的义利辩证思想和“兼济天下”的内在的义务论品格为向度的商业伦理思想。③

（三）经济活动的义利与忠恕

经济活动或商业活动处理的最大问题就是义利关系，传统义利思想无疑对时下仍具有指导意义。

姜振华认为当前企业发展的同时存在盲目求利、破坏正常的市场秩序、诚信失衡、破坏生态环境的问题，因此企业在进行经营活动过程中必须重视伦理道德建设，同时应学会正确处理义与利的关系，并以儒家义利观为指导，建立一个相对规范的企业伦理体系，推动义利共生，从而建立促进各方共赢的和谐关系。④ 王木林认为在中国特色社会主义新时代，儒家义利观的现代转化和创新发展，对当代社会发展和经济建设具有重要的理论意义和实践价值。实现儒家义利观的现代性转化，对于个人层面而言，须做到责、权、利的统一；对于国家层面而言，应坚持以人民为中心；对于国际层面而言，要着力构建人类命运共同体。⑤ 王曙光认为中国传统“义利观”为社会企业的健康发展提供了有益启示：既要遵循儒家经济伦理第一定理的“以义制利”

---

① 徐国利：《中国古代儒商发展历程和传统儒商文化新探》，《齐鲁学刊》2020 年第 2 期。

② 李楠：《儒家商道与新时代企业家精神的守正归一》，《人民论坛》2020 年第 C2 期。

③ 刘英杰、田雨：《晋商乔氏家训商业伦理思想向度及其当代价值》，《晋阳学刊》2020 年第 4 期。

④ 姜振华：《论儒家义利观对企业伦理建设的启示》，《理论观察》2020 年第 3 期。

⑤ 王木林：《儒家义利观的时代传承》，《人民论坛》2020 年第 17 期。

的底线伦理原则，又要通过实践儒家经济伦理来实现“义以生利”，从而实现社会目标和商业可持续的有机平衡。[①] 陈健则从伦理道德角度研究中国传统文化与市场经济的关系，论证了儒家伦理中的忠恕之道与市场经济的道德基础是一致的，认为忠恕之道是一种合理可行的符合市场经济交易要求的道德准则。[②]

六 生命伦理

生命伦理面向的是人自身，对于生命伦理，2020 年学者们的研究论及多个学派，主题与切入角度多样。在此打破学派之别，从切入角度进行综述。

（一）从范畴角度研究生命伦理

邵龙宝认为“道”“仁义”“自然”“空”是中国式生命伦理学的核心范畴。儒释道知识观的目的是在“求道”，人之生命运动的最高境界是“行道”。寻常百姓并不能理解儒家、道家和佛家之“道”的超越性，但在日常生活中思考问题、衡量事物、评判价值，在喜怒哀乐的情感世界中却又都能体悟、感悟、证悟“道”的生生不息、孕生万物的能量，感受到“道”作为规律、原则、规范、真善美、理想目标、最高智慧等内涵的作用、功能和力量。“悟道”是最高的人生觉解，儒释道就是一种创造幸福生活的生命伦理学。[③]

李后卿、李仁君从孝道角度切入，认为儒家孝道从个体生命意识出发，通过仁爱精神、血缘意识和推恩法则在天地万物生命体之间建立了一种纽带连接和互动关系，把生命意识从个体道德到家庭伦理、家族伦理、社会伦理以至生态伦理一层一层向外不断扩展和推广，体现了儒家独特的生命价值观和对永恒意义的追求。儒家孝道的生命哲学认为万物生命相通相融、合为一体，最终完成了传统生命观从个体意识到万物生命意识的动态扩展，从而构架起了儒家生命哲学意蕴的层次机构。[④] 王萍萍以《老子》中“反”这一范畴分析其中的丰富的生命伦理思想，它以“相应相成”的动态平衡关系，表明人类未来生命形态的存在可能性；以“生命自化”的运动内在动力，辨别技术干预生命的合理性边界；以“正言若反”的逆向思维方式，启发生命伦理在基因技术发展中的积极作用；以“复归其根”的生命本根与本质，揭示生命价值真正指向，为新生命伦理的构建提供了理论的可能与现实的指导。[⑤] 张红艳、杨普春

---

① 王曙光：《社会企业如何平衡义利关系》，《人民论坛》2020 年第 15 期。

② 陈健：《忠恕之道与市场经济的人文基础》，《齐鲁学刊》2020 年第 1 期。

③ 邵龙宝：《儒释道的知识观与生命伦理学研究》，《伦理学研究》2020 年第 5 期。

④ 李后卿、李仁君：《儒家孝道的生命哲学层次结构分析》，《中华文化论坛》2020 年第 4 期。

⑤ 王萍萍：《基因技术背景下新生命伦理的构建何以可能——基于〈老子〉“反”生命伦理的思考》，《自然辩证法通讯》2020 年第 8 期。

以自由范畴分析庄子的生命观，认为庄子认识到通达自由取决于彻悟自然大道所实现的至明无碍的心性通达状态。自由议题，在庄子这里最终成为一种完全有别于世间功利性知见的自在真谛。①

（二）从典籍人物角度研究生命伦理

学者们从典籍或人物角度研究生命伦理主要涉及儒家、道家、杂家与医学，其研究主题主要有养生生命观与终极关怀两个面向。

在养生生命观方面，姚海涛认为天生人成与礼术合一构成了荀子养生思想的两大支柱。其中，天生人成是荀子养生之道的基石，指向了其养生的丰富层面——身、心、性、情、欲。礼术合一是荀子养生之道的具体下贯与落实，指向了养生的具体理论，包含礼以养体、礼以别异、礼以制欲的中和养生之道以及中和以养气、床笫之私有度、莫善于诚、虚壹而静等诸多层面。② 丁四新认为《吕氏春秋》以“性命”和“精气”为“生”（生命）的本原，以兼收并蓄的态度吸纳了性命说和精气说。其生命哲学集中在本生论、贵生论、重己论、形神论和养生论上，集先秦生命哲学之大成。其目的首先是全生、身心健康和长寿；其次是满足政治的需要，确保统治主体（“人主”）的身体健康和延年益寿。同时，《吕氏春秋》也特别注重对情欲（声色滋味和富贵权势）的控制和调适。③ 高宣扬认为《黄帝内经》集中论述人类生老病死的生命变化规律及其与宇宙自然万物生命变化规律的紧密互动关系，完整体现“天人合一”的本体论原则。具体而言，其通篇全面体现了“天人同道、天人同理、天人同序”的基本原理，系统总结了中国传统医学研究和临床实践丰富经验以及充满智慧的养生之道，结合人类生命复杂而特殊的性质，将“一阴一阳之谓道”与传统五行说紧密结合起来，以“精气论”为核心，置人于宇宙自然之中，视人类生命为自然生成产物和自然的一个有机组成部分，把宇宙自然、社会与人类生命五脏六腑气血经脉等身心的各个方面，关联成互通、互动、互补、互透的活生生的整体系统，强调生命自身整体的、内在自然固有的自我创造和自我协调统一能力，集中体现了中国传统优秀思想文化对于生命的一贯珍重及丰富的生活智慧。④

在终极关怀方面，和溪认为朱子《家礼》礼仪规范的背后隐藏着深刻的终极关怀、指向性与天道。在宗教层面，朱子《家礼》中的丧祭礼分别继承了儒家礼学“慎终追远”与“报本反始”的精神，最终指向生命的不朽和精神的永存。在人生之

---

① 张红艳、杨普春：《论〈逍遥游〉小大之辨对自由的意指》，《湖北社会科学》2020年第3期。

② 姚海涛：《天生人成与礼术合一——荀子养生之道诠论》，《江南大学学报（人文社会科学版）》2020年第1期。

③ 丁四新：《“贵生”“重己”与“形神”——论〈吕氏春秋〉的生命哲学》，《文史哲》2020年第4期。

④ 高宣扬：《〈黄帝内经〉生命观的哲学意义》，《深圳大学学报（人文社会科学版）》2020年第5期。

道的层面，朱子《家礼》的终极关怀表现在生命延续、道德提高与社会进步等方面。① 李占科认为唐君毅的宗教观是一种人文主义形态的宗教观，而并非传统宗教观中神本主义的宗教形态。人并非依神或者先知的启示而获得宗教信念，而是从人之安身立命、获得"终极关怀"层面来论述宗教精神的。宗教信仰的核心是人的宗教意识，而宗教意识的形成源于人之现实生命之自身，其基础是人的良知，外在超越之神性必然要回到内在超越之人性本身。②

七　生态伦理

生态伦理主要面向的是人与自然的关系，无论是儒家还是道家都具有丰富的资源，对于如何看待人与自然的关系以及如何解决人与自然之间的矛盾，2020 年学者们都有进一步深入的研究。

（一）儒家生态伦理

有学者关注对儒家生态哲学的定位。卢兴、吴倩认为儒家生态哲学难以用"人类中心主义"或"非人类中心主义"加以定位，其对人与自然相互关系的理解遵循着"理一分殊"的原则：一方面，人与自然之间存在关联性和共通性，人是自然有机整体不可分割的一部分，这一点与西方"非人类中心主义"的生态思想具有相同之处；另一方面，人较之于自然物具有构成上的优越性与价值上的优先性，人物之间体现出价值差等层级，这一点与西方现代"人类中心主义"存在对话的可能。③

有学者从仁的角度认识人与自然的关系。毛永红认为，从人与万物同源同根的理论演进开始，先秦儒家认识到伦理不仅存在于人类社会内部，而且关注到整个世界生命体。人类应当在"成己"与"成物"两种相向而行，而又整合于"诚"的过程中，受天之"德"，行"仁"于万物，不断走向一种整体意义上的内在德性价值超越和完善，并最终落实于守时有节的可持续利用生态实践中。在这一过程中，环境问题的解决与个人德性的完善相互融合。④ 徐朝旭、徐晨分析认为儒家从仁学视角看待人与自然的关系，视善待生命、珍爱生命的仁爱精神为道德的基本原则，并认为这一道德原则根源于宇宙本体的"生生之仁"。儒家将农耕文明的时间体制看成一种道德规范，认为它是仁爱原则的具体体现。儒家关注的是宇宙生命系统的繁荣昌盛，连绵不断，而非个体生命的生长，同时，儒家又将"仁"看成一种人生修养的境界，主张

① 和溪：《朱子〈家礼〉的终极关怀》，《哲学动态》2020 年第 7 期。
② 李占科：《"良知"的展开——唐君毅论"宗教意识"》，《理论界》2020 年第 4 期。
③ 卢兴、吴倩：《在"人类中心主义"与"非人类中心主义"之间——儒家生态哲学定位问题新探》，《河南社会科学》2020 年第 3 期。
④ 毛永红：《秦儒家生态伦理思想刍议》，《法制博览》2020 年第 12 期。

人们融入天地化育的和谐秩序中，培养仁爱的情怀，担当参赞化育的使命，实现宗教的超越，达到天人合一的境界。儒家这种生命整体主义与境界个体主义相结合的生态仁学体系与欧美国家权利论的环境伦理学形成互补的关系。①

有学者从天人关系的角度分析儒家生态伦理。王健认为儒家“天人合一”思想从本质上而言是一种对自然的敬畏和尊重，认为人对于自然既有权利，也有义务，人对自然不能只进行索取，而同时也应当承担起相应的责任。② 洪梅认为先秦儒家的“天人合一”思想通过二程演变为“万物一体”的生态伦理思想。程颢“万物一体”的生态系统论提出“万物同出于一体”与“万物同处于一体”，也即人与自然本就是一个紧密相连的整体，充满和谐共生的关系；而“万物一体”的天人关系论强调“天人本无二”与“惟人万物之灵”，即人存在于自然之中而超越万物。其思想所带来的启示是反对生态破坏，提倡生态保护；反对以人为中心，提倡人与自然和谐共处。③ 乔清举、魏云涛认为甘泉的生态哲学是儒家天人合一思想的系统化和深化，包括“生生，天地之仁”的生态本体论、“人心即天地之心”的生态德性论、“体物不遗”与“参赞化育”的生态功夫论和“万物同体”的生态境界论。在他的生态哲学中，天人合一是人的本质和世界的生生之仁的本质的统一；“体物不遗”与“参赞化育”的功夫论说明人不仅静态地与世界的生态本质一致，而且动态地通过生态实践帮助天地万物实现其生生本质，从而实现人自身的本质；“万物同体”的生态境界是通过生态实践功夫所达到的主客统一的精神层次，包含参赞化育的道德实践而又超越道德实践，包含情景交融的审美趣味而又超越审美。④ 张海燕认为中国古人曾提出天地万物一体、天人同道合德、天人互感互动、赞天地之化育、仁民而爱物和天地之间人为贵等思想理念。明代心学家王阳明的“天地一体之仁”的学说，与之若合符节，并有所阐发和拓展。而这些有关生态伦理的看似素朴稚嫩的观念会对调整当今人与自然的紧张关系和失序状态有所启迪。⑤ 陈明海认为新时代“人与自然和谐共生、绿水青山就是金山银山、良好生态环境是最普惠的民生福祉、山水林田湖草是生命共同体”等指导原则是对传统儒家哲学中“天人合一”“中道和谐”“以民为本”“万物一体”思想的传承、创新、发展。⑥

---

① 徐朝旭、徐晨：《儒家生态仁学初探》，《中国哲学史》2020年第5期。

② 王健：《儒家“天人合一”思想的意蕴及当代价值》，《黑河学院学报》2020年第9期。

③ 洪梅：《程颢“万物一体”论的当代价值》，《湘潭大学学报（哲学社会科学版）》2020年第1期。

④ 乔清举、魏云涛：《湛若水生态哲学思想研究》，《中国哲学史》2020年第5期。

⑤ 张海燕：《中国古代的天人观念与生态伦理——兼论王阳明“天地一体之仁”》，《国际社会科学杂志（中文版）》2020年第2期。

⑥ 陈明海：《儒家思想对新时代生态文明建设的启示》，《海南大学学报（人文社会科学版）》2020年第2期。

（二）道家生态伦理

刘伟杰、闫文辉认为《老子》的核心思想“观复”揭示了自然万物运动变化的终极本质和永恒规律，即自然万物蓬勃发展，最终要返本归根，做周而复始的循环运动。它启示人们尊重事物的发展规律，顺应自然、保护自然，实现可持续发展。①

庄子思想蕴含着丰富的生态伦理思想。陈发俊认为庄子生态伦理的核心概念是“齐”，“齐”万物是其生态伦理思想的哲学基础。庄子认为，从本原之道来看，包括人在内的万物平等、万物齐同、万物之间相互依存，互惠共生。从生态系统的角度看，万物都是构成生态系统的要素，对于生态系统的价值是齐同的。从价值层面来看，万物价值齐同，万物之间互不干涉。这意味着，人对待自然万物必然是自然无为。因此，人在利用自然万物时应遵循“不伤害”的行为规范。② 陈燕认为庄周有独特的生态伦理思想，即“无用之用”，肯定物质的价值；“物无贵贱”，强调平等的意识；“万物不伤”，遵循自然的法则；“物我为一”，追求和谐的理念；“知足知止”，提倡节欲的思想。庄周的生态伦理思想，遵从“顺物自然”的生态价值观，树立“无私无欲”的生态消费观，坚持“技中有道”的生态科技观，为新时代加强生态文明建设提供了有力的理论支持。③ 有学者从美学角度研究庄子的生态思想。徐良认为庄子的生态美学思想可以概括为“和”。“和”既是庄子生态美学的本体精神，也是庄子生态美学的实践追求。庄子生态美学的心理结构和思维模式以“和”为中心陶铸而成，其全部的生态审美活动也以“和”为根据系统展开。就自然生态来看，它表现为物与物的和谐对接、平衡并生；就人与自然的关系来看，它表现为人与物的和谐适应、葆光互照；就“人”自身的生态来看，它表现为心灵与肉体的内外和谐、有序运动；就社会生态来看，它表现为人与人、人与社会的互相肯定、和谐发展。④

① 刘伟杰、闫文辉：《老子“观复”思想及其生态文明意蕴》，《中国道教》2020 年第 5 期。

② 陈发俊：《齐：庄子生态伦理思想之特质》，《广西大学学报（哲学社会科学版）》2020 年第 4 期。

③ 陈燕：《庄周生态伦理思想及其当代启示》，《南通大学学报（社会科学版）》2020 年第 3 期。

④ 徐良：《庄子的生态美学思想》，《辽宁大学学报（哲学社会科学版）》2020 年第 1 期。

2020年古希腊至文艺复兴时期伦理政治思想研究报告*

刘　玮**

2020年国内学界有关古希腊至文艺复兴时期伦理和政治思想的研究，有很多值得关注的成果，学者们讨论比较集中的问题是早期希腊思想、柏拉图和亚里士多德的伦理政治思想。在以往关注较少的希腊悲剧、希腊化和罗马哲学、普罗提诺研究、文艺复兴早期诗人研究等方面都有一些可喜的增长。这一年最大的亮点或许是两本新辑刊的编辑出版，一本是由北京大学西方古典学中心主办的《古典与中世纪研究》（商务印书馆），另一本是由崔延强和梁中和主编的《努斯：希腊罗马哲学研究》（上海人民出版社），这两本辑刊中都收录了数量可观的由国内学者撰写的全新论文，这里衷心地希望这两本辑刊能够保持良好的势头，持续推进国内的古典研究。下面将大体上按照时间顺序，介绍这一年值得关注的研究成果。

一　关于古希腊罗马伦理政治思想的整体研究

在关于古希腊伦理政治思想的整体研究方面，张新刚的专著《友爱共同体：古希腊政治思想研究》从希腊悲剧作家（以埃斯库罗斯和索福克勒斯为主）、历史学家（以修昔底德为主）、哲学家（以柏拉图和亚里士多德为主）的作品入手，兼及抒情诗人、智者、演说家等古代作品，同时结合有代表性的现代研究，系统讨论了“友爱”这个往往在政治思想中没有得到严肃对待的主题。作者认为政治与内乱构成了古风时期以降希腊城邦发展的主线，而“友爱共同体”则是贯穿希腊政治思想的核心关切。① 程志敏的《归根知常：西方政治哲学的古典面相》以半读书笔记半学术论

---

* 笔者特别感谢汪彧在整理资料过程中给予的帮助。

** 刘玮，1980年生，北京人，中国人民大学教授，教育部伦理学与道德建设研究中心研究员，研究方向为古希腊哲学，西方伦理学和政治哲学。

① 张新刚：《友爱共同体：古希腊政治思想研究》，北京大学出版社2020年版。

文集的方式，从“古今问题”入手，讨论了一系列古典政治哲学中的话题，比如亚里士多德论政治的动物、荷马史诗中的政体问题、柏拉图《克力同》中的孝义和治道、《王制》（《理想国》）和《法义》（《礼法》或《法篇》）中的一些零散问题、古典政体问题、自然法问题、哲学的政治转向问题等，最终还是回到了施特劳斯的基本观点——哲学要回归政治和法律。① 郭玲的《古希腊神话的道德律令》从教育学视角对古希腊主要神话文本做了分析梳理，探寻古希腊道德的起源问题，从实践视角思考古希腊神话对道德教育的价值。具体来讲，作者讨论了神话何以成为道德的载体、希腊神话孕育的历史背景、生命的意义、英雄道德、正义、希腊神话作为德育镜鉴的价值等。该书提供了审视希腊伦理道德的有益视角。②

在论文方面，王晓朝的两篇论文从发生学的角度讨论了古希腊罗马道德观的演化史。在《论古希腊罗马善恶观的生成与理论建构》中，作者指出荷马时代的希腊人已经生成一种以善恶观念为基本工具的道德判断模式，有了自己的感性善恶观，荷马和赫西俄德将这种道德观念具体化，进行道德判断和评价，提出道德训诫；希腊早期和古典时期哲学家的善恶观表明，理性思维的诞生为希腊伦理思想的发展提供了助力，他们不断对荷马、赫西俄德式的感性善恶观进行理性加工，在此基础上发展出理论形态各异的理性善恶观，并在希腊化时期和罗马帝国时期继续扩展和传承，形成内容和结构各异的观点。在《论卓越观念的起源与德性论的生成》中，作者论证了“卓越”（aretê，音译为“阿莱泰”，通常译为“德性”或“美德”）有三层基本含义：一切事物功能方面的卓越；一切事物禀赋方面的卓越；人在道德方面的卓越。早期自然哲学家对“阿莱泰”很少涉及，而到了古典时期，卓越观念经过智者、苏格拉底、柏拉图等众多哲人的反复提炼，形成了德性概念。在此基础上，亚里士多德通过深入的理论思考，建构了系统的德性学说，创建了以德性论为特征的伦理学。③ 马永祥的论文讨论了古希腊“美德”从荷马到亚里士多德的变化，作者指出，美德在本义上既可属于人，也可属于非人事物，既包含伦理美德，也包含非伦理美德。但在赫西俄德传统中，本义上的美德逐渐被伦理化了，并且产生了在苏格拉底、柏拉图、亚里士多德那里的多种变体，其结果是导致美德的理智化、“最”性的消失、遗忘自然美德、遗忘美德的本义和遗忘荷马。④

二　早期希腊思想中的伦理政治问题

在关于希腊早期伦理政治思想的整体讨论中，黄洋的论文《西方政治学的前史：

---

① 程志敏：《归根知常：西方政治哲学的古典面相》，华夏出版社 2020 年版。

② 郭玲：《古希腊神话的道德律令》，中国社会科学出版社 2020 年版。

③ 王晓朝：《论古希腊罗马善恶观的生成与理论建构》，《学术月刊》2020 年第 11 期；《论卓越观念的起源与德性论的生成》，《学术研究》2020 年第 12 期。

④ 马永祥：《美德的伦理化及其后果》，《道德与文明》2020 年第 2 期。

公元前5世纪希腊的政治思想》指出，公元前5世纪是希腊政治与思想发生深刻变革的时期，一批希腊城邦建立起全新的民主政治制度，赋予普通公民决策权，由公民大会直接投票决定国家大事。这种激进的政治实践对贵族精英占据主导地位的传统政治秩序造成颠覆性冲击，带来了新旧观念和思想的激烈碰撞。民主政治实践在两个方面提出了尖锐问题，激发了当时知识群体热烈的回应和探讨，一个是政体的优劣问题，另一个是政治伦理问题，传统精英式的伦理观念遭到挑战和颠覆，民主政治实践需要确立全新的大众伦理观念。①

在古风诗歌的研究方面，陈斯一的论文《荷马道德与荷马社会》讨论了荷马史诗中构建的文学世界（“荷马社会”）和古希腊道德思想的精神源头（“荷马道德”），作者认为只有充分还原荷马史诗作为文学作品而非历史文献的性质，才能真正把握荷马社会与荷马道德之间的关系。陈斯一的另一篇论文《阿基琉斯的选择：〈伊利亚特〉的自然与习俗问题》讨论了荷马《伊利亚特》中对阿基琉斯两次选择的描绘（对抗阿伽门农拒绝出战与不惜牺牲生命为朋友报仇），揭示了英雄道德不同面相之间的复杂关系，从而展示了荷马对荣誉、生死、习俗、自然全面而深刻的理解。在荷马那里，热爱生命与用生命换取荣誉并不矛盾，因为后者并非对生命的不敬，而是“赋予生命以意义的终极方式，让必朽的生命在其允许的限度内接近神性的不朽”。②

在关于早期希腊哲学家的讨论中，曾蒙的论文《前苏格拉底时期的“诗哲之争”思想考察》讨论了柏拉图以前的“诗人与哲人之争”，认为这一争论主要体现在神学观上的分歧：一方面，早期哲人通过重塑“灵魂”的含义，颠覆了史诗时代的灵肉关系，从重视肉体转变为重视灵魂；另一方面，早期哲人通过对本源问题的追溯，推动感性多神论走向理性一神论。③ 章勇的论文《法律的困境和正义的悖论——安提丰〈论真理〉对法律和正义的攻击》讨论了智者安提丰在《论真理》中如何通过分析具体的法庭审判程序和参与其中的人之处境，揭露以赫西俄德为代表的古希腊传统法律和正义的困境，并且由此激发了柏拉图和亚里士多德对法律和正义的反思和重建。④

在关于希腊悲剧的研究中，肖有志的论文《哲人索福克勒斯的政治思想研究》讨论了索福克勒斯忒拜悲剧中歌队合唱歌包含的政治哲学问题，比如塑造各类政治人、立法者与哲人，意欲解决政治危机，设立更好的礼法或政制，改善城邦的政治品质等，由此展示了索福克勒斯作为政治哲学家的面相。⑤ 邢北辰的论文《论〈菲罗克

---

① 黄洋：《西方政治学的前史：公元前5世纪希腊的政治思想》，《历史研究》2020年第1期。

② 陈斯一：《荷马道德与荷马社会》，载徐松岩主编《古典学评论》第6辑，上海三联书店2020年版；《阿基琉斯的选择：〈伊利亚特〉的自然与习俗问题》，载洪涛主编《复旦政治哲学评论》第12辑，上海人民出版社2020年版。

③ 曾蒙：《前苏格拉底时期的“诗哲之争”思想考察》，《学术探索》2020年第2期。

④ 章勇：《法律的困境和正义的悖论——安提丰〈论真理〉对法律和正义的攻击》，《道德与文明》2020年第6期。

⑤ 肖有志：《哲人索福克勒斯的政治思想研究》，《海南大学学报（人文社会科学版）》2020年第5期。

忒忒斯〉的结局》讨论了《菲罗克忒忒斯》的结局，因为赫拉克勒斯的突然出现和对戏剧冲突的解决似乎打破了前文的铺垫，但是作者认为，正是赫拉克勒斯的到来反映了索福克勒斯笃信的以神为解决矛盾的途径，这正是索福克勒斯“反启蒙智慧”的体现，即“对自身所坚持的知识和价值判断过于自信的人终将败落，唯有神与虔诚是不灭的”①。刘淳的论文《被流放的蛮族女子：欧里庇得斯〈美狄亚〉中的地域与空间》讨论了欧里庇得斯《美狄亚》中的地域和空间概念，揭示了美狄亚的异族身份和不断迁徙的命运是导致悲剧的重要源头，美狄亚是来自科尔奇斯的异族公主，跟随伊阿宋远赴希腊，并展示出了希腊人珍视的男性特质；但是来到希腊之后，又因为伊阿宋移情别恋而被流放。最终正是美狄亚展示出来的那种希腊男性的荣誉观，导致她不堪流放的命运，杀死了伊阿宋的新情人、新岳父和自己的孩子。完成复仇之后，美狄亚架着太阳神的车驾升上天空，超越了性别的界限，超越了人与神、人与兽的界限。② 颜荻的论文《欧里庇得斯的狄奥尼索斯——〈酒神的伴侣〉对“酒神入侵希腊”事件的文学解释》分析了《酒神的伴侣》中以文学形式叙述的酒神被拒绝进入希腊，后来强势进攻希腊、战胜希腊的故事。通过激昂的戏剧行动和强烈的悲剧冲突，欧里庇得斯向观众表明，酒神进入希腊最大的困境是由希腊文明对自然的抵抗所引起的，但也恰恰是这一抵抗给予酒神必须进入希腊的充足理由。③ 罗峰的论文《欧里庇得斯与雅典启蒙——〈酒神的伴侣〉探赜》通过分析《酒神的伴侣》第一场的戏剧行动，讨论了欧里庇得斯与智者的关系。作者认为欧里庇得斯持有“启蒙立场”，他笔下的忒瑞西阿斯不再是传统宗教智慧的代言人，而更像是推崇修辞术的智术师。在他的启蒙式教导之下，王者卡德摩斯克服“羞耻”障碍的同时，也褪去传统的政治智慧，一步步迈向自由个体。④ 王瑞雪的论文《公共生活中的牺牲和爱欲——欧里庇得斯〈伊菲革涅亚在奥利斯〉绎读》讨论了欧里庇得斯在晚期作品《伊菲革涅亚在奥利斯》中描绘的战争状态下公共生活的危机。作者指出，在这部剧中，传统的个人英雄为普通公民所取代，为公共利益牺牲自我成为新的追求。然而公共利益本身充满了矛盾和悖谬，公众受控于不理智的爱欲，无法对公共生活的利益和善好做出清晰判断。公共的爱欲源自把持权力之人所操控的话术，而这促成了对外战争的狂热，将整个共同体导向毁灭。⑤ 韩霞的论文《〈伊翁〉的伦理选择与道德理想评析》讨论了欧里庇得斯的《伊翁》中不同角色的伦理选择，消解了天神的神圣性。

---

① 邢北辰：《论〈菲罗克忒忒斯〉的结局》，载娄林主编《经典与解释》第56辑，华夏出版社2020年版。

② 刘淳：《被流放的蛮族女子：欧里庇得斯〈美狄亚〉中的地域与空间》，《古典与中世纪研究》，商务印书馆2020年版。

③ 颜荻：《欧里庇得斯的狄奥尼索斯——〈酒神的伴侣〉对“酒神入侵希腊”事件的文学解释》，《外国文学》2020年第2期。

④ 罗峰：《欧里庇得斯与雅典启蒙——〈酒神的伴侣〉探赜》，《浙江学刊》2020年第4期。

⑤ 王瑞雪：《公共生活中的牺牲和爱欲——欧里庇得斯〈伊菲革涅亚在奥利斯〉绎读》，《海南大学学报（人文社会科学版）》2020年第5期。

作者指出正是阿波罗的恣情乱性，造成了伊翁伦理身份的模糊，带来了克瑞乌萨的伦理困境及伦理选择；也正是因为阿波罗的授意，才使伊翁有了明确的伦理身份，矛盾冲突得以化解。用这种方式欧里庇得斯揭示伯罗奔尼撒战争后雅典社会伦理秩序的混乱。通过这些伦理问题的逐一呈现，表达了人伦关系中公正、和谐、互相关爱、趋善避恶等道德理想。①

在关于希腊喜剧的研究中，陈国强的专著《可笑的思想：古希腊“百家争鸣”中的阿里斯托芬》试图超越古典学者们惯常的“微观历史决定论”的解读方式，以每部喜剧上演前后的历史状况为理解每部作品时的决定性线索，从思想史的视角讨论阿里斯托芬对于教育、战争与和平、泛希腊主义、神义论等论题的回应。② 肖有志的论文《财富、技艺与正义——从荷马〈奥德赛〉到阿里斯托芬〈财神〉》讨论了从荷马的《奥德赛》到阿里斯托芬的《财神》中希腊人财富观念的变化，在荷马史诗的王政时代，家财、家政与王政结合为一体，均系于奥德修斯的智慧与君王统治技艺，而这背后是宙斯的神性—正义。立法者梭伦实行民主改革后，商业与贸易成为隐形的最高统治性技艺，并成为正义的化身。阿里斯托芬《财神》的主人公意欲通过财神让自己变得自足，以摆脱宙斯的统治，从而分离宙斯的神性与正义，同时取消一切技艺。这反讽地证明了神和人均无法自给自足的本性，二者皆非完满的存在者。③ 陈春莲的论文《〈云〉的神话叙事及其悲剧性》讨论了阿里斯托芬的《云》中对苏格拉底的刻画，陈春莲认为苏格拉底是一个普罗米修斯式的人物。普罗米修斯为了拯救人类，盗取天火；苏格拉底为了拯救雅典公民的道德，教育人们通过理性思考做正确的事。但是正如普罗米修斯盗火对于人类有两面性，苏格拉底对雅典公民来说也具有危险性，因为人类总是有欲望的，大多数人都不大可能做到像他那样依靠理性生活，因而这种道德教育是失败的。阿里斯托芬洞察到人类智慧的局限性，所以他的这部喜剧更具有悲剧性。这个看法虽然非常独特，但是作者并没有成功地确立普罗米修斯与苏格拉底在《云》这部喜剧内部的相似性，因而未能从内在理路上解释悲剧性的来源。④

关于希腊历史作家的讨论，张新刚的论文《修昔底德论内乱》讨论了修昔底德对于伯罗奔尼撒战争期间不同城邦“内乱”（stasis）的描绘。修昔底德笔下的内乱与战争展现出了相互塑造的复杂关系，内乱有着不同的爆发模式，但不管怎样都是对城邦的巨大伤害。为了消除内乱，修昔底德开启了西方政治思想是中的混合政体传统，

① 韩霞：《〈伊翁〉的伦理选择与道德理想评析》，《商丘师范学院学报》2020 年第 1 期。

② 陈国强：《可笑的思想：古希腊“百家争鸣”中的阿里斯托芬》，中国社会科学出版社 2020 年版。

③ 肖有志：《财富、技艺与正义——从荷马〈奥德赛〉到阿里斯托芬〈财神〉》，《外国文学》2020 年第 1 期。

④ 陈春莲：《〈云〉的神话叙事及其悲剧性》，《文艺理论研究》2020 年第 1 期。

并引发了柏拉图和亚里士多德对这个问题的进一步拓展。[①] 罗俊睿的论文《试论希罗多德的和平思想》讨论了希罗多德的和平思想。作者指出，一方面希罗多德热爱和渴望和平，另一方面又记载战争中的丰功伟绩，以赞赏的眼光描述军事行动，以因果报应和宿命论的笔调分析战争规律，而对如何保持和平缺少深入的思考。这两个特征是与古代社会的特征密不可分的。[②]

在关于古希腊修辞学的研究中，蒋保的专著《古希腊演说研究》讨论了古希腊演说兴起的背景和繁荣的原因，分析了古希腊演说在城邦政治决策、战争激励、公民教育等方面所起的作用和影响。作者认为，演说是古希腊城邦政治运作的核心。一方面，政治领袖通过发表演说来影响民众的决策，实现对民众的领导；另一方面，民众在聆听政治领袖的演说之后进行决策，实现对政治领袖的评判。在城邦没有公共教育体制的情况下，古希腊演说对城邦公民意识形态教育、伦理情感教育和族群认同教育等都起着重要作用。[③]

胡传胜的论文《德行与成就：伊索克拉底“塞浦路斯演说”中的道德教育》讨论了伊索克拉底在公元前370年前后创作的四篇“塞浦路斯演说”里关于公民道德、君主道德和臣民道德的观念，论证了德行（德性）、希腊特性与成就的关系，在展开道德劝说的同时实践了格言、书信、训诫和颂辞的话语形式。[④] 刘豪的论文《试论伊索克拉底的妇女观》讨论了伊索克拉底演讲中体现的女性观。伊索克拉底表面看来是赞美女性，其实是力图以言辞上的赞美调和社会矛盾，使妇女更好地从属于男权，是男性在一定条件下对妇女的某种让步而非对妇女的尊重，是古希腊人歧视妇女的另一种表现形式。[⑤]

三　柏拉图与色诺芬的伦理政治思想

在柏拉图的整体研究方面，罗兴刚的论文《美善：柏拉图理想人格的构型》讨论了柏拉图用 kalokagathia（美与善）描述哲学所能构想的理想人格型相，对人性的自然属性和社会属性及人性的整全性与居间性进行了奠基性的阐释。通过哲学的爱欲教化，柏拉图力图完成美的世界与道德宇宙的和谐统一，最终把哲学定位为爱欲的教化。[⑥] 毕祖曜的论文《柏拉图对话中的德性和数学知识》讨论了在柏拉图著作中算

---

① 张新刚：《修昔底德论内乱》，载高峰枫主编《古典与中世纪研究：第一辑》，商务印书馆2020年版。

② 罗俊睿：《试论希罗多德的和平思想》，载徐松岩主编《古典学评论》第6辑，上海三联书店2020年版。

③ 蒋保：《古希腊演说研究》，中央编译出版社2020年版。

④ 胡传胜：《德行与成就：伊索克拉底“塞浦路斯演说”中的道德教育》，《江苏社会科学》2020年第6期。

⑤ 刘豪：《试论伊索克拉底的妇女观》，《长江师范学院学报》2020年第4期。

⑥ 罗兴刚：《美善：柏拉图理想人格的构型》，《道德与文明》2020年第3期。

数、几何和天文的知识对获得德性和幸福的意义，由此论证“德性即知识”不仅仅意味着德性的本质是知识，更意味着一个人只有获得了某些特定方面的知识，即数学知识，才能真正获得关于德性的知识。毕祖曜在另一篇论文《柏拉图论德性的统一》里讨论了柏拉图的德性统一论，认为德性的统一并不是一种机械的拼凑或外在的特征，而是根植于德性的本质。并且在不同的层面上，德性的统一有不同的实现。[①] 盛传捷的论文《柏拉图论美德》也从整体上讨论了柏拉图的“美德”概念（主要涉及《美诺》《理想国》《斐多》等对话），认为柏拉图将美德描述为“内在品质”加上“外在名誉”，并试图建立美德的不同等级并说明为什么美德可以在个体与城邦的层面上得以实现。[②] 李静含的论文《柏拉图德性论中的“情感”概念》讨论了柏拉图著作中的“情感”问题，作者指出，早期的苏格拉底式德性论拒绝情感这种非理性因素参与到道德行为和认识中，虽然之后柏拉图修正了这种唯理智主义倾向，但中期对话的德性论仍以对情感的批评为主，体现了某种矛盾态度；在后期对话中柏拉图讨论了如何使经验的事物符合理念理性，德性论的新思路转变为如何规范情感和感性经验，并将情感教育作为道德教育的核心。[③] 黄瑞成的论文《哲人与城邦——古罗马史家拉尔修笔下的柏拉图》讨论了公元3世纪的哲学史家第欧根尼·拉尔修在《明哲言行录》里对柏拉图的刻画，第欧根尼笔下的柏拉图认为，德性是哲人幸福的自足根据，一旦自由民主平等城邦中民众的分歧超出了限度，哲人就有充分的理由走上苏格拉底所谓“向上的路”，在书写的“对话”中建构关于理想城邦的神（话）学。[④]

关于《理想国》的研究方面，张波波的专著《柏拉图论正义与幸福：〈理想国〉第一卷研究》从伦理学而非政治哲学的角度阐释《理想国》第一卷对整部作品的意义，尝试说明柏拉图对于正义本性及其内在价值的说明虽然未必能真正说服彻底的道德怀疑论者，但是依然有哲学上的思想闪光点。对柏拉图而言，一个人功能的实现足以保证其幸福。正义作为人的美德或功能，是灵魂的整体统一品质，是秩序与和谐；而不义则是其反面，是城邦或灵魂的某一部分对其他部分的反叛，是低级部分对高级部分的不当统治。[⑤] 魏朝勇的论文《阿基琉斯与苏格拉底教化》讨论了柏拉图在《理想国》中对荷马笔下的阿基琉斯的批判，因为在阿基琉斯身上的始源人性和爱欲激情对苏格拉底培育“美丽城邦”的护卫者非常不利。批判“属己的爱”，倡导对“存在真理”的热爱才是苏格拉底哲学教化的使命。然而苏格拉底也知道对政治生活中的英雄阿基琉斯进行哲学化改造，最终不可能成功，所以这一批判显示了哲学真理与

---

① 毕祖曜：《柏拉图对话中的德性和数学知识》，《西南交通大学学报（社会科学版）》2020年第2期；《柏拉图论德性的统一》，《文化学刊》2020年第3期。

② 盛传捷：《柏拉图论美德》，《伦理学研究》2020年第2期。

③ 李静含：《柏拉图德性论中的“情感”概念》，《内蒙古社会科学》2020年第3期。

④ 黄瑞成：《哲人与城邦——古罗马史家拉尔修笔下的柏拉图》，《外国语文》2020年第3期。

⑤ 张波波：《柏拉图论正义与幸福：〈理想国〉第一卷研究》，中国社会科学出版社2020年版。

政治人性的紧张，提醒人们要警惕哲学真理对于政治生活的欲求。[①] 李长伟的论文《论柏拉图〈理想国〉中的“自由教育”》讨论柏拉图的“自由教育”，柏拉图主张，人是趋向真善的存在，真善是人的根本欲求，只有趋向真善的生活，才是自由的，这也就意味着柏拉图的自由教育，是引导灵魂趋向真善的实践活动。[②] 郑荃文和俞婧婷的论文《回归哲人本身和哲学处境——论〈理想国〉中哲人下降的主动性与必然性》讨论了《理想国》中的核心难题——哲人王为何回到洞穴。作者认为“欠债还钱”的被动论观点固然可以提供哲人的下降的合理性解释，但存在较大的局限，不利于解读哲人的真正形象以及柏拉图构造哲人下降的真正意图；作者试图从哲人本身和哲学处境两个角度寻找其主动与必然性，更好地理解哲人下降的动机。[③]

在关于柏拉图其他作品的研究中，值得关注的研究不多。任珈瑄的论文《论爱欲作为 Eros 的本性——重思〈会饮篇〉中柏拉图与前五人之争》讨论了《会饮》中“爱洛斯”（Eros）的本性，其中前五个讲者均将爱洛斯预设为爱神，而柏拉图则揭示出爱洛斯不是神，而是包含了“爱的使者”和“爱欲”两重含义。其中，“爱欲”是爱洛斯本性的规定，它隐喻在“爱的使者”这一神话人物之中，是一种追求永远拥有美好的东西的欲望。而“美的理式”作为美的最高形态，是爱欲所追求的对象，并需要通过一个从性爱到理式之爱的上升过程才能实现。[④] 张安东的论文《“高贵的谎言”——基于〈政治家篇〉和〈法律篇〉的补注》讨论了《政治家》和《礼法》中，有关“高贵的谎言”的问题，认为柏拉图一方面对谎言的可行性有所保留，另一方面也意识到谎言之上无限权力的隐患，并提出了以法律和机制制衡统治权力的民主性方案。[⑤] 方旭的论文《柏拉图〈法义〉论立法者的德性教育》讨论了《礼法》中立法者的德性教育问题，并指出，柏拉图首先确定了德性整体作为政治教育的目标，之后要求诗人以促进德性的方式正确作诗，并依靠混合政体作为德性的保障，最终要求立法者模仿神圣达到德性的完善。[⑥]

关于色诺芬的研究方面，刘玮的论文《色诺芬论苏格拉底的虔诚》讨论了色诺芬为苏格拉底“不敬神”的指控所做的一系列辩护，这些辩护系统地讨论了苏格拉底的宗教实践和宗教观点，为我们在柏拉图的作品之外理解苏格拉底的宗教观提供了

---

① 魏朝勇：《阿基琉斯与苏格拉底教化》，《国际比较文学》2020 年第 3 期。

② 李长伟：《论柏拉图〈理想国〉中的“自由教育”》，《山西大学学报（哲学社会科学版）》2020 年第 1 期。

③ 郑荃文、俞婧婷：《回归哲人本身和哲学处境——论〈理想国〉中哲人下降的主动性与必然性》，《南阳理工学院学报》2020 年第 5 期。

④ 任珈瑄：《论爱欲作为 Eros 的本性——重思〈会饮篇〉中柏拉图与前五人之争》，《武汉理工大学学报》2020 年第 2 期。

⑤ 张安东：《“高贵的谎言”——基于〈政治家篇〉和〈法律篇〉的补注》，《政治思想史》2020 年第 2 期。

⑥ 方旭：《柏拉图〈法义〉论立法者的德性教育》，《云南大学学报（社会科学版）》2020 年第 4 期。

重要的资料；同时也有证据表明，色诺芬关于苏格拉底虔诚的讨论，确实有过强的辩护目的，其中的一些内容很可能并不是历史上的苏格拉底的观点，而是色诺芬本人的看法。[①] 彭磊的论文《〈回忆苏格拉底〉中的“朋友”》讨论了《回忆苏格拉底》Ⅱ.4—10 中关于“朋友”的论述，认为苏格拉底区分了基于用处的朋友和基于美德的朋友，前者代表了实用的、功利的、庸俗的友谊观，后者则是城邦中既美又好的人之间的友谊，但是在此之上还有一种基于真正美德的私人性的友谊，即苏格拉底式的友谊。[②] 杨志成的论文《苏格拉底的自制教育：基于色诺芬〈回忆苏格拉底〉的分析》讨论了《回忆苏格拉底》中苏格拉底关于自制的教育，认为苏格拉底虽然看重自制，但是它并非一种卓越品质，而是好的政治和哲学生活的基础。[③] 高挪英的论文《〈斯巴达政制〉中的女童教育和婚姻法》考察了《斯巴达政制》中对女童教育和婚姻法的讨论，认为色诺芬在赞美立法者吕库戈斯的表面下，暗含着对他的批评，色诺芬认为吕库戈斯的终极目标是针对其他城邦的战争，导致了斯巴达的混乱与虚弱，也导致斯巴达人毫无教养。色诺芬提出，只有坚持灵魂美德的培养，城邦才能长治久安。[④]

四 亚里士多德的伦理和政治思想

关于亚里士多德伦理学的研究方面，2020 年只有一部专著问世，陈明珠翻译了亚里士多德的《诗术》（又译《诗学》），又根据英国学者玛高琉斯的阿拉伯传系译注本的思路对全书做了详细的笺注，突出了阿拉伯传系遗留的隐微风格释例，以及《诗术》与亚里士多德其他文本的互涉互引，特别强调诗学与政治学和伦理学的密切关系。[⑤]

在论文方面，2020 年的研究热点主要集中在德性与幸福、道德心理学、快乐、友爱、政体、悲剧理论、古今中西比较等领域。

在德性与幸福相关论题上，解红勋的论文《论亚里士多德的“完满德性”》指出亚里士多德把人的幸福看作灵魂合于完满德性的实现活动，但所谓“完满德性”既不是道德德性，也不是理智德性。人在自然本性上的“混合性”及其理性本质决定了道德德性与理智德性的区别和内在关系。人的德性的完满实现不是纯粹的理智实现

---

① 刘玮：《色诺芬论苏格拉底的虔诚》，《南京师大学报（社会科学版）》2020 年第 5 期。

② 彭磊：《〈回忆苏格拉底〉中的“朋友”》，载徐松岩主编《古典学研究》第 6 辑，华东师范大学出版社 2020 年版。

③ 杨志城：《苏格拉底的自制教育：基于色诺芬〈回忆苏格拉底〉的分析》，《全球教育展望》2020 年第 8 期。

④ 高挪英：《〈斯巴达政制〉中的女童教育和婚姻法》，载徐松岩主编《古典学研究》第 6 辑，华东师范大学出版社 2020 年版。

⑤ 陈明珠：《〈诗术〉译笺与通绎》，华夏出版社 2020 年版。

活动，而是道德德性和理智德性的完美契合。[①] 赵娅丽的论文《亚里士多德两种幸福观探析——基于理智论和包容论之争》探讨了亚里士多德幸福研究中的理智论和包容论的关系问题，她认为这两种理论，即合德性的实现活动的幸福观与思辨的沉思活动的幸福观，都有存在的价值与目的。沉思活动也是一种实践活动，二者并不是非此即彼的关系。[②] 刘娜的论文《明智何为？——〈尼各马可伦理学〉第六卷探微》依据《尼各马可伦理学》第六卷的文本，探讨了亚里士多德笔下的明智德性。通过梳理明智德性与道德德性、理论智慧、技艺、节制的关系，探讨了明智德性的作用，阐明了明智德性对于幸福生活的重要性。[③]

在道德心理学领域，吴天岳的论文《亚里士多德论混合行动》讨论了亚里士多德在《欧德谟伦理学》和《尼各马可伦理学》中关于“混合行动”的不同论述，作者表明，《尼各马可伦理学》Ⅲ.1 中关于混合行动的理论最为有力，因为它以一种包含特定道德立场的自愿性概念为根基，而不依赖亚里士多德在其他场合对人类行动的本体论解释，也可以更好地帮助我们理解埃斯库罗斯笔下阿伽门农的道德困境。[④] 李义天借助亚里士多德的理论探讨了情感在美德伦理学中的位置。在亚里士多德那里，情感被理解为一种伴随着快乐或痛苦的心理感觉。为了激起或体验这种心理感觉，行为者必须具备一定的生理基础、认知程度和欲求范围。在前两者大致相同的条件下，表现为行为者的欲望或善观念并蕴含着相关判断的个体欲求，将成为情感是否产生以及如何产生的关键。然而，这仅仅表明情感在结构上涉及认知，但不能认定情感可以在事实上被还原为认知。情感与认知之间的复杂关系，使得一个具有实践智慧的美德行为者不仅在践行美德时伴随着恰当的情感体验，而且情感本身的恰当运用也构成了激发美德的一个内在方面。[⑤] 裴延宇的论文《听从逻各斯的实践何以可能？——亚里士多德论希求》则讨论了亚里士多德的“希求”（boulesis，或译为“想望”）概念，作者首先结合柏拉图与亚里士多德的灵魂学说，对希求概念的演变进行简要梳理；继而考察希求背后的欲求与努斯、真的善与显得善之间的关系，表明希求是对于“真的善”的欲求，揭示了灵魂统一的可能性；最后，通过这种灵魂—伦理学的澄清，作者触及了政治学的重要问题，即如何培养好人，表明希求概念同样是回答这一问题的关键。[⑥]

---

① 解红勋：《论亚里士多德的“完满德性”》，《内蒙古师范大学学报（哲学社会科学版）》2020 年第 8 期。

② 赵娅丽：《亚里士多德两种幸福观探析——基于理智论和包容论之争》，《衡水学院学报（社会科学版）》2020 年第 6 期。

③ 刘娜：《明智何为？——〈尼各马可伦理学〉第六卷探微》，《重庆科技学院学报（社会科学版）》2020 年第 1 期。

④ 吴天岳：《亚里士多德论混合行动》，载赵敦华主编《外国哲学》第 40 辑，商务印书馆 2020 年版。

⑤ 李义天：《感觉，认知与美德——亚里士多德美德伦理的情感概念及其阐释》，《哲学动态》2020 年第 4 期。

⑥ 裴延宇：《听从逻各斯的实践何以可能？——亚里士多德论希求》，《现代哲学》2020 年第 1 期。

在友爱问题上，江璐的论文《古希腊德育中的友爱与团结之现代思索》讨论了在亚里士多德那里友爱对德育的作用，友爱将人们结合在一起构成了家庭、伙伴关系和城邦。友爱作为一种德性需要通过共同生活的经历和训练习得，而友爱的缔结和维持使得城邦保持和平和稳定。城邦中的政治友爱是其成员间达成的一致，也就是城邦中成员的团结。亚里士多德的友爱观为现代社会所需的团结提供了丰富的理论资源。[①] 赵琦的论文《友谊与共同体：论亚里士多德友谊理论中的共同体观念》认为亚里士多德的友谊（友爱）是一个具有家族相似内涵的复杂概念。中西诠释者大多从个体的角度理解其以“朋友是另一个自身”为核心观念的友谊理论，而忽略亚里士多德主要是在共同体的背景下论述友谊。亚里士多德在以完善的友谊引领政治共同体的公民友谊的同时，也关注如何避免不完善友谊带来的诸多问题，从而兼顾了各类共同体存续的底线。[②]

在快乐问题上，李明晨的论文《德性和幸福的伴随物：论亚里士多德的快乐观》认为亚里士多德提出了“快乐是自然品质的现实活动”的快乐观。他把快乐发展为德性现实活动的天生伴随物，以此为理论基石，从快乐与幸福、德性与幸福的关系上，就可以得出快乐也是幸福的伴随物的结论。[③] 付文博在两篇论文《论亚里士多德快乐理论的一致性》和《论亚里士多德的作为德性表征的快乐》中，希望给出一个融贯的快乐观来统一亚里士多德的两个关于快乐的论述。他认为，亚里士多德伦理学中对快乐的讨论并不是为了给出一个关于快乐的完整的定义，而是为经验常识中的合理部分进行辩护，从而阐明快乐和德性与幸福之间的关系，即将快乐在不损害伦理生活的道德性的前提下融入伦理生活之中。快乐一方面是需要适度享受的快乐，另一方面是作为德性表征的快乐。前者是与肉体或心理相关的感官快乐，后者是与德性和价值相关的意向性快乐。这一区分也有助于澄清亚里士多德快乐观的模糊性。[④]

在政治哲学领域，讨论最为集中的是亚里士多德的政体问题。李涛的论文《自由与美德的双重政治——亚里士多德的政治概念》从自由与美德的双重视角讨论了亚里士多德的政治和政体观念，其中，自由是底线性原则，美德是主导性原则。自由就意味着法治，法治也体现基于美德的分配正义。同时，政治背后既有自然基础，又有某种超越性。在最佳政体的问题上只有贵族制兼顾自由与美德，是严格的政治统治也就是最佳政体。[⑤] 而俞可平的论文《最好政体与最坏政体——亚里士多德的〈政治学〉及其政体观再评》认为亚里士多德在《政治学》中给出的最佳政体既不是君主

---

① 江璐：《古希腊德育中的友爱与团结之现代思索》，《当代中国价值观研究》2020 年第 5 期。

② 赵琦：《友谊与共同体：论亚里士多德友谊理论中的共同体观念》，《社会科学》2020 年第 2 期。

③ 李明晨：《德性和幸福的伴随物：论亚里士多德的快乐观》，《理论界》2020 年第 4 期。

④ 付文博：《论亚里士多德快乐理论的一致性》，《理论月刊》2020 年第 8 期；付文博：《论亚里士多德的作为德性表征的快乐》，《河北工业大学学报（社会科学版）》2020 年第 2 期。

⑤ 李涛：《自由与美德的双重政治——亚里士多德的政治概念》，《世界哲学》2020 年第 1 期。

制也不是贵族制，而是共和民主政治，亚里士多德之所以把共和民主当作最好的政体是因为：其一，任何优良政体最终都会发生变异，而在所有的变异政体中，共和政体的变异相对说来危害最小；其二，共和民主政治条件下，最高统治权由公民轮流执掌，这最有利于城邦国家的政治稳定；其三，民主政治的权力基础是中产阶级，中产阶级掌权有利于城邦的长治久安；其四，广泛的公民参与，有利于公民对城邦承担责任，从而实现城邦公共利益的最大化。[①] 李雨辰的论文《亚里士多德论民主政体》分析了民主政体在亚里士多德那里的复杂性，民主政体被亚里士多德称为“最好的”变态政体，该政体的那种实行法治、严格控制政治参与数量、以农民为公民主体等是可接受的；但是民主政体以自由为原则，过分要求平等，不认同少数人具有德性，甚至在政体的极端状态下会无视法律权威，从而使城邦丧失善与公正。亚里士多德的民主理论表明，他试图把民主政体往公民政体的方向上改造，这是他协调社会共同体中平民和精英关系的方案。[②]

除此之外，姜丽的论文《社群，良制与好生活：亚里士多德政治伦理观的核心义旨》指出亚里士多德政治伦理观的出发点是社群，而非个人。这样的出发点决定了其政治伦理观具有以下特质，即人从本性上是趋向于社会性和政治性的，城邦是从家庭、村坊自然生长而成的，其本真目的是使所有公民都能获得优良生活。政治伦理必须体现城邦政治的这一目的，优良的城邦要能为公民提供自由，获得适度财富和德性，而且德性是最为重要的，这些都是幸福生活的必需要素。[③] 郭鹏坤的论文《论亚里士多德伦理——政治学中“好人”的景象》认为亚里士多德在伦理学和政治学中给出了“好人”的两种景象：在伦理学中，“好人”是以理想的道德人身份出场的，但在政治学中，“好人”是以理想城邦的统治者（或立法者）身份出场的。尽管亚里士多德并没有给好人下一个明确的定义，但通过文本分析我们可推知好人需要满足“知”“情”“意”和“品质”四个条件，或者以“明智”德性作为充分必要条件。伦理学中“好人”的景象，为在政治学中“好人”作为理想政体的立法者或政治家的出场做了铺垫。[④] 郭俊义的论文《论亚里士多德法律观念中的平等思想》探讨了亚里士多德法律观念中的平等思想，亚里士多德提出的比例式平等和算术式平等并非仅仅为了解决社会问题，其最终目的是使城邦趋向善。城邦的人的自然性即为政治性，积极参与城邦公共事务即为自然性之显现。优良的城邦使公正得以确立，从而使人们自然趋向于善。城邦法律在维护法律权威性的基础上鼓励人们过一种高尚的生活，使

① 俞可平：《最好政体与最坏政体——亚里士多德的〈政治学〉及其政体观再评》，《北京大学学报（哲学社会科学版）》2020 年第 1 期。

② 李雨辰：《亚里士多德论民主政体》，《山东农业大学学报（社会科学版）》2020 年第 2 期。

③ 姜丽：《社群，良制与好生活：亚里士多德政治伦理观的核心义旨》，《湖北大学学报（人文社会科学版）》2020 年第 6 期。

④ 郭鹏坤：《论亚里士多德伦理——政治学中“好人”的景象》，《道德与文明》2020 年第 3 期。

公正得以实现。[①] 贺晴川的论文《从家庭到城邦的政治教育——亚里士多德的“人是政治动物”之谜》从波考克入手讨论了亚里士多德的政治教育问题，该文第一部分讨论波考克如何从亚里士多德的“人是政治动物”命题演绎出一套“积极自由”的政治教育学说，剖析其解释的偏颇之处；第二部分旨在回归亚里士多德原本的思路，认为“城邦”而非“人”的本性才是理解“政治人”及其教育方式的前提，进而凸显“家庭”在城邦中发挥的礼法功能；第三部分从家庭出发讨论了亚里士多德政治教育的两大主题——友爱与正义，以此观照古典政治教育的启示。[②]

在对《诗学》的研究中，陈明珠的论文《亚里士多德悲剧定义的伦理政治意涵》根据《诗术》（《诗学》）文本内部指涉以及《诗术》与亚里士多德其他著作之间的文本指涉，来分析亚里士多德的悲剧定义的伦理政治内涵。悲剧行动和悲剧人物性情均与城邦政治构架及德性要求密切相关，悲剧技艺的真谛就在于模仿那些身处政治秩序高位，具有完善德性实现潜能者的行动，呈现人物在行动中的意识，所指向的目标，行动过程中的复杂、艰难、曲折，以悲剧人物犯下的错误以及由此导致的灾难引发观众的悲怜和恐惧，从而对这两种情感进行净化。由于《政治学》指出净化是一种宗教情感性的作用，亚里士多德或以此潜在指明悲剧具有的政治神学意味。比照《政治学》中亚氏出于城邦德性教育目的从立法者角度对音乐净化作用的讨论，则悲剧定义中的净化同样表明了亚氏站在立法者角度对悲剧技艺的伦理政治关切。[③] 崔嵬的论文《诗术的涵义——亚里士多德〈诗术〉第一章例释》在对亚里士多德《诗术》第一章的研究中指出模仿兼具悲剧性沉醉与喜剧性出离两种品质于一身，模仿与悲剧性沉醉品质、人生价值的担负作用以及哲学追问之间具有紧密关系。真正的诗人，应融合人生价值的担负（神圣性）与追问（哲学性）两种品质于笔端，从而为柏拉图的哲学之诗张目。[④]

在古今伦理学比较方面，亚里士多德伦理学和康德伦理学的比较研究受到了大量关注。张容南的论文《何为美德：比较亚里士多德与康德实践哲学的一个视角》指出亚里士多德与康德的分歧不在于前者强调美德或性格，而后者强调正确的行动。他们之间的根本分歧不仅在于道德行动应该出于义务还是美德，还在于美德究竟应当依据自然目的还是实践理性来加以理解。现代美德伦理需要认真对待来自康德哲学的批评。[⑤] 赵永刚的论文《道德意志在美德中的隐与显——亚里士多德与康德美德观之比较》从道德意志的角度出发比较了亚里士多德与康德伦理学。亚里士多德的美德概

---

① 郭俊义：《论亚里士多德法律观念中的平等思想》，《南京大学学报（哲学·人文科学·社会科学版）》2020 年第 6 期。

② 贺晴川：《从家庭到城邦的政治教育——亚里士多德的“人是政治动物”之谜》，《全球教育展望》2020 年第 8 期。

③ 陈明珠：《亚里士多德悲剧定义的伦理政治意涵》，《浙江学刊》2020 年第 4 期。

④ 崔嵬：《诗术的涵义——亚里士多德〈诗术〉第一章例释》，《海南大学学报》2020 年第 38 卷第 5 期。

⑤ 张容南：《何为美德：比较亚里士多德与康德实践哲学的一个视角》，《道德与文明》2020 年第 2 期。

念强调欲望与理由等心理要素之间的一致性，因而道德意志缺失，而康德的美德概念强调自我强制，恰恰是对道德意志的彰显。但是二者之间的差异并不构成矛盾，道德意志的显与隐表征的是个体美德发展的不同阶段和不同模式，二者的综合才构成一个较为完整的美德生成过程。[①] 郝亿春的论文《“意志”缺席？“谁”来负责？——回应对亚里士多德伦理学的一种批评》更加深入地从自由意志角度探讨了亚里士多德和康德的异同，他的论文是对黄裕生、聂敏里发表的一系列批评亚里士多德伦理学的文章的回应，这些批评者的逻辑是，亚里士多德伦理学从根本上看以“知识”或“理性”为基础，因此错失了更为根本性的“意志”或“自由意志”，其结果是无法“落实责任主体”或无法克服“普遍的责任危机”。故而亚里士多德伦理学在确立人类的伦理规范上“未曾有与儒家伦理学以及犹太—基督教相比拟的贡献”。作者认为亚里士多德在其实践哲学中阐明了远超出“理—欲”二元结构的丰富且复杂的灵魂结构与行动机制，其中在行为者实践生活中起基础性作用的相似于康德后来称为“决意”与“意志”的“情愿”与“明智希求”。实际上，康德与亚里士多德在这方面大致是同心通理的。因而在这一重要问题上，不能“厚今薄古”或“厚古薄今”，而应采取对所有大思想家的思想都友好而同情的“人类文明主义”态度。[②] 孟伟、杨之林的论文《技艺与德性中的实践智慧——基于亚里士多德伦理学与当代伦理学自然主义的比较》讨论了在亚里士多德和当代自然主义伦理学中对作为制作活动的技艺与作为实践活动的德性以及二者所依赖的实践智慧之间的关系的不同理解。自然主义伦理学主张两者存在着某种类同关系，源于亚里士多德德性伦理学的辩护者则主张两者存在区别。他们的研究表明，两者应当有效地整合，技艺行为的实践智慧才能使人们对整体生活目标的反思更为正确，同时，技艺行为的实践智慧也应当遵从基于“好的人类生活”的更高规范标准。[③] 陈海的论文《亚里士多德与伦理直觉主义》将亚里士多德与伦理直觉主义者做了比较，他指出亚里士多德的思想包含了许多类似直觉主义的观念，包括他的基础主义立场、对直觉归纳的重视，以及对“接触”的探讨。其中，亚里士多德的“努斯”和“明智”概念是和当代直觉主义研究最为相关的两个概念，前者可以被理解为类似“理性直觉”概念，后者可以被理解为类似“反思平衡”概念。新理性直觉主义通过构建“反思平衡”和“理性直觉”的内在一致性，使得亚里士多德在谈及“努斯”和“明智”的不融贯之处得到消解，构建了亚里士多德与当代伦理学研究的新联系。[④]

---

① 赵永刚：《道德意志在美德中的隐与显——亚里士多德与康德美德观之比较》，《东方论坛》2020 年第 2 期。

② 郝亿春：《“意志”缺席？“谁”来负责？——回应对亚里士多德伦理学的一种批评》，《哲学动态》2020 年第 2 期。

③ 孟伟、杨之林：《技艺与德性中的实践智慧——基于亚里士多德伦理学与当代伦理学自然主义的比较》，《道德与文明》2020 年第 1 期。

④ 陈海：《亚里士多德与伦理直觉主义》，《齐齐哈尔大学学报（哲学社会科学版）》2020 年第 5 期。

在中西伦理学比较方面，宋丽萍出版了专著《比较视域下孟子与亚里士多德哲学思想探析》，该书首先介绍了孟子和亚里士多德哲学思想的存在形态、思想特征及学术源流等基础问题。然后运用比较哲学的理论，从国家观、教育观、德性伦理观、人性理论及其他方面进行了比较。最后阐述了两位哲学家的思想在当代的意义。① 在论文方面，李佳琦的论文《行为中所能达到的最高的善——基于〈尼各马可伦理学〉与〈论语〉的比较研究》考察了《尼各马可伦理学》与《论语》中个体如何建构自身的道德人格的问题，通过研究中西古典伦理学从行为到意志的培养过程，作者希望寻找树立个体道德自觉的可行性方式，以应对现代伦理道德虚无主义的挑战。② 裴雨墨的论文《论亚里士多德"中道"与儒家"中庸"的差别》讨论了亚里士多德与儒家在中道—中庸学说上的异同。作者指出亚里士多德从人的理性出发，从人的道德理智出发，推导出了"中道"才是最好的行为，而先秦儒家则从人的道德情感出发，认为人有向善的本性，进一步为完善人的"善性"才走向"中庸"。两者德性观方面的差别主要体现在三个方面：在德性的起始途径方面，亚里士多德更加强调的是人的实现活动，而儒家则重视家国天下一体的道德原则；在德性的先天性和后天性方面，亚里士多德更加强调德性的后天生成性，而儒家更加强调德性的先天赋予性；在具体德性生成路径方面，亚里士多德更加强调实践的作用，而儒家则偏重于学习体悟。③

五　晚期希腊和罗马的伦理政治思想

晚期希腊和罗马的伦理政治思想的研究一直是我国学界关注相对较少的领域，2020 年这方面的成果略有增加，崔延强的论文《亚里士多德之后——希腊化时代的哲人理想》从宏观上讨论了希腊化时代的哲人理想，作者指出与环境抗争、战胜自我、摆脱命运必然性、超然于世俗之外，最终达致宁静与幸福，是贯穿希腊化哲人理想的共同主题。④

关于斯多亚学派（斯多葛学派、廊下派）的研究主要集中在塞涅卡和中西比较方面。陶涛的论文《塞涅卡论幸福：灵魂的合理化或理性化?》探讨了塞涅卡的幸福观，认为作为一种哲学治理理论的幸福理论有两个层面："合理化"和"理性化"。对于普通人而言，"合理化"是他们克服情感与欲望的手段，是他们达到"理性化"的过程；对于智慧之人而言，他们不会因为自己面对什么样的环境而改变自己的信

① 宋丽萍:《比较视域下孟子与亚里士多德哲学思想探析》，江苏大学出版社 2020 年版。

② 李佳琦:《行为中所能达到的最高的善——基于〈尼各马可伦理学〉与〈论语〉的比较研究》，《甘肃理论学刊》2020 年第 6 期。

③ 裴雨墨:《论亚里士多德"中道"与儒家"中庸"的差别》，《文化学刊》2020 年第 3 期。

④ 崔延强:《亚里士多德之后——希腊化时代的哲人理想》，载徐松岩主编《古典学评论》第 6 辑，上海三联书店 2020 年版。

念，他们能够凭借自身理性而寻求到幸福。[①] 徐芹芹的论文《论“愤怒”的悲剧——以塞涅卡的〈论愤怒〉和〈美狄亚〉为例》探讨了作为哲学治理对象的“愤怒”，作者结合塞涅卡的《论愤怒》和《美狄亚》两篇文章，试图从斯多亚学派社群主义的观念论证愤怒是破坏和撕裂自我与他人、自我与自然的共同体关系的激情。《论愤怒》从理论角度说明愤怒违背自然赋予人的社群本性，而这种观点在《美狄亚》中以悲剧的形式得以表达。[②] 林丽娟的论文《阿拉伯传统中的盖伦〈论品性〉》通过仅存的阿拉伯文概要，讨论了盖伦逸失的作品《论品性》，展示了盖伦对斯多亚学派的反对和对柏拉图灵魂与德性理论的继承。[③]

在中西比较领域，许苏民的论文《论儒家与斯多葛学派仁学思想之异同》将斯多亚学派与儒家进行比较，两者都讲仁爱和仁政，都是通过究天人之际而推演出伦理和政治的根本原则，都认为仁爱与仁政既根源于自然法又内在于人的心性，体现了中西哲学共有的天人合一，既超越又内在的思维方式。而其根本差异在于儒家特别强调天赋的恻隐之心对于一切道德和政治的本原性，而斯多亚学派的芝诺、塞涅卡等人则把怜悯和同情看作灵魂的疾病。[④] 王东阳的论文《〈韩非子〉与斯多葛派法思想比较》将斯多亚学派与法家进行比较，《韩非子》主张的“法”与“自然法则”相关联，“自然法则”主要包含人性和自然界运行规律两个方面——人的主观好恶应当被纳入制定法律的考量范围，法应当因时制宜。斯多亚学派主张的自然法是与理性相关联的，理性被赋予了普遍性，人的主观情感应当被排除在理性之外。在逻辑进路上，《韩非子》注重法与社会现实的交互，斯多亚学派注重抽象的演绎逻辑。[⑤] 孟天运的论文《斯多葛学派与墨家社会思想比较研究》将斯多葛学派与墨家进行比较，由于轴心文明之间在历史发展阶段和社会问题上的相似性，两派哲学家都在劳动的价值和态度、人与社会的关系、社会中存在的不平等、世界主义与“尚同”理念、社会与自然等方面提出了创新性的思想。但他们在问题的认识和论说上也有明显差别，主要是斯多亚学派注重自然、理性和个人的道德修养，而墨家则注重对社会的参与和改造。[⑥]

在有关伊壁鸠鲁学派的研究中，邵风的论文《伊壁鸠鲁学派的自由意志与哲学治疗探析》分析了伊壁鸠鲁学派解释原子偏斜与自由意志之间的关系的两种思路。一种思路认为需要在原子偏斜的基础上设定一个独立的自由意志，另一种思路则认为原子偏斜本身就是自由意志。相比之下第二种思路更值得辩护，这种思路下的自由意

---

① 陶涛：《塞涅卡论幸福：灵魂的合理化或理性化?》，《哲学动态》2020 年第 3 期。

② 徐芹芹：《论“愤怒”的悲剧——以塞涅卡的〈论愤怒〉和〈美狄亚〉为例》，《浙江理工大学学报（社会科学版）》2020 年第 2 期。

③ 林丽娟：《阿拉伯传统中的盖伦〈论品性〉》，《古典与中世纪研究》，商务印书馆 2020 年版。

④ 许苏民：《论儒家与斯多葛学派仁学思想之异同》，《江汉论坛》2020 年第 6 期。

⑤ 王东阳：《〈韩非子〉与斯多葛派法思想比较》，《洛阳理工学院学报（社会科学版）》2020 年第 6 期。

⑥ 孟天运：《斯多葛学派与墨家社会思想比较研究》，《吉林大学社会科学学报》2020 年第 6 期。

志并不要求原子自身对于自己的偏斜拥有完全意义上的控制能力。哲学作为治疗术需要借助论证来培养人的明智和德性。但由于原子偏斜的顽固性，人并不能仅仅依靠哲学论证来获得灵魂的无纷扰，还需要强力。在强力的作用下，人事实上又会逐渐失去自己的自由意志，变得迷信和盲从，这是伊壁鸠鲁式治疗法所面对的根本困境。① 妥建清的论文《晚期希腊生活哲学转向的美学意蕴——以伊壁鸠鲁的思想为考察中心》指出伊壁鸠鲁哲学是希腊的城邦共同体哲学转变为后城邦个体哲学，思辨哲学转向实践哲学的产物，伊比鸠鲁学派将探求普遍性的善的知识之学转为探求个人身体性快感之学的产物，是一种美学化的生活哲学。②

中期柏拉图主义和新柏拉图主义研究方面，在 2020 年都出现了一些可喜的成果。就中期柏拉图主义而言，何祥迪的论文《柏拉图哲学的“三纲九目”》讨论了阿尔基努斯在《柏拉图学说指南》中对柏拉图哲学的概述，涉及阿尔基努斯其人、他的基本立场（独断论，关注柏拉图成文作品）和方法（定义法、体系化）、主要贡献（确立了真理的标准，提出“三本原”学说和“二层神学”，吸收了漫步学派、毕达哥拉斯、斯多亚学派的一些伦理观念）。③ 罗勇的论文《自然与幸福：论普鲁塔克对廊下派伦理学的批评》讨论了普鲁塔克对廊下派（通常译为“斯多亚学派”）伦理学的批评。在廊下派看来，人的幸福就在于与自然一致地生活，但在廊下派的价值三分中，符合自然的非善非恶事物与善、恶两种事物并存，这就导致了与自然一致的生活如何可能是幸福生活的问题。廊下派以区分普遍自然和人的自然为解决方式，却遭到普鲁塔克的激烈反对。普鲁塔克从柏拉图主义的基本立场出发，否认按照廊下派伦理学关于自然的区分和规定，人就能实现幸福；区分出非善非恶事物是多余的，且即便承认这一划分，廊下派伦理学也无法恰当处理符合自然的非善非恶事物问题。④

新柏拉图主义方面，普罗提诺的哲学思想是古代哲学传统中最复杂也最难以系统理解的，也是国内长期以来研究的薄弱环节。2020 年出版了一批翻译作品、著作和论文，让人看到这个领域在未来更多的希望。石敏敏和章雪富以希腊文—中文对照版的形式翻译和注疏了《九章集》的第 1—4 章集中讨论德性的内容，为国内学者之后的研究提供了更坚实的文本基础。⑤ 陈中雨的专著《普罗提诺的美善观及其太一论》从美学和伦理结合的角度讨论普罗提诺的哲学体系，将至善和至美的太一作为本体，由此出发分析宇宙的生成和展开、人的生成与回归，比较细致地讨论了普罗提诺《九章集》中的三种美（感性美、德性美和理智美）和三种善（个人之善、城邦之

① 邵风：《伊壁鸠鲁学派的自由意志与哲学治疗探析》，《东莞理工学院学报》2020 年第 6 期。

② 妥建清：《晚期希腊生活哲学转向的美学意蕴——以伊壁鸠鲁的思想为考察中心》，《人文杂志》2020 年第 11 期。

③ 何祥迪：《柏拉图哲学的“三纲九目”》，《努斯：希腊罗马哲学研究》，上海人民出版社 2020 年版。

④ 罗勇：《自然与幸福：论普鲁塔克对廊下派伦理学的批评》，《浙江学刊》2020 年第 2 期。

⑤ 普罗提诺：《论德性：〈九章集〉第 1 卷第 1—4 章集释》，中国社会科学出版社 2020 年版。

善、宇宙之善)。美与善的辩证法成为灵魂回归太一的动力。[①] 刘露发表了两篇关于普罗提诺的论文。在《论普罗提诺的净化伦理》中，作者阐释了普罗提诺为人类伦理生活提出的两条命令：第一，不要让低级存在统治你，要上升到理智源头；第二，要观照你的身体以及其他与生命有关的事物。这表明普罗提诺的哲学不仅重视自我神化和超凡脱俗，也重视对现实世界的观照。对现实世界的观照不是引导人们重回尘世的纠缠中，而是灵魂在感知觉世界里适当地工作：在内表现为通过美德驯服灵魂的非理性部分，为沉思生活做好准备，在外表现为运用理性将外部世界安排有序。它展现了普罗提诺对自己和他人的双重关怀，以及完善自我和完善世界的双重努力。[②] 在《普罗提诺论凝视的自我》中，则讨论了普罗提诺“自我”的不同层次，特别是“凝视”(theôria，通常译为“沉思”或者“静观”等）太一与自我的关系。作者指出理智凝视太一的活动才是完美和不朽的自我的活动，是接近太一的唯一途径，也是理智把握的关于自身的知识，这与普罗提诺整体的“流溢”理论密不可分。通过这种关于自我的理论，普罗提诺扩大了个体存在的边界，消除了个体在宇宙中的孤立和有限性，因此有着重要的伦理面相。[③] 包利民的论文《古典德性论的再出发——试论普罗提诺的内圣价值学》讨论了普罗提诺的德性论，试图揭示真正的人、真正的生命、真正的存在和真正的至善，从而指向一种彻底灵性化的生活方式。这样的生活通过政治德性上升到净化德性，从灵魂上升到纯思，最终上升到太一。这样的德性幸福论代表着柏拉图哲学在希腊化罗马时期的新发展，深刻影响了古代晚期哲学的发展方向。[④]

在罗马共和国和帝国的伦理政治思想方面，西塞罗和罗马的修辞学（雄辩术）传统得到了一些较以前少有的关注。顾枝鹰的论文《德性、幸福生活与哲人自道——西塞罗〈图斯库路姆论辩集〉第五卷前言绎读》讨论了西塞罗《图斯库路姆论辩集》第五卷的前言，论证西塞罗在其中展现出德性、幸福的共同生活和哲学的紧密联系，借助智慧者和哲人在名与实上的异同请出毕达哥拉斯代为讲述哲人的自道之知，最终表明自己在共同体中效仿苏格拉底的方式而选择政治—爱智—修辞之路，以此来为第五卷后面关于斯多亚学派的讨论做好准备。[⑤] 于璐的论文《正义的让步——西塞罗〈论义务〉中的德性观辨正》探讨了西塞罗《论义务》中的“普通的义务”和“完备的义务”。普通的义务包括我们通常所理解的道德责任，完备的义务则完全脱离来自责任的强制性特点，代表一种更卓越的道德品质。这两种义务分别对

① 陈中雨:《普罗提诺的美善观及其太一论》，上海交通大学出版社 2020 年版。

② 刘露:《论普罗提诺的净化伦理》,《道德与文明》2020 年第 4 期。

③ 刘露:《普罗提诺论凝视的自我》，载娄林主编《经典与解释》第 57 辑，华夏出版社 2020 年版。

④ 包利民:《古典德性论的再出发——试论普罗提诺的内圣价值学》,《浙江学刊》2020 年第 5 期。

⑤ 顾枝鹰:《德性、幸福生活与哲人自道——西塞罗〈图斯库路姆论辩集〉第五卷前言绎读》，载崔延强主编《努斯：希腊罗马哲学研究》第 1 辑，上海人民出版社 2020 年版。

应于两个层面的德性观。表面上，西塞罗采取斯多亚学派的立场，以父亲的口吻向他的儿子以及罗马青年政治家提供实践性的道德教诲；而从深层次看，《论义务》却是针对热爱智慧的读者所发。通过区分两个层面的德性观，西塞罗揭示出政治生活的根本困境：过分追求纯粹的正义原则会破坏现存秩序。政治生活的这种困境来源于哲学和政治之间固有的张力。[①] 李雪的论文通过对西塞罗和昆体良两位修辞学家的教育思想进行对比，指出修辞术曾具有的政治和法律双重效用在帝国时代逐渐演变为法律上的单一效用，失去了其作为政治传媒和沟通方式的特殊功用，哲学在修辞术教育中所起到的作用逐步淡化，但是经过昆体良改造的修辞术教育未能真正满足帝国对培养国家官僚所提出的需要，未能提供一种阶级基础更为广泛的官吏选拔机制，反而阻碍了建立全新的与帝国政治体制相适应的教育体制的进程。[②] 王双洪的论文《演说术与教育——从西塞罗、昆体良看古罗马教育品质之变》同样通过对比西塞罗的《论演说家》和昆体良《演说家的教育》来看古罗马教育品质的变化。西塞罗旨在通过演说家的教育来形塑罗马自己的思想传统，昆体良虽然也欲通过对德性的重视来匡救时弊，但重点却放在探讨教育过程中的各种细节问题上。究其原因，西塞罗面临的挑战是在希腊罗马文化的张力中接续罗马传统，而昆体良的主要问题则是在传统日渐败坏的帝国重振罗马古风。[③]

在罗马诗歌研究领域，高峰枫的论文《埃涅阿斯的暴怒》讨论了维吉尔的史诗《埃涅阿斯纪》最后30余行中埃涅阿斯的愤怒问题，他指出以“哈佛派”为代表的现代解读，批评主人公未能抑制愤怒。但其他学者在亚里士多德和伊壁鸠鲁主义哲学中找到相关论述，证明埃涅阿斯之怒是正当之举。这场持续已久的争论，显示了文学解读和情感哲学之间的复杂关系。[④] 李永毅的论文《作为政治立场的艺术自治——奥维德〈哀歌集〉第二部解读》指出奥维德在遭到屋大维放逐后创作的《哀歌集》第二部是世界上最早的一篇艺术自治宣言。在奥古斯都时期的文化秩序中，奥维德远离政治的艺术自治观本身就是一种政治立场。置于西方古典诗歌演进的大框架中，奥维德的这首诗也表明，艺术与权力二者的关系进入了一个新阶段。[⑤]

六　基督教和中世纪伦理政治思想

关于基督教和中世纪伦理政治思想的研究，依然集中在奥古斯丁和托马斯·阿奎

---

① 于璐：《正义的让步——西塞罗〈论义务〉中的德性观辨正》，《甘肃社会科学》2020年第3期。

② 李雪：《罗马共和国末期至帝国初期雄辩术教育的演变及其影响》，《天津大学学报（社会科学版）》2020年第1期。

③ 王双洪：《演说术与教育——从西塞罗、昆体良看古罗马教育品质之变》，《外国语文》2020年第3期。

④ 高峰枫：《埃涅阿斯的暴怒》，《外国文学》2020年第6期。

⑤ 李永毅：《作为政治立场的艺术自治——奥维德〈哀歌集〉第二部解读》，《国外文学》2020年第3期。

那身上，不过这一年也有少量关于早期教父的研究。彭小瑜的论文《杰罗姆书信的社会批判锋芒——古典晚期思想史研究一例》从社会史研究的角度讨论了杰罗姆书信，书信展示了杰罗姆对罗马上层贵族生活方式的批判锋芒以及对底层民众命运的牵挂，他的这种社会批判始终与他倡导守贞和修道的呼声联系在一起。① 吴功青的论文《奥利金的灵魂先在说》讨论了奥利金的灵魂先在学说对理解自由意志问题的意义，在奥古斯丁看来，奥利金的灵魂先在理论与上帝创世的善好目的相悖，也与人在宇宙中应有的地位不符。但是作者指出，奥古斯丁的批评没有充分把握灵魂先在说的用意和复杂性。一方面，奥利金提出灵魂先在学说，主要是为了回应灵知派的挑战，以维护理性造物的自由意志；另一方面，灵魂先在说并非没有考虑到上帝创世的善好目的，恰恰相反，它保证了上帝创世时的平等，缓解了神义论的难题。②

在奥古斯丁研究方面，高源的论文《奥古斯丁超越情感思想研究》讨论了奥古斯丁关于如何超越情感影响的思想，展示了奥古斯丁对斯多亚学派和新柏拉图主义思想资源的借鉴和超越，发展出了集悲观与乐观于一体的宗教人类学情感观，提出了“情感成神”的新观念。③ 夏洞奇的论文《“危险的深渊”——〈忏悔录〉卷六考》讨论了奥古斯丁在《忏悔录》第六卷记录的自己在米兰时期的一场思想危机，奥古斯丁认为自己犹如落入了“思想的深渊”，但是那个时候奥古斯丁已经离开了摩尼教，转向了基督教，只是信仰还不够坚定，为何会感到自己落入了深渊呢？之前的研究者对这场思想危机的原因重视不足。作者认为，奥古斯丁这段时间的失眠和肺病导致他产生了对死亡的焦虑，这是思想危机的重要原因；同时，奥古斯丁虽然脱离了摩尼教，但是还没有放弃世俗生活，对基督教的信仰也不够牢靠，所以对于克服死亡的威胁并不是那么有信心，还对自己利用谎言去求取虚名耿耿于怀，这些因素都加剧了他的危机感。这场危机直到奥古斯丁最终坚信上帝之后才得以摆脱。④ 肖剑的论文《作为修辞之艺的〈忏悔录〉》批评了认为奥古斯丁在《忏悔录》中对“修辞之恶”的攻讦隐含着对整个西方古典修辞学传统的否定的观点。通过分析《忏悔录》对维吉尔多处诗行的化用，以及奥古斯丁对表达风格、典型例证、布局谋篇等古典修辞技法的重视，作者发现奥古斯丁在一个更高的视域中将修辞学这一世俗技艺纳入基督教神学的统摄之下，使其成为后者的施教工具。⑤ 孙帅的论文《人性的关系性——奥古斯丁论人作为“形象”》分析了奥古斯丁“形象”入手的自我学说，该学说不仅突破了希腊教父关于“形象”与“相似”的解释范式，以及希腊哲学中的“与神相似”

① 彭小瑜：《杰罗姆书信的社会批判锋芒——古典晚期思想史研究一例》，《北京大学学报（哲学社会科学版）》2020 年第 5 期。

② 吴功青：《奥利金的灵魂先在说》，《哲学动态》2020 年第 3 期。

③ 高源：《奥古斯丁超越情感思想研究》，《宗教学研究》2020 年第 3 期。

④ 夏洞奇：《“危险的深渊”——〈忏悔录〉卷六考》，载高峰枫主编《古典与中世纪研究》第 1 辑，商务印书馆 2020 年版。

⑤ 肖剑：《作为修辞之艺的〈忏悔录〉》，《广州大学学报（社会科学版）》2020 年第 5 期。

观念，而且提出一种不同于古典“自然人性论”的“关系人性论”。在奥古斯丁这里，“与神相似”并不是人性之本质性的自然实现，而只是人性之关系性的自由展开，并不意味着在本性意义上成为最真实的自己或成为神，而只是意味着成为形象与原型之间的动态关系。被造为上帝形象的个体不可能不追求与上帝相似，不可能不始终面临相似与不相似的张力。①

在阿奎那研究方面，马明宇的论文《阿奎那论意志软弱性》讨论了阿奎那关于意志软弱性（或“不自制”）的论述，作者认为，阿奎那对这一问题的讨论基本上是在亚里士多德的框架下展开的，通过明确引入“意志”的概念，阿奎那澄清了亚里士多德留下的一些解释上的困难，而且更好地说明了意志软弱的行为是如何发生的。作者还将对阿奎那的阐释与当代行为理论中戴维森和沃森等人对意志薄弱问题的讨论联系起来，从而凸显阿奎那理论在当代讨论中的价值。② 刘素民的论文《阿奎那如何循着自然法的道路探求正义和自然权利?》分析了阿奎那如何循着自然法的道路探求正义和自然权利，阿奎那的自然法是连接实有与应然的通桥，它具有永恒法之存有，又具有类比上帝至善存有的真理性和正义性，而正义是神定的秩序。人定法的正义与否取决于其是否遵从自然法的正义性。③

七　文艺复兴与宗教改革时期的伦理政治思想

关于文艺复兴时期的伦理政治思想的研究依然保持了过去两年的良好势头。王忆停的专著《圭恰尔迪尼〈政治与经世备忘录〉的译释与研究》主要采用语文学的研究方法，以原文解读为突破口，结合意大利文艺复兴时期其他重要政治历史哲学家的观点和时代背景，深入挖掘圭恰尔迪尼的思想，同时采用复合式分类法对圭恰尔迪尼思想进行归纳总结，提炼其核心思想特征。如果马基雅维利被视为近代政治科学的宣传者和倡导者，那么，圭恰尔迪尼则应该被看作近代政治科学起初的、精明的实践者和反思者。二者思想和而不同，圭恰尔迪尼在继承马基雅维利政治现实主义思想的同时，对其诸多观点和理论进行了反驳和抨击。该书是2020年国内研究圭恰尔迪尼思想最重要的著作。④

在对文艺复兴早期诗歌作品的研究中，钟碧莉发表了三篇论文，集中讨论了彼特拉克的思想。在《彼特拉克〈歌集〉结尾“忏悔诗”中的皈依问题》中她试图证明

① 孙帅：《人性的关系性——奥古斯丁论人作为“形象”》，《云南大学学报（社会科学版）》2020年第6期。

② 马明宇：《阿奎那论意志软弱性》，载高峰枫主编《古典与中世纪研究》第1辑，商务印书馆2020年版。

③ 刘素民：《阿奎那如何循着自然法的道路探求正义和自然权利?》，《福建论坛（人文社会科学版）》2020年第11期。

④ 王忆停：《圭恰尔迪尼〈政治与经世备忘录〉的译释与研究》，中国华侨出版社2020年版。

彼特拉克在《歌集》最后并没有完成奥古斯丁式的皈依，他的自我叙述充满着迂回和循环往复，而非直线上升并最后到达超凡入圣。这使得彼特拉克有别于中世纪前辈奥古斯丁和但丁，而更为契合现代人的气质。在《个体和城邦：论彼特拉克作品中的身体—政治》中，作者认为彼特拉克的“身体—政治”写作从新的角度展现了早期人文主义思想对个人在政治共同体中的定位。他在自我身体感受和意大利政治之间建立了映射和同喻的双重关系，而诗人的自我和当时分裂的意大利共享着一套修辞话语：寻求统一的“碎片”。这是因为解剖学的发展和方济各思想的兴起催生了对自我身体新的认识，与身体紧密联系的“个体”在政治层面也得到了重新定义。在《跛行的脚：但丁和彼特拉克的爱欲和语言》中，作者通过比较分析但丁《神曲》和彼特拉克《歌集》中“跛脚”的意象，从文本出发探讨两位诗人对于欲望、爱情和语言的态度。通过分析进而指出但丁的语言只是他迈向上帝的工具，最后必将被舍去；而彼特拉克相信语言本身的力量，并试图将他的诗歌塑造为某种类似“上帝”的实体。[①] 肖剑的论文《熔式经诰与自铸伟辞——但丁在〈神曲〉第一歌中的文体创制》指出但丁有意违背等级森严的古典文体规则，以“喜剧”这一古典时期被目为低俗的文体为自己的作品命名，并在《神曲》中频繁混用多种文体。以《神曲》第一歌为例，在这首135行的诗歌中，但丁尝试融合传奇、自传、史诗、预言诗等多种元素。但丁的文体创新导致他在身后数个世纪饱受批评家诟病，但自18世纪浪漫派文论兴起以来，但丁的经典作家地位逐渐确立。[②]

在马基雅维利研究方面，信美利的论文《马基雅维利政治思想中的“virtú”概念》分析了马基雅维利政治思想中的virtú概念，该概念与fortuna（命运）相对应。virtú包括自然赋予的天性或者说本质力量，以及灵活运用各种手段的能力，同时也不排斥人文主义思想中的一些普适性道德。就个人尤其是君主而言，virtú基本上是自然赋予的天性，按virtú行事使行动符合时势就表现为好运。virtú被君主推而广之，成为法律制度，在民众中间传播和固定，从而成为民众virtú，一个人的好运就变成了一群人和一个民族的好运，国家也就能长治久安。[③] 李向阳的论文《德行、命运与马基雅维里的“共和”理想》指出马基雅维利在使用很多概念时并未加以规范，从而使他的作品表面上看起来前后矛盾。德行、命运等核心主题在他的思想体系中的作用如罗盘一般，却不单是概念导向的。它们服务于并且反映在马基雅维利的人文主义

---

① 钟碧莉：《彼特拉克〈歌集〉结尾“忏悔诗”中的皈依问题》，《浙江学刊》2020年第3期；《个体和城邦：论彼特拉克作品中的身体—政治》，《外国文学评论》2020年第1期；《跛行的脚：但丁和彼特拉克的爱欲和语言》，《外国文学》2020年第3期。

② 肖剑：《熔式经诰与自铸伟辞——但丁在〈神曲〉第一歌中的文体创制》，《中山大学学报（社会科学版）》2020年第4期。

③ 信美利：《马基雅维利政治思想中的“virtú”概念》，《浙江师范大学学报（社会科学版）》2020年第2期。

思想、现实主义倾向和历史经验主义方法中。[①] 张燕的论文《恐惧与政制——马基雅维利论政制的维持》指出马基雅维利在政治体如何维持的具体问题上无法信靠共和主义公民德行交互性的作用，而是诉诸西方政治思想传统中利用和制造恐惧感迫使人服从的思想资源，即利用作为和平技艺的宗教所唤起的对神的畏惧，利用作为战争技艺的武力手段唤起对君主的畏惧，以及利用回到开端的极端行动或事件唤起的对原初状态的恐惧。因此，对于如何维持政治秩序，马基雅维利给出的解答并未从根本上背离古典政治思想之窠臼而实现其开创性的意义。[②] 陈华文的论文《从政治审慎到政治科学：论近代政治学实现自主性的一个路径》梳理了马基雅维利和霍布斯对审慎和政治关系的理解，勾勒出近代政治学从政治审慎到实现政治科学自主性的进路：马基雅维利延续了以审慎讨论政治问题的传统，但却在现实主义的基础上将政治实践从道德和宗教中解放出来，转向寻求稳定的宪制秩序，呈现出现代政治秩序的气质；霍布斯则进一步意识到审慎的非理性及其他局限而告别古典审慎，以科学和理性的方法推导出一套政治制度，给政治学带来知识范式的革命。[③] 吴增定的论文《权力的游戏——马基雅维里与斯宾诺莎的政治哲学比较》指出马基雅维里与斯宾诺莎对于人性与权力的基本看法有着共识与内在分歧。马基雅维里批评和拒斥了传统道德哲学对于人性和政治的目的论式理解，把人类的政治世界看成一场获取和维持权力的永恒游戏。斯宾诺莎则将马基雅维里的这一思想推到极端，认为包括人类政治世界在内的整个自然世界都是一个永恒的权力的游戏，在其中人和万物都为自己的生存而尽可能地追求权力。但是，就像阿尔都塞所说的，马基雅维里之后的现代自然法哲学家，如霍布斯、洛克和普芬多夫等，又建构了一种新的道德秩序，以此来掩盖人类政治世界的权力的游戏这一事实。与之类似，斯宾诺莎也试图通过一种理性的沉思，也就是对于上帝的“理智之爱”，来超越人类政治世界的权力的游戏。[④]

在莎士比亚研究领域，罗峰的论文《现实主义与世界主义：〈哈姆雷特〉中的两类王子》讨论了《哈姆雷特》中两种类型的王子。挪威王子小福丁布拉斯着眼政治现实，是马基雅维利笔下典型的“狮子—狐狸”型王子；哈姆雷特作为丹麦王子，却因其鲜明的世界主义倾向，习惯以超身世外的眼光审视世界，最终将丹麦拱手交给敌国。莎士比亚在剧中对世界主义的批评可能甚于马基雅维利主义。[⑤] 邹羽的论文《战马之喻：〈理查三世〉、人格国家和莎剧舞台上的政治文化转型》分析了《理查三

---

① 李向阳：《德行、命运与马基雅维里的“共和”理想》，《知与行》2020年第1期。

② 张燕：《恐惧与政制——马基雅维利论政制的维持》，《广西大学学报（哲学社会科学版）》2020年第6期。

③ 陈华文：《从政治审慎到政治科学：论近代政治学实现自主性的一个路径》，《学海》2020年第3期。

④ 吴增定：《权力的游戏——马基雅维里与斯宾诺莎的政治哲学比较》，《同济大学学报（社会科学版）》2020年第5期。

⑤ 罗峰：《现实主义与世界主义：〈哈姆雷特〉中的两类王子》，《河南大学学报（社会科学版）》2020年第4期。

世》的战马之喻，作者认为无马理查的形象集中体现了早期现代英国政治文化的转型：王国可与战马互换是因为两者同属欧洲中世纪君主实现政治目的和政治存在的工具，而在剧本所处的都铎体制下，君主和国家之间的目的与工具关系面临互换。正是该角色所负载和掩饰的神圣君权和民粹主权这两种政治逻辑之间的冲突，使理查三世原本肢体扭曲的驼背造型展示并掩盖了早期现代西方社会话语中意义显著但又极不稳定的人格国家形象，并对当时及后世受众产生了持久吸引力。①

此外，朱兵的论文《近代政治话语的革新：博泰罗的“国家理由观”述论》讨论了博泰罗的“国家理由观”，博泰罗的思想在很大程度上建立在对马基雅维利的批判与模仿之上，博泰罗的“国家理由观”实际上是完善了马基雅维利等人的理论，使国家利益乃至以后的公共利益逐步成为现代国家合法性的基石。博泰罗的目标是将关于善治与君主德性的传统智慧与被忽视的新知识领域融合起来，主张积极的生活尤其是对政治生活的参与是一项高贵的基督教召唤。他的“国家理由观”为国家行为的扩张打开了大门。② 曹帅的论文《自由与保守的张力：论蒙田的政治思想》探讨了蒙田的政治思想，一方面，蒙田强调属于私人领域的自我、友谊和良心相对于政治世界的优先性，这使他的思想容易被解释者们向自由主义方面引申；另一方面，他又表现出对习俗的尊重，要求服从既有的社会建制，从而为保守主义的解释方向打开大门。从现代独特的气质和伦理出发的第三种解释认为，蒙田描述了一种平凡生活的理想，并提供了一种更容易履行的道德，它反对暴力和残忍，主张包容人性的弱点。③

在宗教改革研究领域，何涛的论文《加尔文的最佳政体问题》分析了加尔文《基督教要义》最后一章中的最佳政体问题。在政体分类的基础上，加尔文更加偏好一种由被统治者选举多个统治者来共同治理的制度。同样在教会的治理结构中，加尔文也偏好一种由会众来选举牧师和长老的政体。然而出于政治审慎的考虑，加尔文极力限制最佳政体的政治实践。在最佳政体问题上的复杂态度，也导致了他的后继者在发展其思想时走向不同的方向。④ 刘小枫的论文《博丹与加尔文的历史对决》指出加尔文的《基督教要义》看似与政治不相干，却给法兰西王国带来分裂性内战，博丹的《易于认识历史的方法》显得有意针对于此，晚近350年，对世界政治产生影响的是加尔文的《基督教要义》，而不是博丹的《易于认识历史的方法》，由此可以解释当今全球化张力下的激进政治的源头。⑤

---

① 邹羽：《战马之喻：〈理查三世〉、人格国家和莎剧舞台上的政治文化转型》，《外国文学评论》2020年第1期。

② 朱兵：《近代政治话语的革新：博泰罗的“国家理由观”述论》，《云南大学学报（社会科学版）》2020年第5期。

③ 曹帅：《自由与保守的张力：论蒙田的政治思想》，《学习与探索》2020年第3期。

④ 何涛：《加尔文的最佳政体问题》，《政治思想史》2020年第2期。

⑤ 刘小枫：《博丹与加尔文的历史对决》，《河北师范大学学报（哲学社会科学版）》2020年第3期。

2020 年近代西方伦理思想研究报告

杨伟清*

就既有的研究文献来看，近代西方伦理思想研究主要包括近代英国伦理思想研究和近代德国伦理思想研究。近代英国伦理思想研究又可以区分为三部分内容，即霍布斯与洛克的社会契约思想研究，从沙夫茨伯里到斯密的道德感学派研究，以边沁和密尔为代表的古典功利主义研究。近代德国伦理思想研究则主要围绕康德和黑格尔展开。此外，卢梭的伦理思想也备受关注。考虑到卢梭从属于契约论思想的脉络，且经常被拿来与霍布斯和洛克的思想比较，我们可以把这三个人放在一起处理。如此一来，近代西方伦理思想研究就由四大块组成，即古典功利主义研究，从沙夫茨伯里到斯密的道德感学派研究，霍布斯、洛克与卢梭的社会契约思想研究，康德和黑格尔伦理思想研究。

一　古典功利主义

古典功利主义的代表人物为边沁、密尔与西季威克。相对而言，密尔受到的关注较多，边沁次之，西季威克最少。但综合来说，古典功利主义在当前学界并没有得到足够的重视，相关的研究文献数量很少，质量也很不理想。

2020 年度对边沁的研究不仅数量少，而且质量低，在此无须提及。

2020 年度对密尔的研究并没有围绕特定的主题进行，比较凌乱，且文献的质量很不理想。

冯秀岐考察了密尔的伤害原则，认为该原则可有广义和狭义两种解读。狭义的解读认为，仅仅当行为者的行为对他人造成伤害时，才允许干涉行为者的自由；广义的解读认为，即便行为者的行为根本没有对他人造成伤害，只要干涉行为者的自由能阻止他人遭受伤害，就允许干涉行为者的自由。《论自由》中明确支持狭义的解读的文本证据很多，而合作和乐善好施的要求是支持广义的解读的核心证据。于是，研究者

---

* 杨伟清，1978 年生，河南人，中国人民大学伦理学与道德建设研究中心研究员暨哲学院副教授，研究方向为伦理学与政治哲学。

们提出两种解决方案：通过解释密尔对两种要求的看法来加强狭义的解读的合理性；尝试采用广义的解读解释两种要求。但前者因未解决两个问题而失败：一是能否将广义的合作的要求纳入个人权利；二是将两种要求纳入个人权利的功利主义辩护能否成功。而后者不能获得《论自由》的文本证据的充分支持，也因未能充分解释广义的合作的要求而失败。因此，两种解读均未完全成立。①

李宏图考察了密尔的“精神危机”，认为密尔在理性反思的过程中，通过精神上的“弑父”，走出了“精神危机”，并提出了“个体性”思想，这一思想在后来的《论自由》一书中得到了深化和系统性表达。因此，对密尔这场“精神危机”的探讨，不仅将有助于理解他的“个体性”思想的形成，而且也会深化我们对《论自由》这部经典性著作的理解。②

2020 年度有一篇研讨西季威克的文献。

龚群整体论述了西季威克的功利主义思想。在作者看来，首先，西季威克第一个发现了边沁、密尔形态的功利主义在其基本思想内部的深刻矛盾，即以主张自我快乐幸福为目标的自我主义与主张“最大多数最大幸福”的功利主义最高目标之间的矛盾，因而在西季威克的功利主义理念中，他把自我主义排除在功利主义的理念之外而单独称之为一种自我主义的伦理观；其次，西季威克在最大多数的最大幸福意义上来专门讨论功利主义，同时他的理论也揭示了从前者过渡到后者的困难，而要解决这样的困难，他所诉诸的是直觉或直觉主义。直觉主义是他的伦理学基本方法。在提倡直觉主义这一方面，他直接继承了哈奇逊、巴特勒等人的道德直觉论，同时又直接开启了以摩尔为代表的现代直觉主义伦理学。③

二　道德感学派

在道德感学派中，休谟受到的关注最多，斯密次之，其他思想家则很少有人问津。

2020 年度对休谟的研究数量不多，比较散乱，未形成集中的话题。

杨璐从激情与社会的关系的角度去阐释休谟的情感学说。作者指出，休谟解构了基督教神学先验的本体自我观，揭示了以同情心理机制为基础建立的社会性自我观。不同于霍布斯，休谟看到了俗人以自我为起点产生的诸如亲友之爱和尊卑之感的自然道德观念。商业正义的心理起源正是人们对彼此协助和社会依存性的强烈意识，以及对彼此利益的同情。相较于弗格森对商业社会的焦虑，休谟积极拥抱现代潮流，但他并不像曼德维尔那样将贪欲视为私利变公德的转换机制。对休谟情感学说的阐释有助

① 冯秀岐：《论伤害原则的两种解读》，《甘肃理论学刊》2020 年第 4 期。

② 李宏图：《发现个体性——约翰·密尔的“精神危机”及其克服》，《世界历史评论》2020 年第 4 期。

③ 龚群：《西季威克的功利主义》，《东南大学学报》2020 年第 6 期。

于丰富我们对英国社会思想传统的理解。①

张燕比较了休谟和斯洛特的道德客观性理论，认为保证客观性是情感主义理论迫切需要解决的问题，对休谟的“理想观察者”理论和斯洛特的“半克里普克式的指称固定”理论分别做出了回答。休谟通过“一般观点”下的普遍移情使道德判断独立于个人视角而具有普遍客观性，这在洛克的颜色理论那里有相似论述。斯洛特则在改造克里普克关于颜色的指称固定理论的基础上，说明了道德属性和颜色属性一样具有独立于主观反应的实在性和必然性。不同于颜色属性的是，道德判断可以先天地不依赖于主观经验地识别道德属性，完全走出了相对主义和主观主义。虽然休谟和斯洛特都把道德判断看作人们基于移情的情感反应，但休谟只赋予道德以部分客观性，斯洛特的道德实在论对道德客观性的理解则更为彻底。②

陆一歌比较了休谟和卢梭的共和主义自由观的差异。作者认为，卢梭的共和主义自由观基于自然状态学说和社会契约论而构建，休谟则对自然状态学说和契约论学说进行了批判，两个人的理念显然是背道而驰的。卢梭认为，现代商业社会是堕落的，科学与艺术的发展并不会有利于社会风俗的改善，现代人与古代人相比更不自由。休谟则认为，现代商业、科学与艺术的发展是自由的必要条件，没有现代文明，公民自由则是不可能实现的。卢梭主张在堕落的现代社会，人们获得自由的唯一方式就是通过社会契约，建立一个在公意指导之下的政治共同体。休谟则认为，自由的实现取决于不同的社会发展阶段，自由应当是规则限制下的公民自由，不可能是完满的，也不能盲目地扩大。相较于卢梭较为激进的思想而言，休谟的自由观更具有保守主义色彩。③

骆长捷考察了休谟的社会演进理论。作者指出，休谟通过对人性的剖析，结合对历史和心理因素的考察，提出了一种完善的社会演进理论。具体而言，休谟认为人的性欲和自然之爱促使家庭和社群诞生；人们之间的分工合作则使家庭和社群的发展日益扩大，在此基础上，基本的正义法则被确立，用来保护个人财产，从而使人类的聚居发展到较成熟的经济社会阶段；然而，正义法则的贯彻和个人利益的保障需要专门的人员，这就是政府起源。政府的职能虽然主要在于维护正义法则，但政府的权威则可溯源到战争中人们对军事首领的服从，并逐渐作为一种惯例而获得合法的统治权。政府的确立促使更为复杂的道德和礼仪规范得以确立，文化也得以发展，社会阶层逐渐产生，从而使社会发展为稳定的共同体，也即市民社会。休谟对社会演进的说明深刻揭示了社会发展中的人性条件和历史、心理因素，并由此展示了稳定的文明社会的基本特征：公民自由、社会诚信和贸易自由。④

---

① 杨璐：《激情与社会：休谟的情感学说》，《学海》2020年第6期。

② 张燕：《休谟与斯洛特的道德客观性理论比较研究——从道德与颜色的类比谈起》，《温州大学学报》2020年第2期。

③ 陆一歌：《卢梭与休谟共和主义自由观的差异性》，《史学月刊》2020年第12期。

④ 骆长捷：《从家庭到市民社会——论休谟的社会演进理论》，《理论界》2020年第11期。

2020年度对斯密的研究文献相当稀少，更谈不上围绕特定的主题来对谈。

汤云考察了斯密的同情概念，认为同情在亚当·斯密的道德哲学和政治经济学中举足轻重，其重要性横贯了《道德情操论》和《国富论》。对同情的讨论可以从规范性和解释性两个维度进行，规范性的讨论强调同情的道德含义，而解释性的讨论力图描述同情在经济、社会、文化等现象中发挥的作用。从解释性的角度看，同情是一种社会成员之间的价值协调机制。这一机制不仅解释了包括同情在内的道德情感，也解释了社会运转的动力来源：作为社会成员，人们会选择做哪些事情，哪些事情在他们看来是有意义的，它们会给社会整体造成什么样的影响等。这一机制对正义环境构成了挑战。这一挑战最终来自人们对资源的态度。在我们熟知的社会，资源的吸引力并不来自资源的物质属性，而来自斯密所谓的同情。资源之所以值得追求是因为同情的作用而不是资源本身，而只要社会具有这种特征，资源的“匮乏”就会永远存在，而我们对资源的理解也不再能局限在资源具有的客观意义上。①

张国清和杨雨莲比较了斯密和罗尔斯的正义理论。作者认为，作为功利主义者，斯密在社会经济领域追求最大多数人的最大幸福，在法律政治领域借助不偏不倚的观察者理论，引出无偏正义法则；当效率和公平发生冲突时，他主张效率优先，但是仍然希望达成经济人与道德人的统一。作为新社会契约论者，罗尔斯反对功利主义的社会与政治理论，主张差别原则，在社会经济领域追求最少受惠者的最大权益，提出双重理性假说，借助原始位置和无知之幕假设，引出向最少受惠者倾斜的有偏正义原则，推崇人人享有平等的基本权利和自由，当效率与公平发生冲突时，强调公平优先，但也没有忽视效率的重要性。同情是否蕴含公正的问题，或者，同情心是否蕴含正义感的问题，是罗尔斯与斯密争论的焦点。充分展示并解答这个问题，将明晰斯密和罗尔斯正义理论的分歧所在，揭示两者的隐秘关联。②

张登德考察了斯密的学说在晚清中国的境遇，尤其是当时中国知识界是如何传播和评价斯密学说的，以及其学说的效果和影响。③

三　霍布斯、洛克与卢梭

这一部分既有对这三位思想家的单个研究，也有对他们的比较研究。但就已阅读的资料来说，比较研究大多流于表面，主要是对三者不同观点的简单复述，故在此不论。我们主要考察对霍布斯、洛克和卢梭的单独研究。

2020年度对霍布斯的研究比较散乱，没有形成集中讨论的主题，高质量的文献

① 汤云：《亚当·斯密论同情与正义的环境》，《社会科学研究》2020年第4期。

② 张国清、杨雨莲：《在同情与公正之间——罗尔斯和斯密正义理论的隐秘关联探析》，《浙江大学学报》2020年第3期。

③ 张登德：《亚当·斯密在晚清中国的境遇考察与分析》，《聊城大学学报》2020年第1期。

也不多见。

刘海川考察了霍布斯的道德哲学概念，认为它至少包含三个要点：就对象而论，道德哲学的基本对象是品性；就范围而论，道德哲学只同一部分品性相关，即“交往中，一个人对待他人的那些品性”；就研究方法而论，对于常识道德的关切以及一般而论的信心构成道德哲学探究的始点。①

段忠桥考察了霍布斯的平等观念，认为它对现代平等观念的形成做出了三个重要贡献。第一，将平等的主体扩展为一个国家中的一切公民，或者一个社会的一切成员。第二，将平等的对象扩展到与人的自我保存相关的一切事物。第三，对平等的依据提出了两个新的论证，即人的社会地位的不平等不是由自然能力的不同所决定的，而是由法律决定的；人的自然权利平等基于人的自然欲望相同，而不是基于人的“天性”相同或“理性”相同。②

堵一楠讨论了霍布斯的主权理论，认为霍布斯集前人学说之大成，从人的抽象本质出发直接建构了由个人到主权者的单线联系，提出了私权利让渡创造至高权力的崭新学说，实现了上帝的退隐。他对权力和权利的定义基于自然状态下每个人所拥有的力量，并将权利作为权力的本质来源，从而清晰地确立了主权产生过程中二者之间的关系。霍布斯对自然状态和契约理论的经典描述，使得他成功地在古典理想与现实效用之间找到了调和点，证明了主权的起源不仅在政治上是合法的，而且在道德上也是正当的。③ 杨汲对霍布斯的绝对主权论提出了批评，认为基于机械物理学的分析，霍布斯由人类本性中的最普遍激情——对暴死的恐惧——推论出以维护和平为目标的绝对主权国家存在的必然性，从而为人们提供一种可行的国家建构方案作为参考。但当考虑到主权权力与运用之间的分离，也就是考虑到主权者兼具政治身份与自然人身份，其在运用绝对权力时不可避免地会受到自身激情的影响，如此一来可能将臣民置于更危险的境地，违背国家建立的初衷。④

有人试图从自由主义的角度去解读霍布斯的政治哲学。在作者看来，霍布斯的写作并不是为了维护君主专制，而是为了构建保护个人和平与自由的政治秩序。对于霍布斯而言，什么样的政府并不重要，关键是国家能够有力量维护人们的安全与自由，脱离战争状态，实现安全前提下的个人自由。霍布斯构建的现代政治秩序具有两个基本的维度：一个是个人，另一个是国家。个人维度指个人理性和自由权利，是霍布斯奠定了自由主义理论的个人基础。国家维度则是主权的权威，建立在人们的同意之

---

① 刘海川：《霍布斯的道德哲学概念》，《哲学动态》2020 年第 12 期。

② 段忠桥：《霍布斯对现代平等观念的三个重要贡献》，《道德与文明》2020 年第 1 期。

③ 堵一楠：《霍布斯的主权理论研究》，《金陵法律评论》2020 年第 1 期。

④ 杨汲：《主权权力与主权运用之间的分离——反思霍布斯政治理论中的绝对主权模式》，《理论与现代化》2020 年第 2 期。

上，主权权利来源于个人的契约，也归之于对个人的安全与自由提供保障。[①]

张米兰从家庭的角度去解读霍布斯的国家理论。作者认为，家庭在霍布斯的自然状态理论中占有核心位置。一方面，家庭中母子关系的建立实际上是自然状态发挥到极致的一种征服关系，这意味着即便是在有血缘的人中间，自我保存的欲望也是压倒性的存在；另一方面，父子关系的建立其实是未来契约国家的一个雏形，父子之间基于同意和感恩建立起来的关系，既解决了契约在不同代际公民间相互传递的问题，又以“自愿”为基础，培养了未来国家的自由公民。霍布斯通过同意—代表理论，推翻了以血缘为纽带的家庭关系。在自然状态中重建的家庭与契约构成的人为国家在结构上是相同的，这一自由的契约关系使得《利维坦》中建立的国家逐渐褪去了暴力征服的自然色彩，成为现代民主政治的起点。[②]

谭安奎把霍布斯和罗尔斯视作以几何学演绎的方式去构建政治秩序的代表，并对此进行了反思。作者认为，从古今之争的角度来看，霍布斯和罗尔斯以几何学演绎的方式建构政治秩序的尝试，乃是近代以来政治哲学拒斥古典形而上学的结果，其以必然性替代古典的自然或自由概念则是两者的共同起点。霍布斯的契约论以分离的个体理性为前提，但为了推演出政治秩序却不得不对理性概念进行隐性转换，因而并未实现其几何学演绎的目标；罗尔斯的契约论以公共理性为起点，虽然避免了陷入相对主义和虚无主义的风险，但却无力为政治秩序提供普遍的正当性证明。他们在不同意义上的失败提示了形而上学的必要性，但这并不必然意味着要回归古典形而上学，相反，一种基于公共理性的形而上学的社群观是值得进一步探索的方向。[③]

2020 年度对洛克的研究数量极为有限。

在研究洛克的思想时，有些人考察了他的劳动财产学说。张婷和陈文欣论及了该学说在知识产权领域的运用，并认为虽然该理论对解释知识产权的正当性做出了肯定性的历史贡献，但其在解释过程中所存在的诸多局限性和不足，也说明了纯粹用一种理论来单独证成知识产权的正当性是不可取的。因此，在解释知识产权的正当性问题上，我们应该探寻的是一种多元理论价值的集成。[④] 刘鑫则在人工智能的语境下考察了洛克的劳动财产学说在证成知识产权上面临的挑战。作者认为，基于人工智能主体资格的缺失性及其智力创造方式的特殊性，以“财产权劳动学说”中“共有”“劳动”“需求”三要素为导向而建立起的知识产权法律规则面临着制度失灵的挑战。为此，不仅需要结合人工智能的自主创造特点对传统“财产权劳动学说”进行解释论层面的梳理，更需要立足人工智能的属性，以“财产权劳动学说”三要素为出发点，

---

① 欧阳火亮：《论霍布斯〈利维坦〉对现代政治秩序的理论构建及其缺陷》，《深圳社会科学》2020 年第 4 期。

② 张米兰：《论霍布斯从家庭角度看国家的构成》，《学习与探索》2020 年第 4 期。

③ 谭安奎：《重返形而上学？——反思政治哲学中的两种几何学尝试》，《西南大学学报》2020 年第 6 期。

④ 张婷、陈文欣：《洛克劳动财产理论视角下知识产权正当性的理论评析》，《中国发明与专利》2020 年第 7 期。

对既有知识产权法律规则进行立法论层面的改造，以此确保知识产权法对人工智能创造物法律保护与“财产权劳动学说”之间的理论契合，从而化解人工智能对知识产权制度所带来的挑战。① 丁宁比较了洛克、康德与黑格尔的财产权理论，认为在对财产权何以可能的这一根本性问题的回答中，洛克、康德和黑格尔的解释起着支配性作用，而且他们的思路呈现为一个在逻辑上有递进关系的表现形式：从洛克以劳动为中介的经验性占有过渡到康德以普遍意志所确立起来的理智的占有，再过渡到黑格尔对自由的思辨性理解所表现出的直接性占有。这个颇具正、反、合的发展理路使财产权由近代的自然法或自然状态的经验性视域转移到德国哲学的先验视域中去了。②

赵玉霞考察了洛克的平等理论，认为洛克的平等理论主要是指人类同等的权利与义务；这一平等理论的内容根植于“产品论证”与理性这两个基础。虽然二者存在差异，但是二者之间并不存在不一致与张力，因为二者都是发端于上帝，且最终交汇于上帝。上帝赐予人类生命与理性，为了让人类这一物种得以存活，予之以诫命；为了让人类更好地生活，充分利用自己的理性能力，上帝赐予人类同等的生命、自由及财产，给予人类充分的发展空间，建立政治社会。在洛克的平等理论中，上帝是一个严厉又仁慈的造物主。至此，洛克展现了他无比的虔诚。③

张沛考察了洛克的认识论主张和政治哲学主张之间的关联。作者认为，重新审视洛克的“白板”理论，我们发现这不仅是洛克用以驳斥笛卡尔主义者认识论哲学的一个核心隐喻，同时也是洛克的政治哲学为现代人“自然权利”声张的某种话语实践。在这个意义上，认为洛克“大概是所有伟大哲学家中最缺少一致性的”的看法不尽准确。事实上，洛克的“白板说”构成了我们整体理解洛克哲学——他的认识论哲学和他的政治哲学，二者皆旨在提倡现代人的“自然权利”——的夹城秘道。④

王楠探讨了洛克的宽容思想与自然法理论的关联，认为洛克的宽容思想实际上是其自然法信仰与相应制度安排的自然后果。⑤

2020 年度对卢梭的研究围绕诸多不同的问题展开，但文献数量相对较少。

王宇环和陈欣欣从审议民主理论的视角考察了卢梭的审议思想。作者认为，自 20 世纪 80 年代审议民主理论兴起以来，理论家们一直致力于探讨公共审议的内涵、价值及其制度安排，并将公开性作为其核心特征之一。溯源于卢梭的内在审议思想被理论家们置于对立面上，内在审议蕴含的“意志的先定性”成为公共审议批判的重

① 刘鑫：《人工智能对知识产权制度的挑战与破解——洛克“财产权劳动学说”视角下的路径选择》，《云南社会科学》2020 年第 6 期。

② 丁宁：《财产权何以可能——论洛克、康德和黑格尔的财产获得思想》，《吉林大学学报》2020 年第 6 期。

③ 赵玉霞：《对洛克平等理论的新诠释——反思剑桥学派和施特劳斯学派对洛克平等理论的解读》，《哈尔滨学院学报》2020 年第 3 期。

④ 张沛：《洛克的“白板”与现代人的“自然权利”》，《中山大学学报》2020 年第 5 期。

⑤ 王楠：《自然法与宽容：洛克的信仰立场及其现代性意义》，《学海》2020 年第 5 期。

点。然而，理论家们过多关注了公共审议与内在审议的对立性，而忽视了两者公共性指向的契合性，卢梭对人性的假设、对自然状态的描述和对公意达成过程的论述均体现了审议的公共性。应当合理看待内在审议的价值和局限，并将其作为公共审议的补充，以共同发挥审议在民主中的作用。①

叶开儒讨论了卢梭的《关于波兰政体的思考》，认为《关于波兰政体的思考》是卢梭为波兰起草的宪制改革建议。在现实立法中，卢梭不但没有违背其在《社会契约论》中所确立的政治原则，而且还试图用这些原则来解决波兰的无政府主义问题，从而在维护人民自由的前提下加强波兰的统一。但是，在解决波兰现实问题上，由于他忽略了国家能力对于政体运作的基础作用，在面对地缘政治环境日益恶化的欧洲大陆时，他的学说似乎难以回应波兰独立自主的需求。②

司晓静讨论了卢梭的私有财产理论，认为卢梭的私有财产理论以自由和平等的实现为基本导向。围绕这一导向，卢梭既批判私有财产在“坏政府”下导致了严重的社会不平等，又从根本上肯定私有财产是公民自由和平等的基石。在卢梭看来，要想实现其积极作用，私有财产必须在公意的指导下与公共福利相一致。以此为原则，卢梭意义上的私有财产的合理性界限在于：一方面，每个公民都拥有充足的私有财产，以维持个体的独立和自由；另一方面，私有财产的占有应处于相对平等却并非绝对平均的状态。③

夏语试图为卢梭的公意说辩护，认为批评者不仅没有把握公意的内涵，而且混淆了自由对于卢梭的意义。自由于卢梭而言意谓不服从于任何一个非己的意志，而公意则意谓个人作为公民普遍拥有的朝向公共善的可普遍化的意志。它既是个体性的又是可普遍化的，是使每一个公民不受制于任何一个个体的必要条件。公意与自由不仅不矛盾，反而是自由的表征。卢梭在不平等的起源处发现了致使人跌入不自由的根源。他试图通过建构一个受公意引导的人人都不依附于任何人的平等社会重新实现人的自由。④

潘梦璐论及了卢梭的立法者难题，并谈到罗尔斯的化解之道。在对卢梭理论的研究中，立法者难题是重要的议题。卢梭拒绝自私自利的人民，认为人民应该作出符合公意的决定。但是，社会不平等严重败坏了人民，卢梭诉诸立法者的倒果为因来重塑人民。有学者指出，卢梭的人民和立法者存在着矛盾。罗尔斯将卢梭的立法者解读为虚化的功能性立法者。拒绝自利个体的卢梭设置了立法者来教育和塑造公民，包容自

---

① 王宇环、陈欣欣：《被忽略的内在审议——为卢梭的审议思想辩护》，《政治思想史》2020 年第 1 期。

② 叶开儒：《大国共和中的自由与秩序——卢梭〈关于波兰政体的思考〉评注》，《政治思想史》2020 年第 1 期。

③ 司晓静：《卢梭论平等与财产的限度——兼论一种基于马克思视角的可能性批判》，《教学与研究》2020 年第 2 期。

④ 夏语：《个体可普遍化的意志：关于卢梭公意与自由关系的再解读》，《当代中国价值观研究》2020 年第 1 期。

利个体的罗尔斯转向对制度安排的修正。罗尔斯的做法可以在一定程度上解决卢梭的理论难题。①

何怀宏重温了卢梭的《论科学与艺术》和《论人类不平等的起源和基础》两文。作者认为，《论科学与艺术》包含了卢梭许多后来思想著述的萌芽，它讨论的是科学艺术的"近代复兴"与道德的"社会风俗"的关系。卢梭仅将科学艺术视作文明，并把它们与道德对立起来，认为近代文明失去了本原的道德精神实质。但所有的成熟文明都包含有物质文明、政治文明和精神文明三个方面，道德也是文明的产物，同时也是文明的价值和规范的基础。卢梭没有意识到，否定文明也就等于否定了道德。但卢梭文中对科学艺术的批判反思，对道德乃至宗教救赎精神的推崇，赋予其思想一种特殊的吸引力与启示意义。如今，科学的进展和艺术的普及已经发展到了卢梭难以想象的程度，科技的兴盛固然带来了普遍的福利，却也走近了这样一个门槛：高新技术给人类带来无数方便与好处，人类的控物能力不断大幅提高；与此相比较，人类的道德自控能力若没有相应的提高，科技的发展可能带来难以预测却可能改变人类文明命运的后果。这种不平衡无疑会是人类文明一个持久的基本矛盾。② 卢梭《论人类不平等的起源和基础》中呈现的平等与文明的紧张关系，对于我们认识今天的社会潮流和文明命运有重要的意义。但是，卢梭的文明批判却建立在一个对原始人认识有误的基础上，他的一种整全的对立思维方式也带来了许多问题。人类文明从开端到当代一万余年的发展和演变中，与平等或者说不平等实际是处在一种更为复杂的关系之中。③

四　康德与黑格尔

2020 年度对康德的研究文献依然数量惊人，几乎关涉康德伦理学的每个问题和领域。

康德关于动物伦理的思想受到了一些人的关注。张会永指出，康德的动物伦理观认为，非人动物由于没有理性本性，不能成为一个人格从而拥有道德地位，因此人对动物并不负有直接的道德义务；但是出于人的德性培养和完善的需要，人需要对动物负有间接义务。他的这种观点被许多批评者贴上理性中心主义、人类中心主义和物种主义的标签并加以拒斥。为了回应这些批评，伍德和科斯嘉德等当代康德主义者，试图通过批判并修正康德伦理学中的"理性""人格"和"自在目的"等概念，建构关于动物的康德式直接义务论。而奥尼尔、丹尼斯和凯恩等人则通过强调康德"人是目的""道德情感"和"道德人类学"等理论的重要性，为康德的间接义务论辩

① 潘梦璐：《罗尔斯对卢梭立法者难题的化解》，《政治思想史》2020 年第 1 期。

② 何怀宏：《卢梭论文明与道德——重温〈论科学与艺术〉》，《道德与文明》2020 年第 1 期。

③ 何怀宏：《平等与文明——重温卢梭〈论人类不平等的起源和基础〉》，《山西师大学报》2020 年第 1 期。

护。其实，争论双方共同分享了一个值得商榷的前提，即直接义务与间接义务是不能兼容的。通过探讨康德被争论双方忽视的“双关性”概念，可以发现，康德的间接义务论能够容纳一种特殊形式的直接义务论，从而能够为当代动物伦理学的发展提供有益的借鉴。[①] 双修海和尹维坤试图为康德在对待动物问题上的间接义务论提供辩护，认为康德以人类中心主义为基础的间接义务论不仅可以避免直接义务论的困难，而且可以容纳自然中心主义关于保护环境和野生动物的合理诉求。[②] 马彪认为，关于康德动物伦理的探讨大致可以分为两种，即“他人幸福说”和“自我完善说”。其中，前一种观点认为，人们之所以要善待动物是因为要培养人之善心，进而更好地履行人之于他人幸福的义务。与此相对，后一种观点则主张，我们之所以不能虐待动物，与他人的福祉无涉，它完全是出于我们自身的自然完善与道德完善之考量。然而，基于康德逻各斯中心主义的视角，人们将不难发现上述两种立场虽然不尽相同，但它们都犯了同一错误即人格中心论的错误，至少没有完全覆盖康德的动物伦理。康德对那些凡是相关于理性的，以及构成理性之必要条件的对象都负有义务。在此意义上，我们即使没有“对于”（to）动物的义务，也不可避免存在“关于”（regarding）动物的义务。[③]

谢文郁考察了康德的自由观，认为康德把意志的主体划分为“Wille”和“Willkür”，并从实践的角度对它们进行深入分析，由此建构他的主体理性主义自由观。他实际上是在回应路德在恩典思路中的自由观。康德认为主体的自由选择必须是完全独立自主进行的。主体作为选择者仅仅依据自己的主观基础进行选择；作为意志本身，主体自己构造自身的主观基础。因此，主体可以完全脱离对象而在选择中作用于对象，因而是完全自由的。不过，路德关于“辨认对象的善恶”的说法以及对象的多寡在选择活动中的作用表明，回避对象问题就无法呈现人的真实自由。[④]

韩林合试图回应对康德的过度决定论解读。康德认为，人的行动一方面是特定的自然原因的结果，另一方面又是一种独特的理知原因的结果。在此，自然原因与理知原因分别对应着作为显象的人与作为物本身的人（主体本身或我本身）。一些解释者认为，康德的这种观点会让其陷入“过度决定”困境。这种批评是不可接受的，因为在康德这里，理知原因、自然原因和人的行动构成了一个因果链条：理知原因首先引起（因致）作为一种自然原因的意志决定和意志行为；意志决定和意志行为接着引起（因致）人的行动。[⑤]

宫睿论及了康德的平等理论，认为康德的平等理论意蕴丰盈、别具一格，它展现

① 张会永：《动物伦理学中的康德式义务论》，《学术月刊》2020年第8期。
② 双修海、尹维坤：《从康德的间接义务论看动物权利问题》，《自然辩证法研究》2020年第11期。
③ 马彪：《康德动物伦理思想考察——以“人之于动物的义务”为中心》，《理论月刊》2020年第1期。
④ 谢文郁：《意志的主体与对象——康德的自由观分析》，《哲学动态》2020年第1期。
⑤ 韩林合：《论康德哲学中的过度决定问题》，《学术月刊》2020年第8期。

为三个层次：理性的平等、权利的平等和政治的平等。理性的平等是指人作为理性存在者享有同等的形而上学地位，具有同样的任意自由。这也蕴含着理性平等的规范性主张，即将其他理性存在者也视为目的。同时，每个理性存在者禀有天赋权利，这种权利由外在自由的先天普遍原则规定，从而每个理性存在者具有权利的平等。在康德哲学中，权利的先天体系预设了公共强制力，公民状态中理性存在者的平等就体现为首脑与臣民双重身份构成的政治平等。康德的平等理论是对近代政治哲学批判综合的成果，又以其先天特征区别于当代种种经验性的平等理论。①

杨云飞从世界公民的视角分析了康德的启蒙观念。康德主张启蒙的关键在于理性的公共运用，而这种运用指任何一个人作为学者面向全体公众表达和阐释自身的思想，其目的在于自由交流和寻求真理。理性的公共运用体现了每个人都具备思想意义上的世界公民身份。对应于政治意义上的世界公民身份之相应性质，思想意义上的世界公民的三种基本特征分别是：以交流为旨趣；以自由讨论与理性论辩的方式，追求哲学事业中的永久和平，追求真理与德性；以批判和自我批判实现理性的成熟这一最终目的。思想意义上的世界公民理念意味着每个人都可以通过批判达到理性的成熟，而这恰好是康德批判哲学的基本构想。作为启蒙思想的典型，康德批判哲学的实质，正是一种世界公民哲学。这种哲学充分凸显了人类作为理性存在者具有自由思想的本性和平等的特质。②

方博考察了康德的公共性原则。作者认为，康德在不同文本中多次论述了公共性原则，这些看似零散的论述分别表达了同一原则的不同维度，并共同构成了一个完整的理论框架。离开了任何一个维度，康德的公共性原则都不可能得到确切的理解。公共性不仅是政治的原则和启蒙的原则，在根本上还是理性自身的原则。理性在它的自主运用之中任何时候都需要公共性作为这一运用的主观反思性和它的普遍有效性之间的中介，公共理性与理性的公共性是同一的。康德构建了我们迄今所能看到的关于公共性原则的最为完整的理论框架，后来者虽然不断尝试引入新的方法和条件去修正、补充和深化这一原则，但就理论视野而言，从未超出过康德所奠定的范围。③

胥博试图回应对康德的定言命令过于形式化的批评，认为这种批评忽视了定言命令的公式Ⅰ（“普遍公式”）和公式Ⅰa（“自然法公式”）的区别及其意义。在《道德形而上学奠基》中，康德是用公式Ⅰa示范如何推导实际义务的。公式Ⅰa除了提出“普遍化”的形式性标准外，还由于涉及一种自然目的论，而提出了一种自然法意义上的实质性标准，即一个人对自己的完善和他人的幸福先天地负有义务。这一实质性标准保证了定言命令在推导实际义务方面的有效性，同时也赋予了康德道德哲学

---

① 宫睿：《康德的平等理论》，《当代中国价值观研究》2020年第2期。

② 杨云飞：《理性的公共运用与世界公民的哲学——对康德启蒙观的一种探究》，《清华大学学报》2020年第4期。

③ 方博：《政治、启蒙与理性——康德的公共性原则》，《学术月刊》2020年第11期。

一种非常强烈的自然法特征。①

邓安庆认为在康德的实践哲学中存在伦理性和道德性的张力结构。康德主张伦理的先天立法性，以范导道德的自律立法。伦理性与道德性是两种不同立法的评价性标准。广义的伦理性立法又通过划分为公共领域的合法性权利—义务立法（狭义的伦理）和为个人道德主体的准则立法（道德性），从而在狭义上使二者有了区别。在这种张力中，道德性立法涉及的仅仅是个人行动准则与普遍伦理法则的关系，最终以立法主体自由自愿地服从普遍法则而达到对个人主观任意性的克服和消解。②

张容南比较了康德和亚里士多德对美德的理解。亚里士多德与康德的分歧不在于前者强调美德或性格，而后者只考虑何为正确的行动；相反，他们都充分注意到了道德行动对人的性格或美德的依赖。但他们之间也确实存在根本的分歧，这一分歧不仅在于道德行动应该出于义务还是美德，还在于美德究竟应当依据自然目的还是实践理性来加以理解。亚里士多德的伦理学和康德的道德哲学所代表的不仅是美德伦理与义务论的区别，还反映了对美德的两种不同类型的理解。受亚里士多德启发发展起来的现代美德伦理需要认真对待来自康德哲学的批评，回应现代人实践中所面临的各种迫切需求，才能迎来真正的复兴。③

邓晓芒比较了康德与儒家伦理。康德所开创的道德形而上学仍然是某种意义上的“物理学之后”，即以知识论和逻辑规范为框架或“模型”而建立起来的道德原则。这种规范伦理学与儒家的德性伦理学在出发点上是截然不同的，但这并不妨碍双方可以以某种方式相容和互补，即以康德规范伦理学的普遍原则为纲，而以儒家的“良知”和“四端”学说为补充。但前提是，首先对儒家伦理进行一番现象学还原，剔除那些具体的缺乏普遍性的伪规范，还原到其中的人类共同的规范，也就是通过具体批判来达到抽象继承。④

与康德的研究相比，2020 年度对黑格尔的研究文献不仅数量少很多，质量也有所不及。对黑格尔伦理思想的研究主要围绕其《法哲学原理》展开。

有些研究者关注了黑格尔的伪善概念。黄志军认为，伪善范畴是黑格尔由道德法通向伦理法的关键环节，同时也是他解决主观性和客观性问题的思想通道。在逻辑上，黑格尔的伪善概念的彻底性表现在他对主客观关系的深刻把握，即它不仅体现在善恶的颠倒上，更为深层的原因在于对自然和道德的颠倒，因此黑格尔走上了主客观和解的道路以便扬弃伪善。以鲍威尔为代表的青年黑格尔派不仅解构了黑格尔的和解方案，而且将主观性置于客观性之上，事实上是消解了客观性一维，归根结底是黑格

① 胥博：《论康德定言命令在推导实际义务方面的有效性》，《道德与文明》2020 年第 1 期。

② 邓安庆：《“道德性”与“伦理性”在康德实践哲学中的张力结构——哈贝马斯〈再论道德性与伦理性的关系〉之批判》，《哲学分析》2020 年第 3 期。

③ 张容南：《何为美德：比较亚里士多德与康德实践哲学的一个视角》，《道德与文明》2020 年第 2 期。

④ 邓晓芒：《康德的道德形而上学及其与儒家伦理的比较》，《道德与文明》2020 年第 2 期。

尔理论的内在矛盾使然。更进一步而言，马克思通过确立感性世界的先在性，重新为主观性奠定了现实基础，即不是以国家这一客观伦理理念来扬弃伪善，而是在直面现代资本主义社会的现实中，反思伪善并为主观性的重置提供了实践方案。① 沈宝钢指出，黑格尔从世界的终极目的"善"切入，展示了"善—义务—良心—伪善"严密的逻辑理路。由此，黑格尔提出伪善的三种哲学形态："盖然论""抽象的善""讽刺"。当然，这三种伪善形态并不是平行铺陈的，而是根据其隐蔽性由低级形态向高级形态依次递增。另外，在"文明对话"的宏观视野中，将黑格尔的伪善与儒家的乡愿进行比较后可发现，儒家的乡愿类似于黑格尔的"抽象的善"。黑格尔的贡献在于揭示了伪善的潜藏性，而儒家则集中于经验地分析伪善者。②

从日云分析了黑格尔《法哲学原理》的逻辑结构以及与自由主义的关系。作者认为，黑格尔法哲学的目的是超越自由主义。它从个体出发得出倾向于整体主义的结论并非"逻辑倒错"，而是遵循其自身独特的辩证逻辑的产物。它继承了卢梭和亚里士多德的传统，将个人及其权利作为论证逻辑的起点，注定了其被超越的地位。个人被整合与融合于作为终点的整体，终点决定起点。论证程序上的在后者反倒是价值上的优先者。逻辑起点到终点并非直线型延伸，而是发生了质的转变与升华。但认定黑格尔的法哲学完全否定个人的结论则过于简单化，它是承认和容纳个体、将个体融入整体从而确立了整体对个体具有压倒性优势的模式。不过它所承诺的个人主观特殊性与国家普遍性之间的内在统一难以落实，其合乎逻辑的结果必然是打开通向整体主义的大门。其对自由主义的超越有其价值，却是失败的。③

叶颖论及了黑格尔的国家理论。理解黑格尔国家理论的关键在于把握他所说的自由和普遍利益这两项密切相关的概念。对此，现有的研究常常存在一些误解。我们固然可以将黑格尔所说的自由界定为遵从理性指引这一前提下的自主、自我决定或自我实现，但在作出这种界定时还必须明确意识到这里的自主、自我决定或自我实现总是与自我否定紧密结合的。自由在于自我决定与自我否定的综合。黑格尔所说的普遍利益并非人们通常所说的公共利益或整体利益，而是明确地指向以否定性为根本特征的国家主权。基于上述理解，我们能更充分地体会到，在黑格尔那里，国家不仅是市民社会的对立物，还是人与自由之间的中介者。④

黄涛考察了黑格尔的法权演绎学说。法权演绎是德国古典法哲学的基础性论题，其实质是为权利概念提供哲学意义上的证明，演绎的核心是要论证人与人之间的结

---

① 黄志军：《论黑格尔的伪善概念及主观性问题》，《山东社会科学》2020 年第 1 期。

② 沈宝钢：《黑格尔论伪善的三重形态——兼与儒家乡愿比较》，《江苏科技大学学报》2020 年第 1 期。

③ 丛日云：《黑格尔法哲学逻辑结构与对自由主义的超越——兼与韩水法教授商榷》，《政法论坛》2020 年第 5 期。

④ 叶颖：《从具体自由到作为普遍者的国家——黑格尔国家理论探析》，《北京师范大学学报》2020 年第 3 期。

合。这一论证在黑格尔的伦理国家中达到了最终形态，但其基础却是在《精神现象学》中。长期以来，黑格尔在《精神现象学》中的法权演绎学说遭到了忽视，因此也就忽视了主奴辩证法发展的第三个阶段，也就是思维地把握民族生活的阶段。《精神现象学》中的法权演绎在"道德"部分达到了最高形态，在此，相互承认才被现实地、历史地建立起来。搞清楚《精神现象学》中法权演绎的一般形式，有助于我们更为清晰地理解《法哲学原理》一书的主题与结构。①

包大为讨论了黑格尔的权利概念。在黑格尔的哲学体系中，法和权利是其晚期政治哲学的核心概念，既体现出他对启蒙以来的形式主义权利建构的批判，又展现了他对新兴资产阶级政治诉求的历史考察。在对精神趋向于自由的发展环节的考察中，黑格尔试图将居于伦理维度的法和权利从理性主义二元结构中解放出来。因为只有这样才能揭示抽象法的肯定性与否定性，并要求抽象法通过理性国家克服其特殊性，从而成为真正的普遍物。当然，由于对启蒙智识的批判，黑格尔对市民社会和抽象法的论述通常会呈现出与资本主义政治相矛盾的表象。但是，如果把握了黑格尔法哲学的辩证性和历史性，就不难辨识出其权利概念所隐含的指向人类自由解放的革命性内容。只不过这些内容在绝对精神的哲学叙述中走向了一个可能的历史终结点。在这一终结时刻，市民社会的特殊性将得到扬弃，理性与意志在普遍物中实现了否定之否定，而权利和自由最终被实在地完成。②

李艳和刘同舫论及了黑格尔对古典自由主义的批评。作者认为，从批判的立场来看，黑格尔对古典自由主义的批判并非源自保守主义的妥协退让，而是体现了对现代资产阶级国家制度的向往；从批判的性质来看，黑格尔的批判是企图改造古典自由主义使之嫁接于德国现实土壤的理论尝试，本质是对自由主义的发展和"升级"，而非简单否定和排斥；从批判的影响来看，黑格尔的批判并不构成极权主义的思想根源，反而预示着现代国家观的发展方向。③

王代月考察了《法哲学原理》中劳动的政治哲学意涵。劳动与实践是人类最基本的两种活动，在古希腊两者分属不同的领域，在近代呈现融合趋势。黑格尔从哲学上论证了劳动在现代社会与实践的融合，它是通过两个方向实现的。一是劳动本身具有政治的含义。这不仅体现在现代工业社会，在分工劳动和需要的体系中，劳动获得了目的性价值，不再仅仅是实现外在于自身目的的手段，而且也表现为劳动的过程同时也是自然意志上升到绝对意志，主观性意识客观化，将市民教化为具有普遍性关怀的公民的过程。二是政治本身下降到经济生活领域，赋予劳动政治的含义。④

① 黄涛：《相互承认与伦理国家——黑格尔〈精神现象学〉中的法权演绎学说》，《山东社会科学》2020年第1期。

② 包大为：《从抽象走向实在：黑格尔重构权利概念的历史主义内核》，《上海交通大学学报》2020年第3期。

③ 李艳、刘同舫：《黑格尔对古典自由主义批判的辨与思》，《江苏社会科学》2020年第2期。

④ 王代月：《〈法哲学原理〉中劳动的政治哲学内涵研究》，《山东社会科学》2020年第1期。

2020年现代西方伦理思想研究报告

么欣欣*

我们将19世纪中下叶以后，在西方思想界产生过重大影响的伦理学思潮或流派都划入现代西方伦理学的研究范围。就2020年国内的研究文献来看，国内学界的研究重点主要在以下几个方面：第一，罗尔斯与正义问题；第二，元伦理学；第三，美德伦理学；第四，功利主义；第五，欧陆哲学—伦理学；第六，其他思想家或流派。

一　罗尔斯与正义问题

与罗尔斯相关的伦理学、政治哲学问题在2020年仍受到了大量学者的关注。学界的研究主要包括：对罗尔斯的正义理论本身的研究；对罗尔斯与康德、马克思的思想关联的研究与对罗尔斯学说的继承者与批评者思想的研究。

（一）罗尔斯的正义理论研究

姚大志将自由主义的自由观分为三种，即古典自由主义、极端自由主义和平等主义的自由主义。古典自由主义的自由观的原则是“自由无干涉”。极端自由主义秉承了古典自由主义的思想，但是针对当代福利国家的政治现实，它又提出了“义务无强加”的原则，从而发展出一种新自由主义。平等主义的自由主义用平等主义来补充自由主义。但是姚大志认为，无论当代自由主义如何修正和发展，它都避免不了其消极自由的性质，也避免不了这种自由观的局限性。①

罗尔斯对其正义原则的证明历来备受研究者的关注。在《罗尔斯与帕斯卡之赌》这篇文献中，威廉斯就提出了对该问题的一番见解。杨伟清具体阐述并评论了威廉斯的论证主要包括的三个方面。这三个方面是罗尔斯论证其正义原则时诉诸的基本想法、罗尔斯在哪些方面偏离了这一基本想法、罗尔斯的论证与帕斯卡之赌的相似性以

---

* 么欣欣，1998年生，河北沧州人，中国人民大学哲学院伦理学专业硕士研究生，研究方向为西方伦理学。

① 姚大志：《自由主义的自由观：分析与重构》，《学术月刊》2020年第3期。

及相异性。他认为就第一方面的内容而言，威廉斯只是阐述了罗尔斯的基本想法，并未对此作过多讨论。就第二方面的内容来说，威廉斯所说的“偏离”要么缺乏足够的根据，要么仅止于断言；只有第三个偏离可以在罗尔斯的文本中得到印证。就第三方面的内容来看，威廉斯的批评并不令人信服，罗尔斯仍然有辩护的空间。①

罗尔斯的差别原则不仅体现了他对社会与经济不平等的思考，也与他对正义的本质和目的的设想以及他对公共辩护和公共理性的思考具有重要联系。但是徐向东指出，学界对于罗尔斯的差别原则仍有很多误解，因此有必要澄清罗尔斯对差别原则的解释。他认为罗尔斯的第二个正义原则中的两个要素（即机会的公平平等原则和差别原则）实际上都是立足于一个核心主张，即正义应当致力于纠正或缓解道德上任意的因素对人们的生活前景所产生的差别影响，这两个原则加上平等自由原则体现了罗尔斯自己对平等尊重以及公平合理的社会合作的理解，因此他主张从一种整体论的角度来看待它们之间的关系。② 贾可卿则分别从差别原则与互惠共同体、与个体责任、与帕累托优化、与激励和与国际正义的关系等角度对罗尔斯的差别原则进行了较为细致的分析。③

徐正铨和郑祥福对罗尔斯正义理论中的优先问题进行了考察，他们通过对优先问题的实践性指向的论述，试图阐明优先问题之所以如此重要的根本理据；借助于对优先问题三个层次（自我优先于目的、正当优先于善、公平优先于效率）的逐一分析，确定应该优先的是什么。④

李金鑫认为，罗尔斯“作为公平的正义”命题隐含着一种人的观念的设定。对罗尔斯而言，人的观念是一个规范性而不是一个形而上学的概念，旨在表达人是自由而平等、理性而合理的政治的个人观念，即公民观念。通过对人的观念的反思，罗尔斯实现了从康德式建构主义到政治建构主义的方法论转向，即转向一种基于反思平衡的建构主义。⑤

高景柱考察了罗尔斯理论中的代际正义问题。他指出，罗尔斯并不主张将其差别原则直接用于处理代际问题，而是建构了一种以“正义的储存原则”为内核的代际正义理论。面对很多学者对于这一理论的批评，高景柱试图给出一种融贯论的解释。⑥

王智平对罗尔斯理论中正义原则与家庭的关系问题进行了考察，王智平指出，罗尔斯的立场存在张力：一方面，他主张正义原则并不适用于作为联合体的家庭之内部

---

① 杨伟清：《罗尔斯、帕斯卡与决策论——威廉斯论罗尔斯正义原则的证明》，《哲学动态》2020 年第 5 期。

② 徐向东：《差别原则的解释与辩护》，《道德与文明》2020 年第 6 期。

③ 贾可卿：《论罗尔斯差别原则的正义性》，《宁夏社会科学》2020 年第 6 期。

④ 徐正铨、郑祥福：《罗尔斯正义理论视域中的优先问题》，《天津社会科学》2020 年第 4 期。

⑤ 李金鑫：《论罗尔斯正义理论中人的观念问题》，《东南大学学报（哲学社会科学版）》2020 年第 3 期。

⑥ 高景柱：《罗尔斯的代际正义论：一种融贯解释的尝试》，《学海》2020 年第 1 期。

生活；另一方面，他又认为家庭是社会基本制度的组成部分，而将其置于正义原则的规制之下。这一立场导致了巨大的理论困境，而究其根源，在于自由与平等之间的内在张力。①

罗尔斯从《正义论》到《政治自由主义》的这一转向受到了很多学者的关注。不少学者试图从公共辩护的视角捍卫罗尔斯的这一转向。葛四友认为这种辩护有双重任务，一是在多元主义事实的前提下获得稳定性，二是不想放弃普遍性。然而为完成此双重任务，公共辩护使用的理性观是有争议的康德式实践理性观，由此出现了三个方面的摇摆性。他认为困境的根源可能在于反思平衡的方法，因为它要求纳入人们根深蒂固的直觉，而各种直觉之间经常是有冲突的。② 陈雅文认为罗尔斯所使用的公共理性缺乏实践的可行性，因此应重新思考情感在公共理性中所扮演的角色，从情感角度修正罗尔斯的理论。③ 吴楼平对反思平衡的方法在这一转向中发挥的作用进行了更加深入的分析。他认为这一方法贯穿于罗尔斯建构正义理论的全过程。他认为罗尔斯由于后来觉察到了合理多元论的事实，并将此种现象归因于理性的"判断的负担"，因而不得不使其公平正义学说从最初作为一种合理完备性学说转向一种作为各种合理完备性学说的重叠共识之结果的正义的政治哲学，以应对相关背景理论尤其关于人的理论所发生的变化。正因诉诸反思平衡的哲学方法，罗尔斯实现了其正义理论的政治转向。④ 董礼认为，由于对道德与政治关系的不同理解，后期罗尔斯的政治自由主义将政治哲学从道德哲学中分离出来。道德与政治之间的现实互动反映在理论上，必然涉及道德哲学与政治哲学之间的复杂张力。罗尔斯政治自由主义的道德基础通过"重叠共识""公共理性"和"正当优先于善"的理念得以体现，反映了道德哲学对政治哲学的支持，只是这种支持并非一种形而上学条件。董礼认为，政治自由主义作为一种政治哲学，在罗尔斯那里与道德哲学是相容与互补的关系。⑤ 常永强基于对罗尔斯正义理论演变的考察，从而认为自由主义并不是如罗尔斯所设想的那样是一种普世价值，而是一种特定时空背景下的特殊的意识形态。⑥

罗尔斯的国际正义理论受到了一些学者的关注。自尊的需要是罗尔斯用来将其正义理论与其他正义理论进行比较的标准。从自尊的需要角度出发，罗尔斯的国内正义理论得到了支持，但是他的国际正义理论是否也能得到支持却存在质疑。王幸华试图回应这一质疑，她讨论了解决这一困难的三种解释，其中依赖实践的解释和稳定性解释都不能解决罗尔斯的困境，而她提出的平衡性解释把罗尔斯的国际正义理论看成一

① 王智平：《重思家庭正义——从罗尔斯谈起》，《伦理学研究》2020 年第 6 期。

② 葛四友：《公共辩护的摇摆性——罗尔斯政治自由主义转向的内在困境》，《学术月刊》2020 年第 7 期。

③ 陈雅文：《情感与罗尔斯公共理性再释》，《现代哲学》2020 年第 2 期。

④ 吴楼平：《反思平衡：罗尔斯理论转向的方法论基础》，《哲学动态》2020 年第 3 期。

⑤ 董礼：《重新审视罗尔斯道德哲学与政治哲学的分野》，《哲学动态》2020 年第 10 期。

⑥ 常永强：《自由主义是一种普世价值吗？——基于罗尔斯正义理论演变的考察》，《陕西师范大学学报（哲学社会科学版）》2020 年第 4 期。

种程度性理论，并且能够解决罗尔斯的难题。[①] 任付新则对罗尔斯的国际正义理论进行了批判性的考察。任付新认为，作为一种理想理论，罗尔斯的正义理论有一个前提，即民族国家是自给自足的，这一前提经不住事实经验性的考察；即使这一前提是成立的，罗尔斯关于国际正义的讨论仍然存在关键性的不足之处，即它忽略了自然资源的分配问题。分配正义诸原则必须首先要适用于作为整体的世界，然后再延伸到民族国家中。[②]

（二）罗尔斯——继承与批评

罗尔斯曾指出，人们对康德道德哲学中普遍性的强调是错误的，康德观点的真正力量在于其更具经验性规定的合理性观念。但蒋小杰认为，在康德那里，只要我们能够寻找并确立存在着不来自经验、纯粹先天的道德法则，那么这些道德法则在经验应用中的普遍有效性就是必然之事。因此，康德道德法则之普遍性特征实际上是由其纯粹性所必然蕴含的。并且康德道德哲学的真正价值就在于致力构建起此种纯粹的道德哲学，这也是其道德法则之普遍性的根本保证。但罗尔斯基于其正义理论的论证需要，过于强调了康德道德法则的经验应用而有意弱化了道德法则的普遍性规定，如此对康德经验性误读无疑使得康德道德哲学的先验性大打折扣。[③]

徐峰试图探寻马克思与罗尔斯之间的思想关联。徐峰基于原初状态中人的观念及其批评、第一个正义原则的自由问题以及第二个正义原则的平等问题三个视角对二者的思想关联进行了较为深入的分析。[④]

诺齐克在《无政府、国家和乌托邦》中强烈批评了罗尔斯的“作为公平的正义”。胡业成从道德人格观念的视角分析了罗尔斯对诺齐克的回应。他认为，罗尔斯在《正义论》中提出的原初状态理论实际上是一种典型的理性选择理论，后来他逐渐从理性选择理论转向康德式建构主义，并通过建构主义程序把自由而平等的道德人格观念与正义原则联系起来，这种转向不仅是对诺齐克持有正义论的道德基础的断然拒斥，也是对他前期过分依赖理性选择理论的纠正。[⑤] 侯杰耀对诺齐克的分配正义理论进行了分析。侯杰耀指出，诺齐克通过阐释洛克财产论建立了自己的分配正义理论。由于对洛克财产论的错误阐释，诺齐克没有意识到，在货币时代，同意的逻辑已

---

① 王幸华：《罗尔斯〈万民法〉新解——从自尊的需要角度出发》，《世界哲学》2020 年第 6 期。

② 任付新：《国际关系视域中的正义问题——对罗尔斯正义理论的批判性考察》，《海南大学学报（人文社会科学版）》2020 年第 1 期。

③ 蒋小杰：《论康德道德法则之普遍性的阐明——兼谈罗尔斯解读康德道德哲学之理论得失》，《哲学研究》2020 年第 7 期。

④ 徐峰：《马克思与罗尔斯：被遮蔽的思想关联》，《社会科学》2020 年第 2 期。

⑤ 胡业成：《论罗尔斯对诺齐克的反驳——基于道德人格观念的视角》，《武汉理工大学学报（社会科学版）》2020 年第 6 期。

经存在，分配正义的实现需要一个基于同意的契约政府作为保障。①

学者们针对阿马蒂亚·森与纳斯鲍姆对罗尔斯的批评进行了反思，并试图为罗尔斯的理论提出辩护。俞丽霞指出，阿马蒂亚·森区分了两种正义进路：先验正义进路和比较正义进路。森认为罗尔斯的正义理论属于先验正义进路，对于减轻现实生活中的不正义和增强正义无意义。俞丽霞认为森误解了罗尔斯的正义理论，错误地给罗尔斯的正义理论贴上了先验正义的标签。并且，森的比较正义进路只能有限地推进正义，并不能保证在任何时候都能促进正义。森的比较正义局限于狭隘的比较评估，而罗尔斯的正义理论包含了一种更广的比较评估。推进社会正义或全球正义都离不开理想正义理论的引导。② 王炜认为，纳斯鲍姆的能力路径建立在对罗尔斯正义理论的错误理解与批评的基础之上。罗尔斯的相互性原则既非公道也非互利，罗尔斯的平等道德能力亦非纳斯鲍姆式的平等的生产能力。罗尔斯的这些设定并没有像纳斯鲍姆所批评的那样无视残障人士的正当权益。相反，纳斯鲍姆的能力路径以人的强烈的同情感与亚里士多德主义式的尊严观念为根本假设，但这两种设定在道德心理学层面上都缺乏说服力。这就使得纳斯鲍姆的能力路径缺乏可操作性，沦为一种关于正义的道德想象。③ 纪小清和江宁康对纳斯鲍姆的正义理论进行了研究，他们认为以文学想象和情感认知为特征的诗性正义和以“能力进路”为核心的社会正义是其正义观的两个层面。两个层面殊途同归，践行以人为本的价值理念，旨在共同建构以全人类的平等尊严为核心的正义社会。④

田润指出，在《拯救正义与平等》一书中，柯亨提出罗尔斯的正义原则会要求一种平等主义风尚。这种主张受到了一些学者的反对，也有一些学者主张对这种过强的要求进行弱化与修正。田润阐释了目前柯亨平等主义风尚所遇到的三种主要的反对与修正，并对这些反对与修正进行相应的评析，从而为柯亨的平等主义风尚辩护。⑤

孙岩、郝彭对内格尔的平等主义进行了考察，他们指出内格尔从个人性立场与非个人性立场的对立开始阐述他的平等主义，通过对其契约主义的政治合法性辩护以及对平等的动力基础的阐释与分析，确定了优先论方法对其平等主义理论的重要性，完成了对其平等主义政治理想的探索。⑥

哈里·法兰克福对平等主义的观点提出批评，并主张一种充足主义的观点，认为真正重要之事不在于比较人们之间是否平等，而是要让每个人都拥有“足够”（e-

---

① 侯杰耀：《分配正义的契约论辩护——论诺齐克对洛克财产论的阐释问题》，《哲学动态》2020 年第 4 期。

② 俞丽霞：《论阿马蒂亚·森对罗尔斯正义理论的误读》，《国外社会科学前沿》2020 年第 9 期。

③ 王炜：《基本善与能力——纳斯鲍姆对罗尔斯的误读及其理论困境》，《哲学研究》2020 年第 10 期。

④ 纪小清、江宁康：《从诗性正义到社会正义：纳斯鲍姆正义观的建构》，《甘肃社会科学》2020 年第 5 期。

⑤ 田润：《为柯亨的平等主义风尚辩护》，《道德与文明》2020 年第 3 期。

⑥ 孙岩、郝彭：《内格尔平等主义的逻辑理路》，《山西大学学报（哲学社会科学版）》2020 年第 1 期。

nough），即让更多的人达到充足的门槛水平。但徐峰认为，法兰克福的观点虽有吸引力，但他对“充足”的定义非常模棱两可，对平等的理解也过于窄化，还忽视了充足门槛上下的不平等问题及其引发的不利后果。①

陶勤考察了斯坎伦的非自利契约论思想。陶勤从道德的动机问题入手，通过形式和实质这两种解释的维度，阐释为何要讲道德，并试图通过对斯坎伦关于道德的重要性、优先性思想的论述，阐明斯坎伦的非自利契约论关于道德本质的思想。②

全球正义是否值得追求，有两种典型却不同的回答。第一种回答来自罗尔斯，他在《万民法》中说，追求正义离不开特定的社会制度背景，突破一国边界来寻求全球正义并不可取。第二种回答则批评了罗尔斯的说法，他们认为追求正义理应从一国之内扩展到全球范围。王莹莹考察了吉莉安·布洛克的全球正义观念。其要旨是，全球所有人都应得充足的资源与机会，来满足生活的基本需要，以保证过上一种最低限度的体面生活。布洛克这种以“充足”为基础的“弱世界主义”观念旨在挑战过去几十年间流行的“强世界主义”（strong cosmopolitanism）立场。但王莹莹认为，布洛克的弱世界主义理念的确很有吸引力，但其相关诠释和论证很难站得住脚，其弱世界主义方案并不成功。③

俞丽霞考察了科克-肖·谭的全球正义理论。俞丽霞认为谭的制度性运气平等主义在避免通常的运气平等主义的一些理论困难的同时，又遇到了新的困难，不能成为一种独立的分配正义理论；运气平等主义不能成为全球平等主义的基础，但这并不影响全球平等主义的根基，全球平等主义可以以人们之间的一般关系为基础。④

二 元伦理学

元伦理学也是2020年度学界讨论的核心领域，主要研究的内容有：元伦理学的历史发展与定位；非认知主义、道德实在论与反实在论；威廉斯、帕菲特的元伦理学理论；道德与理由；史密斯的“道德问题”；道德动机问题；知识论、行动哲学与元伦理学等。

陈真、王桂玲梳理了西方元伦理学百年来的发展历程，他们指出，20世纪初以来的西方百年元伦理学一直以追求关于规范性问题的确定性认识为宗旨，主要沿着道德语义和实践理性两大主线发展。前者探讨的主要问题是如何解释道德论说的两个显著的语义特征（即适真性和规范性），从而形成了认知主义与非认知主义两大阵营；

---

① 徐峰：《哈里·法兰克福论平等与充足》，《哲学动态》2020年第7期。

② 陶勤：《道德的本质：非自利契约论的核心思想》，《南京社会科学》2020年第7期。

③ 王莹莹：《另一种世界主义：论布洛克对全球分配正义的构想》，《哲学动态》2020年第7期。

④ 俞丽霞：《平等、运气与分配正义：论科克-肖·谭的全球制度性运气平等主义》，《国外社会科学前沿》2020年第1期。

后者主要探讨道德的合理性和实践理性的最终根据问题，产生了形形色色的建构主义。整个西方百年元伦理学史可以大致分为三个时期，即20世纪上半叶的初创时期、下半叶的扩张时期和21世纪以来的全盛时期。[①]

张鑫毅对亚历山大·米勒的《当代元伦理学导论》进行了简要介绍，并基于元伦理学的立场回应了邓安庆在《分析进路的伦理学范式批判》一文中对于元伦理学（分析伦理学）的批评。他指出现今元伦理学所关注的问题不仅涉及语义学和意义理论，还广泛涉及形而上学、认识论、现象学、心理学等领域，他认为，元伦理学的"元"不必指向一种特别的哲学方法，"二阶性"可以说代表了一种反思精神，即对于习以为常的道德现象，反思其背后的机理和"本原"，先不考虑道德的功效和作用，而对道德本身的形式与结构进行追索，先搁置如何发挥道德"规范性"的问题，而设法弥合规范性与道德的其他特性之间的裂隙。[②]

李文涛指出，非认知主义主要有两个特征：第一，否定性特征，道德语句并不表达能够使自身为真的信念；第二，肯定性特征，道德判断表达赞成或反对等非认知的态度。非认知主义具有简洁性，符合道德常识，但也普遍面临弗雷格—吉奇难题。[③]

道德实在论与道德反实在论之争是当代元伦理学研究中的核心论题之一。王增福和周红宇对麦克道尔的道德思想进行了考察，他们指出麦克道尔从心灵哲学与知识论融合的视角提出世界概念化的主张，以此化解心灵（语言）与世界之间的关系这一现代哲学关注的焦点问题。他将经验的概念化与第二自然的相关立场运用于道德价值的本质、道德事实的客观性等元伦理学话题的讨论中，结合对麦基道德价值的怪异性论证的批判维护道德属性的客观实在性。[④] 莎伦·斯特里特所提出的"达尔文式两难"（Darwinian dilemma）对道德实在论提出了新的挑战。达尔文式两难是以道德信念起源的达尔文式进化解释为基础来质疑道德实在论的认识论后果。李胜辉认为托马斯·内格尔把达尔文式两难中的道德怀疑论视为一般的道德怀疑论，并试图以乔治·摩尔回应一般怀疑论的方式对其做出回应。然而，无论是在前提和提出方式上还是在结论和回应方式上，达尔文式两难中的道德怀疑论都不同于一般的道德怀疑论，这导致内格尔用于回应后者的摩尔式方案并不能对前者做出有效回应。[⑤]

威廉斯的思想受到了一些学者的关注。魏犇群研究了威廉斯对于伦理客观性的主张，他认为威廉斯的元伦理学主张并不能完全符合某种主流的"主义"，但同时，威廉斯本人的道德哲学又是一个融贯性很强的系统，其中各个重要观念彼此之间都有内

① 陈真、王桂玲：《西方元伦理学百年发展历程的回顾与前瞻》，《哲学动态》2020年第11期。

② 张鑫毅：《元伦理学"元"在何处？——评亚历山大·米勒〈当代元伦理学导论〉》，《哲学分析》2020年第1期。

③ 李文涛：《元伦理学非认知主义的共同特征》，《晋阳学刊》2020年第6期。

④ 王增福、周红宇：《道德价值的客观性与道德事实的实在性》，《江西社会科学》2020年第10期。

⑤ 李胜辉：《道德实在论与达尔文式两难——托马斯·内格尔的摩尔式回应方案及其疑难》，《道德与文明》2020年第4期。

在关联，这些观念都指向了相同或相似的结论。[①] 魏犇群还对威廉斯对于道德的批判进行了考察，他指出威廉斯对道德的批判可以总结为，不偏不倚的道德观对个人生活提出了过分的要求。对于威廉斯的观点有两类回应：一类是完全否定威廉斯的论证效力；另一类则试图证明，不偏不倚的道德可以为个人生活或者个人视角留出足够的空间。这两类回应都没有抓住威廉斯的批评的实质。威廉斯的观点可以概括为"人生意义先于道德"，亦即道德的权威必须最终依赖于我们在个人的视角中对自己人生意义的期许。但是魏犇群认为，威廉斯无法充分说明道德的规范性，并且他对于人类心理的刻画并不符合正常的人类心理状态。[②] 董滨宇针对威廉斯对康德式伦理学的批评进行了回应。威廉斯认为，人的道德行为在很大程度上受到运气等偶然性因素的影响，而这些运气实际上深刻影响着关于一个行为的"道德判断"。董滨宇认为，康德伦理学并非不考虑"道德运气"，恰恰相反，现实层面的复杂性正是义务论所思考的出发点，主体的道德动机与道德行为始终不可能脱离开各种运气的影响。正是基于此，康德的义务论才必须提出一种脱离各种运气的法则与原理，它们能在"最小意义"上作为道德行为的衡量标准，从而产生一种基本的"行动指南"。[③] 陈嘉映翻译了威廉斯的《道德运气》这一篇论文。[④] 毛华威对威廉斯的理由内在主义立场进行了简要分析。[⑤]

杨松探讨了规范性理由应该是内在理由还是外在理由的问题。他认为对行为人自身心理状态的合理性的考察意味着"规范性理由"本身应该具有一种公共面向，而这是建立在人们共同的欲望、意愿等心理状态的基础上，因此它仍然是一种内在理由。[⑥]

徐向东对帕菲特针对实践理由的主观主义的批评进行了考察。在《论真正重要之事》中，帕菲特论证说，关于规范理由的主观主义和伦理自然主义会导致道德怀疑论和虚无主义，因此，为了维护真正有意义或有价值的人类生活，就必须拒斥主观主义和自然主义，采纳他所说的客观主义与规范实在论。帕菲特提出三个主要论证来反驳关于实践理由的主观主义。徐向东认为基于帕菲特的第三个论证（即所谓"极度痛苦论证"）可以发现，帕菲特对主观主义的反驳并不成功。[⑦]

李大山考察了史密斯对"道德问题"的解决方案。道德的客观性与动机性是当

---

① 魏犇群：《威廉斯与元伦理学》，《哲学动态》2020 年第 5 期。

② 魏犇群：《人生意义先于道德——重思威廉斯对道德的批判》，《福建论坛（人文社会科学版）》2020 年第 3 期。

③ 董滨宇：《义务论与道德运气——一种康德式的视角》，《现代哲学》2020 年第 4 期。

④ ［英］威廉斯：《道德运气》，陈嘉映译，《世界哲学》2020 年第 1 期。

⑤ 毛华威：《伯纳德·威廉斯的道德内在理由析论》，《南昌大学学报（人文社会科学版）》2020 年第 2 期。

⑥ 杨松：《规范性理由：内在理由还是外在理由?》，《世界哲学》2020 年第 4 期。

⑦ 徐向东：《理性慎思与实践融贯性》，《哲学分析》2020 年第 3 期。

代元伦理学的一个重要话题，叠加休谟主义动机理论，一起构成了被史密斯称为“道德问题”的紧张结构。放弃其中之一而保留另外两者是大多数学者的策略，但史密斯独树一帜，在完全接受三者的前提下给出了一个兼容方案，这个方案包括三部分：理性主义的实践性要求、动机性理由在根本上是欲望、规范性理由在根本上是信念。李大山认为这个方案虽然有着不少局部缺陷，但是仍为最出色的系统性回答之一。① 何瑶、张洁婷、陈真翻译了史密斯的《有何理由采取道德的行动》。② 李大山还探讨了科学实验在对道德判断的研究中所遇到的问题，并认为实验的功能不仅是检验理论，更重要的是启发与探索，从而澄清“实验负载待检验的理论”和“实验方法影响实验结果”两大困惑；概念分析与科学实验如何并举是亟待哲学界思考的问题。③

杨松考察了当代休谟主义和康德主义对道德动机来源的争论，并认为，如果依据当代神经生理学的研究，在解释道德动机来源的时候，休谟主义更占优势。不过康德主义者对自己的理论其实亦不断在做出改良。现实生活的复杂性表明，我们最好放弃在休谟主义和康德主义之间做二选一的选择题，因为前者描述了普通人道德动机的来源，后者则告诉我们理性人的道德动机应该如何产生。④ 张晓渝考察了斯坎伦为休谟主义提供的一种强的替代方案：行动的本质动机是认知性的理由判断，并且理由判断才是动机的唯一来源。斯坎伦从两个方面展开了这一辩护：其一，他认为欲望不能成为动机的基础；其二，他认为动机也不需要欲望作为基础。张晓渝指出了斯坎伦这一激进的辩护主要存在的四个问题，并认为斯坎伦对休谟主义动机论的挑战是无疑的，但并不是颠覆性的。⑤

近年来，知识论领域的一些哲学家从知识与行动的关系入手研究行动理由的认知规范问题。一般认为，行动的理由可以组成实践推理的前提，而实践推理的好坏在很大程度上决定了一个行动是否理性，因而合适的理由对于行动的规范性具有重要意义。王淑庆、丁晓军考察了霍索恩和斯坦利提出的知识规范 RKP，王淑庆、丁晓军指出，这个规范面临着信念反驳、语境反驳和非认知反驳，反驳者们甚至给出了各种替代性规范。为了弥补它的缺陷，王淑庆、丁晓军给出了一个新的知识规范 KNR，并认为 KNR 更能体现行动理由在认知上的约束。⑥

随着行动哲学研究主题的不断细化，“规范性理由”的内涵也出现分化。陈嘉鸿指出，学界目前尚未正式区分规范性理由的不同含义，这给具体讨论留下了偷换概念

① 李大山：《史密斯如何回答“道德问题”?》，《当代中国价值观研究》2020 年第 1 期。
② ［美］迈克尔·史密斯：《有何理由采取道德的行动》，何瑶等译，《江海学刊》2020 年第 3 期。
③ 李大山：《道德判断能通过科学实验检验吗》，《道德与文明》2020 年第 6 期。
④ 杨松：《道德动机的来源——当代休谟主义与康德主义的争论》，《学术月刊》2020 年第 7 期。
⑤ 张晓渝：《托马斯·斯坎伦的反休谟主义动机论辩护》，《道德与文明》2020 年第 4 期。
⑥ 王淑庆、丁晓军：《行动理由的知识规范》，《道德与文明》2020 年第 4 期。

的隐患。规范性理由目前使用频率最高的三种含义为：规范性理由的广义含义、规范性理由的字面含义以及规范性理由的理想化含义。三种含义在定义、对照概念、使用语境、命名思路和所具有的规范性种类这五个方面都有所不同，其中最后两个方面是比较稳定可靠且易于识别的特征。[①]

三　美德伦理学

2020 年度学界对美德伦理学的讨论较为丰富和深入。主要研究的内容有：美德伦理学对情境主义批评的回应；美德伦理学与儒家伦理思想的关系；对麦金太尔、斯洛特的美德伦理思想的研究。

美德伦理学与情境主义（situationism）的关系问题引起了很多学者的关注和重视。“品格”是当代美德伦理学极为倚重的一个概念。当代情境主义哲学借用当代实验心理学的观察和实验结果挑战了“品格”的实在性。在情境主义者看来，品格不是一个有经验观察基础的心理事实。那些以“品格”概念为基础的道德哲学因此就没有一个实在的基础，也无法在实践上指导我们的道德生活。田洁认为情境主义对于“品格”概念的事实维度挑战有可能成立，但这并不意味着我们不能从规范维度上拯救“品格”这个概念的合理性。她指出，通过借鉴并批判马克·阿尔法诺的“品格作为道德虚构”的学说，在此基础上发展出“品格作为价值承诺态度”的理论，可以对情境主义的挑战给出一个回应。[②] 赵永刚则认为，美德是个体在具体情境中生成的，美德伦理学不应当简单地通过规范性观点来化解情境主义的挑战，还应当考察情境与美德的关系来研究美德实践问题。因此他提出了“情境美德论”这一设想，即设想一个以情境为参照的，比较贴合现实道德人格，可以表征其强度和广度的生成性的美德概念，以此作为传统理想化的美德概念的补充。[③] 杨仁杰基于智能体的建模技术对公正这一美德进行建模，并设计了两组计算实验，试图为美德伦理学提供辩护。[④]

“美德统一性”问题是美德伦理学与情境主义争论的焦点。情境主义认为，美德伦理学不可能是经验上适当的，因为美德伦理学预设了某种形式的美德统一性论点，而情境主义实验（被认为）表明并不存在美德的统一所要求的那种强健品格。聂敏里和冯乐试图通过回顾“德性统一论”命题在苏格拉底和亚里士多德哲学中的理论形式，为廓清美德伦理学与心理学的交锋提供一些理论资源。[⑤] 董滨宇认为可以通过

---

① 陈嘉鸿：《论规范性理由的三种含义》，《道德与文明》2020 年第 5 期。

② 田洁：《拯救品格——对境况主义的一种回应》，《道德与文明》2020 年第 4 期。

③ 赵永刚：《情境美德论》，《世界哲学》2020 年第 4 期。

④ 杨仁杰：《用人工智能方法为美德伦理学辩护》，《首都师范大学学报（社会科学版）》2020 年第 6 期。

⑤ 聂敏里、冯乐：《古典“德性统一论”与当代情境主义》，《首都师范大学学报（社会科学版）》2020 年第 5 期。

借用康德伦理学独特的内在体系为“弱的美德统一性”观点（即认为“行为者不可能具有所有美德，在一项美德起作用时也不必要求其他所有美德都在场，人们只需要在不同情境中具有相应的一些美德即可”）提供支持以避免情境主义的威胁。①

李义天讨论了现代美德伦理学所遭到的来自心理科学的物理主义的挑战，并试图给予回应。他认为物理主义挑战错误地判断了心理现象与生理现象之间的关系，在两者之间建立一种并不充分的因果联系。作为某种心理状态的美德品质，既不能也无须被还原为或等同于物理的脑神经活动。关于心灵问题的物理主义还原论立场，无论是在科学上还是在哲学上，都是不充分的。②

美德伦理学与儒家伦理思想之间的关系问题也成为2020年度学界争论的焦点问题之一。斯洛特提出道德对称性以确立美德伦理学在当代西方伦理学中的基础性地位。陈志伟认为，孔子“父子相隐”、孟子“窃负而逃”的伦理叙事体现了儒家在涉己和涉他的道德选择中持一种中道观点，从而在伦理学上表现出典型的道德对称性特征。而从西方美德伦理学在现代的复兴历程及类型演变来看，儒家伦理学也符合美德伦理学的基本特征。③ 黄勇认为，如果我们把美德伦理学看作一种理想的伦理学形态，并与同样作为理想形态的其他伦理学（如义务论和后果论）相区分，那么我们确实可以合理地将儒家伦理学看作一种美德伦理学。④ 黄勇还考察了国内学界对于“virtue ethics”的翻译问题，他认为翻译为美德伦理学最为合适，德性伦理学则略逊于前者，德行伦理学则面临严重的问题。⑤ 但是，萧阳则认为“美德伦理学”并非“关于美德的理论”，要证明儒家思想是一种“美德伦理学”，就不仅要说明儒家重视美德，而且需要证明美德对于儒家是一个基础的概念。作为一种伦理学理论，标准美德伦理学具有“总体上的等级结构”；但是，孔子的学说更接近一种具有“总体上的非等级结构”的非标准伦理学理论。再者，“美德伦理学”这个来自标准类型学的概念不适合用来刻画孔子与孟子的“广义伦理学”或“伦理—政治经济学”。⑥

麦金太尔的美德伦理思想也受到了一些学者的关注。詹莹莹指出，在麦金太尔的思想中，自我与美德之间的统一，恰恰要通过共同体来理解。麦金太尔提出了一种叙事性的自我观，从可理解性、可持续性、可解释性、角色统一性等方面提出了自我与共同体联结的可能性与必要性。正是社会目的论集中体现了自我与共同体联结的内在结构。麦金太尔还进一步刻画了自我与国家之间的关系，并讨论了爱国主义被视为一

① 董滨宇:《康德与美德统一性问题》,《伦理学研究》2020年第5期。
② 李义天:《现代美德伦理学的物理主义挑战及其回应》,《道德与文明》2020年第2期。
③ 陈志伟:《道德对称性与儒家美德伦理学》,《道德与文明》2020年第5期。
④ 黄勇:《儒家伦理学与美德伦理学：与李明辉、安乐哲和萧阳商榷》,《社会科学》2020年第10期。
⑤ 黄勇:《“美德伦理学”“德性伦理学”和“德行伦理学”与儒家伦理学》,《江海学刊》2020年第6期。
⑥ 萧阳:《论“美德伦理学”何以不适用于儒家》,《华东师范大学学报（哲学社会科学版）》2020年第3期。

种核心的美德如何可能。[①] 张霄基于马克思主义伦理学的视角将麦金太尔的德性理论界定为应对西方文化衰落的一项实践筹划。[②]

迈克尔·斯洛特的情感主义的美德伦理思想受到了一些学者的关注。郦平分析了为何要将移情作为道德的基础，以及移情是否能够成为道德的基础等相关问题，并对将移情视为道德的基础所引发的批评和质疑进行了回应。[③] 王建斌对斯洛特的道德情感主义正义观进行了考察。斯洛特认为缺乏正义的关怀伦理是不完整的，他将“移情”作为正义的基础。道德情感主义正义理论受女权主义发展的影响，且与当代自由主义特别是罗尔斯的正义论具有很强的相关性。然而，由于移情的偏袒性，其正义理论很难做到机会均等，因而受到很大的质疑。[④] 黄勇考察了斯洛特的道德动机论，他指出斯洛特对道德动机的界定是：既同意休谟主义的观点，认为信念和欲望都是为解释一个人的行动所必需的，同时又不同意休谟主义，认为信念和欲望并不是两个相互分离的心灵状态，相反它们构成了一个称作“信欲”的单一心灵状态。他认为这一概念具有局限性，而王阳明的良知概念及“知行合一”思想为克服斯洛特观点的局限性提供了启发。[⑤] 晏扩明对斯洛特基于中性动机界定共同体问题的理论路径进行了考察。[⑥] 孔文清考察了斯洛特的环境伦理思想。[⑦] 张燕考察了斯洛特的道德客观性理论。[⑧]

四 功利主义

2020 年度有关功利主义的研究文献非常少。主要研究内容有：功利原则的界定问题；功利主义和个人完整性问题；西季威克、黑尔、斯马特的功利主义思想。

杨伟清对功利原则的界定问题进行了较为深入的分析。他指出，在界定功利原则时，我们至少有三个选项，即最大幸福原则，最大多数人的幸福原则，以及最大多数

---

① 詹莹莹：《麦金太尔论自我与共同体的联结——兼论爱国主义作为一种美德何以可能》，《伦理学研究》2020 年第 2 期。

② 张霄：《麦金太尔的德性理论：一种实践筹划——以〈追寻德性〉为叙事背景》，《江苏社会科学》2020 年第 6 期。

③ 郦平：《移情能否为道德奠基——情感主义德性伦理学的回应》，《社会科学战线》2020 年第 6 期。

④ 王建斌：《“移情”作为正义的基础何以可能？——斯洛特道德情感主义正义观探析》，《齐鲁学刊》2020 年第 2 期。

⑤ 黄勇：《信念、欲望与信欲：斯洛特与王阳明道德动机论之比较》，段素革译，《伦理学研究》2020 年第 3 期。

⑥ 晏扩明：《中性动机与共同体生活——基于斯洛特的心理学旨趣》，《温州大学学报（社会科学版）》2020 年第 2 期。

⑦ 孔文清：《对环境的关爱如何可能——论斯洛特道德情感主义的环境美德伦理思想》，《道德与文明》2020 年第 5 期。

⑧ 张燕：《休谟与斯洛特的道德客观性理论比较研究——从道德与颜色的类比谈起》，《温州大学学报（社会科学版）》2020 年第 2 期。

人的最大幸福原则。当追求最大幸福与追求最大多数人的幸福出现冲突时，功利主义者必须澄清自己的根本承诺究竟是什么。若必须在最大幸福原则与最大多数人的幸福原则之间进行抉择，它定然会是一个两难的抉择，但功利主义者事实上的确作出了选择——他们选择的是最大幸福原则，这可以从功利主义者特别重视的加总排序或人际比较与不偏不倚或客观性的要求得到解释。但他认为，事实上的选择并不一定是应该的选择，也许最大多数人的幸福原则才是更好的选项。①

后果主义与义务论都面临着破坏个体完整性的批评。谢弗勒试图发展出兼具后果主义与义务论理论优势的混合理论，即“以行动者为中心的特权”策略。樊立蒙和顾肃对这一理论进行了考察，他们指出，混合理论允许行动者给予其个人计划以更多倾斜。而在后果主义看来，谢弗勒的方案在个人视角的自然独立性问题上困难重重。但他们认为，谢弗勒的理论揭示了义务论的行动者本位立场在个体完整性问题上的困境，反过来为后果主义提供了理论资源。后果主义可以在吸取谢弗勒成果的基础上更好地回应个体完整性难题。②

龚群考察了西季威克的功利主义思想。他指出，首先，西季威克第一个发现了边沁、密尔形态的功利主义在其基本思想内部的深刻矛盾，即主张自我快乐幸福为目标的自我主义与主张“最大多数最大幸福”的功利主义最高目标之间的矛盾，因而在西季威克的功利主义理念中，他把自我主义排除在功利主义的理念之外而单独称之为一种自我主义的伦理观；其次，他在最大多数的最大幸福意义上来专门讨论功利主义，同时他的理论也揭示了从前者过渡到后者的困难，而要解决这样的困难，他所诉诸的是直觉或直觉主义。直觉主义是他的伦理学基本方法。在提倡直觉主义这一方面，他直接继承了哈奇逊、巴特勒等人的道德直觉论，同时又直接开启了以摩尔为代表的现代直觉主义伦理学。③

姚大志考察了黑尔的双层功利主义学说。他认为双层功利主义把道德哲学分为两个层面，即直觉的和批判的。在直觉的层面，人们可以像规则功利主义者一样思考，并且按照初级道德原则行事。在批判的层面，人们可以像行为功利主义者一样思考，并且基于功利最大化来选择初级道德原则。虽然黑尔认为这种双层功利主义是一种合理的道德理论，但是它仍然存在一些难以克服的问题。④

龚群和陆鹏杰考察了斯马特的普遍仁爱原则。他们指出，斯马特通过后果概念将功利主义的“最大多数的最大幸福”原则改进为一种后果论的普遍仁爱原则。然而，

---

① 杨伟清：《最大幸福，最大多数人的幸福，抑或最大多数人的最大幸福？——论功利原则的界定问题》，《齐鲁学刊》2020 年第 2 期。

② 樊立蒙、顾肃：《个体完整性、以行动者为中心的特权与后果主义的回应》，《南京社会科学》2020 年第 3 期。

③ 龚群：《西季威克的功利主义》，《东南大学学报（哲学社会科学版）》2020 年第 6 期。

④ 姚大志：《双层功利主义》，《社会科学研究》2020 年第 1 期。

如果遵行斯马特的普遍仁爱的道德要求，则将导致对人的道德人格和生活规划完整性的破坏或异化。斯马特的问题在于普遍仁爱的道德要求与日常道德的道德要求存在着深刻的冲突。日常道德作为经验世界的生活道德，承认人的道德人格和生活规划完整性的优先性。克服斯马特的普遍仁爱的道德要求所造成的困境的出路在于与日常道德的道德要求相结合，即在承认行动者中心选择的合法性的前提下，给予普遍仁爱的道德要求一定的道德空间。①

五　欧陆哲学—伦理学

欧陆哲学—伦理学是一个非常宽泛的概念，因其伦理学理论相较于英美哲学的伦理学理论具有鲜明的异质性，故而将其划分为一个独立的研究领域。2020 年国内学界的研究主要涉及克尔凯郭尔、海德格尔、萨特、列维纳斯、伽达默尔、拉康、福柯、阿多诺、哈贝马斯、霍耐特和弗斯特等人的伦理学思想。

陈四海对克尔凯郭尔的反讽思想进行了伦理学的考察。克尔凯郭尔认为反讽并不必然与真诚相悖，我们可以通过驯服反讽，消除反讽的危险。反讽在某种意义上是真正的人生和道德生活的重要前提和起点。②

尚杰对海德格尔的《关于人道主义的通信》进行了解析。“搁置伦理学”是海德格尔《关于人道主义的通信》得出的主要结论之一，“搁置伦理学”就是返回知识学科出现之前古希腊哲人的“认识你自己”，这是公共思想感情问题出场之前的“我自己”的问题。③ 武小西从当代规范性研究中康德式存在主义理论切入正义的存在论基础，分析评述了科斯戈尔德的能动性理论和海德格尔的此在论，试图在正义理论和存在主义哲学之间建立桥梁，为发展正义理论建立恰切的存在论基础。④

就“羞感何以发生”的问题，汤波兰对舍勒与萨特的思想进行了比较研究。她指出，舍勒强调关键的一环在于“转回自我”。萨特则强调“他人在场”“他人的注视”是羞感产生的前提。舍勒与萨特都认同羞感体验内嵌着一个“自我—他人”的发生结构，他们借回答“羞感何以发生”，来探究“自我”“他人”以及二者的关系。他们对羞感发生的细致分析，超越了以前对羞感现象的自然主义认识，证明了现象学方法可以运用于被视为纯粹经验的领域，从而开辟出一条从情感理解人

---

① 龚群、陆鹏杰：《斯马特的普遍仁爱原则及其困境》，《湖北大学学报（哲学社会科学版）》2020 年第 4 期。

② 陈四海：《克尔凯郭尔反讽思想的伦理意蕴》，《江西社会科学》2020 年第 1 期。

③ 尚杰：《“搁置伦理学”是如何可能的——解析海德格尔〈关于人道主义的通信〉》，《道德与文明》2020 年第 2 期。

④ 武小西：《正义与成己——以科斯戈尔德和海德格尔为例》，《华中师范大学学报（人文社会科学版）》2020 年第 5 期。

的道路。[①] 崔昕昕对萨特的本真伦理学进行了考察，并认为正是因为他者的存在以及自为的本体论结构才使得萨特的本真伦理学有其自身所固有的客观维度。个体通过纯粹反思使得意识朝向道德层面的转变成为可能，继而实现本真。但是，萨特并未指出意识在什么时刻能够从不纯粹反思转变为纯粹反思，这是他本真伦理学存有的内在缺憾。[②]

一些学者对列维纳斯的伦理思想进行了较为细致的研究。欧阳谦认为，围绕“他者”“面容”和“无限”，列维纳斯旨在突破观念论及其表象论的自我主义逻辑，以开放和应答的姿态去实现“面对面的伦理关系”，从而迎来善良的正义。在一定意义上说，列维纳斯从“自我”走向“他者”的现象学转向，无疑是在建构一种关于善良的现象学。[③] 林建武认为，从列维纳斯的伦理学出发，可以将该隐对亚伯的谋杀区分为两个层次。第一个层次是自然意义上的，第二个层次是伦理意义上的。主体正是在这一自然向伦理的转化过程中，在自然与伦理的纠缠中，将自己塑造为守护者、被选中者、亲近者，塑造为担负责任的那个“自我”。[④] 钱捷和张荔君对“感受性”这一概念进行了深入分析。[⑤] 陈攀文分析了列维纳斯的“伦理意向性”理论。[⑥]

张能为对伽达默尔的实践哲学转向进行了较为全面的分析。伽达默尔对实践哲学的发展做出了综合性的推进，依据其何谓“第一哲学”的三个标准，基于解释学基础上实践哲学真正被确立起“第一哲学”的地位。[⑦] 这一转向带来了哲学本身的多维度变革性意义，并引发了西方哲学从注重对世界事物的绝对的永恒的知识性认知的理论哲学向反思人类存在和行为意义的实践哲学的伟大转变，极大地推进了现当代实践哲学接续、重建和复兴的思想运动。[⑧]

卢毅对拉康的自由观进行了研究。卢毅指出，拉康以精神分析的临床经验为基础，通过构想主体生成或“主体化”的三个环节——异化、分离与穿越幻想，以其独到的视角阐述了人类主体通过一系列辩证过程逐步走向一种独特自由的可能，同时揭示了精神分析作为一种实践所具有的伦理意蕴：这种独特的自由正是通过为他者“揽责”的行动才真正生成，而作为实践的精神分析则旨在通过扬弃异化、实现分离

---

① 汤波兰：《在自我与他人之间——论舍勒与萨特对“羞感何以发生”的还原》，《湖北大学学报（哲学社会科学版）》2020 年第 5 期。

② 崔昕昕：《萨特的本真伦理学：困境与反思》，《福建论坛（人文社会科学版）》2020 年第 7 期。

③ 欧阳谦：《从“自我”到“他者”的伦理现象学转向》，《社会科学辑刊》2020 年第 1 期。

④ 林建武：《列维纳斯的“该隐问题”：谋杀的可能与不可能》，《道德与文明》2020 年第 2 期。

⑤ 钱捷、张荔君：《感受性在列维纳斯思想中的转变及与他人或超越性的关系》，《现代哲学》2020 年第 5 期。

⑥ 陈攀文：《论勒维纳斯的伦理意向性》，《伦理学研究》2020 年第 1 期。

⑦ 张能为：《伽达默尔“实践哲学”作为“第一哲学”何以可能及其意义理解》，《社会科学战线》2020 年第 9 期。

⑧ 张能为：《伽达默尔“实践哲学转向”及其意义理解》，《世界哲学》2020 年第 3 期。

与穿越幻想来促成这种自由的伦理主体的生成。①

一些学者对福柯的伦理思想进行了考察。王辉指出，晚期福柯思想的一个线索就是对康德启蒙问题的再思考。康德提出要公开运用自己的理性来摆脱“未成熟状态”，实现理性的自由。福柯发展了这种批判，认为康德启蒙思想暗含着对我们当下在场的分析，凸显出一种现代性态度和伦理风格。通过转向一种“勇于求知”的“伦理学”，福柯消解了康德的先验主体结构，重建起启蒙与修养工夫之间的关系，倡导一种作为生活方式的“我们自己的当下实在性”。② 戴蓓芬指出，通过研究古代希腊罗马社会的重要伦理思想——“关心自己”，福柯提炼出一条与现代主体形成模式完全异质的主体化模式。同时福柯结合现代人的境遇，提出现代个体能够通过持续批判自身与由知识—权力机制组成的现代社会之间的关系，形成属于现代人的修身实践。③

以阿多诺、哈贝马斯、霍耐特（Axel Honneth）和弗斯特（Rainer Forst）为代表的法兰克福学派的伦理思想也受到了一些学者的重视。王晓升对阿多诺的伦理思想进行了考察。王晓升考察了阿多诺对康德道德哲学的分析。阿多诺认为康德哲学充满了矛盾，这种矛盾表明，如果我们把康德的道德原则贯彻到社会生活中，那么他的道德法则就完全可能走向自己的反面。现代世界中存在内在性与外在性的断裂，康德道德哲学就是在这种断裂的基础上形成的。由于这种断裂，抽象的自由在现实社会中可以变成不自由，抽象的善良意志在现实社会中可能会导致恶。④ 阿多诺认为，康德的绝对命令是资本主义社会市场规律内化的结果。所谓自由就是自律，就是按照市场原则进行自由交换。如果康德那里的自由可以被理解为不自由，那么康德那里的道德也可以转变为不道德。阿多诺把康德与萨德加以对比，从多方面指出了康德与萨德的一致性。而这种外在的一致性背后包含内在的一致性。这种内在的一致性表现在康德和萨德所确立的理性原则都是否定自然的。⑤

夏明月、华梦莲指出，哈贝马斯在交往理论的基础上倡导商谈伦理，又由商谈伦理引出整合社会秩序的方案。他认为抽象的道德不是实现社会秩序整合的途径，要实现社会秩序整合必须发挥商谈伦理的作用。虽然哈贝马斯商谈伦理对于社会秩序整合具有一定意义，但是也存在有待突破的理论限度，主要表现为过分夸大了语言的作用

---

① 卢毅：《异化、分离与穿越幻想——论拉康学说中的自由观》，《道德与文明》2020 年第 4 期。

② 王辉：《作为一种“勇于求知”的伦理学——晚期福柯对康德启蒙问题的再思考及其伦理转向》，《道德与文明》2020 年第 4 期。

③ 戴蓓芬：《“关心自己”的主体——福柯晚期伦理思想及其女性主义应用》，《伦理学研究》2020 年第 4 期。

④ 王晓升：《康德道德哲学的两面性——阿多诺的分析及其启示》，《广东社会科学》2020 年第 1 期。

⑤ 王晓升：《善为什么会变成恶——阿多诺对康德启蒙道德的分析及其启示》，《学习与探索》2020 年第 4 期。

及实践的困难性。[①] 彭凤莲考察了哈贝马斯对法律与道德的关系问题的分析和论证。哈贝马斯批判康德等人所指的法律从属于道德的摹本说，主张法律道德关系并列说，认为自主的道德和依赖于论证的实定法处于一种互补关系之中。他批判马克斯・韦伯的法律合理性概念，从法律的道德程序与法律的道德内容等方面来论证法律与道德的交错关系。[②] 张庆熊对哈贝马斯的《再论道德与伦常的关系》这一报告作了较为深入的述评。[③]

翁少龙指出，霍耐特的创新之处在于，他结合了当代社会学和政治学的最新进展，试图从当代视角对历史唯物主义的“劳动”概念进行哲学人类学的重构，进而为人从物化劳动中的解放奠定坚实的道德基础。[④] 赵林林对霍耐特与朗西埃的社会批判理论进行了比较分析。[⑤]

蒋颖对莱纳・弗斯特的正义理论进行了研究，她指出弗斯特在批判传统正义观的基础上提出了以关系与结构为导向的正义“图像”。依据这种正义图像，分配中具有本体性、主体间性、话语性和中立性特征的权力成了正义的首要问题；作为个体基本权利的辩护权利及以互惠性与普遍性为标准的辩护原则构成了弗斯特正义观的基础。在此基础上，弗斯特认为正义是建立在基本正义基础上尽可能实现最大正义的一种“一元化”与“多元化”相结合的结构。[⑥] 蒋颖还考察了弗斯特对罗尔斯政治自由主义的批判与重构。[⑦] 陈凡对弗斯特的宽容理论进行了考察。陈凡指出，宽容是存有悖论的概念，若不克服此悖论，宽容的理论内涵与现实意义便晦暗不明。弗斯特认为，宽容是基于规范的概念，它以正义为核心。具有“普遍性”与“交互性”的道德规范是社会—政治正义的根基。在道德规范的框架下，可以将消极的“悖论”转化为积极的“张力”。[⑧]

六 其他思想家或流派

除以上研究之外，学者们还对尼古拉・哈特曼、本尼迪克特・阿什利、格沃斯、巴特勒等人以及关怀伦理学、俄罗斯伦理学等问题进行了研究，但相关文献较少。

---

① 夏明月、华梦莲:《哈贝马斯的商谈伦理对社会秩序整合的意义及其限度》,《伦理学研究》2020 年第 6 期。

② 彭凤莲:《论复杂社会法律与道德的关系——哈贝马斯关于破解西方法治国危机的思考》,《哲学分析》2020 年第 2 期。

③ 张庆熊:《再论道德与伦常的关系——哈贝马斯九十寿辰报告述评》,《复旦学报（社会科学版）》2020 年第 2 期。

④ 翁少龙:《霍耐特的承认理论及其基础探讨》,《烟台大学学报（哲学社会科学版）》2020 年第 3 期。

⑤ 赵林林:《承认还是平等？——霍耐特与朗西埃之争》,《哲学动态》2020 年第 4 期。

⑥ 蒋颖:《正义、权力与辩护——莱纳・弗斯特正义理论核心问题研究》,《哲学动态》2020 年第 1 期。

⑦ 蒋颖:《道德的自主性：弗斯特对罗尔斯政治自由主义的批判与重构》,《学习与探索》2020 年第 10 期。

⑧ 陈凡:《“宽容悖论”的成因与出路——莱纳・弗斯特论宽容的内在困境》,《道德与文明》2020 年第5 期。

邓安庆对尼古拉·哈特曼的价值论伦理学进行了考察。他指出，19世纪末20世纪上半叶有三股浪潮共同汇聚于价值哲学，然而，真正把价值问题作为伦理学两个基本问题之一的是尼古拉·哈特曼，他是真正将伦理学建立在价值学之上的最伟大的创新者。其《伦理学》以“伦理价值学”为核心，视亚里士多德为“质料的价值伦理学”之源头，百科全书式地综合了历史上一切价值体系，成功实现了亚里士多德德性论和康德道义论的完美结合，成为一种新伦理学类型的典范：价值论伦理学。①

本尼迪克特·阿什利是20世纪美国有重大影响的天主教哲学家和神学家，当代著名托马斯主义者，天主教美德伦理学的代表人物之一。林庆华对他的“明智的人格主义”的伦理学构想以及他对传统的伦理方法论和天主教相称主义的分析和批判进行了考察。②

王小伟对格沃斯的尊严观进行了研究。格沃斯认为，人的尊严是人人共有等有的，它的基础建立在我们的能动性之上。③

肖巍对巴特勒政治伦理中的“可生存性”概念进行了较为深入的研究。她指出，“可生存性”是贯穿于巴特勒所有著作的一个核心概念。巴特勒从本体论、认识论和伦理学角度分析这一概念，进行一系列追问：“谁的生命值得哀悼?”“什么人的生命可以算作生命?”“为什么某些生命不被理解为生命?”这些问题旨在揭示人类共有的易受伤害性和相互依赖性本质，为政治和伦理生活寻找规范性条件，主张非暴力的全球政治伦理。面临新冠病毒（COVID－19）肺炎疫情，巴特勒也借“可生存性”概念探讨对研制中的新冠病毒疫苗的公正分配问题。④

关怀伦理学也受到了一些学者的重视。刘念和李萍指出，关怀是否能从私人领域扩展至公共领域，是关怀伦理面临的一个普遍质疑，它主要集中于两个问题：一是这种扩展的可能性，即来源于个人关系的“关怀”如何从心理上扩展至整个人类？二是这种扩展的合理性，即诉诸关怀会导致对权利的忽视。弗吉尼亚·海尔德的关怀伦理思想分三步回应了这个质疑。第一步，通过澄清关怀伦理要求扩展至公共领域的“关怀”是什么以及关怀伦理如何对待权利，海尔德对这两个问题做出了回答。第二步，通过说明关怀关系是个人、社会以至国际层面的关系都预设并依赖的一种关系，海尔德论证了以关怀关系为核心的关怀是一种为公共领域所需要的道德。第三步，以关怀伦理在限制市场和国际暴力等问题上所能提供的建议为例，海尔德进一步为关怀伦理扩展至社会及全球领域的可能性提供了辩护。⑤ 关怀的本质为何？这是当代关怀

---

① 邓安庆：《论尼古拉·哈特曼价值论伦理学的典范意义》，《道德与文明》2020年第5期。

② 林庆华：《本尼迪克特·阿什利对各种伦理理论的批判》，《宗教学研究》2020年第4期。

③ 王小伟：《格沃斯的尊严观与认同》，《哲学分析》2020年第2期。

④ 肖巍：《论巴特勒政治伦理中的“可生存性”概念》，《伦理学研究》2020年第4期。

⑤ 刘念、李萍：《关怀伦理从私人领域向公共领域扩展何以可能——以弗吉尼亚·海尔德的关怀伦理为视角》，《道德与文明》2020年第3期。

伦理学家们致力于解决的问题之一。陈欢指出，斯洛特是美德进路的代表，他将移情视为关怀的基础；相应地，海尔德持实践与价值理论立场，认为关怀是遵循着积极价值观的实践活动。在多篇文献中，海尔德质疑了斯洛特的理论主张，并提出了四点批评。但陈欢认为，实践与价值进路的关怀理论是存在问题的，它不仅无法驳倒美德进路，甚至其自身的合法性也有待商榷。[①] 周冏对女性主义的平等观和它的证成进路变迁进行了考察。[②]

徐凤林对俄罗斯伦理学进行了较为全面的考察。徐凤林指出，俄罗斯伦理学界近年来在对道德的理解上有两种不同观点，一种观点认为道德的根本在于道德主体的个人行为，因此认为应当从“行为哲学”出发重新确立伦理学的哲学基础。另一种观点则认为道德主要是人与他人的关系，因此认为对道德问题的研究不仅应当注重个人责任，还应当看到他者、他人、行为的社会条件等因素。因为现代社会中的道德不是通过动机表现出来的，而是从事件、活动、政治方面表现出来的。[③] 徐凤林指出，当代俄罗斯伦理学思想的特点则是：一方面更多地融入了世界伦理学的话语体系，理论问题研究进一步深化；另一方面呈现出伦理学立场和观点的多元化，不同的观点之间存在学术争论。[④]

---

① 陈欢：《关怀伦理学的两种理论进路——论赫尔德对斯洛特的批评何以无效》，《世界哲学》2020 年第 1 期。

② 周冏：《女性主义的平等观及其证成进路变迁》，《伦理学研究》2020 年第 1 期。

③ 徐凤林：《主体道德观与社会道德观——俄罗斯伦理学两种道德概念之争》，《世界哲学》2020 年第 4 期。

④ 徐凤林：《俄罗斯伦理学的现代问题》，《国外理论动态》2020 年第 3 期。

2020 年生命伦理学研究报告

朱　雷*

2020 年学界对生命伦理学的研究较以往有明显的特点，学者们围绕“抗疫议题”各抒己见。同时，以《生命伦理学》的增订版为标志，技术时代的诸多未决问题与伦理困惑也逐步展现。医疗实践与医疗生活中的伦理难题引发了多方思索与讨论，以“医学科学数据共享与使用的伦理要求和管理规范”专题为代表，科技资源使用面临的挑战和问题得到了更为切实的伦理指导。

一　生命伦理学的新发展

2020 年度生命伦理学的发展以增订版的《生命伦理学》为理论代表，对医疗技术时代面临的伦理挑战等理论与实践部分都有丰富的探讨。其中，“医学科学数据共享与使用的伦理要求和管理规范”专题更是为医学科学数据使用和共享的伦理管理提供了思路。

生命伦理学的诞生和发展，标志着数千年来医学从以医生、科学家和公共卫生人员为中心向以病人、研究参与者和目标人群为中心的范式转换。这种转换同时保持医生、科学家和公共卫生人员的专业责任不变。作为 2010 年《生命伦理学》的增订版，邱仁宗赋予该书更丰富的内容，以便跟上生物科技的迅速发展。主要探讨生殖技术、生育控制、遗传优生、有缺陷新生儿、安乐死、器官移植、行为控制等内容。同时对生命伦理学的使命、生命伦理学基本原则、优生学的批判性分析、基本医疗保险制度的公平等问题进行了专题论述。[①] 田海平通过探究现代医疗技术的伦理形态如何“还医学以人道”、“还医学以生命”，深入探究现代医疗技术带来的生命伦理学前沿问题。“前沿”主要包括：现代医疗技术的常规形态（常规医疗技术）由于遭遇大数据健康革命，凸显人群健康伦理在生命伦理学中的重要性；现代医疗技术的转化形态

---

* 朱雷，1981 年生，北京人，中国人民大学哲学院伦理学专业博士生，研究方向为应用伦理学。

① 邱仁宗：《生命伦理学（增订版）》，中国人民大学出版社 2020 年版。

（转化医疗技术）由于面临全新的“从板凳到临床”的人体研究（包括人脑研究）之困扰，凸显人权伦理在生命伦理学中的优先性；现代医疗技术的增强形态（人体增强技术）由于遭遇后人类主义隐忧，凸显身体伦理在生命伦理学问题域中的出场。①

张肖阳与肖巍介绍了欧美国家健全和完善现代医疗保健制度中，生命伦理委员会发挥的重要作用。其促进了伦理视角探讨“我们应当如何决定和行动”的问题，也推动了从制度建构和文化塑造层面回答“政府应当如何行为”“如何增进公民的生命伦理意识”等问题。欧美社会生命伦理学在机构建设、咨询服务和思维方式等方面为我国提供了有益参考。② 欧阳康介绍了合成生物/技术的复杂性与相关伦理政策法规研究内容。合成生物体是与自然生命不同的人化创生性体系，面对合成生物技术的不确定性和复杂性，需要我们进行价值预判。这也将为我国制定合成生物学伦理、政策法规提供进一步的思考依据。③ 乐晶晶等探讨生物样本活库的发展现状及伦理问题，其中活库伦理问题聚焦人源活体细胞组织样本在研究应用中的伦理问题。知情同意、个人信息保护、风险/受益评估、利益共享、特殊活样本（脑类器官）等方面引发的伦理争议亟待伦理规范的制定。④ 丁惠等也认为我国合成生物学安全、伦理与政策面临多元挑战，应以维护人类命运共同体为宗旨，尽快构建相关伦理及政策法规框架。⑤

尹洁回顾吉勒特对自创生理论所提出的一个关于后殖民社会精神疾病的理论，并回溯亚里士多德意义上的目的论和康德的自然目的论，认为这一模型可获得哲学性的支持。对康德第一批判中自我意识模型的当代诠释，可加深对精神性疾病的理解，展现社会的、道德的病理分析，并与基于神经认知的生物学分析一起提供了理解自我与认知的契机。⑥ 同时，吴家睿指出精确医学需要建立与之相适应的新型伦理体系，其面临的挑战包括个体化分析、医学大数据生态系统中的个人隐私权等。⑦ 张海洪借鉴英国纳菲尔德生命伦理委员会提出的平等尊重、帮助减轻痛苦和公正三大核心价值，强调疫情相关研究议程的设置应进行优先性排序，研究方案具有科学有效性的同时要兼顾可操作性，研究结果的发表与分享应在遵循科研诚信相关规范基础上，强调临床转化与公共卫生实践应用。⑧

---

① 田海平：《生命伦理学前沿探究现代医疗技术中的生命伦理形态研究》，中国社会科学出版社 2020 年版。

② 张肖阳、肖巍：《欧美生命伦理委员会的机构建设与咨询服务》，《医学与哲学》2020 年第 2 期。

③ 欧阳康：《合成生物/技术的复杂性与相关伦理政策法规研究的科学性探析》，《华中科技大学学报（社会科学版）》2020 年第 1 期。

④ 乐晶晶等：《生物样本活库发展现状及伦理问题探讨》，《中国科学（生命科学）》2020 年第 12 期。

⑤ 丁惠、徐飞：《国际竞争下中国合成生物学研究的安全、伦理及政策探讨》，《医学与哲学》2020 年第 12 期。

⑥ 尹洁：《自我、认知与精神病理的伦理蕴涵》，《中国医学伦理学》2020 年第 5 期。

⑦ 吴家睿：《精确医学面临的伦理挑战》，《医学与哲学》2020 年第 12 期。

⑧ 张海洪：《突发公共卫生事件相关研究的伦理思考——基于新冠病毒肺炎疫情防控的思考》，《中国医学伦理学》2020 年第 4 期。

在数据分享与处理方面，关健介绍了医学科学数据共享与使用的伦理要求和管理规范。通过分析医学科学数据共享涉及的重要伦理挑战和问题，提出医学科学数据使用和共享的伦理要求，并对数据共享面临和亟待解决的伦理问题提出潜在解决方案，建立具有实践指导性的医学科学数据伦理管理和审核规范指南。① 其中数据共享必须处理好隐私保护与数据价值之间的矛盾和平衡，而目前国际原则共识是去识别数据和FAIR 原则。② 数据共享中隐私保护与知情同意既相互影响又相互矛盾。去隐私化的共享数据再利用的知情同意履行困难或无法履行，且个体参与者随时退出将无法实现。无论内容还是程序，传统的知情同意都无法完全适用于数据共享。泛知情同意作为一种新的机制，为参与者签署个体数据共享和未来再利用的同意提供了一种潜在方案，但是也引起相应的伦理问题。数据共享中知情同意的应对策略实质是如何兼顾和平衡个体参与者的权益与促进数据共享，个体权益保障仍是首要原则。③ 医学科学数据共享应用需要伦理的引导和监管，需要遵循医学伦理学基本原则，即共同规则中确立的“尊重、有益无害、公平”。但有其独特的内容和特点，是基本伦理原则应用的新领域。④ 隐私分类分级原则和标准是医学科学数据共享应用隐私保护管理和技术规范的基础。⑤ 机构伦理管理也是确保数据共享实践中利益关系人权益保障的决定因素之一。机构必须通过伦理管理落实法律法规和伦理相关规定。⑥ 伦理审核是机构数据伦理管理的重要内容和难点，也是保障负责任的医学科学数据共享应用实践的路径之一，对于综合医疗机构或专门提供数据服务的机构建议成立专门的 DAC。为了适应日益增长的数据共享使用审核工作，也建议探索更加高效的数据共享应用审核机制。⑦ 最后，医学大数据对于疾病机制探索、临床诊疗决策和疾病预防等价值的实现，需要通过大数据分析提取有价值信息。医学科学大数据的优势需要容量、速度、多样性、可变性和准确性共同成就价值属性。并且这些属性特征决定了医学大数据及

---

① 关健:《医学科学数据共享与使用的伦理要求和管理规范（一）前言》，《中国医学伦理学》2020 年第 2 期。

② 关健:《医学科学数据共享与使用的伦理要求和管理规范（二）隐私变迁与挑战》，《中国医学伦理学》2020 年第 3 期。

③ 关健:《医学科学数据共享与使用的伦理要求和管理规范（三）知情同意履行挑战与原则策略》，《中国医学伦理学》2020 年第 5 期。

④ 关健:《医学科学数据共享与使用的伦理要求和管理规范（四）伦理要求：基本伦理原则的创新解读》，《中国医学伦理学》2020 年第 6 期。

⑤ 关健:《医学科学数据共享与使用的伦理要求和管理规范（五）隐私分类分级的初步建议及其依据的确认》，《中国医学伦理学》2020 年第 8 期。

⑥ 关健:《医学科学数据共享与使用的伦理要求和管理规范（六）机构伦理管理的专家建议》，《中国医学伦理学》2020 年第 9 期。

⑦ 关健:《医学科学数据共享与使用的伦理要求和管理规范（八）审核委员会职责和高效的审核机制探讨》，《中国医学伦理学》2020 年第 11 期。

其共享应用中产权确认的复杂性和独特的管理重点和标准。[①]

杨庆峰指出人类深度数据化从物质、精神和信息三个维度逐渐形成了一个闭环效应。健康码属于物质层面的人类数据化产物，也是数据记忆的呈现。因此呈现的伦理问题有与收集、存储、加工和使用活动有关的伦理问题，体现为数据的边缘性利用与透明性；公开推广的适用性问题；数字信任问题；数字治理的自我转变；数据化的“数笼效应”；心理健康码的可能性；数据发展所引发的生存论难题等。[②]

周山东等分析突发公共卫生事件中自我与他人健康责任的紧张关系，如责任主体互损、责任结构拆解、责任价值断裂等。应从公民自我角度建立对自我和他者健康责任的连接；从公民自我和他者关系的视角，重建他者优先的健康责任结构体系；从公民作为人类一员的视角，在人类命运共同体和地球生命共同体基础上构建卫生健康共同体。[③] 雷瑞鹏等认为迄今对疫病大流行采取的防御性策略有严重的缺陷，建议采取进攻性策略，追溯病原体的动物源，研究病原体在动物之间的传播及可能发生的变异。对动物源疾病可能的外溢，在不确定条件下提前采取隔离病人、追踪接触者等措施，防止疫情暴发。[④] 自由是人类的基本价值，只有在某些情境下自由才不得不与人类其他基本价值相权衡。在雷瑞鹏等看来，公共卫生中群体健康与个人自由之间存在张力，个人自由在某些情境中有必要让位于群体健康。但是在公共卫生工作中限制个人自由必须满足一定可辩护条件，即有效性、相称性、必要性、侵犯最少和透明性。[⑤]

二　生命伦理学基础理论研究

对生命伦理学研究的范畴、理论基础、原则与研究方法的思考依然是学者们讨论的内容，且越发显得重要。阿拉·保罗·巴萨姆将施韦泽散落在哲学与宗教文本中的伦理洞见整合为一个连贯的思想脉络，探讨施韦泽伦理思想的神学根源。若敬畏生命伦理及其对生命的绝对责任是可能的话，则需要一个超自然的神学基础。但不能把施韦泽的神学思想简单等同于正统的基督教神学思想，敬畏生命伦理还吸收了古希腊哲学、早期基督教神学思想、印度佛教、东亚文明等文化资源，并将其统合在由“生命意志”“爱的意志”“伦理神秘主义”与“实践的末世论”构成的框架中。基于对生命神秘主义的爱与敬畏的情感，人类个体方能建立与自我、与他人，甚至与所有自

---

① 关健：《医学科学数据共享与使用的伦理要求和管理规范（九）医学科学大数据及其属性》，《中国医学伦理学》2020 年第 12 期。

② 杨庆峰：《健康码、人类深度数据化及遗忘伦理的建构》，《探索与争鸣》2020 年第 9 期。

③ 周山东、王泽应：《突发公共卫生事件中公民健康责任的伦理分析》，《东南学术》2020 年第 4 期。

④ 雷瑞鹏、邱仁宗：《防控动物源疫病大流行的伦理和策略问题》，《自然辩证法通讯》2020 年第 8 期。

⑤ 雷瑞鹏、邱仁宗：《公共卫生中群体健康与个人自由的边界何在》，《探索与争鸣》2020 年第 10 期。

然生命体的精神性联系和责任意识。[①]

James Childress 与范瑞平等围绕生命伦理学四原则展开对话，探讨以四原则为中心的共同道德理论的来源为何、如何解决具体道德理论之间的分歧、共同道德理论是否只是一种生命伦理学方法论，以及规范性学科与科学性学科对于生命伦理学研究来说是否同等重要等问题。[②] 李亚明在生命伦理学语境中重新阐释康德尊严观，通过分析人性、人格和道德自主等概念，得出人类个体尊严来自个体对人类整体尊严的分享，而人类整体尊严来自人类道德自主的潜力。这样的尊严概念有助于解决当代生物医学技术的应用带来的伦理困境。[③] 陈化围绕医学伦理学和生命伦理学的学科使命进行辨析。前者的学科使命聚焦医学职业道德，是德性伦理和规范伦理的融合。而生命伦理学的学科使命是关怀人类生命和人类未来生存。[④] 冯泽永也对此进行了区分，医学伦理学构建了常态下的医德原则和规范体系，生命伦理学面对的常常是高科技带来的道德冲突，二者实施原理原则的方法和路径有区别。[⑤]

共济是 21 世纪生命伦理学领域最受关注和最有前途的概念，却在跨领域的使用中被许多学者诟病定义模糊不清，经常与利他主义、慈善等术语在含义上重叠。冀朋等对《共济：对一个在生命伦理学正在兴起的概念的反思》进行评价，认为基于共济的欧洲伦理治理框架和基于自由主义的美国伦理治理框架并非完全对立，在解决具体伦理治理问题的情境中寻求二者的协作与融合更为可取。[⑥]

学科定位涉及谁需要定位以及为什么定位的问题，也涉及定位需考虑的坐标问题。丛亚丽提出医学伦理学与生命伦理学学科的再定位，须从二者的差异与相互影响、应用伦理学本身的定位、历史文化视角等方面思考。对于这两个学科定位的再思考也应当以其各自的独立性为前提。[⑦] 孙福川也对医学伦理学与生命伦理学学科的特点和定位进行思考。医学伦理学具有在传承中追求完善的职业实践性特点，生命伦理学可定位为生命科学、伦理学、医学伦理学等相互交叉的新学科。[⑧] 潘利侠根据齐美尔的著作《生命直观》，梳理出齐美尔在生命哲学基础上集中阐述的关于伦理准则的个体法则。个体法则以作为应该的个体生命为源泉，打破了以康德为代表的西方伦理

---

① ［美］阿拉·保罗·巴萨姆：《敬畏生命——阿尔贝特·施韦泽对伦理思想的伟大贡献》，黄素珍译，上海人民出版社 2020 年版。

② James Childress、范瑞平、王明旭：《关于生命伦理学四原则的对话》，《中国医学伦理学》2020 年第 11 期。

③ 李亚明：《生命伦理学语境中康德尊严观的重新阐释》，《伦理学研究》2020 年第 3 期。

④ 陈化：《医学伦理学和生命伦理学的学科使命之辨》，《医学与哲学》2020 年第 19 期。

⑤ 冯泽永：《医学伦理学与生命伦理学的联系与区别》，《医学与哲学》2020 年第 19 期。

⑥ 冀朋、张毅、雷瑞鹏：《对〈共济：对一个在生命伦理学正在兴起的概念的反思〉报告中关于发展共济术语工作的评介》，《理论月刊》2020 年第 6 期。

⑦ 丛亚丽：《医学伦理学和生命伦理学学科定位再探析》，《医学与哲学》2020 年第 19 期。

⑧ 孙福川：《历史的沉思：医学伦理学与生命伦理学学科特点及定位》，《医学与哲学》2020 年第 19 期。

思想中的各种视角局限，提供了一种与功利主义、利己主义不同的个体主义话语。① 马永慧也基于国内外文献对医学伦理学与生命伦理学的关系进行了考察辨析。从逻辑上看有包容论、互异论和交叉论三种可能类型。交叉论强调医学伦理学经历了古代医德学、近代医学伦理学和生命伦理学，看到了二者的内在逻辑并反映了本体属性，是更为合理的评价。②

赵励彦等从生命伦理学的基本原则出发分析了生物样本库的伦理审查要点，审查生物样本库相关研究是否符合相关伦理法规和管理要求，以确保生物样本库的正常运行，推进生物样本库的维护和使用。③ 李亚明认为在生命伦理学语境中，人的尊严包括人类物种的尊严、普遍尊严和获得性尊严。其分别解释为作为整体的人类物种所拥有的尊严、每个人平等具有的道德地位、通过体现了卓越性行为在不同程度上获得的尊严。④ 许毓君翻译了 Joerg Hasford 关于德国伦理委员会的历史、任务、法律依据和组织架构的介绍。该机构以《赫尔辛基宣言》、国际惯例、道义论伦理和原则主义伦理等为援引，旨在协调程序、面向公众代表伦理委员会，并为委员会成员提供继续教育。⑤

联合国教科文组织 2005 年颁布的《生命伦理学和人权宣言》中三次强调了 solidarity，提到国家、个人、家庭和社群、组织之间的团结互助。丛亚丽基于传染病伦理问题进行思考，将 solidarity 译成“守望相助”，作为公共卫生伦理的核心价值之一。⑥ 蔡昱从道德无力症与冷漠症对医疗的影响开始，论证其根源在于西方主流伦理理论的前提错误，即以原子式个体充任道德主体，这是医疗纠纷和暴力频发的原因。指出道德权威性的根据应是人类生命共同体这一“内在永恒大我”和人的本真存在方式的需要。⑦ 蔡昱还论证了作为公共卫生伦理基础的“超个体的个体”和“人类生命共同体”问题。认为自由主义与社群主义的理论前提，即它们对人的社会性、个体、社会与个体的关系的假设，都偏离了人的本真存在方式的需要。⑧

---

① 潘利侠:《生命与伦理：齐美尔生命哲学基础上的个体法则》,《社会》2020 年第 2 期。

② 马永慧:《医学伦理学与生命伦理学关系类型辨析——基于国内外文献的考察》,《医学与哲学》2020 年第 19 期。

③ 赵励彦等:《生物样本库的伦理审查》,《中国医学伦理学》2020 年第 3 期。

④ 李亚明:《论生命伦理学中的人的尊严概念》,《医学与哲学》2020 年第 5 期。

⑤ Joerg Hasford、许毓君:《德国伦理委员会的历史、任务、法律依据和组织架构》,《医学与哲学》2020 年第 15 期。

⑥ 丛亚丽:《论“守望相助”作为公共卫生伦理的核心价值之一——基于传染病伦理问题的思考》,《中国医学伦理学》2020 年第 3 期。

⑦ 蔡昱:《论西方主流伦理理论的前提错误——兼论道德无力症与冷漠症对医疗的影响》,《医学与哲学》2020 年第 5 期。

⑧ 蔡昱:《论作为公共卫生伦理基础的“超个体的个体”和“人类生命共同体”——兼论自由主义和社群主义的前提错误》,《中国医学伦理学》2020 年第 4 期。

三 “抗疫议题”生命伦理专项探讨

首先，雷瑞鹏等探讨防控新冠肺炎疫情实践中提出的伦理问题，包括应采取怎样的防控策略，如消除策略还是减缓或放任策略，并讨论自然群体免疫径路。关于稀缺资源的分配如何可及和公平问题，讨论了类选法的应用；对于常规临床试验与试验性疗法的关系，提出实行双轨制建议；有关个人自由与权利，提出限制个人自由和权利的可辩护条件。① 曹永福梳理全球新冠肺炎疫情防控引发的伦理两难，概括为防控措施是否适度之难、优先救治之难、是否予以积极防疫之难，以及自由到底应该限制到什么程度之难等。建议破解伦理难题的原则分为有利于疫情防控原则、科学防控原则、依法防控原则及遵循程序伦理原则。② 曹永福指出，国内外新冠肺炎疫情防控遭遇或引发了积极防控是否应该和值得，防控措施限制人们的权利是否适度，卫生资源到底应该如何公正分配等大量的伦理难题。破解这些难题，程序伦理要求通过伦理行为决策、辩护、评价以及伦理审查等程序，并在程序中遵循公开与透明决断信息，沟通与协商决断措施以及评议与审查伦理决断的伦理要求。③

刘星结合我国突发公共卫生事件临床研究伦理经验，提出突发公共卫生事件临床研究伦理指南。包括快速高效的伦理审查机制，科学合理的研究方案，风险与受益的合理权衡，坚持生命伦理的基本价值，确保充分知情同意，保护受试者个人隐私，以及公正合理地招募受试者等内容。④ 顾浩等结合新发突发新型冠状病毒肺炎疫情，总结中医药伦理审查要点。提出从整体观念、辩证论治、临床基础、文化价值、未病先防等方面进一步完善，更好服务特殊时期伦理审查和科学研究。⑤ 李诗悦也提出面对新冠肺炎疫情重大突发公共卫生事件跨界治理的现实，需构建德性伦理、制度伦理和责任伦理统一于国家道德治理体系现代化的逻辑分析框架，并提出重建跨界伦理秩序的人本式治理、合作式治理、共享式治理实践模式建议。⑥

张秋菊等从当前新冠肺炎疫情防控视角下审视人类遗传资源研究利用的伦理问题，总结出人类遗传资源保护和利用中应遵循的伦理原则，包括医学目的原则、维护

---

① 雷瑞鹏、邱仁宗：《防控新冠疫情的伦理和政策问题》，《科学与社会》2020 年第 2 期。

② 曹永福：《全球新冠肺炎疫情防控引发的伦理两难及其对策建议》，《山东大学学报（哲学社会科学版）》2020 年第 4 期。

③ 曹永福：《程序伦理在破解新冠肺炎疫情引发伦理难题中的价值》，《医学与哲学》2020 年第 11 期。

④ 刘星：《突发公共卫生事件临床研究伦理指南》，《中南大学学报（医学版）》2020 年第 8 期。

⑤ 顾浩、王志飞、谢雁鸣：《中医药干预新发突发公共卫生事件临床研究的伦理审查要点》，《中国中药杂志》2020 年第 10 期。

⑥ 李诗悦：《重大突发公共卫生事件跨界治理的伦理秩序重建——以新冠肺炎疫情为例》，《思想教育研究》2020 年第 4 期。

受试者权益原则、知情同意原则、保密原则、禁止买卖原则、伦理审查原则。[①] 袁儒珍等重视“问题”疫苗事件引发的医学伦理问题，认为应将医学伦理精神融入疫苗企业及个人的职业道德建设，培养其关爱生命、尊重生命的意识，并加强公众防疫教育并完善疫苗事故赔偿制度。[②] 关健从伦理和法理角度谈突发公共卫生实践及研究中的个体权益，认为要兼顾个体权益和公共健康与健康公平，个体权益相关的权利限制符合生命伦理基本原则和法理原则，如权利限制和紧急避险等。[③]

黄雯等分析了在新型冠状病毒使全球公共卫生面临危机的情况下，部分研究者提出的用人体挑战试验这种非标准的临床疫苗试验方式。从受试者受益与风险评估、可接受风险程度及有效批准治疗药物三个问题出发，认为无论各国疫情的流行情况如何以及对有效疫苗需求的紧迫程度如何，都不应该影响对人体挑战试验可能使受试者遭受的风险进行科学、客观、理性的评估和伦理学判断。[④] 世卫组织 COVID－19 人体挑战性试验指南工作组研究了挑战性试验的伦理可接受性关键准则，杨阳认为设计良好的挑战性试验不仅可加速疫苗的研发，还有可能使最终选用的疫苗更有效。但应符合的标准有八项：科学依据、评估风险和潜在获益、协商和参与、研究协调、研究中心遴选、受试者选择、专家审查、知情同意。[⑤]

程国斌认为每一次高危传染病疫情的暴发，都向医疗卫生界发起了道德挑战。通过研究清代江南瘟疫流行期间医者的职业活动，揭示出古代医者应对瘟疫难题的专业考虑、职业行动和道德叙事方式。长期存在的对士人君子的道德人格自我期许，会鼓励医者在社会慈善救助和立言垂教方面做出更大贡献，这对于当代抗疫背景下理解和传承传统医德具有重要价值。[⑥] 在疫病态势下，国家健康权力在疫病防控、人员物资调配、疾病检测、疾病治疗等方面起着关键作用。对于国家健康权力行使的伦理规制问题，李振良认为应既受医学伦理原则制约，又赋予生命神圣、自主、行善、不伤害、公正原则以新的涵义。[⑦]

最后，贺竹梅等反思新冠肺炎疫情事件，在生命伦理视阈中期待对自然与生命，特别是人类自身与自然的关系有更深刻的认识。[⑧] 所有生命现象均具有进化伦理属性，新冠肺炎也必有其进化伦理基础。程焉平等从进化伦理视域出发，对疾病认识、

① 张秋菊、蒋辉：《我国人类遗传资源保护与利用中涉及的伦理问题》，《中国医学伦理学》2020 年第 12 期。

② 袁儒珍、魏小林、吴彩琴：《“问题”疫苗引发的医学伦理问题及对策探讨》，《中国医学伦理学》2020 年第 3 期。

③ 关健：《从伦理和法理角度谈突发公共卫生实践及研究中的个体权益》，《中国医学伦理学》2020 年第 9 期。

④ 黄雯、翟晓梅：《对 COVID－19 疫苗人体挑战研究的伦理挑战》，《科学与社会》2020 年第 2 期。

⑤ 杨阳：《关于 COVID－19 人体挑战性试验的伦理可接受性关键准则》，《医学与哲学》2020 年第 19 期。

⑥ 程国斌：《中国古代医者应对瘟疫的职业行动与道德叙事》，《东南大学学报（哲学社会科学版）》2020 年第 5 期。

⑦ 李振良：《疫病态势下国家健康权力行使的伦理规制》，《医学与哲学》2020 年第 11 期。

⑧ 贺竹梅、程焉平：《生命伦理视阈下新型冠状病毒肺炎（COVID－19）疫情的反思》，《生命科学研究》2020 年第 1 期。

疾病防治、过度治疗等进行反思，倡导人类深入认知、理解和运用进化医学伦理思想和方法，学会客观、理性、科学地面对病原物与人类长期共存的现实。①

四 关于中国生命伦理“话语”与建构问题

随着全球生命伦理学在世界范围内的不断兴起，生命伦理学已成为当今时代的一门显学。有关“中国话语”的思考从李红文开始。李红文在对当代生命伦理学的基本问题进行全面反思基础上，系统性论证了构建“道家生命伦理学”的基本定位、哲学基础、核心价值、原则建构与现代转型，对当代生命伦理学实践中的一些主要问题展开了“道家式”批判，并对这种理论建构所存在的内在缺陷进行深入反思与扬弃，试图重构道家生命伦理思想，为现实生命伦理问题提供“道家式”的解决方案。②

雷瑞鹏等围绕身体对人的重要性、身体是什么、身体属于谁、身体部件的商业化以及作为生命礼物的身体等问题进行讨论。强调人是赋身的行动者，身体权是受到高度限定的权利，身体部件的商业化不能得到伦理学的辩护。③

张舜清基于儒学的人本立场，认为儒家支持旨在恢复人类生命尊严和有助于人格养成的人工智能在医疗领域的运用。解决医疗人工智能问题，关键在于规范人的行为、明确人的责任，不能扩大道德主体的范围。④ 杨静等在健康问题、医疗实践及对生命本质、生命伦理的思考中，以“尊生守仁”解说生命价值的“生生之德”，以及遵循“天地之大德”而追求“生生之效”的天人合德生命境界。辨析中医生命伦理思想之源，探寻适于当今人类生存发展之道。⑤

五 关于生命伦理学的优生与优死问题

2020 年度关于“优生”的讨论仍然聚焦于基因编辑领域。丹尼尔・C. 亨利希参考哈贝马斯《人类本质的未来》一文中观点，探讨“人类本质”概念是否具有为生物技术设定伦理边界的能力。哈贝马斯反对基因工程的论证在于，被基因修改的人的自主意识受到损害导致人类本质的物化。这一本质是作为人的伦理自我理解的可能条件。哈贝马斯反对异化决定论的论证有较弱版本和准先验的版本两种解读，这导致

---

① 程焉平、贺竹梅：《进化论视域下的疾病防治辨析——基于新冠肺炎疫情暴发的伦理反思》，《昆明理工大学学报（社会科学版）》2020 年第 3 期。

② 李红文：《道家生命伦理的传统视域与现代转型》，中国社会科学出版社 2020 年版。

③ 雷瑞鹏、邱仁宗：《身体概念的生命伦理学分析》，《医学与哲学》2020 年第 18 期。

④ 张舜清：《医疗人工智能伦理：儒家的观点和立场》，《中国医学伦理学》2020 年第 7 期。

⑤ 杨静、王一童、魏兴格：《中医生命伦理思想刍议》，《西南民族大学学报（人文社会科学版）》2020 年第 5 期。

“自主意识”概念的模棱两可。对于为什么要坚持道德自我理解以及为什么不能改变它，哈贝马斯还需提供一个善生活的理念或是一种规范的人类学来作为支撑，仅仅求助“自主意识”是不够的。①

理性评价基因编辑技术应用及治理，须依托观察者角色与“应当”的伦理学话语。陈化等认为应以发展的价值观审视生殖系基因编辑的伦理问题，而公共福祉是其应用的道德边界。公共福祉是人类实践自由的内在理性，要求以保持“人的存在”为前提而禁止应用于基因增强。② 陆群峰也指出基因编辑在涉及人的尊严、后代人自主权和社会公正等问题上，具有新的伦理挑战。③

汪珍等思考基因密码破译所引发的家庭伦理、代际伦理和社会伦理等问题，基于生命伦理的四原则要求，探索基因技术发展与道德伦理的关联，以促进基因编辑技术更好地造福于人类社会。④ 王萍萍等从《老子》中“反”这一范畴，以“相应相成”的动态平衡关系、“生命自化”的运动内在动力、“正言若反”的逆向思维方式、“复归其根”的生命本根与本质等思想内容，为一种新的生命伦理的构建提供理论的可能。⑤

王前等从机体哲学的视域对基因编辑技术进行伦理反思，认为其发现各类机体之间更丰富的内在联系和外部影响，并提高认识的深度、广度和成效，使得基因编辑技术在伦理规约的合理范围内得到恰当的利用。对基因编辑技术进行伦理反思的基本原则包括“整体性”原则、“顺应自然”原则和“大我”原则。⑥ 李新苗等梳理基因编辑伦理的历史发展、方向与内容，探寻基因编辑伦理的未来发展趋势。发现的五个方面趋势依次为：基因编辑伦理研究内容从非人类基因编辑转向人类基因编辑；基因编辑伦理的研究方式由被动介入转向主动介入；基因编辑伦理的研究方法由原则主义向实证主义转变；基因编辑伦理的研究层次由个别国家学者主导转向全球广泛参与；基因编辑伦理的未来研究可从研究对象、道德行为主体、伦理审查制度、伦理研究专题等方面进行深入研究。⑦

脑机接口增强性应用引起了人们的广泛热议。叶岸滔认为相比以治疗为目的的应用，当脑机接口用于增强健全人的身体和心理等功能时，更容易带来公平问题和挑战。需要深刻反思脑机增强公平问题产生的根源，也需要从两方面予以应对，一是重

---

① 丹尼尔·C. 亨利希、计海庆：《人类本质与自主——哈贝马斯对自由优生学的批判》，《哲学分析》2020 年第 1 期。

② 陈化、马永慧：《寻找基因编辑技术的道德边界》，《伦理学研究》2020 年第 6 期。

③ 陆群峰：《人类基因编辑的伦理问题探析》，《自然辩证法研究》2020 年第 1 期。

④ 汪珍、王晓生：《基因密码破译的生命伦理规制》：《科学技术哲学研究》2020 年第 3 期。

⑤ 王萍萍：《基因技术背景下新生命伦理的构建何以可能——基于〈老子〉“反”生命伦理的思考》，《自然辩证法通讯》2020 年第 8 期。

⑥ 王前、刘洪佐：《机体哲学视域下基因编辑技术的伦理反思》，《伦理学研究》2020 年第 2 期。

⑦ 李新苗、刘鸿宇、王珏：《基因编辑伦理的知识脉络与发展趋势》，《自然辩证法通讯》2020 年第 7 期。

视脑机增强的公平风险；二是明确脑机增强的使用范围。[①]

陈爱华指出了从健康老龄化到积极老龄化的生命伦理学意义。健康老龄化只是将老年群体看作“待养的弱势群体”，而积极老龄化的生命伦理学意义在于强调老年人仍然可以参与社会、经济、文化与公共事务，为社会发展做贡献，实现其生命价值。[②] 刘俊荣提出道德是内在于健康的不可或缺的固有属性，正确认识健康的道德负载，有助于提高对健康问题的认识，也有助于强化个体的健康责任。[③]

六 关于医疗生活与医疗实践中的伦理问题

在此话题中，陈化谈论了生命伦理学视域下身体伦理对同意的证成问题。他认为，同意作为生命伦理学的重要原则，赋予他者的某种行为以合法性与合理性。同意的产生、实践及其延展与身体伦理在本体性自主、身体尊严与身体信息隐私三个方面的契合，决定了身体道德成为同意伦理基础的可能。[④] 陶应时等尝试给出精准医学伦理构建的总体方向与关键问题的宏观思考，提出形塑“人类健康命运共同体”的伦理理念，并遵循保护隐私、共建共享、共责共治的伦理原则。[⑤] 庞聪等对精准医学的临床、研究和商业领域的发展现状进行介绍，并梳理了各领域可能面临的伦理问题。包括知情同意、偶然发现、医疗资源的分配、研究结果返回及数据共享、遗传咨询、检测意义等方面。[⑥]

王继超等认为医疗中分享决策的伦理依据来自医生在医学专业方面的知识、技能和临床经验的优势，患者基于人的生命权、身体权、健康权以及合理的平等诉求所拥有的患者权利，医学的专业性和医学目的的内在要求等。分享决策面临的最大伦理挑战是医疗资源公平分配问题。[⑦] 对于安宁镇静在存在性痛苦干预中的伦理问题，王继超认为安宁镇静手段本身的合理性与作为治疗方案的合理性都需要思考。合适的临床决策应考虑适应症、患者意愿、生存治疗和社会因素。[⑧] 李憣等认为人体试验对受试者身体的入侵日益严重，有必要进行身体伦理的省思。而身体伦理的核心问题是在风险漩涡之下采取生命至上还是自由至上原则，应在身体和自由统一的基础上坚持生命

---

① 叶岸滔：《脑机增强：公平问题及其反思》，《医学与哲学》2020 年第 6 期。

② 陈爱华：《积极老龄化的生命伦理意蕴解读》，《湖湘论坛》2020 年第 2 期。

③ 刘俊荣：《健康的道德负载及其现实意义》，《医学与哲学》2020 年第 17 期。

④ 陈化：《身体道德：同意的伦理基础——生命伦理学视域下身体伦理对同意的证成》，《医学与哲学》2020 年第 18 期。

⑤ 陶应时、王国豫：《精准医学伦理构建：理念、原则与路径》，《科学学研究》2020 年第 6 期。

⑥ 庞聪等：《中国精准医学的伦理挑战》，《中国循证医学杂志》2020 年第 12 期。

⑦ 王继超、翟晓梅：《医疗中分享决策的伦理依据》，《医学与哲学》2020 年第 15 期。

⑧ 王继超、翟晓梅：《安宁镇静在存在性痛苦干预中的伦理问题》，《医学与哲学》2020 年第 12 期。

至上。[①] 神经义肢技术应用的目的是治疗现有的运动或感觉神经功能障碍，游辉辉等认为为了保证患者的最佳利益，需要在知情同意上考虑患者的特殊脆弱性，注意实质信息的告知和同意能力的评估；获得可接受的风险—受益比，评估技术长期的安全性和确保患者的数据隐私及人格同一性的改变等。[②]

传染病预防采取的各类措施也伴随一系列伦理问题，焦剑等认为防控措施都会在保证公共健康的重要性与个体的自由与福祉之间形成张力。因此，在公共卫生领域采取强制性干预措施的伦理正当性及影响因素应加以充分考虑。[③] 宁晓红等指出在新型冠状病毒肺炎继续防控的同时，把有限的资源优先放在探索对重症和危重症患者的支持性治疗，积极建立和完善对重症、危重症患者及其家属的缓和医疗等方面，有利于患者群体利益最大化，经得起伦理辩护。[④] 张新庆也借助逻辑推理方法识别并分析新冠肺炎疫情防控中引发的伦理问题，发现在医疗资源短缺情况下，收治重症新冠肺炎患者易引发医疗资源公正分配等伦理难题。分级收治体系体现了分配公正原则，政府和社会也应通过制度保障及系列措施来维护医护人员专业职责与生命安全的冲突。[⑤]

医学人工智能的应用给道德责任的划分带来了巨大的困难，夏永红等通过尝试区分直接责任与角色责任，并引入弗洛里迪的分布式责任来解决道德责任空场问题。直接责任是错误作为导致的责任，而角色责任是失职不作为导致的责任。医学人工智能的设计者、数据标注者、监管者和使用者，若因为不作为导致了不幸的人工智能医疗事故，就需要承担角色责任，承担“坏运气”的后果。如果是一种无人负责的不幸，就需要一种分布式责任来共同承担“坏运气”的后果。[⑥] 尹洁引出精神医学中使用的聊天机器人的具体例子，在预设这种精神医学应用前景的基础上追问一般性的道德信息增强是否可行。进一步探究弱意义上的道德增强绕过动机这一做法的合理性，借助于梳理哲学中历来关于道德动机的论争，并经由动机伦理和康德式义务论视角进行论证。指出弱道德人工智能设想中隐含的悖论并尝试性给出解决的可能方案。[⑦]

陈第华从伦理视角找寻诊治医患关系紧张的“药方”。医患关系紧张更多时候是社会矛盾和医患焦虑心态的宣泄口。建立和谐的医患关系一方面要求医者提高医德境界，给予患者人文关怀；另一方面也需要推进医药卫生体制改革，增进医患互信，在

---

① 李播、刘冠合：《人体试验受试者身体权的伦理省思与立法回应》，《医学与哲学》2020 年第 17 期。

② 游辉辉、马永慧：《神经义肢技术临床应用的伦理问题初探》，《中华神经医学杂志》2020 年第 6 期。

③ 焦剑、肖红秀、王天秀：《自由与福祉：传染病防控措施的伦理正当性研究》，《医学与哲学》2020 年第 18 期。

④ 宁晓红等：《对新冠病毒肺炎危重症患者引入缓和医疗的伦理论证》，《医学与哲学》2020 年第 8 期。

⑤ 张新庆：《新冠肺炎患者治疗收治中的伦理难题及应对策略》，《昆明理工大学学报（社会科学版）》2020 年第 2 期。

⑥ 夏永红、李建会：《人工智能医学诊断系统的道德责任研究——以责任空场问题为中心》，《中国医学伦理学》2020 年第 7 期。

⑦ 尹洁：《弱道德人工智能可行吗——从精神医学用途到道德增强》，《医学与哲学》2020 年第 13 期。

社会制度走向公平的进程中逐步缓解看病难、看病贵等问题，消除医患关系紧张的物质基础和对立心态。[①] 孟小捷指出医疗结构伦理建设和医院经营发展不是非此即彼的矛盾对立关系，医疗机构应坚持公益性办院方向，始终坚持人道主义的行善宗旨和不以谋利为目的的伦理本色。[②]

2020 年，中华护理学会与中国生命关怀协会人文护理专业委员会共同制定了《中国护士伦理准则》，明确了护理宗旨为保护生命、减轻痛苦、预防疾病和促进健康，应遵循的伦理原则包括尊重、关爱、不伤害、公正等。[③]

---

① 陈第华:《医患关系紧张“伦理诊治”的合理性及其限度》,《江苏大学学报（社会科学版）》2020 年第 5 期。

② 孟小捷:《医疗机构应守住初心，让伦理引领发展》,《医学与哲学》2020 年第 7 期。

③ 中华护理学会、中国生命关怀协会人文护理专业委员会:《中国护士伦理准则》,《中国医学伦理学》2020 年第 10 期。

2020年生态伦理学研究报告

杨　琳*

2020年，突如其来的新冠肺炎疫情除了带来诸多变革和感慨，也引发了学界对环境问题的高度关注，对人与自然伦理问题的深度反思。因此，相较于往年既有主题，2020年度的生态伦理学研究成果中最突出的特点是新增了对重大疫情的生态伦理思考。生态伦理学作为应用伦理学的一个领域，具有为保护环境之道德要求提供道德理由的使命，亦有促进人们在实践中遵循这一道德要求的责任。

一　生态哲学的寻根追底

生态哲学以其深厚底蕴，为语言学研究和生态实践智慧理论的研究奠定基础，亦有学者探究儒家生态哲学定位问题。雷蕾、苗兴伟认为社会文化视域内生态语言学研究的主要路径是生态话语分析，这一分析着重强调“生态哲学观”的指导作用。“生态哲学观”具备个体性、科学性和历史性三个属性特征。其与意识形态相比较，既有共同点，也有不同点。厘清这些理论问题，能够为生态话语分析提供指导和借鉴。① 路强对生态实践智慧与生活方式进行了哲学反思。他追溯了生态实践智慧概念的渊源，廓清了其内涵。生态实践智慧是一种系统性、多元化的价值系统在现实中的运作，重塑生活价值，充盈生活内容，重构生活方式，拓展生活边界，为生态文明所指向的生活方式提供了德性根基。② 卢兴、吴倩认为西方主流的生态伦理思想“人类中心主义”和“非人类中心主义”难以对中国儒家生态哲学进行定位。“理一分殊”是儒家理解人与自然关系的基本模式，也是儒家生态哲学的核心命题之一。中西方生态哲学的对话互鉴可以围绕肯定自然的内在价值（与非人类中心主义对话），高扬人

* 杨琳，1984年生，湖南人，中国人民大学党委学生工作部讲师，伦理学博士，学生学业中心主任，研究方向为法伦理学，生态伦理，教育伦理。

① 雷蕾、苗兴伟：《生态话语分析中的生态哲学观研究》，《外语学刊》2020年第3期。

② 路强：《生态实践智慧与生活方式的哲学反思》，《江淮论坛》2020年第4期。

的超越性和主体性（现代人类中心主义）展开。[①]

二 中国传统生态伦理智慧的当代启示

2020 年度，中国优秀传统文化中的生态伦理思想研究，儒家思想研究仍然是主体，兼有庄周思想，亦有对中国本土生态智慧理念表达与实践路径的反思。

儒家生态伦理思想研究主要围绕“万物一体”“仁”之命题，以及对当代生态文明建设的指引展开。洪梅提出在先秦时，“天人合一”即成为中国文化的主流思想，至北宋二程发扬为“仁者与天地万物为一体”的生态伦理思想，包含“万物同出于一体”（主体性）和“万物同处于一体”（整体性）两个方面。同时，他拓展了“天人合一”思想，凸显了人在自然万物中的特殊地位，即人虽有内在性“天人本无二”，也有超越性“惟人万物之灵”。这对我们走出现代生态困境具有重要启示。[②] 徐朝旭、徐晨提出“生态仁学”概念，作为儒家生态伦理思想流派的标志，体现儒家独特的价值观和宇宙观，包含“时”的行为规范、“仁爱”道德原则和“生生之仁”的道德本体论三个内在关联的层面，具有生命整体主义、境界主义的特点。儒家这种生态仁学体系与欧美国家权利论的环境伦理学形成互补的关系。[③] 陈明海认为“两山理论”等新时代生态文明建设的指导原则，是传统儒家思想中“天人合一”“中道和谐”“以民为本”“万物一体”等思想的传承、创新、发展，充分彰显了儒家思想对当代的重要作用。[④]

庄周生态伦理思想主要围绕“齐”“无用之用”等命题进行。陈发俊认为“齐”万物是庄子生态伦理思想的核心，也是哲学基础。这包含了万物起源之齐，万物价值之齐。据此，庄子生态伦理原则是“自然无为”或者说“负责任的无为”，“自然无为”不是消极不作为，而是顺应天性而为，戒绝逆天性的行为。其伦理规范是“不伤害”。[⑤] 陈燕梳理了庄周生态伦理思想产生的时代背景和理论渊薮，分析其基本思想内涵是“无用之用”，肯定物质的价值；“物无贵贱”，强调平等的意识；“万物不伤”，遵循自然的法则；“物我为一”，追求和谐的理念；“知足知止”，提倡节欲的思想。其思想对于当代启示作用主要是遵从“顺物自然”的生态价值观，树立“无私无欲”的生态消费观，坚持“技中有道”的生态科技观。[⑥]

---

① 卢兴、吴倩：《在“人类中心主义”与“非人类中心主义”之间——儒家生态哲学定位问题新探》，《河南社会科学》2020 年第 3 期。

② 洪梅：《程颢“万物一体”论的当代价值》，《湘潭大学学报（哲学社会科学版）》2020 年第 1 期。

③ 徐朝旭、徐晨：《儒家生态仁学初探》，《中国哲学史》2020 年第 5 期。

④ 陈明海：《儒家思想对新时代生态文明建设的启示》，《海南大学学报（人文社会科学版）》2020 年第 2 期。

⑤ 陈发俊：《齐：庄子生态伦理思想之特质》，《广西大学学报（哲学社会科学版）》2020 年第 4 期。

⑥ 陈燕：《庄周生态伦理思想及其当代启示》，《南通大学学报（社会科学版）》2020 年第 3 期。

杜香玉、周琼从生态命运共同体视野，反思中国传统生态智慧的理念表达与实践路径。他们认为全球肆虐的新冠肺炎疫情及相关生态灾难与其原因，更加引发了人与自然关系及走向问题的全球性深度思考与争议，中国传统生态保护思想的重要性日益凸显。中国本土生态智慧形成的共识性理念表达有："天人合一"的生态整体保护智慧，"仁爱万物"的生态和谐伦理智慧，"以时禁发"的生态适时管理智慧。中国本土生态智慧的区域与全球实践路径是"生态整体保护智慧"理念下区域与全球环境治理的合作，"生态和谐伦理智慧"理念下加强跨境生物多样性保护及建立生态屏障，"生态适时管理智慧"理念下建立全球生物入侵联合防控及监督机制。①

三　马克思主义生态伦理观的理论指引

马克思主义生态伦理观穿越时空，指引着当代环境问题的理论研究和实际践行。2020 年度研究的明显特征是注重对原典的精准释义，同时能阐明其对当代问题的启示。

第一，关于马克思的空间生态批判伦理的研究。

孙全胜认为马克思的空间生态批判伦理建立在实践基础上，批判了资产阶级对自然空间资源的消耗，为无产阶级建构合理的空间生态伦理提供了可行的路径。马克思的空间生态批判理论遵从解构、建构、重构三重路径，即解构了空间生产中的资本逻辑，重构了传统空间生态批判伦理，建构了基于人民群众实践的空间生态伦理。这对于中国当代的启示体现在要求建立共产主义社会空间，实现人与自然的和谐统一；中国城市化要以人为本，为人民群众的空间利益服务。② 他还认为马克思坚持从实践观点反思批判资本主义空间生产问题，是理论形态、实践行动和伦理指向的有机统一。从理论形态而言，马克思对资本主义空间生态问题的根源做了实践论的解释，对资本主义空间生产非生态化现象做了社会历史性的批判；从实践行动而言，马克思号召实现空间生产的生态化，号召建立共产主义社会空间；从价值取向而言，马克思号召实现社会主义空间生态正义，号召空间生态化是为了人民群众的利益。这对我国建立生态文明，建设美丽中国有重要启示。③ 他认为马克思的"空间生产"生态批判伦理蕴含着资本批判、政治批判和价值批判三重理论形态。这三者相辅相成、依次递进。在资本批判理论形态方面，马克思批判了资本导致的自然空间物化与割裂，揭示了不合理的生产方式是空间生态困境的根源；在政治批判理论形态方面，马克思批判了政治权力向自然空间的渗透，揭示了阶级斗争对于恢复自然空间纯粹性的重要意义；在价

① 杜香玉、周琼：《生态命运共同体视野下中国本土生态智慧的理念表达与实践路径》，《云南社会科学》2020 年第 4 期。

② 孙全胜：《论马克思"空间生产"生态批判伦理的路径及启示》，《内蒙古社会科学》2020 年第 2 期。

③ 孙全胜：《论马克思"空间生产"生态批判伦理的三重维度》，《西南民族大学学报（人文社会科学版）》2020 年第 2 期。

值批判理论形态方面，马克思批判了人类中心主义和生态中心主义的生态伦理观，号召建立共产主义空间，实现人民群众的空间利益。作者认为马克思带来的启示是中国城市空间生产要推进生态文明建设，要消除资本逻辑的弊端。①

第二，关于生态集体主义思想的研究。

耿步健、段然认为，马克思在《1844 年经济学哲学手稿》（简称《手稿》）中，涉及资本主义社会制度下"人与人之间、人与自然之间"矛盾与冲突的分析及其解决路径，形成了丰富的生态集体主义思想。他们梳理了学者们对《手稿》呈现的社会价值观和生态价值观的基本内涵。同时，也指出《手稿》中蕴含的生态集体主义思想的资本主义社会历史性困境，在资本主义私有制和资本逻辑的支配下，产生出资本主义社会特有的人和自然界之间、人和人之间的"两大矛盾"。生态集体主义的价值旨归是"自由人联合体"，实现路径是正确理解社会，努力做到平等，尊重自然。对于《手稿》的精准理解和释义，能更好地认识和把握新时代我国社会的主要矛盾，更好地认同和践行习近平总书记有关人类命运共同体的重要论述，更好地推进和实现人与自然和谐共生的现代化的建设目标。② 耿步建还主张需要从价值观层面对构建人类命运共同体的理念进行深化研究，生态集体主义是其重要价值观基础。③

第三，关于生态马克思主义和生态社会主义的研究。

王丹婷认为马尔库塞从多视角和多层面入手，分析了社会发展过程中，现代性道德物化，技术工具化，引发自然异化，继而导致人的异化，因此，人与自然的关系也发生了异化。马尔库塞从人类整体发展和利益出发，从整体生态系统的视角出发，在人与自然之间创建和谐的伦理关系，提出只有尊重人的内在自然价值与外部自然价值，才能实现双重解放。他的思想具有鲜明的人道主义色彩和现代人类中心主义特征，虽然具有乌托邦幻想，但是其理论成果仍具有强烈现实意义。④

赵晓丹认为生态危机日益凸显和蔓延，各国或者说全人类的基本共识是要探索经济、社会、生态环境可持续发展道路。生态社会主义以绿色运动为起点应运而生。其以法兰克福学派对资本主义的批判思想为基础，运用马克思主义观点和方法论以及西方自然科学的相关理论，从根本上探寻生态危机的解决方案。经过分析，生态社会主义学者认为资本主义生态危机源自资本主义制度，生态帝国主义是生态危机全球化的根源，推翻资本主义制度是从根本上解决生态危机的肯綮。解决生态危机同时也要求正确处理人与自然的关系，建立生态友好型的社会主义制度。⑤

---

① 孙全胜：《马克思"空间生产"生态批判伦理的三重理论形态》，《重庆社会科学》2020 年第 7 期。

② 耿步健、段然：《生态集体主义：〈1844 年经济学哲学手稿〉原典释义及其现实意义》，《宁夏社会科学》2020 年第 2 期。

③ 耿步建：《生态集体主义：构建人类命运共同体的重要价值观基础》，《江苏社会科学》2020 年第 2 期。

④ 王丹婷：《马尔库塞生态学马克思主义思想研究》，博士学位论文，吉林大学，2020 年。

⑤ 赵晓丹：《生态批判与图景构建——当代西方生态社会主义思想研究》，博士学位论文，吉林大学，2020 年。

张可通过研究发现，萨拉·萨卡的生态社会主义理论的显著特征是以翔实的实证材料为基础。他的主要学术主张是，以计划模式为主导的传统社会主义和基于经济理性的资本主义皆为工业社会的现代变种。他反思了苏联社会主义崩溃的原因，也从生态学视角，对基于经济理性的资本主义进行了生态学批判。在此基础上，他提出变革资本主义制度，构建以实现可持续发展为目标的生态社会主义理论设想。他所认为的生态社会主义遵循人—自然—社会和谐统一、有机共存，符合生态正义原则。①

第四，关于“生命共同体”、生态正义以及新的关系理性视角的研究。

沈广明认为“生命共同体”的提出，在现实层面源于我国生态环境面临的客观问题，以及长期以来在生态环境保护层面的实践原则相对缺位，在理论层面则是在新时代以马克思主义观照生态问题的要求。他从马克思主义共同体理论出发，阐明生命共同体的生成逻辑是从货币共同体到自由人联合体，其核心价值是自由，其伦理原则是和谐共生。② 叶冬娜认为在马克思自然观中蕴含着实践的生态正义。从本体论维度，马克思自然观强调在对象性活动中把握生态正义；从价值论维度，马克思自然观突出在人和自然的共生中实现生态正义；从历史观维度，马克思自然观明确了人类对待自然的正义行为取决于特定的社会关系。人与自然生命共同体是生态正义的伦理至善，丰富和发展了唯物史观视域下的生态正义观，对当代生态伦理中的正义问题具有现实启示，充分彰显了生态正义的中国实践。③ 宋玉兰从关系理性的视角，基于马克思恩格斯生态思想的文献资料，审视其思想中的三对关系，即人与人、人与自然，以及人与社会的关系。这种反思是当代中国进行生态文明建设的前提性反思，指向造成生态危机的人类理性根源。这种关系的视域优越性在于突破了“客观理性”和“主观理性”，是基于关系的存在依据和整体意义来理解生态问题的人类理性形式。关系理性源于西方马克思主义哲学和中国古典哲学，该主题拓宽了马克思恩格斯生态思想的研究视域，从理论上指导我国生态文明建设，从实践上提供应对生态危机的可操作性路径。④

四　生态伦理与其他学科的交相辉映

2020 年度，生态伦理学科与法学、文学的交叉研究成果丰富，与美学交叉研究

---

① 张可：《生态学批判与生态社会主义构建——萨拉·萨卡生态社会主义思想研究》，博士学位论文，吉林大学，2020 年。

② 沈广明：《“人与自然是生命共同体”思想的哲学探微——基于马克思主义共同体理论》，《东北大学学报（社会科学版）》2020 年第 1 期。

③ 叶冬娜：《马克思自然观的生态正义意蕴及其当代启示》，《教学与研究》2020 年第 6 期。

④ 宋玉兰：《关系理性视域下马克思恩格斯生态思想研究》，博士学位论文，吉林大学，2020 年。

成果相对较少。

首先，在与法学交叉研究成果方面，曹刚对《民法典》所蕴含的四大伦理精神进行了阐释，认为“绿色”民法典蕴含着生态伦理精神，民法上的“物”同时也是生态环境资源的一部分，财产占有与流转存在绿色边界。“绿色民法典”还体现了中国伦理精神的走向，展开了看“由近及远”的伦理发展的画卷，使我们看到了道德共同体的边界不断拓展，道德关怀的对象不断扩大，道德经验和知识不断普遍化的进程。① 蔡守秋、王萌探究了“人与自然是生命共同体”的环境法意涵，认为其重新解读了人与自然关系，提倡整体主义价值观，承认自然的主体地位，可以作为环境法的理念甚至立法原则，为我国环境法发展提供理论支持。② 冯子轩认为从野生动物保护的生态伦理维度出发，在立法层面重新审视和处理人与动物的关系，回应“普遍保护”与“重点保护”，“利用”与“保护”，“资源”与“主体”，“动物福利”与“动物权利”等主要伦理争议，确立普遍保护原则，设定野生动物利用限制，构建野生动物福利机制，设置野生动物健康保障机制，完善野生动物保护公众参与机制，实现野生动物保护立法的道义重塑，推进生态文明法治建设。③ 陶广杰、顾钦钧围绕在“美丽中国”的愿景下自然保护地立法的价值取向问题，考察了立法价值的历史嬗变，从人类中心主义，到生态中心主义，再到可持续发展观。环境立法价值理念具有特殊性，以及权利本位价值成为时代追求，人与自然和谐才是共赢，这是自然保护地的立法价值的方向，我国自然保护地立法应当坚持人与自然平等的立法价值观，确立生态优先、绿色发展的立法价值定位，树立生态整体性保护的立法价值理念。④ 杨琳基于对环境法伦理基础缺乏基本共识的现实，环境伦理学的困境，以及环境法伦理基础研究较为薄弱的现状进行环境法的伦理基础研究。她提出了环境法伦理基础的选用标准，据此系统深入审视了人类中心主义、非人类中心主义与现有法理基础，认为它们都不是环境法的适宜基础，责任伦理才是可以期待的伦理基础。该理论主要包括责任伦理的人像——“生态人”，价值理念——人的责任能力应当存在，基本规范——人类的可持续发展，为环境法奠定了基础，依其推出的环境正义将作为环境法的直接立法依据。⑤

其次，在与文学交叉研究成果方面，包含对文学作品生态伦理意蕴的发掘，也出现对于生态小说或文学整体性的理论反思等主题。阿布德克里姆·穆拉托夫认为源自吉尔吉斯斯坦一个部落的艾特玛托夫的中篇小说《白轮船》，表明了作家对现代人生

---

① 曹刚:《〈民法典〉的四大伦理精神》,《道德与文明》2020 年第 6 期。

② 蔡守秋、王萌:《“人与自然是生命共同体”理念的环境法蕴涵》,《吉首大学学报（社会科学版）》2020 年第 4 期。

③ 冯子轩:《生态伦理视域中的野生动物保护立法完善之道》,《行政法学研究》2020 年第 4 期。

④ 陶广杰、顾钦钧:《“美丽中国”建设视域下自然保护地立法价值取向》,《〈上海法学研究〉集刊》2020 年第 14 卷，总第 38 卷。

⑤ 杨琳:《论环境法的伦理基础》，博士学位论文，中国人民大学，2020 年。

态道德教育的定位，蕴含人的观念和人的哲理，作品中始终贯穿了传统的民族教育理念。“鹿母”传说可以视为民族教育巅峰作品。① 计彤和李傲挺提出，鄂伦春人在文艺作品中，体现着对自然界的整体性认识，以及建构了人与自然之间的“天人一体”的关系范式，呈现的是整体主义的生态自然观。基于这样的自然观，生成了节制主义生态伦理观和交互主义的生态审美观。梳理鄂伦春传统文艺作品当中蕴含的生态意蕴，将有助于以绿色的“森林文化”反观现代的“工业文化”，建立与生态文明建设相适应的文艺体系。② 李世武认为彝族史诗“梅葛”演述传统中蕴含着“万物一体”的深层生态智慧。③ 于明清“人类纪”概念的提出，承袭了“寒武纪”“侏罗纪”“白垩纪”等地质学术语的构词方式，内涵上从地质学进入了人文学科。在这一时期，生态问题已经成为涉及自然、社会、精神领域的全球性问题。20 世纪自然生态文学延续了自然与人的关系这个永恒的主题，注重以自然主义手法刻画千疮百孔的大自然形象，通过自然神的形象呈现整个自然界的危机，提出自然生态预警是对人类的终极警告。其还体现了社会生态，生态问题源于人与自然的关系，激化于人类社会与自然的关系。人类对自然的伤害超出其承载能力，必然会反噬人类社会自身。20 世纪俄语文学对精神生态的关注一是表现为反映自然、社会生态失衡引起的精神危机，二是表现为积极寻找解决精神生态危机的方法：在道德层面上，建立整体主义生态伦理；在信仰层面上，倡导宗教的绿色转向。道德与信仰体系的完整将引领人类在精神领域回归自然。④ 王光东、丁琪认为生态文学通过对人与自然关系的描写，深入探寻生态危机的思想文化根源，追求人与自然的和谐共生。生态文学的思想之魂是“生态整体利益价值观”，以此为思想根基的生态文学具有鲜明的历史性、反思性和批判性特征。中国生态文学，由人类中心或弱人类中心思想，走向以生态整体主义为核心的生态价值观，在融汇中西生态文明思想智慧的基础上，围绕人与自然关系形成“反思批判叙事”、生态理想叙事、生命伦理叙事等叙事维度。西方古希腊神话、自然写作、生态文学中的生态文明思想，中国传统的“天人合一”等文化观念，都是 21 世纪中国生态文学创作的重要资源。同时，21 世纪以来生态小说存在思想和艺术上的局限，部分创作出现观念认识偏颇、艺术粗糙等问题。他们还对中国生态小说进行了建构性思考。⑤

最后，在与美学交叉研究成果方面，卢政认为生态整体主义并非西方独有，中国

---

① ［吉］阿布德克里姆·穆拉托夫：《〈白轮船〉中“鹿母”传说的生态道德与民族教育观念》，王孝冉译，梁坤校，《外国文学研究》2020 年第 1 期。

② 计彤、李傲挺：《鄂伦春族传统文艺作品中的生态意蕴》，《黑龙江民族丛刊（双月刊）》2020 年第 5 期。

③ 李世武：《万物一体：彝族史诗“梅葛”演述传统蕴含的生态智慧》，《原生态民族文化学刊》2020 年第 5 期。

④ 于明清：《20 世纪俄语生态文学的三维构成》，《俄罗斯文艺》2020 年第 1 期。

⑤ 王光东、丁琪：《新世纪以来中国生态小说的价值》，《中国社会科学》2020 年第 1 期。

传统文化中早已有之。宋朝理学坚持万物一体、人物并生的理念，视人与自然万物为有机的生态整体，倡导自然生命物种的多样性与平等性，“民胞物与”命题更是彰显了人的自我超越意识。理学家追求中庸和谐之美，以此维系人类社会的秩序和谐稳定。他们还认为人应该承担惜生爱物、维护自然天地和谐运行的道德义务，这主要体现在“圣人”和“圣人气象”相关论述中。这样，理学美学将对自然之美、艺术之美的追求与道德之美结合在一起，构建起了“天文”“地文”“人文”相协合、相统一的生态审美系统，本质上它是一种蕴含着东方智慧的生态整体主义美学观。① 程相占分析了西方生态美学，其建构主要有三种路径，依次为哲学思辨、生态艺术理论与环境实践，对人们的启示主要有四个方面，一是强化科学意识，加强生态学与美学之间的良性互动与有机融合；二是加强美学观与生态审美体验之间的互动，使生态美学的内涵更加深刻而清晰；三是加强生态美学与生态艺术之间的互动，使得生态美学成为所有审美对象（包括环境和艺术两大领域）的普遍美学，从而与环境美学更加清晰地区别开来；四是努力实现生态实践与生态美学之间的良性互动，进一步增强生态美学的理论深度、现实针对性和社会实践性。② 赵红梅认为需要重新思考环境美学，新时代的环境美学，一方面强调特色创新——“独”的价值，另一方面也强调“整体思维与整体生存”，应从“情本体”出发立于“感恩与怜悯”的“环境优先论”，注重环境感知力，将情境引入环境美学，凸显环境美学中物质、空间与情感的多重对话与体验。③

五　少数民族文化生态伦理意涵的阐发研究

2020 年度，该领域研究出现新的视角，比如关于少数民族规约、伦理档案、少数民族生态伦理资源与现代绿色犯罪学核心伦理价值观之比较等。

商万里认为作为地方性知识，或者说侗族民间约定的侗款，维系着侗族社会的稳定团结，也发挥着保护侗族地区生态环境的重要功能。侗款中蕴含着人与其他自然万物同根共祖、共生共存的生态伦理观念，以款规款约保护家畜、谷物等生产、生活资料，按界管理山林、田塘、园地，合理使用水资源等。随着历史变迁，其中关于环境保护的内容变化呈现传统生态伦理观念弱化、规约对违反者的处置方法更加合理、增加了环境保护的专项规约等特征。侗款的正效应突出体现在缓解了侗族地区经济社会发展对自然环境的负面影响，为侗族人民对侗族地区原生环境的自觉保护提供了保

① 卢政：《论两宋时期的生态整体主义美学观——对理学美学的再认识》，《首都师范大学学报（社会科学版）》2020 年第 5 期。

② 程相占：《西方生态美学的建构路径及其启示》，《东岳论丛》2020 年第 3 期。

③ 赵红梅：《新时代环境美学的本质思考》，《郑州大学学报（哲学社会科学版）》2020 年第 1 期。

障，为侗族地区生态文明的建设提供了智力支持。①

华林、宋梦青和杜其蓁认为云南少数民族伦理档案文献是珍贵民族文化遗产，通过整理和研究，发现其蕴含丰富的人与自然和谐共存、可持续发展等生态伦理思想。这些伦理思想的探究阐明与转化创新，有利于生态文明治理工作推进，体现了少数民族伦理档案文献的生态文明治理价值。他们提出以协同治理、记忆传承、文化自觉和转化创新理念，整合发掘主体，开展资源建设，发掘档案文献，进行引导性和约束性生态文明治理，可推进云南民族地区，乃至国家生态文明建设工作的开展。②

魏红提出少数民族生态伦理资源与现代绿色犯罪学核心伦理价值观具有高度契合性。面对当代全球生态危机，他认为应从“万物平等”原始自然观、“敬畏自然”自然崇拜以及尊奉“和谐共生”的民族习惯法中发现并提炼民族生态伦理思想，以自然体内在价值论、敬畏生命、天赋权利论等绿色犯罪学基础理论论证世间自然体的平等性，提出“生态正义观”解决人与自然的冲突和矛盾。他还进一步阐发少数民族传统生态伦理资源为民众提供生态环境本体性安全保障，具有当代价值和功能：一是有助于树立“山水林田湖草生命共同体”理念，作为绿色犯罪学的价值导向；二是有助于树立积极预防观，作为应对生态环境犯罪的策略；三是有益于司法实践，特别是对少数民族地区生态环境犯罪执法，具有导引和补充作用。③

叶红英、张诗亚认为我国各民族在与自然的长期交互中不断选择与调适各自的生存方式，凝炼出了与其生存空间和谐相融的生存之道。这些生存智慧与惯习浸润在他们的器物、精神与制度文化中，指引着人们的思维方式、价值取向、行为习惯与审美情趣，进而凝结为各民族古朴深厚的生态伦理文化。岜沙苗族文化中“世俗空间”与“神灵空间”的器物格局，“间歇轮耕”与“共生互利”的农耕文化，“自然崇拜”与“万物有灵”的礼仪习俗，“趋吉避凶”与“恪守代际公平”的禁忌民约等充分展示了其所秉持的和谐共生生态观、用之有度消费观、代际公平责任观等。重构生态伦理应实现由“关爱自然”之伦理立场向“敬畏自然”之伦理立场，“竞生发展”之思维模式向“共生发展”之生存智慧，“消费主义”之生活方式向“生态主义”之生活方式的转变。④

① 商万里：《地方性知识：侗款与民族地区生态环境保护》，《黑龙江民族丛刊（双月刊）》2020 年第 2 期。

② 华林、宋梦青、杜其蓁：《基于生态文明治理的云南少数民族伦理档案文献遗产发掘研究》，《档案学研究》2020 年第 2 期。

③ 魏红：《少数民族生态伦理内源性资源当代价值研究——以绿色犯罪学为视域》，《贵州民族研究》2020 年第 6 期。

④ 叶红英、张诗亚：《特定民族文化观照下的生态伦理观调适与启示——以岜沙苗族为例》，《云南民族大学学报（哲学社会科学版）》2020 年第 2 期。

六　现实生态伦理问题的研精覃思

2020年度，围绕新冠肺炎疫情、生态文明建设、公民生态伦理教育等主题，出现了较多研究成果，择优列述如下。

围绕新冠肺炎疫情的伦理学解读中，余达淮、张文彬认为这次疫情在某种程度上，是对国家生态治理水平和效能的检验，也真正地触动了人们对于动物、对于自然、对于人类生存根基的伦理反思。尊重和关怀生命、不伤害动植物、负责任等生态伦理观念在危机解决过程中的价值愈发凸显。人们需要改变人类中心主义的伦理观，树立敬畏自然、珍爱生命的生态伦理观，承担起人对自然界的无限责任。为战胜疫情，要坚持共同体原则、利他主义原则、节制克己原则、终极关怀原则，要倡导新型生态伦理，尊重人性，以“伦理话语”推进“生态善治”。[①] 徐凌认为新冠肺炎疫情在全球的蔓延，让很多国家政府责任不到位的问题暴露出来，原因是政府责任背后的伦理价值问题，也就是说，面对公共卫生突发事件所引发的全球治理问题，政府应持有何种伦理价值追求和责任担当等问题。他基于新冠肺炎疫情中政府责任现状，提出生态型责任政府的建构框架。生态正义是生态型责任政府的伦理价值基础，“理性生态人”是其逻辑起点，政府责任分为政府道义责任、（任届）政府岗位责任、公务员岗位责任。这些责任的追究与落实主要通过建构道德契约、政府契约和执行契约这三重契约的方式实现。[②]

围绕生态文明建设的伦理学研究中，王雨辰主张，深化我国生态文明理论研究和建设实践必须解决好四个问题：一是自然资源作为自然财富和生态财富要真正转化为经济财富和社会财富，必须使自然资源作为一种生产资料进入生产过程，以满足人民基本生活需要为生产目的，并建立与自然资源相一致的发展方式和生存方式，制定系统完善的生态补偿制度；二是以整体性思维看待生态文明建设和生态治理，这将是一个系统工程，要求人们树立系统论、整体论的思维方式和方法论，把树立生态文明发展理念、建立生态文明发展方式和确立“德法兼备”的社会主义生态治理观有机结合起来；三是生态文明建设实践的关键与核心是如何实现科学技术创新和科学技术生态化，而不能停留在宣传层面；四是强化对环境权问题的研究与阐释，这是当前我们理解和践行“环境民生论”的关键所在。[③] 迟学芳认为人类命运共同体与生命共同体是走向生态文明的理论基石，需要在世界大变局中深入地理解和阐释。两者在生态文

---

① 余达淮、张文彬：《新冠肺炎疫情的生态伦理反思》，《江苏社会科学》2020年第3期。

② 徐凌：《生态型责任政府的模型建构及其现实转化》，《中国环境科学学会科学技术年会论文集》2020年，《中国学术期刊（光盘版）》电子杂志社有限公司。

③ 王雨辰：《我国生态文明理论研究和建设实践中的四个问题》，《吉首大学学报（社会科学版）》2020年第6期。

明观念实践的世界进程中、在生态文明理论的创新中、在人类文明从工业文明走向生态文明的历史规律中进行逻辑建构。两者的建构还面临三个问题，科学家和政府官员的良知和生态文明伦理自觉，东西方文明走向生态文明何以可能，以及消灭贫穷和保护荒野生命共同体是关乎人类命运的大问题。① 卢风回溯了生态智慧概念的提出，界定生态智慧是人在极度困难的情境中做对人和生态系统都正当或好的事情的能力，或者说是在极度困难的情境中成功从事生态实践的能力。这里“正当”和“好”是由生态伦理界定的。同时，厘清了生态知识与生态智慧的联系和区别，指出现代科学和哲学知识指引人们追求“征服自然”且快速创造物质财富的智慧，蕴含生态学的非线性科学和生态哲学将指引人们追求生态智慧。由具有生态智慧的人们引领社会，才能卓有成效地建设生态文明，才能谋求真正可持续的发展。②

围绕公民生态伦理教育的研究中，赵唱认为相较于传统的自上而下的政府强制型公众保护生态模式，有一种自下而上的新型生态治理模式，即公民生态道德养成。这种模式的主体是公民，目的是“养成公民保护生态自觉性”。他为公民生态道德养成探寻了理论和现实基础，养成的主要内容，完成建构这种模式的认知、规范和实践三条进路，并展望其未来发展方向。③ 吴涛认为严重的生态环境危机是制约人民群众对美好生态环境需要满足的关键因素之一。解决此问题的根本路径在于每位公民自觉承担绿色责任，其得以实现需要积极开展公民绿色责任教育。他分析了新时代公民绿色责任教育的内涵，厘清了其理论基础、特定的内容体系和方法系统。同时，他阐释了目前这一教育存在的现实性问题，剖析问题成因，提出解决对策。④ 孙雯以中国特色社会主义进入新时代为背景，分析了中国“两个一百年”奋斗目标历史交汇期的时代任务与中国生态文明建设的必然联系，提出回应时代诉求的公民生态文明观培育主张。他对比分析中外生态文明观教育相关研究，指出生态文明观培育存在的问题和成因，明确主张生态文明观培育的目标是“生态人”，围绕这一目标，确定以时代性、政治性、持续性、协同性和实践性为原则，并探究了培育整体化实施路径。公民生态文明观培育将使中国生态文明制度体系更加完善，彰显中国的制度优势。⑤

七 生态伦理思想前沿的日新月异

2020 年度生态伦理学前沿研究成果丰硕，我们选择了环境正义、环境美德、动

① 迟学芳：《走向生态文明：人类命运共同体和生命共同体的历史和逻辑建构》，《自然辩证法研究》2020 年第 9 期。

② 卢风：《生态智慧与生态文明建设》，《哈尔滨工业大学学报（社会科学版）》2020 年第 3 期。

③ 赵唱：《公民生态道德养成研究》，博士学位论文，山西大学，2020 年。

④ 吴涛：《新时代公民绿色责任教育研究》，博士学位论文，华中师范大学，2020 年。

⑤ 孙雯：《新时代公民生态文明观培育研究》，博士学位论文，哈尔滨工程大学，2020 年。

物保护，以及岩佐茂生态伦理思想研究四个主题的代表成果呈列如下。

首先，有关环境正义主题研究，韩东屏认为在环境公正（也常被称为环境正义）议题研究的理论层面，至少存在四个误区，即议题名称误区、概念释义误区、原则设计误区和种际公正误区。议题名称误区是指将“环境公正”和“环境正义”这两个概念完全等同，消解的方法是还原这两个词的不同所指，分别用于应然之处；概念释义误区是指直接从环境公正出发定义环境公正概念，这是最为严重的共同误区，应从一般性的公正概念推出环境公正概念的定义；原则设计误区是指把环境公正原则设计成用其他词语命名的原则，消解的方法是通过回答“环境公正应为何”的问题来直接获得环境公正原则；种际公正误区是指创设这一公正类型和论题，消解的方法是用“我们应该怎样对待其他生物物种”的问题取代它。这四个理论误区的存在会给环境伦理学的学术事业带来三种不利影响，即，一是使问题无法得到合理的解释或有效的解决，更不用说最优解；二是研究结论的不佳，意味着浪费了学者的时间和精力；三是研究结论的不佳，也意味着浪费了社会的学术资源。因此需予以澄清。① 文贤庆认为在考虑人类如何对待个体的植物、动物和如何对待整体的植物、动物和生态系统这些人类繁荣事情的过程中，在有关环境正义问题的思考中发展出了一种能力径路，伴随着分配正义理论的发展进入研究视野。能力径路在本质上是一种规范性理论，它包含两个核心的规范性主张，第一，主张获取福祉的自由是首要的道德价值，第二，获取福祉的自由按照人们的能力来理解，也就是说，他们有理由赋值去做和成为的真正机会。对于森和纳斯鲍姆认为人类繁荣是人们在一个既定的社会环境中选择做什么和成为怎样的人的机会的观点，施洛斯伯格提出人类繁荣不可能脱离人所依赖的社会环境和自然环境单独进行，因此，人类繁荣不仅是个体的能力和个体机会的实现，而且体现在生命整体和环境整体上面。这种整体性既包含个体生物可以延续后代的种群环境，也包含个体生物得以让自己生存下去的生态系统或自然环境。②

其次，在环境美德主题研究中，孔文清认为斯洛特的道德情感主义为保护环境提供了一条与理性主义不同的进路。他弃用了感同身受和接受这两个核心概念，批判对他人的感同身受能够扩展到对自然和环境的感同身受。他从马斯洛那里借来了归属感这一概念，认为这才是人们关爱环境的心理动机根源所在。在归属感的作用下，人们能够产生与自然、环境的合一感。一旦与人们一体的自然、环境被破坏，就会在人们内心产生强烈的被剥夺感，从而引发人们反对对自然、环境的破坏。其理论弱点是无法说明对人的关爱与对环境的关爱之间是否有厚薄轻重之分，以及对环境中的不同对象的关爱是否有厚薄轻重之分，同时，斯洛特的道德情感主义在爱人和爱物之间存在

① 韩东屏：《环境公正研究的四个误区及消解》，《道德与文明》2020 年第 1 期。

② 文贤庆：《重新定义环境正义——能力径路初探》，《晋阳学刊》2020 年第 3 期。

着不一致，他对环境的关爱何以可能的论述也存在着不能与理性主义的不偏不倚划清界限的不足。① 陈庆超认为环境美德伦理的思想渊薮可追溯至古希腊的目的论思想，特别是亚里士多德的政治学说。幸福生活是现实的人活动的最高目的，行为者在德性培育过程中必须以“适度”和“节制”的态度对待外在诸善，优美和健康的自然环境是行为者参与政治生活、求得卓越性的前提条件。亚里士多德的这些观点为行为者保护环境提供合理的道德辩护。环境美德伦理的实践性突破，以 R. 桑德勒的思想为代表，幸福生活作为实践的最高目的贯穿着整个亚里士多德政治学说的目的论方法应用并拓展到自然领域，为环境美德的确立寻找到可靠的方法论根基。他不仅继承了亚里士多德有关具体道德德性类型的划分观点，还在扩充德性类型的基础上把它们应用到环境伦理的相关研究中。②

再次，在动物保护主题研究中，双修海、尹维坤认为康德基于人类中心主义，提出人对动物的间接义务论的解决方案，这遭到直接义务论的自然中心主义的严厉拒斥。后者指责康德所倡的人类中心主义是导致环境污染和生态破坏的罪魁祸首。两位作者试图为康德的间接义务论提供辩护，一方面论证以自然中心主义为基础的直接义务论犯了“上帝之眼”的错误，在理论和实践上无法一以贯之；另一方面论证康德以人类中心主义为基础的间接义务论不仅可以避免直接义务论的困难，而且可以容纳自然中心主义关于保护环境和野生动物的合理诉求。③ 童建军提出现代规范伦理论证动物保护存在缺陷，赫斯特豪斯则以当代西方复兴的德性伦理为重要的思想资源，提出人类保护动物的根本原因不是源自物种平等观和动物内在价值论，而是因为它显示了人类的德性。德性是人类兴旺繁荣的重要保证，行动者要像有德者在同样情境中依其品格会做的那般行动。从德性伦理的视角论证动物保护，使得赫斯特豪斯发展出了完全不同于辛格和雷根的由外在到内在以及由客体到主体的思路，也显示了德性伦理进入应用伦理问题讨论的独特之处。但其将面对如下质疑，即，她给出的有德者行动方案容易被解释成功利主义的派生物，关于德性只是个人意见的批评与反驳，关于德性概念模糊性的批评与反驳，关于利己主义的批评与反驳，赫斯特豪斯逐一做出了回应和辩护。④

最后，张贝丽对日本当代环境伦理学代表学者岩佐茂的生态伦理思想进行了系统分析研究。岩佐茂的研究特征是具有强烈的整体性、社会性和实践性。她梳理了岩佐茂环境伦理思想形成的社会背景和思想渊源，明确其理论视域为人与自然共生的整体主义环境伦理学立场，全面考察其环境正义观、环境实践观和可持续发展观。这些先

---

① 孔文清：《对环境的关爱如何可能——论斯洛特道德情感主义的环境美德伦理思想》，《道德与文明》2020 年第 5 期。

② 陈庆超：《环境美德伦理的理论渊源及其实践性突破》，《东南学术》2020 年第 5 期。

③ 双修海、尹维坤：《从康德的间接义务论看动物权利问题》，《自然辩证法研究》2020 年第 11 期。

④ 童建军：《赫斯特豪斯论动物保护》，《道德与文明》2020 年第 4 期。

进性观念将对我国构建和谐共生的生态伦理文化、践行环境正义的生态伦理规范、超越资本逻辑的生态伦理理路以及实现绿色发展的生态伦理目标等，有一定启发作用。[①]

① 张贝丽:《岩佐茂环境伦理思想研究》，博士学位论文，山西大学，2020年。

2020年法律伦理学研究报告

杨茜茜*

法律伦理学作为应用伦理学的分支学科，其研究本身带有“交叉性”“综合性”“社会性”的特点，一方面它需要打破学科间“各自为营”的话语壁垒，促进不同学科相互间的沟通与交流，建构以法学与伦理学为主体的学术研究共同体，凝结多学科的力量和视角介入法律伦理问题的讨论。另一方面它又需要关注现实生活领域的道德问题。2020年新冠肺炎疫情全球蔓延、民法典的颁布等社会重大事件的发生，无疑为法律伦理学提供了丰富的研究资源，学者们也相应地做出了丰富的学术贡献并提出许多创新观点。概要来说，学界不仅延续以往的思考与讨论领域，还相应地扩展出新的领域，例如法律职业伦理学的构建问题、法律制度的伦理范畴问题等。基本论域包括法律与道德的关系、法律道德化与道德法律化、中外法律伦理思想研究、法律实践和法律制度的伦理研究、社会现实问题的法伦理分析、马克思主义法伦理思想研究等内容。

一　法律伦理学的新发展

近年来，一方面我国依法治国战略得到不断推进，另一方面在社会中却屡现法律人违背或者涉嫌违背职业伦理的案例，这一现实中的悖论引起伦理学界和法学界的共同关注。法律伦理学研究者们也日益深刻地认识到法律职业伦理学科的发展对于法律正义维护和法律作用发挥的重要意义，开始重视培育法律职业者的伦理素养（如法律职业伦理被教育部列为法学A类必修课之一）并关注法律职业伦理问题。

法律职业伦理学是将伦理学原理应用于法律职业领域中的一门学科，其研究对象包括：法律职业伦理的一般原理、法律职业主体的伦理规则、法律职业责任、法律职业伦理的养成。对于法律职业伦理的概念，不同学者有不同界定。一些学者认为法律职业伦理是为了维护法律职业者相互之间正常职业关系而遵从的行为准则。为什么法

---

* 杨茜茜，1981年生，重庆人，副教授，上海师范大学21世纪马克思主义研究中心研究员，研究方向法律伦理学。

律职业伦理是一种“职业伦理”，而不是日常道德？有学者认为，法律职业伦理是指以法律职业道德为研究对象的，有关法律职业共同体从业的法律活动准则、职业道德规范和法律职业信仰的科学。王申、刘冰琪认为，法律职业伦理学属于一种以客观的方法研究法律职业伦理道德现象的方法论范畴，而传统伦理学可以为法律职业伦理学的构建提供必要的理论前提，法律职业道德规范构建的基础，更多地在于寻求理性的辩护以及理论的支持，但同时也包含着规范系统与价值认定之间的联系，并涉及规范与“善”的关系。[①] 谭世贵、曾宇兴侧重于从意识形态角度出发阐释法律职业伦理，认为法律职业共同体是“想象的共同体”，而法律职业伦理则是维系这种共同体存在的职业意识形态。[②] 贾一锋、马长山认为法律职业伦理虽是对法律共同体的一种自律性内在约束，但它却成为职业技能的支撑与行业自律的基石，既是规则续造的源泉和机制运行的保障，也是制度转化的动力和秩序实现的途径，具有保障法治运行的重要功能。作者还分析了法律职业伦理存在的诸多复杂难题，如当下法律职业伦理存在行政化因素嵌入、公众道德因素混同、世俗功利因素侵扰和新兴技术因素挑战等问题。这些问题不仅阻碍了学科的发展，还严重制约着法律职业伦理的运行状态和功能发挥。因此，亟须采取系统化的重建策略，进而发挥其应有的法治底线支撑作用。[③] 对于法律伦理道德与法律职业伦理问题，学界也是众说纷纭。

职业伦理的产生与职业所承担的社会责任和公益性有很大的关系，已经成为理论界和实务界的普遍共识。正如江平所言，“作为一名法律人，在憧憬着法治中国梦的同时，尤其需要法律共同体、所有法律工作者成为这个伟大时代的法治担当者、燃灯者、铺路石，塑造良法善治，传播法治理念，捍卫法治尊严。”[④] 钱一栋认为法律适用不是一个机械的过程，法律活动离不开法律人的能动因素，法治必须落实为法律人之治。而只有当法律人具有充分的职业伦理与技能时，他们才能成为良法的肉身，法律人之治才是真正的法治，而不是另一种人治。只有当法律人拥有法治信仰时，法律人才会认真对待职业伦理与技能。[⑤]

在谈到法律职业伦理的现状时，学者们表现出诸多忧虑。他们普遍认为中国法律职业化起步较晚，尚不成熟，法律职业化程度不高，无论是理论研究还是具体的法律实践，都存在被轻视的问题，法律职业伦理教育和塑造严重缺失。成功认为“法律人，你为什么不争气？”命题的提出缘于学界对我国法学教育的整体性反思。理想的法学教育培养出的法律人才，应当具有以下共同的法律素养：包括法律语言、法律知

---

① 王申、刘冰琪：《论法律职业伦理学构建的学理基础》，《法治现代化研究》2020 年第 6 期。

② 谭世贵、曾宇兴：《我国法律职业共同体建设的实践、问题与对策》，《海南大学学报（人文社会科学版）》2020 年第 5 期。

③ 贾一锋、马长山：《法律职业伦理重建与法治底线支撑》，《学习与探索》2020 年第 12 期。

④ 江平：《不该被遗忘的法律人》，《法人》2020 年第 11 期。

⑤ 钱一栋：《法治与法律人的伦理与技能》，《浙江社会科学》2020 年第 5 期。

识、法律技术、法律思维、法律信仰和法律伦理等六个复合要件，其中法律职业伦理显然占据着最重要的位置。[①] 有学者进一步指出：非道德性，是当代法律职业伦理所遭遇的共同困境。但也有学者认为古典儒家的道德理论就可以解决法律人所面临的窘困的道德处境，可以构建起一种“律师角色美德职业伦理”。高林认为需要通过加强职业伦理规范建设、回应新时代的道德需求、增强法律信仰和职业认同感、强化法律职业与法学教育的内在联系等诸多方式进行化解。[②] 法律职业伦理教育对于培养德法兼修的法治人才发挥着不可替代的作用。然而由于大多法律院校多年以来对法科学生法律职业伦理教育方面的忽视，大多没有开展系统的法律职业伦理课。这一背景下，广大学者对于开展法律职业伦理教育的必要性作出相应阐述。[③]

二 法律伦理学的基本论域问题

（一）法律与道德的关系

唐代兴认为道德无限度的直接后果，是使道德“引导人心向善”和“行为边界约束”的功能丧失，推动了社会异化。而改变这种状况的道德方式，是恢复道德的有限性。首先是道德不能僭越法律而行治理职能；其次是不能将美德降格为道德，也不能将道德升格为美德，这是使道德保持有限性的基本要求。[④] 而唐凯麟和曹刚在讨论公民道德建设中的德法关系问题时，表示一方面认同自然法学派关于道德与法律具有深刻的内在联系的观点，另一方面也不否认分析法学或实证法学派强调法的独立和形式性特征的意义，而是将两者统一于社会实践包括道德实践和法律实践之中。法律对道德的支持和保障作用是以法律的独特品格来保证的。正是由于法律的独特的社会功能，才能完成体现和保障社会基本道德的历史使命。首先法律具有一种制度性的优势；其次法律具有比道德更为明确具体的表达形式；最后法律拥有道德所缺乏的一种国家强制力。从德法互动的内在逻辑可见，作为社会两大规范系统的道德与法律是彼此支持、相互作用的。法律作为道德运行的外部保障系统是实现道德进步的必要条件，在社会主义社会，国家的意志和人民的权力、社会利益和个人利益本质上具有一致性，坚持德法并举的方针以促进公民道德的进步，不仅获得了更广泛的社会基础和更切实的可行性，而且是社会主义社会公民道法建设现实的必然要求。[⑤]

---

① 成功:《论法律职业伦理与法学教育目标》,《安徽警官职业学院学报》2020 年第 2 期。

② 高林:《“德法兼修”视域下中国法律职业伦理之重塑》,《华北水利水电大学学报（社会科学版）》2020 年第 4 期。

③ 袁连子:《法律职业伦理课程中“个案方法”创新研究》,《西部学刊》2020 年第 24 期；钱大军、李博:《论法律职业伦理课程设置与教学方法的选择》,《中国大学教学》2020 年第 10 期。

④ 唐代兴:《道德有限性的道德分析》,《伦理学研究》2020 年第 5 期。

⑤ 唐凯麟、曹刚:《公民道德建设中的德法关系问题》,《东岳论丛》2020 年第 4 期。

（二）关于法律道德化与道德法律化

道德能否法律化以及道德的法律强制问题是20世纪中叶至近十年西方法理学界研究的热点之一，西方学者围绕道德领域的公私界限以及法律的介入点、法律强制自身的合道德性、道德立法的限度等问题展开了深入探讨。随着中国社会主义市场经济体制的确立，社会生活中凸显的诸多道德失范现象引发了法律伦理学界的关注，学者们试图借助法律手段解决道德领域突出问题的思考，有关道德法律化、伦理制度化主题的研究日渐增多。中国特色社会主义进入新时代，为推进社会主义核心价值观融入法治建设，落实习近平关于“以法治承载道德理念”“要把实践中广泛认同、较为成熟、操作性强的道德要求及时上升为法律规范”“运用法治手段解决道德领域突出问题”的指导思想，2020年度学者们对道德要求的层级分类、道德法律化的正当性和限度以及存在的风险等问题进行了广泛思考。

曹刚认为要应对现实的需要，道德的制度化问题是不容回避的，公民美德的本性决定了它不能制度化，社会角色道德的本性决定了它只能在不同层面和不同方面制度化，难以普遍法律化。但公民道德可以通过法律化，以法律运行为载体来实现其功用和价值。如何实现法治的载体功能，关键在于如何在法治实践中融入社会主义核心价值观。“融入”的首要环节是立法，其次才能“运送”到司法、执法各环节。① 马晓颖认为公民道德建设要坚持教育倡导，也要重视有效治理。在道德领域外还需要采取经济、法律、制度、科技，以及社会治理、舆论监督等手段，可见，法律是有效治理的重要选择。② 吴俊、王璇认为以法治承载道德理念，不能无条件地将法律强制运用于道德领域。只有当特定道德要求属于基本道德范畴且违背这一要求的行为对他人或公共权益造成侵犯时，其才具有以法律进行强制的必要性。与此同时，只有当公民对这一道德要求的落实具有期待可能性时，其才具有以法律进行强制的可行性。对于与基本道德相对应的高层次道德要求，可采用授权性规范引导和鼓励人们践行。在对某一道德要求能否转化为法律规范进行具体甄别时，还应将社会主体的广泛认同作为德法转化可行性的现实参照。③

（三）关于中外法律伦理思想研究

对中外法伦理思想的探索是法伦理学研究的重要部分，学者们在进行理论挖掘的同时，更关注其对当代中国社会的启发和意义，注重反思与融合，研究重点主要集中在中国传统法伦理思想、外国法伦理思想和中西法伦理思想比较研究三方面。

---

① 曹刚：《何以载德——公民道德的实践载体》，《伦理学研究》2020年第1期。

② 马晓颖：《新时代公民道德建设的内在逻辑》，《人民论坛》2020年第29期。

③ 吴俊、王璇：《道德要求转化为法律规范的基本条件论析》，《伦理学研究》2020年第1期。

一是中国传统法伦理思想研究方面，学者们尤为关注中国传统文化的法律和伦理观。钟一苇认为中国法律传统虽以“公法”为主要特征，强调以身份关系为纽带的“公权力”，但在“私法”领域，却并非不重视以自由和平等为基础的“私权利”。在契约自由方面，主要通过“二主合同”“两和立契”等契约语言来体现契约是双方协商一致，达成合意的结果；在主体平等方面，则通过“两共平章”“平中立约”等用语来表明立约双方具有平等的人格与主体地位。而这样一种注重合意、平等立约的私法观念，以及尊重契约、敬畏契约，通过契约保护自身合法权利的精神，是当今我国法治化建设过程中重要的本土资源与宝贵财富，在提倡尊重契约精神、保护私权利等法治观念的今天，亦能够为我国法治的现代化进程提供历史的和本土的基因。① 周鸿雁、江畅对中国传统社会民本观念走向官贵事实进行历史反思，认为根本原因是民本观念本身有问题：传统社会的以民为本是一种统治的手段而不是追求的目的，是在封建等级制下君主的以民为本，而不是人人平等意义上的以民为本；在任何制度下统治者都可能宣扬以民为本，但同时也可以在事实上以官为贵；只是在道义上要求君主应当以人民为本，但缺乏法制保障。②

二是国外法伦理思想研究方面，学者们主要围绕西方著名法学家和法学流派进行法伦理学的研究。在人物思想上，学者们重点关注康德、麦考密克、哈特、富勒等人的法伦理思想。如龚群介绍了康德的自然权利说，认为康德对卢梭所提出的私人占有对于人类历史转折的重要性给予了高度重视，反复论证“我的”“你的”的私人占有权作为自然权利的性质与意义。在康德看来，在自然状态下的“我的”“你的”的私人占有是种私人意志的行为，在没有约束性法律的自然状态下，难以得到他人的承认，因而是暂时性的。要将暂时性的私人占有变成为永久性的，就必须在全体参与者同意的前提下进入公民状态，即进入有着立法保障的现代国家状态。现代国家权利体系的根据仍在于自然状态下人人享有的自然权利，现代国家的公民自由是在法律保护下的平等公民的自由。③ 马克西米利安·德奥·马尔介绍了麦考密克的融贯性理论，法官们希望认真对待和尊重情感表达、情感持有的各方规范性信念，他们意识到，如果要认真对待和尊重这些信念，就要为所做出的决定证明其正当性，关系伦理学要求尊重对价值问题的合理分歧，既涉及合议庭的法官之间的关系、法官与辩护人之间的关系，也涉及法官与各方当事人之间的关系。④ 骆意中将哈特的法理论认定为表意主义会面临两方面的困难：其一，表意主义需要证明内在陈述较之于外在陈述的优先

---

① 钟一苇:《中国传统契约中的“契约自由”与“主体平等”——以清水江文书为视角》,《政法论丛》2020年第1期。

② 周鸿雁、江畅:《中国传统社会民本观念走向官贵事实的历史反思》,《武汉大学学报(哲学社会科学版)》2020年第2期。

③ 龚群:《康德的自然权利说》,《伦理学研究》2020年第5期。

④ [英]马克西米利安·德奥·马尔:《融贯性在法律推理理论中的作用与价值》,邢焱鹏译,方新军校,《苏州大学学报(法学版)》2020年第3期。

性，但是这种论证将与哈特对法体系和承认规则性质的看法存在冲突；其二，将伦理学中的表意主义类比运用到法理论中，将忽视法与道德的不可类比之处，尤其是不能解释法作为人造物的本体论属性。因此，无法将哈特的理论理解为表意主义，故而无法将其认定为法律非认知论者；同时，法律非认知论者将“法是什么”解释为“法被当成什么”，这种将法的本体论与认识论相分离的尝试至少在目前仍然是不成功的。①

三是中西法伦理思想的比较研究方面，虽然没有形成专门的研究成果，但在学者们关于中西法律思想的比较研究中，多有涉及中国和西方在法律与道德问题上的区别和统一。如马俊驹认为中国民法的现代化进程，特别是数次编纂民法典的曲折而艰辛的经历，印证了中国学习和借鉴西方近现代民法的理性依据，以及中西法律文化整合的历史必然性。从性善与性恶、整体与个体、契约与身份、人情与法律、社会转型与弘扬传统美德等相互排斥又相互关联的法律文化理念和价值体系维度看，民法是保护善意人之法、个体间合作之法，民法不能忽视对身份关系的调整，应具有辩证的情法观。道德精神是民法内在价值的根基。实现民法和传统文化、民法和现代文明的良性整合，需寻求他们之间的共通处和结合点，建立既尊重人性、彰显权利，又崇尚社会公益、弘扬社会公德的民法新格局。②

（四）关于法律实践和法律制度的伦理研究

对法律实践活动和法律制度的伦理审视是法伦理学研究的重要组成部分，有众多的学者围绕这两个方面进行了相关探索。

其一，对法律实践活动的伦理思考，2020 年度法伦理学的研究涵盖了法律实践中立法、司法、守法、执法等各环节，对立法伦理、司法伦理、执法伦理、守法伦理等方面的思考也成为学者研究的热点。关于立法伦理研究，刘风景认为审慎立法的原则包括注重历史性与前瞻性之连通，理想性与现实性之兼顾，普适性与特殊性之折中，体系性与问题性之调和。立法者要养成审慎的立法德行，掌握审慎的立法技艺，设置审慎的立法制度。③ 关于司法伦理研究，郝银钟、张国全认为司法的过程是一个以法官为主体，运用理性进行事实判断、价值衡平和法律适用的法律阐释的过程。法官的理性行为和职业伦理，直接影响法官对案件事实的判断和裁判的公允。应从法官的有限理性这一前提出发，厘清有限理性、法官职业伦理和法官职业豁免的关系，进

---

① 骆意中：《哈特是法律非认知论者吗？——以反对内在陈述的优先性为中心》，《环球法律评论》2020 年第 5 期。

② 马俊驹：《中国民法的现代化与中西法律文化的整合》，《中国法学》2020 年第 1 期。

③ 刘风景：《审慎立法的伦理建构及实现途径》，《法学》2020 年第 1 期。

而指引法官职业伦理建设。[①] 李奋飞提出辩护律师忠诚义务的三个限度问题。[②] 张国全对律师慎言义务进行了研究。[③] 陈瑞华在对“双中心模式”进行反思的基础上，认为有必要确立一种“单一中心模式”，提出在对忠诚义务进行重新解释的前提下，将维护委托人利益、尊重委托人意志确立为辩护律师唯一的职业伦理规范，并将公益义务视为忠诚义务的必要保障和外部边界。这种设想不仅符合律师作为法律代理人的职业定位，有助于实现程序正义和实体正义，符合抗辩式审判方式改革的原理，还有利于实现律师的有效辩护。[④] 陈光斌详细介绍了监察官职业伦理的概念、渊源和内容。[⑤]

其二，对法律制度的伦理研究，包括对法律本身正当性的探索和对宪法、民法典、知识产权法等部门法或某一具体法律规定的伦理反思。譬如甘绍平通过回顾现代民主法治国家的理论建构与实践展现的历史进程，认为宪法规定了国家具有既保障民众人身安全又维护公民自由权利的双重功能与任务。就自由与安全两者的关系而言，安全构成了自由之所以能够存在的前提条件，但安全仅仅是人达到其目的的手段，自由才是人真正的目的。鉴于国家权力的滥用造成的危害远甚于自然状态下人们失去安全时所遭受的苦难，故在国家保障安全与维护自由两种任务之间发生矛盾之时，应坚持把自由放在优先地位的价值导向，且这一点应在法律中得到明确的规定与制度的固化。[⑥] 2020 年 5 月，十三届全国人大三次会议表决通过了《中华人民共和国民法典》，这是新中国第一部以法典命名的法律，被誉为社会生活的百科全书。学者们从法律伦理学角度对其进行广泛的研究。[⑦] 夏吟兰认为，我国民法典婚姻家庭编弘扬社会主义核心价值观，在立法价值上体现了维护婚姻家庭的伦理属性及团体价值，进一步强化对弱者利益的保护，实现法律的实质正义。[⑧] 李拥军认为《民法典》将我国当代的婚姻家庭立法在理念和技术上都提高到了一个新的层次。然而，婚姻家庭法在形式上回归了民法体系，并不能说明婚姻家庭法完全具有了私法的属性。法典化时代的婚姻家庭法仍然需要通过不断修正的方式来弥合其与社会之间的张力，仍然需要借助司法解

---

① 郝银钟、张国全：《有限理性、法官职业伦理与法官职业豁免》，《辽宁大学学报（哲学社会科学版）》2020 年第 5 期。

② 李奋飞：《论辩护律师忠诚义务的三个限度》，《华东政法大学学报》2020 年第 3 期。

③ 张国全：《律师慎言义务研究》，《法律适用》2020 年第 17 期。

④ 陈瑞华：《辩护律师职业伦理的模式转型》，《华东政法大学学报》2020 年第 3 期。

⑤ 陈光斌：《监察官职业伦理：概念、渊源和内容》，《法学评论》2020 年第 5 期。

⑥ 甘绍平：《自由与安全的伦理困境》，《湖北大学学报（哲学社会科学版）》2020 年第 2 期。

⑦ 彭诚信：《论民法典中的道德思维与法律思维》，《东方法学》2020 年第 4 期；杨立新、李怡雯：《论民法典规定生命尊严的重要价值》，《新疆师范大学学报（哲学社会科学版）》2020 年第 6 期；王春梅：《民法典框架下英烈与死者人格利益保护的立法调适》，《烟台大学学报（哲学社会科学版）》2020 年第 5 期；《民法典登记离婚冷静期条款的解释论》，《黑龙江民族丛刊》2020 年第 5 期；刘召成：《基本权利对民法人格权构造的发展与限定》，《福建师范大学学报（哲学社会科学版）》2020 年第 5 期；郭少飞：《作为物质型人格权之“基因权”的理论证立与法律保护》，《求是学刊》2020 年第 5 期；石佳友、庞伟伟：《人体基因编辑活动的民法规制：以民法典第 1009 条的适用为例》，《西北大学学报（哲学社会科学版）》2020 年第 6 期。

⑧ 夏吟兰：《婚姻家庭编的创新和发展》，《中国法学》2020 年第 4 期。

释和案例制度来弥补自身的局限，仍然需要借助习惯、伦理等社会规范来解决纠纷。[①] 王歌雅认为关注民法典婚姻家庭编的立法适用，可展现其规范功能、警示功能和伦理功能，进而实现法律规范的有机衔接、民事权益的融合保护、司法实践的难点应对、民众诉求的理性回应，为建设平等、和睦、文明的婚姻家庭关系奠定法制基础。[②] 有学者关注于知识产权法伦理研究。刘鑫认为专利法律制度作为促进与保护技术创新活动的一项特殊制度安排，虽与伦理分属于不同的学科框架，但其与伦理之间的联系涉及制度理论与运行实践的方方面面。从伦理学的基本概念与类型出发，无论是侧重于理论问题的规范伦理学，还是专注于实践问题的应用伦理学，都与专利制度存在一定的关联。一方面，在规范伦理学的思想框架中，“道义论”与“功利论”两种不同的规范伦理理论分别从不同的角度给予专利制度以伦理基础；另一方面，在应用伦理的路径下，科技伦理、法律伦理、经济伦理等应用伦理类型都与专利制度密切相关。[③]

（五）关于社会现实问题的法伦理分析

2020 年新冠肺炎疫情是继 1918 年大流感以来最严重的突发性公共卫生事件，由此引申的对于道德和法律双重困境问题的思考，成为法伦理研究领域的新热点。

第一，关注医疗领域的法律和道德问题。孙艳艳探讨了父权主义医患关系模式在疫情背景下的伦理和法律风险问题。[④] 丁春艳关注人工智能技术在医疗领域的应用所引发的人工智能法律地位、产品责任、数据安全和隐私保护、知识产权保护等一系列的法律问题，结合中国现行法并参考域外法，全面探讨人工智能医疗带来的法律问题与规管挑战。[⑤] 郭建认为健康医疗数据的共享和利用，其优势表现在医疗资源配置优化、临床决策辅助、医疗质量监控、精准医疗和疾病风险评估与预测等方面，但同时引发了数据安全、隐私窥视、数据独裁、数据主体自主权不足和社会不公平加剧等伦理风险和社会问题。因此，需要建立健全人本原则、数据主体自主原则、公开透明原则、责任原则和安全保护原则，可以有效规避健康医疗大数据应用伦理风险，以及推动和规范国家健康医疗大数据建设。[⑥]

第二，关注公共健康、社区协商、人口生育等领域。新冠肺炎疫情期间，生物技术领域的“伪科学”“滥科学”现象引发令人忧虑的生物安全和公共卫生问题，促使学界从法律伦理学视角剖析社会道德现象。朱海林认为公共健康制度关乎伦理，以正

---

① 李拥军：《民法典时代的婚姻家庭立法的突破与局限》，《法制与社会发展》2020 年第 4 期。

② 王歌雅：《民法典婚姻家庭编的价值阐释与制度修为》，《东方法学》2020 年第 4 期。

③ 刘鑫：《专利制度相关的伦理范畴之辨析》，《中国发明与专利》2020 年第 11 期。

④ 孙艳艳：《父权主义医患关系模式在疫情背景下的伦理和法律风险探讨》，《中国医学伦理学》2020 年第 9 期。

⑤ 丁春艳：《医疗领域的人工智能：法律问题与规管挑战》，《中国医学伦理学》2020 年第 7 期。

⑥ 郭建：《健康医疗大数据应用中的伦理问题及其治理思考》，《自然辩证法研究》2020 年第 3 期。

义为首要美德和价值原则，以公共善和个体善为价值目标。公共健康制度自身内蕴伦理精神，具有伦理功能，与伦理有价值统一性。公共健康制度伦理包含公共健康制度、社会关系和道德意识三个基本要素，并从宏观、中观、微观三个层面设计了公共健康制度的基本框架，其中还涉及突发公共健康事件管理制度、重点疾病防治制度、公共健康风险管理制度以及健康产业制度四个重点领域的伦理问题。[①] 王卓、李莎莎关注了老龄化背景下安乐死合法性问题，认为其主要面临伦理习俗、法律制度等障碍，实现安乐死从社会事实到法律事实的转变，需要更深入的研究和更广泛的社会调查。[②] 刘喜珍认为新时代老龄健康权利具有平等性、优先性、发展性的特点，老龄健康权是基于法权的道德优先权，其优先性主要体现在健康资源分配对老龄弱势群体的适度倾斜，它反映了法律正义和道德正义的有机统一。[③] 杨海军认为城乡社区协商制度是中国基层协商制度的重要部分，是当代中国基层民主政治建设的重要路径。从法律伦理学的视角出发，城乡社区协商作为解决城乡社区居民利益冲突问题的有效方式，是民主（而非强制）的，因而它也是伦理（而非法律）意义上的解决利益冲突的主要方式。为了能够更好地促进城乡社区协商，从而更好地解决城乡社区居民可能出现的利益冲突，必须对城乡社区协商进行伦理审视，分析城乡社区协商的伦理意义。构建城乡社区协商的伦理路径，从管理者之维看，需要营造公平的伦理环境；从参与者之维看，需要培育自律的伦理主体。[④] 赵轶讨论了冷冻胚胎的法律属性及其处置规则问题。[⑤] 张丽娜等人以某手术史为例，探讨了冷冻胚胎移植伦理问题。[⑥]

第三，关注科技伦理、大数据技术等方面。在科技领域，张吉豫认为需要将伦理学和法理学有机结合，深入反思新科技背景下的人伦关系、法律关系、社会秩序，推进伦理和法理在科技新领域的运用。[⑦] 刘益东认为，科技伦理法律在条件不具备时并不能有效防控科技风险，目前的科技伦理热潮似乎认为只要加强科技伦理法律的建设与实施，科技风险与伦理问题就可以迎刃而解，这种只注重科技伦理法律而忽视科技转型等其他重要措施的认识误区即为“科技伦理法律陷阱”。他提出，要用底线思维和系统思维构建“底线—整体伦理学”，从而应对前沿科技治理的巨大挑战。[⑧] 印波讨论了科研诚信案件查处规范制定的价值准则问题，应当统合兼顾至善、因袭与实用

---

① 朱海林：《公共健康制度伦理的可能性及基本框架》，《伦理学研究》2020 年第 6 期。

② 王卓、李莎莎：《老龄化背景下安乐死合法性的考量——基于 20 世纪 80 年代以来中国安乐死研究的学术史》，《自然辩证法通讯》2020 年第 11 期。

③ 刘喜珍：《新时代老龄健康权利的平等性、优先性、发展性》，《伦理学研究》2020 年第 4 期。

④ 杨海军：《城乡社区协商的伦理审视》，《湖北大学学报（哲学社会科学版）》2020 年第 2 期。

⑤ 赵轶：《冷冻胚胎的法律属性及其处置规则》，《医院与医学》2020 年第 3 期。

⑥ 张丽娜等：《冷冻胚胎移植伦理问题探讨及对策——以一例三次剖宫产手术史患者为例》，《医学与哲学》2020 年第 15 期。

⑦ 张吉豫：《认真对待科技伦理和法理》，《法制与社会发展》2020 年第 3 期。

⑧ 刘益东：《前沿科技领域治理应警惕科技伦理法律陷阱》，《国家治理》2020 年第 35 期。

的价值准则，制定具有整体性品质的科研诚信案件调查处理规范。[①] 葛秋萍、王珏讨论了大数据技术应用中个人数字身份的伦理规制。[②] 曹元关注于网络空间治理中法律体系不健全、正面引导力不足等问题，通过研究网络空间治理中的法治因素、德治因素与网络空间治理能力的作用关系，基于德法共治提升网络空间治理，并利用问卷调查开展实证分析。其结果表明，法律保护范围和执法严厉程度对网络空间管理、引导和保护能力均有正向影响。[③] 陈全真、王雪蕾讨论了足球运动员归化的理论证成问题。[④]

（六）关于马克思主义法伦理思想研究

国外学者认为马克思主义仍然致力于减少各种形式的异化、压迫和统治。柯林斯的《马克思主义与法律》试图概述经典马克思主义的法律分析，修复被证明存在缺陷的马克思主义法律思想的框架。布坎南的《马克思与正义》分析了马克思与正义的关系。根据布坎南的观点，马克思将正义作为一个相对主义的概念，正义被赋予一种边际的、策略性的功能。马克思主义鼓励人们在地方、国家、国际层面去寻找一种新的社会安排形式，以便进一步调查为什么在一个明显能够减轻痛苦的世界中会有如此多的痛苦。[⑤]

国内学者高建民、李菲菲认为马克思主义不仅与自然法理论相容，而且在三个方面超越了传统自然法理论，马克思主义自然法理论的科学性正在于价值论和科学方法论的统一、自由与必然的统一。这不仅有利于澄清学界对马克思主义与自然法之间关系的模糊认识和对马克思主义自然法理论的各种误读，而且对理解中国特色社会主义法律体系的科学性及其建构都具有十分重要的理论意义。[⑥] 陈培永认为马克思、恩格斯并不是反对谈论和追求平等，而是反对没有科学方法论支撑的有问题的平等论。现代平等即法律上的平等、政治上的平等，不能用虚伪的形式的平等来定性。经济社会的平等是政治法律平等的硬核支撑，实际上也是内容上的平等。两种平等的结合才是全面的平等，才是形式与内容都具备的平等。经济社会的平等，不是平均、同等、均等，不是反对消除一切社会和政治的不平等，而是要消灭建立在阶级差别基础上的、资本剥夺劳动的不平等。追求平等不能采取不符合历史进程和客观实际的激进的手

① 印波：《至善、因袭与实用：科研诚信案件查处规范制定的价值准则》，《科学与社会》2020 年第 4 期。

② 葛秋萍、王珏：《大数据技术应用中个人数字身份的伦理规制》，《中州学刊》2020 年第 10 期。

③ 曹元：《基于德法共治的网络空间治理研究》，《情报科学》2020 年第 2 期。

④ 陈全真、王雪蕾：《足球运动员归化的理论证成——伦理学、法学和经济学的三重考量》，《体育学刊》2020 年第 1 期。

⑤ ［英］科斯塔斯·杜兹纳：《统治、剥削和受苦——马克思主义的开放性与法律理论》，邱昭继译，林展翰校，《现代哲学》2020 年第 5 期。

⑥ 高建民、李菲菲：《正确理解马克思主义与自然法之间的关系——基于价值论和方法论的再思考》，《西南大学学报（社会科学版）》2020 年第 1 期。

段，也不能陷入追求完全平等或一切平等的幻想中。马克思、恩格斯给平等设定了限度，他们不是平等主义者，不是平等至上论者。[①] 曲红梅认为，20 世纪上半叶马克思主义伦理思想的发展在马克思主义研究中占据着重要地位。关于马克思主义伦理思想的三次争论的焦点问题包括：马克思主义是否缺乏伦理学？道德作为意识形态如何展现人的能动性？马克思主义是否是一种人道主义？如何理解事实与价值的关系、理论与革命的关系以及人道主义与科学主义的关系是最主要的理论困难。然而，以历史唯物主义为哲学观和方法论，理解马克思意义上的“人道主义”“意识形态”“正义”“道德”等概念，将会瓦解所谓的“马克思主义伦理思想内部的冲突”，确立马克思主义伦理观。[②] “社会主义人道主义”作为一个流派在西方马克思主义思想史上占据着重要地位。其中的众多学者从人道主义的角度阐发了对马克思关于自由和人的本质的思想。他们对马克思早期思想中的人道主义和后来的唯物主义之间关系的解读更彰显了马克思伦理观的独特性。尽管这些解读并没有提供符合马克思原意的解决方法，但人道主义与唯物主义的关系问题确实成为我们今天研究马克思的伦理观不可回避的重大问题。[③] 黄云明认为马克思从劳动哲学出发，在批判西方传统法律正义观特别是资产阶级法律正义观的基础上，提出了马克思主义法律正义观。法律正义建构在物质生产劳动基础上，超越社会物质生产发展阶段的抽象的法律正义在现实社会中不能真正实现，法律正义是抽象与具体的对立统一；资产阶级法律正义的本质是论证资本利益最大化的合法性，社会主义法律正义的本质就是维护劳动权益最大化的合法性；维护以按劳分配为核心的社会物质利益分配方式是社会主义法律正义的基础。[④]

---

① 陈培永：《平等问题的唯物史观透视与马克思主义平等论的当代建构》，《求索》2020 年第 5 期。

② 曲红梅：《二十世纪上半叶马克思主义伦理思想的焦点问题》，《伦理学研究》2020 年第 1 期。

③ 曲红梅、王宝锋：《自由、人的本质与人道主义——论“社会主义的人道主义者”对马克思伦理观的解读》，《齐鲁学刊》2020 年第 1 期。

④ 黄云明：《马克思劳动哲学视域中的法律正义观》，《河北大学学报（哲学社会科学版）》2020 年第 3 期。

2020 年经济伦理学研究报告

张伟东*

2020 年中国经济伦理学体现出以下四个重要特点。首先是大部头、深层次、系统化的经济伦理研究开始涌现，其中徐大建教授所著的《西方经济伦理思想史——经济的伦理内涵与社会文明的演进》① 和余达淮教授所著的《资本伦理学》② 在伦理学界引起了良好的反响；李文娟博士的《马克思伦理经济思想研究》③、高耀芳博士的《马克思〈资本论〉及其手稿中的劳动伦理思想研究》④，王贺博士的《马克思交往理论的伦理研究》⑤ 以马克思主义经济伦理学为对象进行了较为系统深入的研究；赵羿安博士的《非正式制度对中国经济发展影响研究》⑥、薛英杰博士的《阿拉伯经济伦理研究》⑦ 也较为系统地对特定的经济伦理对象进行了深入的研究。这种大部头的经济伦理思想研究在一个年度内涌现是极为少见的。这些研究体现了以马克思经济伦理思想研究为中心，尤其是以马克思的《资本论》为蓝本展开研究成为一种特有的研究趋势。其次，对特定历史人物的经济伦理思想研究、特定历史时期的经济伦理思想研究和特定学术著作的经济伦理思想研究成果较多。其中中国传统经济伦理思想和近现代历史人物的经济伦理思想是主要研究对象。再次，多学科交叉的研究方式开始逐渐崭露头角。生态经济伦理异军突起，经济伦理学和法学的交叉研究成果表现也十分突出，以经济犯罪为对象进行法学和道德的交叉研究呈现了鲜明的依法治国和以德治国结合的特点。最后，经济伦理学的国际化前沿研究聚集在贫困伦理学上。综述性的研究延续了 2019 年的趋势，对中国经济伦理发展的问题及趋势预测研究有所涉及。

---

* 张伟东，1989 年生，内蒙古人，中国人民大学哲学院伦理学专业博士研究生，研究方向为经济伦理学。

① 徐大建：《西方经济伦理思想史——经济的伦理内涵与社会文明的演进》，上海人民出版社 2020 年版。

② 余达淮：《资本伦理学》，中国社会科学出版社 2020 年版。

③ 李文娟：《马克思伦理经济思想研究》，博士学位论文，吉林大学，2020 年。

④ 高耀芳：《马克思〈资本论〉及其手稿中的劳动伦理思想研究》，博士学位论文，兰州大学，2020 年。

⑤ 王贺：《马克思交往理论的伦理研究》，博士学位论文，河北大学，2020 年。

⑥ 赵羿安：《非正式制度对中国经济发展影响研究》，博士学位论文，吉林大学，2020 年。

⑦ 薛英杰：《阿拉伯经济伦理研究》，博士学位论文，对外经济贸易大学，2020 年。

一 深层次、系统化的经济伦理研究成果涌现

徐大建教授所著的《西方经济伦理思想史——经济的伦理内涵与社会文明的演进》从经济的伦理内涵和经济伦理与社会文明的关系角度入手，梳理了上至古希腊下至奥地利经济学派的经济伦理思想。著作内容将经济伦理的演进分为五个部分：古代萌芽时期、近代形成时期、现代发展时期第一阶段、现代发展时期第二阶段和当代经济伦理的基本问题研究。著作首先对西方经济伦理思想的渊源和发展做了一个简明的较为系统的梳理和批判性考察，其次是试图通过批判性考察对经济伦理的基本问题给出自己的答案。为实现这一目的，作者力图以经济伦理研究的基本问题及其演变为论述的主线，以此来选择西方历史上一些主要的哲学家、经济学家或社会学家作为论述对象，系统性地阐述他们的经济伦理思想并对之进行一些批判，最后对经济伦理的基本问题得出一些借鉴性的结论。

第一，关于经济伦理要解决的基本问题及其逻辑结构，它们表现为随着历史的发展依次从不同的学科视野对经济效率与公平正义的不同看待，由“经济活动的社会目的或经济效率问题以及相关的人性基础问题”“效率与公平的评价关系问题”与“效率与公平的事实关系问题”三个基本问题共同构成，其他各种更为具体的经济伦理问题，如市场经济的伦理原则和道德评价问题、工商活动的伦理准则、伦理道德对经济发展的价值问题，等等，都能够从这些问题构成的逻辑框架中衍生出来。

第二，关于经济伦理基本问题的理论解决方案，（1）经济活动的社会目的是社会生产的经济效率，这是经济活动的基本伦理原则，并且在经济活动中表现为各种有利于社会经济效率的道德规范。（2）虽然经济活动的基本伦理原则是有效的生产活动，并表现为各种有利于社会经济效率的道德规范，但有效的生产活动离不开财富的合理分配，社会经济效率离不开公平正义。因此，经济活动领域的伦理原则和道德规范又要超越社会经济效率，涉及社会正义，于是就会在经济伦理领域中产生经济效率与社会正义的复杂矛盾。在经济伦理领域中将经济效率与社会正义统一起来的途径应当是，从各种不同的社会正义方案中选择与经济效率相一致的社会正义方案。（3）经济效率与社会正义之间的矛盾是两种不同的社会目的或社会利益之间的矛盾，因此是一个伦理冲突问题。这一伦理冲突问题虽然可以通过价值关系的逻辑分析得出某种解决方案，但这样的解决方案需要用有关社会经济发展与道德法律传统之间的事实关系的社会科学研究成果加以验证。

第三，关于经济伦理基本问题解决方案的方法论原则。贯穿经济伦理基本问题的核心问题是经济效率与社会正义的关系问题，要解决这个问题：（1）既要考虑个人私利与社会公益的矛盾问题，又要考虑两种不同社会利益的伦理冲突问题；（2）既要运用道德评价的方法，又要运用科学描述的方法来验证道德评价的结果；（3）理

论只能提供解决问题的框架，问题的具体解决方案唯有依靠实践。

2020年多维度、深层次的马克思主义经济伦理学研究成果大量涌现，余达淮教授在《资本伦理学》中看到了资本在现代社会的二重存在，尝试以伦理更好地规约引导资本。具体地说，书中的第1、2、3章回应了资本伦理的起源问题；第4、5、6章构成了该书最富有创新性的研究成果，使得资本伦理有本可依，作者通过论证提出存在于资本伦理研究中的一些特定研究主题和特定的研究范畴以及持续讨论的研究焦点构成了一整套承载资本伦理学的基石；该书第7章探讨了用的问题，采取了一种方法大于内容的思路，厘清了伦理学研究能在多大程度上干涉和影响我们的生活并明确指出了经济伦理学的局限性，为每一个关注资本伦理学的研究者留下了充分的思考空间。该书在五个层面做出了思考：第一，资本作为生产关系，表现为一种人对人的剥削的本质。第二，作为意识和观念的资本不仅表现为关系样态，也体现为某种意识和观念。第三，作为生产要素的资本推导出现代平等信用概念。第四，资本关系及其伦理在人类发展史当中只是一种暂时性的存在。第五，在当前的社会条件下，资本日益表现为意图通过重新组合消解生产过程的危机，其结果必然是资本所凸显的这种社会关系更趋近紧张。

李文娟博士在《马克思伦理经济思想研究》中认为："伦理经济学是更高级的经济学，区别于西方经济学只研究财富增长的经济学。经济学从历史形成过程看本就脱胎于伦理学，因为经济活动是有人参与的活动，经济学研究的经济规律说到底是人的社会活动规律。伦理经济关注的是经济发展过程中人的发展问题，探讨人的伦理行为能否获得经济增殖能力和经济行为是否符合伦理原则，在经济和伦理的互相建构中实现人的自由全面发展。"她认为马克思伦理经济思想的主要内涵是实现人的自由全面发展，经济的发展应该适应人类本性的发展。

高耀芳博士在《马克思〈资本论〉及其手稿中的劳动伦理思想研究》中认为《资本论》及其手稿中的劳动伦理思想，并不仅旨于构建一种合乎价值性和规律性的劳动规范和劳动原则，而在于从根本上辨析资本主义社会劳动的道德界限以及资本主义社会的制度"元伦理学"批判基点，在一切"批判"的基础上构建新的劳动伦理关系。社会主义初级阶段的中国，商品货币经济仍需大力发展，资本逻辑在扬弃的前提下仍然发挥着作用，探索马克思《资本论》及其手稿中劳动伦理思想的革命性贡献，利于我们回应当代社会主义社会劳动伦理思想的现实要求，从而进一步彰显马克思《资本论》及其手稿中的劳动伦理思想引领人类实现劳动自由自觉发展的现实解释力。在坚持和完善中国特色社会主义制度优势及其市场经济的过程中，在新时代奋斗的历史征程中，继承马克思科学的劳动伦理思想，努力将和谐劳动关系构建、劳动者对美好生活向往和劳动者尊严的保护作为新时代中国共产党人的不懈追求，并为构建人类劳动道德共同体做出贡献。

王贺博士在《马克思交往理论的伦理研究》中认为马克思的交往理论阐明了社会

发展的基本规律，为认识和把握资本主义的发展变化提供了理论视角。资本主义经济全球化是资本扩张在当代世界历史中最突出的体现。而用来度过危机的方式依旧是通过加强对国内、发展中国家和相对落后国家劳动人民的财富掠夺来实现的，因为资本主义社会的生产方式没有变、资本主义社会的矛盾没有变、资本主义社会追逐剩余价值的目的未变、资本主义社会必然灭亡的趋势未变。即使现在资本主义国家造成的问题较以往来看更加复杂多样，但依旧改不了资本的扩张、侵略的本性，以及资产阶级同无产阶级世界范围内的对抗。实现全人类的解放，实现人与人之间交往的平等、自由依旧是无产阶级劳动者最深切的祈盼。马克思交往理论的伦理内涵为处理和解决全球化背景下国家与国家、民族与民族、人与人之间的交往关系以及构建人类命运共同体提供了科学方法和思想指引。国际关系的要求也是习近平新时代中国特色社会主义思想的重要组成部分，也是我国外交政策的核心，这一内容既道出了中国渴望和平发展的思想，也摆明了中国建设美好世界的崇高理想。习近平以马克思主义为指导提出的新型国际关系思想是马克思交往理论在中国的新发展，彰显了马克思交往理论的伦理诉求。

对于非正式制度的研究可以说是对经济伦理研究范畴的进一步拓展，有利于明确经济伦理的研究边界和局限性。赵羿安在《非正式制度对中国经济发展影响研究》中介绍了非正式制度对中国经济发展影响的背景、意义、创新点和非正式制度与中国经济发展的概况，从文化传统、意识形态、习俗习惯和伦理道德四个维度分别论证分析了非正式制度与中国经济发展关系的内在机理和传导途径，建立了非正式制度与中国经济发展的理论基础。

对于阿拉伯经济伦理研究在国内尚属空白，薛英杰博士在《阿拉伯经济伦理研究》中阐述了市场经济全球化、现代化背景下“阿拉伯经济伦理研究”的意义；梳理了国内外相关理论问题、研究工作的现状，并对其进行了扼要的评述；归纳了阿拉伯经济伦理思想的历史演变、主要特点和未来发展，以及阿拉伯经济伦理在宏观、中观、微观层面的主要特征、原因分析和前景发展，并对未来所能继续开展的学术研究工作进行了展望。

二　具体化的经济伦理思想研究成果骤增

对特定历史人物的经济伦理思想研究、特定历史时期的经济伦理思想研究和特定学术著作的经济伦理思想研究的本质是对具体的经济伦理现象的研究，是对中外历史渊薮中的经济伦理思想的整理拾缀。2020 年对重要的历史人物的经济伦理思想研究成果分别是《毛泽东的经济伦理思想及其当代价值》① 和《王夫之经济伦理思想研

① 刘祥苑：《毛泽东的经济伦理思想及其当代价值》，《湖南科技大学学报（社会科学版）》2020 年第 5 期。

究》[①]。刘祥苑认为在毛泽东的经济思想中，有着非常明显的伦理向度和价值之维。发展中国经济，从来不是为经济而经济，而是为了人民群众的幸福而发展经济；经济是手段，人民幸福是目标。但是，存在的问题是，毛泽东在发展经济的过程中，过分强调价值导向和伦理道德，过分强调“蛋糕分好”，而忽视了“做大蛋糕”应遵循的规律，忽视经济建设自身的规律，脱离生产力发展水平，超前推进生产关系和伦理道德观念的变革。毛泽东终其一生执着追求和坚守社会主义经济建设过程中的伦理之维，既是非常正确的，也是非常珍贵的，在当代中国，尤其需要加强继承和发扬。张梦在《王夫之经济伦理思想研究》中认为王夫之的经济伦理思想主要包括“义利并重”的义利观、“均天下”的分配观、“天下交相灌输”的自由贸易观和“俭奢有度”的消费观。在义利观上，王夫之坚持“义利并重”，反对重义轻利，提倡义利兼顾；关于农民和土地问题，王夫之提出“均天下”的经济社会理想，主张兼顾公平和效率，使贫富不至悬殊，不仅可以有效避免因贫富两极的严重分化而导致的社会动乱，也能促进社会的长治久安；在经济贸易方面，王夫之提出“天下交相灌输”的自由贸易观，反对贸易壁垒，主张经济的自由往来；关于消费问题，王夫之在前人消费观的基础上进行批判继承与改造，反对“崇俭黜奢”，提出“俭奢有度”“絜矩之道”的消费观，倡导经济消费应在正确的伦理价值评析范围内，鼓励正常消费，拒绝过度吝啬和奢侈浪费。

对特定历史时期的经济伦理思想研究主要涉及汉、元两代。解丹琪在《元代经济伦理思想的历史特质与价值》[②] 中认为元代是一个特殊的历史时期，游牧统治者“起于内不足”的商业精神、务实作风和传统儒士社会地位的下沉，使元代的社会基础和经济伦理关系发生了巨大变化。传统儒学、蒙古文化和西域文化作为农耕文化、游牧文化和商业文化的代表碰撞交融，形成了这一时期的多元文化面相，并间接作用于元代的经济伦理思想，使其表现出明显的“致用”倾向和“务实”特征。经世致用的义利观和农商并重的本末观，成就了这一时期独具特色的经济伦理思想，并充分展现其历史特质与价值。解丹琪、刘可风还在《元代货币思想的经济伦理价值》[③] 中认为元代首度实现了纸币在全国范围内的通行，并成就了一套世界上最早且较为完善的货币管理制度。“信”作为货币之本，是元代中统钞发行初期纸币机制运行良好的经济伦理根据。“便”体现了游牧统治者对农耕传统的影响，使货币思想表现出对流通之“便”的经济伦理观照。纸币的流通之“便”必以“信”为本，不可用于谋利；后因失“信”，纸币的铸造之“便”被统治者利用而成为滥发敛财、填补赤字的工具，进而促发恶性通货膨胀，加速了元代的覆灭。古为今鉴，互联网时期的现代社

① 张梦：《王夫之经济伦理思想研究》，硕士学位论文，南京师范大学，2020 年。

② 解丹琪：《元代经济伦理思想的历史特质与价值》，《内蒙古社会科学》2020 年第 4 期。

③ 解丹琪、刘可风：《元代货币思想的经济伦理价值》，《中南财经政法大学学报》2020 年第 4 期。

会对货币的流转之“便”提出了更高要求，在日益抽象化和虚拟化的金融创新道路上，须严格坚守货币的“信用”本质，方能保障货币机制长久健康地运行。

对特定学术著作的经济伦理思想研究在2020年之前尚不多见，2020年有两部重要作品。一部是王永梅的《〈巴托罗缪市集〉中的烟草消费书写与殖民经济伦理》①。作者认为《巴托罗缪市集》中有关烟草的书写是本·琼森关于弗吉尼亚殖民经济对母国经济影响的观察和反思。受西班牙等重商国家的影响，英格兰在都铎王朝晚期和斯图亚特王朝早期开启了国家地理战略转向，希望通过殖民实现母国经济提振，第一个海外殖民地弗吉尼亚屡遭失利后终因烟草崛起。该文以此为切入点，将剧作置于当时有关烟草纷争的语境和詹姆斯一世时期严峻的经济形势之中，探讨剧中英格兰殖民话语与国内烟草消费的勾连。文章认为该剧指出了弗吉尼亚视烟草为拯救母国经济的良药并试图以其成就自身“神话”的荒谬性，探讨了烟草消费对个人、国家和经济产生的危害以及最终使殖民经济失去伦理正当性的原因，证明“国王诗人”对国家殖民事业能否取得经济上的成功的疑虑，体现了他对国家经济的伦理关怀。另一部是李广义的《〈太平经〉的经济伦理思想及其现代价值》②，作者认为道教经典《太平经》蕴含着丰富的经济伦理思想，体现在“财富均平”“以民为本”“广嗣兴国”“保护资源”等方面。其现代价值体现在“财富均平”的正义诉求为政治目的的公平定位提供一定的道德理念；“广嗣兴国”的人口政策是对性别歧视的社会现实有力的道德谴责；“以民为本”的仁政理念为经济手段的合理运用予以一定的道德控制；“保护资源”的生态意识为日益恶化的环境状况敲响清醒的道德警钟。《太平经》经济伦理思想的核心内容值得批判性继承与借鉴，可以在一定程度上增强文化自信、弥补“现代性社会道德”的不足，有助于推进新时代国家治理体系和治理能力现代化。

三 多学科交叉的研究方式崭露头角

2020年以伦理学为基础多学科交叉的研究方式崭露头角，尤其是生态经济伦理异军突起，研究成果多达30余项，其中具有代表性的成果集中在了对新时代的生态经济伦理研究上。

解丹琪、张忠民在《环境犯罪的生态经济伦理维度及其司法规制》③中认为环境犯罪是最为极端的污染环境或者破坏生态的行为，最为伦理所不容。生态经济伦理研究的目的是为生态经济的发展提供必要的道德辩护以及创造必要的道德秩序或道德氛围，对于环境犯罪的研究不应局限在法学，至少应拓展到生态经济伦理。从构成要件

---

① 王永梅：《〈巴托罗缪市集〉中的烟草消费书写与殖民经济伦理》，《外国文学评论》2020年第3期。

② 李广义：《〈太平经〉的经济伦理思想及其现代价值》，《西部学刊》2020年第21期。

③ 解丹琪、张忠民：《环境犯罪的生态经济伦理维度及其司法规制》，《中国人口·资源与环境》2020年第10期。

和关涉因素上看，环境犯罪涉及主体、主观、客体、客观、量刑和案发六大要素，而生态经济伦理具有道德意识、道德规范和道德实践三个层次。这些变量可以在理论上建立三组相互对应的关联模型，即主体、主观对应道德意识，客体、客观对应道德规范，量刑、案发对应道德实践。中国环境犯罪的 17 项具体罪名的规定详情，充分印证了这三组模型的合理性，并且表明了环境犯罪生态经济伦理的维度并不均衡，呈非线性分布。全国环境犯罪的整体数据和最高法院业已发布的典型环境刑事案件的具体情形，无不说明现有的司法规制对于环境犯罪生态经济伦理的观照不足，环境司法尚停留在保护环境资源的工具价值阶段。为此，作者建议出台系统的方案完善环境犯罪的司法规制：其基础在于优化环境犯罪的罪名设计、设置破坏生态罪；其核心在于强调环境刑事审判的精巧、促进绿色司法的实现；而其配套则是重视环境行政执法与刑事犯罪的衔接，特别是证据的转化和认可。

周可欣在《生态经济伦理思想的探索与发展》[①] 中认为生态环境是人类生存的基础，也是社会经济发展必须的物质材料，经济的发展给人类带来了巨大的物质财富和精神上的满足，与此同时，也给人类赖以生存的家园带来了不可忽视的创伤。因此，生态经济伦理从伦理道德的角度平衡经济与自然之间的关系，批判农业经济和工业经济的不合理性，建立生态经济，确保经济与生态保持和谐永续的发展，为实现可持续发展构建理论和实践基础。

其次经济伦理学和法学的交叉研究成果表现也十分突出，以经济犯罪为对象进行法学和道德的交叉研究呈现了鲜明的依法治国和以德治国结合的特点。杜兴达认为明确经济犯罪时，存在较浓厚的功利色彩，未能充分彰显刑事司法的内涵，进而有碍刑法效力的发挥；对于轻微经济犯罪，可充分融合财产刑，并适当接连缓刑，进而获取较好的预防犯罪效果；基于经济犯罪，有效设置情报制度，同时合理配置检举酬金制度，在很大程度上，有助于发现经济犯罪行为，同时制定相应的预防措施；基于接连标准，对其开展详细化处理，有助于落实刑事政策，而且可改善实践现状。[②]

许宜群总结了我国经济犯罪的刑事政策发展历程，认为依据人们对刑事政策的不同理解，现代经济犯罪刑事政策较为注重运用涵盖刑法学的不同学科研究成果，探究人与社会、犯罪与处理的基本取向及预防策略。因此，针对我国经济犯罪的刑事政策运行阶段存在的问题，应结合我国现阶段经济犯罪实际情况，对检察机关及法院行政执法职能进行进一步明确，强化经济伦理防线建设，构建宽严相济的经济犯罪刑事政策改善体系，为我国经济犯罪案件的有效处置预防提供依据。[③]

---

① 周可欣：《生态经济伦理思想的探索与发展》，《经济研究导刊》2020 年第 1 期。
② 杜兴达：《对我国经济犯罪中刑事处罚政策的研究》，《法制博览》2020 年第 3 期。
③ 许宜群：《我国经济犯罪的刑事政策分析》，《法制与社会》2020 年第 21 期。

四 经济伦理发展趋势研究

国际经济伦理的前沿研究聚集在贫困伦理学研究上，中信出版集团再版了阿比吉特·班纳吉和埃斯特·迪弗洛的名著《贫穷的本质》[①]，同时出版了二人的新作《好的经济学》[②]。作者班纳吉通过对贫困经济学的常见观点的反思和实地调查得出结论："援助越多穷人的依赖性越强，外部援助不起作用的流行观点是不对的。"他指出，多年来的扶贫政策大都以失败告终，原因在于人们对于贫穷的理解不够深刻，好钢没有用在刀刃上。作者通过大量的实验提出了一些实用性较强的建议。作者通过研究那些经得起检验的扶贫方案，为实施脱贫方略提供了重要的指导。陶芸在《日本福利经济思想的发展轨迹》[③] 中认为日本的福利经济思想萌芽于明治维新以后，它的发展经历了三个大的阶段，即明治维新初期到第二次世界大战结束的近代阶段、战后重建到福利国家全面建成的现代阶段、20 世纪 90 年代经济衰退至今的当代阶段。福利经济思想的发展过程与日本不同时期的经济社会发展状况以及国家福利制度建设紧密相连，因此，它是反映日本自近代以来社会经济史的一面镜子。日本福利经济思想在借鉴西方经验和融合本国传统中形成，它在国家福利制度建设和福利立法过程中发挥了重要作用。中国在经济社会发展过程中也存在一些和日本类似的问题，因此，日本福利经济思想的理念和主张也值得中国学习和借鉴。

综述性的研究延续了 2019 年的研究趋势，刘琳认为与当代中国改革开放进程相生相伴的中国经济伦理研究，为中国经济发展和社会建设贡献了独特的思想养料和实践论证。探究中国马克思主义经济伦理研究的热点议题，是透视中国道路的发展经验和趋势、形成并彰显中国特色现代化的伦理话语体系之独特进路。马克思主义视域中的市场经济伦理问题剖析，为社会主义国家解决市场经济机制和经济基础的相容性问题提供了实践指南。对于公平与效率、资本与劳动、经济正义追求、民生经济伦理等热点实践议题的梳理，有助于中国特色社会主义经济伦理话语体系的归纳形成。从经济伦理视角阐释马克思主义经典理论家的思想，能为讲好中国特色社会主义经济发展故事提供重要理论支撑资源。[④] 杨雯瑞总结了一些关于经济伦理的基础性问题，她认为："随着市场经济的进一步发展，关于经济伦理问题的讨论甚嚣尘上，经济与伦理存在一种独立又互相关联的关系，因此很多的专家学者展开了对经济伦理若干问题的

---

① ［印度］阿比吉特·班纳吉、［法］埃斯特·迪弗洛：《贫穷的本质》，景芳译，中信出版集团 2020 年版。

② ［印度］阿比吉特·班纳吉、［法］埃斯特·迪弗洛：《好的经济学》，张缘、蒋宗强译，中信出版集团 2020 年版。

③ 陶芸：《日本福利经济思想的发展轨迹》，《世界近现代史研究》2020 年第 1 期。

④ 刘琳：《改革开放 40 年来中国马克思主义经济伦理研究主题述论》，《常州大学学报（社会科学版）》2020 年第 1 期。

研究工作。”①

同时对中国经济伦理发展的问题及趋势预测研究也有所涉及。杨培芳认为数字经济正在引发自蒸汽机革命和电气革命以来的第三次重大社会突变；唯有中国的模糊正义和多元包容文化基因具备引领这次社会变革的潜质。但是，关键因素是国人能不能把握新旧生产力和生产关系、新旧社会结构、新旧核心价值以及新旧经济伦理和哲学思维转型的规律。②

2020 年中国经济伦理除了以上较为明显的研究特征，还有一个特点值得提及——宗教经济伦理研究以总结和评论的形式出现：如张越、曾江的《试论佛教经济思想对中国经济伦理的影响——兼论其中国化发展》③、贾金真的《美国犹太教改革派“经济正义”思想与实践研究》④、胡克森的《禅宗的经济伦理及其思想渊源——兼论佛教中国化的一大特征》⑤ 等均属于质量较高的具有代表性的经济伦理作品。

---

① 杨雯瑞：《关于经济伦理若干问题研究综述》，中国环球文化出版社 2020 年版。

② 杨培芳：《数字经济：千年变局中的十三个转折点》，《中国经济报告》2020 年第 2 期。

③ 张越、曾江：《试论佛教经济思想对中国经济伦理的影响——兼论其中国化发展》，《济南大学学报（社会科学版）》2020 年第 6 期。

④ 贾金真：《美国犹太教改革派“经济正义”思想与实践研究》，硕士学位论文，河南大学，2020 年。

⑤ 胡克森：《禅宗的经济伦理及其思想渊源——兼论佛教中国化的一大特征》，《邵阳学院学报（社会科学版）》2020 年第 2 期。

2020年科技伦理学研究报告

刘武阳*

伴随着时代的不断进步与发展，科技伦理学在2020年关注的领域也愈加广泛。除了以往对于应用科技伦理的持续关注，学界对科技伦理治理体制的探索、中外科技伦理政策的对比、大数据背景下的算法信任危机等方面也进行了研究。这些研究既全面深入地发掘了科技发展带来的人类社会福祉，为时代所用；又进一步探究了其可能带来的各种危机风险，以期加以规制、防患于未然。

一　中国特色社会主义科技伦理

当今时代，科技创新日新月异，科技活动与社会生活深度融合，同时，科技运用所引发的伦理道德问题也更加尖锐复杂。于安龙认为，“科技伦理”一词曾是社会大众较为陌生的概念，但近年来却频频见诸报端，成为人们关注的热点话题；尤其是近年来一些科研造假、学术不端、道德失范等负面事件的屡屡发生，表明科技伦理建设已成为需要人们高度重视并着力推进的重大课题。在抗击新冠肺炎疫情的斗争中，科学技术发挥了重要作用，习近平强调：“人类同疾病较量最有力的武器就是科学技术，人类战胜大灾大疫离不开科学发展和技术创新”，“最终战胜疫情，关键要靠科技”。[①] 因此，推进科技发展，充分发挥科技促进社会发展、人类进步的作用，科技伦理问题不应被忽视。

任何思想理论的形成都离不开一定的时代条件和社会背景，同样也离不开一定的思想渊源，习近平关于科技伦理重要论述也有其深厚学理支撑和丰富智慧滋养。于安龙从“马克思主义科技伦理思想的深厚学理支撑”“中国共产党科技伦理思想的直接理论来源”“中国传统科技伦理思想的丰富智慧滋养”三个方面分析了习近平关于科技伦理重

---

* 刘武阳，1993年生，河南许昌人，中国人民大学哲学院伦理学专业博士研究生，研究方向为应用伦理学与马克思主义伦理学。

① 《为打赢疫情防控阻击战提供强大科技支撑》，《求是》2020年第6期。

要论述的思想渊源，进而凝练出“科技发展要关注现实，造福于民”“科技工作者要正心明志，修身立德”“倡导绿色科技，推进可持续发展”的基本内涵。最后，这些重要论述作为马克思主义科技思想的新发展，为中国科技事业健康发展提供了行动指南，为化解人类科技伦理难题提供了中国方案，引导人们树立正确价值观。①

科技创新成果在为人们的生产和生活带来福音的同时，也潜藏了很多的不确定性和风险。如何规避科技创新的风险，尽可能地减少科技发展的负面影响，已成为社会公众热切关注的话题。我国历来重视科学技术的重大作用，也越来越把科技伦理摆在科技发展的突出位置。何家伟、孟盼盼认为，党的十八大以来，习近平总书记围绕国际科技发展大势、我国科技发展的机遇和挑战等发表了一系列关于科技伦理方面的重要讲话，可以将之概括为“五论”（任务论、目的论、道路论、制度论、法律论），研究分析这五个方面的论述对于提高新时代背景下我国科技创新质量和科技界的国际声誉具有重要意义。习近平科技伦理思想的五个方面是一个有机联系的整体，任务、道路、制度和法律四个方面的有效实施都是为了保障科技为民这个根本目标。②

二　科技伦理治理

2018 年年底，“基因编辑婴儿”事件引发了人们对科技伦理的广泛关注。2019 年 7 月 24 日，中央全面深化改革委员会第九次会议审议通过《国家科技伦理委员会组建方案》，会议指出，“组建国家科技伦理委员会，目的就是加强统筹规范和指导协调，推动构建覆盖全面、导向明确、规范有序、协调一致的科技伦理治理体系”。2019 年 10 月党的十九届四中全会又明确提出，“健全科技伦理治理体制”。

当今时代，前沿科学领域中产生了一系列新兴科技，例如基因工程和基因编辑、人工智能和机器人、合成生物学、神经技术、纳米技术、增强现实技术、3D 打印、异种移植等。这些新兴科技有四大特点：风险性、不确定性、双重用途，以及可能引发一些未曾有过的伦理问题。因此，雷瑞鹏认为，由于这些新兴科技的创新、研发和应用会带来如此多而难以应对的伦理问题，而这些伦理问题不在传统科技管理范围之内，因此必须将科技管理提升到科技伦理治理，并提出可以将新兴科技伦理治理的基本原则规定为：人的福祉（human well-being）、尊重人（respect for person）、公正（justice）、负责（responsibility）、透明性（transparency）、公众参与（public engagement）等方面。③

健全科技伦理治理体制，对于克服科技领域存在的伦理问题、促进我国科技事业

---

① 于安龙：《习近平关于科技伦理重要论述论析》，《社会主义核心价值观研究》2020 年第 3 期。

② 何家伟、孟盼盼：《习近平关于科技伦理的“五论”》，《实事求是》2020 年第 3 期。

③ 雷瑞鹏：《科技伦理治理的基本原则》，《国家治理》2020 年第 3 期。

健康发展具有重要意义。江畅认为，当前，亟须完善科技伦理治理学术研究机制，健全科技伦理监管制度，建立科技人员自律机制。完善科技伦理治理学术研究机制，是健全科技伦理治理体制的重要基础。中国科技伦理研究方兴未艾，学术影响和社会影响日益扩大，但与科技迅猛发展的态势相比，还处于相对滞后的状态。尤其是对科技伦理治理和监管等问题，学术研究还不够深入。科技伦理研究者需要结合高新科技发展现状，既重视科技伦理治理的基础理论研究，又重视其应用研究，加快构建具有自身特色的学科体系、学术体系、话语体系。健全科技伦理监管制度，是健全科技伦理治理体制的重要内容，是科技伦理治理得以有效实施的重要保证。随着产学研用深度融合的技术创新体系深入发展，扎实推进科技伦理监管的制度化建设比以往更为必要而迫切。防范科技滥用及其他可能出现的风险或危害，亟须在健全科技伦理监管制度的同时，建立科技人员自律机制。①

近年来，新兴科技发展迅速，呈现科技大爆发态势，社会进入快速多变的时代。回避、拖延问题不仅不能规避随之而来的损失和灾难，还会错失化险为夷、转危为安的良机，因此，实事求是地直面问题与挑战至关重要。从对科技重大风险治理的必要性、紧迫性与现实意义的分析出发，刘益东认为，底线思维要求我们直面挑战，抓住科技转型发展的新机遇。科技风险治理也是生产力、竞争力。深入研究“既防范化解科技重大风险，又不因噎废食，确保人类安全，确保科技健康快速发展，继续造福人类”的问题，能够使我国在科技重大风险治理、人类安全与可持续创新等学术前沿领域发挥引领作用。②

现代科学技术与人类社会关系日益密切，科学技术的双刃剑效应越来越凸显，科学技术研究的任务不仅是认识世界、改造世界，而且和经济、社会、文化、生态等领域发生越来越紧密的联系，科学技术研究的实践与人类未来命运紧紧联系在一起。雷瑞鹏提出，能否用科学技术造福人类不仅取决于科学技术发展水平的高低，而且取决于科学技术研究者、使用者或管理者的科技伦理意识的强弱。所以，任何一个科学技术研究过程，都将是一个同时承担着创新和伦理两大任务的过程，科技伦理责任成为科学技术研究中必不可少的一个基本责任。

在这个过程中，科技项目立项前科学技术研究人员要树立正确的科学技术观和负责任的研究与创新理念，并让利益相关者广泛参与项目立项决策，承担好项目的预评估责任。科技项目研究过程中，科学技术研究人员要主动管控可能出现的负面影响，始终有贯穿每个研究细节的责任自觉，主动减少和停止负面影响。科技成果推广和运用过程中科学技术研究人员要承担科普责任，推动使用者正确运用成果，促进公众科学素养提升，形成科技信任的文化氛围。在科技项目实施中也始终要贯穿诚实守信的

① 江畅：《健全科技伦理治理体制（构建中国特色哲学社会科学）》，《人民日报》2020 年 7 月 13 日。
② 刘益东：《科技重大风险治理：重要性与可行性》，《国家治理》2020 年第 3 期。

责任。①

三　生命科技伦理

随着21世纪生命科技的跨越发展，人们操纵、研究人类干细胞及动物，已逐渐从研究干细胞及实验动物本身，扩展至利用人类干细胞与动物胚胎相结合制造嵌合体胚胎甚至嵌合体生物等复杂操作。

在这个背景下，彭耀进、李伟认为，在生命科技研究成果最终进入人类生活之前，有必要对该领域研究及未来应用保持谨慎的态度，充分探讨其伦理、社会问题，并基于此寻求治理路径，以实现科技进步与伦理限制之二维平衡，保障该研究领域健康有序发展。他们从嵌合体研究的“科学背景及其应用”和“伦理、社会争议”两个方面出发，给出了“法律与伦理规范”“审查与监督管理”“公众探讨与科学传播”三个层面的策略建议。最后认为，以生命科技为代表的第四次科技革命车轮滚滚向前，生命科技在其具体类型、表现形式上不断丰富和复杂，随之相伴的伦理、社会问题也日趋凸显，愈发挑战着人们传统的固有价值观念、社会秩序与法律秩序。人—动物嵌合体研究是生命科技中极具代表性的争议领域之一。可以说，其所引发的伦理、社会、政策和法律话题才刚刚开始，该生命科技研究领域也正处于萌芽阶段，不应简单地允许或禁止一切嵌合体研究，应密切关注潜在伦理、社会风险并采取适应性调整治理策略，发展与治理并重，充分权衡收益与潜在风险，推动相关法律、伦理规范的制定，加强政府监督管理工作，积极引导公众探讨和科学传播，最终形成法治化、监管常态化，以伦理为先导和以法律为主导的科技治理体系。如此才能在真正意义上利用生命科技的成果服务人类社会。

四　大数据背景下的信任危机

随着人工智能技术对传媒业的深度渗透，使用算法发现、撰写和传播新闻的手段越来越常见。例如，美联社使用智能新闻写作软件，自动生成体育和财经新闻；新闻聚合网站 Buzz Feed 使用算法来决定哪些新闻成为头条；新华社推出 AI 虚拟主播等。以算法为核心的智能媒体已经成为新闻生产和传播的一支重要力量。

智能媒体在促进传媒业生态系统重构的同时，也引发了人们对诸如算法操控、网络暴力、数字正义等一系列伦理问题的担忧。在这样的大背景下，算法透明度被认为是应对上述伦理危机的有效途径之一。然而传媒业目前对算法透明度的追求仍处于探索阶段，尚未就如何以及何时使用它设定一个公认的准则。基于此，王娟、叶斌首先

① 郭秀丽：《科技伦理治理视域下科技项目实施的伦理责任论析》，《科学管理研究》2020年第1期。

通过相关模型分析了透明度理想的模糊性，指出该概念具有双面性，进而提出算法透明度的本质是由开放性与封闭性、静态性与动态性、确定性与不确定性、主动性与被动性、统一性与多样性五组矛盾特性构成；接着论述了算法透明度与算法问责的关系，指出透明度能引发道德后果，促进或损害伦理原则或实践，但它仅仅是算法问责的必要但不充分条件，只有与一些伦理原则共同作用，才能促进算法问责；最后提出这些原则应包括人类存在、尊严、真实、非暴力、自治、善意、公平、公正、人类福祉等人类共有价值，并通过设计路径将其嵌入算法系统中自动执行，进而催生负责任的算法。①

"互联网""人工智能""人脸识别""数据挖掘""分析与预测"……这些曾经令普通百姓陌生的词语不经意间已经家喻户晓、妇孺皆知，在带给人们好奇、期盼的同时，也带来了忧虑：无处不在的互联网和大数据将个人隐私置于何地？没有了隐私的人将如何维系"人之所以为人"的基本生存法则？预知了清晰、具体的个人未来的人们是否有勇气面对人生未来的风险并将如何选择自己的生存方式以及合理的生命轨迹？

程萍认为，"大数据""人工智能"等高新科技带来的对人类自身的挑战，远远超过了人们对"大数据识人断事"的期待，也超出了当代伦理学的已有规则范畴，成为科技哲学深入思考和探讨的重要命题，也成为所有科学研究领域，包括自然科学和社会科学，深入思考和探讨的哲学性、科学性、技术性，甚至宗教性的命题。程萍通过对希腊神话与中国古代神话中关于预言的梳理，提出尽管这些认识可能是非理性思考的结果，但是客观上，人是万物之灵的观念逐渐成为人类认识自身和认识人与自然、人与社会关系的主流认知，成为推动人类文明发展的主线。

计算机科学与技术的飞速发展，冲破了人类对未来认知的天花板，将人类几千年的臆想和逐步积累起来的经验，变成可以用数字表述的现实描述和未来预测。"大数据"将人类带进了"透明"世界，可以分析人类行为的现实状态，也可以根据已有数据分析人类行为的未来趋向，"隐私"作为人类文明的阶段性词语，将可能消亡，"未来"也将不再具有神秘色彩，而仅仅是人类文明中一段结果明确的既定过程。人们的生命意义有可能简化为，在时间的流逝中，实现既定目标的过程。程萍认为，在充分利用大数据分析预测功能实现某种目的的时候，不仅要注意它的正向预测结果，也要关注它可能带给人们的烦恼甚至忧虑。②

---

① 王娟、叶斌：《"负责任"的算法透明度——人工智能时代传媒伦理建构的趋向》，《自然辩证法研究》2020 年第 12 期。

② 程萍：《大数据识人断事能胜过经验吗?》，《人民论坛·学术前沿》2020 年第 9 期。

五 人工智能伦理

随着科技水平的不断进步，人工智能飞速发展，但同时，一系列负面影响逐步浮出水面，人与人工智能之间是否具有可信任关系成为社会各界讨论的焦点。对此，何江新、张萍萍从“单向度的信任关系”“单向度的不信任关系”“双向度的不信任关系”三个层面出发，分析了人机信任关系演变的历程。然后，从机体算法、心灵算法两个方面对人机信任关系演变原因进行探析，探索人机信任关系的建立路径。他们认为一旦人工智能拥有了良心，人类就应该像相信自己一样去相信它。此外，形成人机物理—情感协同发展机制也非常关键。最后，以有效的算法信任为基础，将智能机器的“机体”算法与“心灵”算法相统一，规范人工智能向“善”发展是建立人机之间信任关系的前提条件。①

不知不觉中，人工智能已经“侵入”了我们的生活。每当开启一次与互联网的“远程对话”，我们已经分辨不清获得的结果，究竟是人类给予的还是机器给予的。我们沉浸于人工智能为我们构建的生活中，也封闭在人工智能为我们构建的“泡沫”里。郭毅可认为，未来的人工智能，不是要求机器做得多，而是要求机器做得对。什么是对，不仅是一个哲学问题，也是一个价值观问题。他还提出了人机共存的概念，即人要理解机器的表达行为，机器也要学会理解人的意图。对机器行为的解释、理解和验证，以及机器行为的伦理性是人工智能研究的核心重点，也是科学家们着力克服解决的难点与痛点。在没有深入理解和解决这些问题之前，奢谈人工智能未来将统治人类，未免为时过早。人工智能的研究体现了人类对未来的不断追求，对未知的不断探索。人工智能，我们既不能轻视，也不能恐惧，更无法回避。我们要透过踏实的努力、艰苦的劳动，以丰富的思想，开发出扎实的技术，以东方文明特有的包容与理解，建设二元的新世界。智能的机器和人类的共生共存，既是人工智能未来发展的方向，也是未来社会的蓝图。②

① 何江新、张萍萍：《从“算法信任”到“人机信任”路径研究》，《自然辩证法研究》2020 年第 11 期。

② 郭毅可：《让机器做得对：对人工智能伦理性的思考》，《人工智能》2020 年第 6 期。

2020 年传媒伦理学研究报告

陈雪春*

2020 年学界对传媒伦理基本问题的研究可以分为以下几方面：其一，对特定类型新闻的伦理探究；其二，算法引发的伦理问题及算法伦理的建构；其三，具体媒介产生的细分伦理问题；其四，自媒体、短视频和社交平台等引发的媒介伦理问题；其五，人工智能技术导致的伦理问题。

一 对特定类型新闻的伦理探究成为研究新方向

不同于以往对新闻报道方式和报道内容的伦理考量，2020 年学界将视线转向特殊新闻报道类型，在挖掘其伦理问题的同时提出了相应的伦理原则。

许楠重点关注了扶贫报道中存在的伦理失范问题，包括内容造假的事实失范、留痕新闻的价值失范、泛娱乐化的角色失范和传媒公关的职业失范。造成这些失范问题的主要原因有四个：一是政绩考核压力下的新闻畸变，二是叙事手法模式化，三是宣传导向意识有待加强，四是传媒效益选择的错位。新闻工作者只有对“新闻扶贫”有更加科学的认识，在对“脱贫攻坚”精神有着深刻理解的基础上，才能讲好中国扶贫故事，做好扶贫新闻报道。① 韩韶君基于对环境新闻报道的分析，认为媒体的环境传播应肩负相应的伦理责任。他指出，环境报道往往面临着环境观争议下的立场博弈、“知识赤字模式”下的环境主张表达失衡、风险利益团体“信息津贴”的利弊等伦理困境。他主张，环境传播应基于生态整体主义伦理观的立场，根据生态整体主义强调的系统性、整体性的哲学思想来反思环境问题，通过生态整体主义的辩证自然观方法论来指导新闻生产，并在鼓励公众参与环境事务讨论的同时，多角度呈现环境事件。② 金文恺则将视线落在了有关科学传播的新闻报道上，他认为，科学传播虽然推

---

* 陈雪春，1993 年生，湖北武汉人，中国人民大学哲学院伦理学专业博士研究生，研究方向为传媒伦理。

① 许楠：《扶贫报道中的伦理失范与规范》，《青年记者》2020 年 10 月下。

② 韩韶君：《媒体的环境传播：伦理责任、困境与突围路径》，《编辑之友》2020 年第 4 期。

进了公众对科学事件的参与度，但网络“标题党”、旧闻翻炒、嫁接虚假照片和视频等科学新闻失范现象也频频发生。面对科学传播的乱象，应建立包括政府、企业、社会组织和公民在内的科学传播共同体与社会共治责任伦理，强化科学传播共同体及媒体平台的责任伦理，加强自媒体平台的自我管理，培育全民科学素质，从而真正发挥科学传播在科技创新和公众生活之间的纽带作用。①

二 算法问题仍是传媒伦理研究热点

算法问题在2020年成为传媒伦理研究的关键词，相关研究主要集中于两个方面：一是算法如何改变新闻业及新闻主体，产生了怎样的伦理问题；二是如何构建算法伦理。

算法对于新闻业及新闻主体的改变是毋庸置疑的。叶秀端关注了算法时代中新闻专业主义的理念变化，认为算法作为新的“信息把关人”，不仅为公众设置议程，还建构了“拟态环境”，影响受众对于社会环境的认知，这种变化对新闻专业主义倡导的“真实、全面、客观、公正”的内涵提出了挑战。他指出，算法时代的新闻专业主义需要通过理念重塑来平衡工具理性与价值理性，追寻客观事实与算法正义，兼顾个性化与公共性。要实践算法时代新闻专业主义，一是需要多元内容生产者的共同实践，二是要求出台相关管理政策与规范条例，三是应该明确职业共同体的责任与担当，四是要提升社会大众的交往理性与批判能力。② 罗新宇对智媒体传播中算法推荐引发的伦理冲突进行了探究，认为算法推荐在一定程度上满足了用户兴趣和信息需求，但这种基于用户偏好和信息需求结合起来的技术在运用过程中存在着诸多伦理问题与风险，包括虚假信息泛滥致使传媒业机构公信力消解，个人偏好取向导致主流价值观解构，网络空间侵权风险频现等。究其原因，一是“把关人”作用弱化或缺失，二是媒体道德底线降低或失偏，三是受众媒介素养不足，四是技术道德体系尚未形成。因此，必须理性对待算法技术，规范算法权力在传媒业的扩张，促进人机共生平衡，这样才能最大限度地消解智媒体中“算法伦理”失范所带来的危害。③

胡菡菡注意到算法时代的个体，提出“茧房理性人”概念，即以社交媒体为交往基础设施的合理行为能力欠缺的有限理性人。她认为，“茧房理性人”面对高度同质化的信息环境难以实践哈贝马斯所倡导的商谈伦理准则。面对这种境况，要重建以协商、妥协和接受合理分歧为内容的合理行为伦理。④ 卢家银关注了个体在数字化生

① 金文恺：《全民传播视域下科学传播的社会共治责任伦理》，《新闻爱好者》2020年第7期。

② 叶秀端：《算法时代的新闻专业主义的理念重塑与实践路径》，《华侨大学学报（哲学社会科学版）》2020年第2期。

③ 罗新宇：《智媒体传播中“算法推荐”伦理的冲突与规制》，《新闻爱好者》2020年第11期。

④ 胡菡菡：《茧房理性人如何挑战新数字伦理》，《青年记者》2020年第16期。

存中的伦理失范问题以及相应的责任。他认为，数字化生存中的传播伦理失范包括侵害公民隐私、传播虚假信息、加剧信息低俗等问题，这些问题的解决需要各方积极承担媒介伦理责任：国家要捍卫网络安全，社会组织要维护公序良俗，公民应通晓并维护自身权利。为了实现传播正义，不仅需要重构底线伦理的理念，还要利用物质和制度手段规范各类媒介的伦理失范行为。① 薛宝琴对智能时代新闻伦理主体展开了研究，认为当前新闻伦理失范问题表明，尽管新闻伦理主体在机构和个人层面都发生了拓展，但从实践和价值两个维度来看，人工智能时代的新闻伦理主体地位仍不成立。她提出，明确人工智能时代新闻伦理主体的构成、地位和责任，对于防止工具理性产生单向度信息和观念的负面影响具有重要意义，必须建立机构主体和个人主体的新闻伦理协同关系，不断评估人工智能在内容生产和传播决策中的伦理向度，才能充分实践“人是媒介的尺度”这一新闻伦理观念。②

面对算法产生的伦理问题，学者们从不同角度给出了应对方式。袁帆、严三九认为算法工程师的伦理水平对算法伦理的建构具有不可替代的影响，当今算法工程师在某种程度上预设了算法的价值走向，从而影响着整个社会的信息传播生态。调研数据显示，目前传媒业算法工程师的算法伦理水平整体处于模糊状态，算法工程师的年龄、学历、工作经历对其有显著影响。因此，必须借助行业合作与规范性建设促进算法工程师算法伦理水平的提升。不仅企业需要重视伦理培育对算法工程师价值取向的渲染作用，高校等教育机构也应当积极开展伦理教育工作，切实提升算法工程师的算法伦理水平。③ 郭林生、李小燕认为，解决目前频频出现的算法伦理问题的关键，在于建构算法伦理的价值基础。人权、社会公正、人类福祉和美德，共同构成了算法伦理的价值基础，为算法具备伦理道德的内在属性提供了条件。此外，算法设计者道德责任的建立，价值敏感性设计，建立算法使用的法律规范，也是建构算法伦理的重要方面。④

王娟、叶斌主张“负责任”的算法透明度，以构建人工智能时代传媒伦理。他们指出，算法透明度是应对算法伦理危机的有效途径之一，只有算法和人类存在、尊严、真实、非暴力、自治、善意、公平、公正、人类福祉等原则共同发挥作用，将人类共有价值嵌入算法系统中，才能实现算法问责。⑤ 陈昌凤与张梦认为，“算法透明度”不仅是智能时代媒介伦理问题的重要解决之道，也是智能时代媒介伦理的重要

---

① 卢家银:《数字化生存中的伦理失范、责任与应对》,《新闻与写作》2020 年第 12 期。

② 薛宝琴:《人是媒介的尺度：智能时代的新闻伦理主体性研究》,《现代传播》（中国传媒大学学报）2020 年第 3 期。

③ 袁帆、严三九:《模糊的算法伦理水平——基于传媒业 269 名算法工程师的实证研究》,《新闻大学》2020 年第 5 期。

④ 郭林生、李小燕:《“算法伦理”的价值基础及其建构进路》,《自然辩证法通讯》2020 年第 4 期。

⑤ 王娟、叶斌:《“负责任”的算法透明度——人工智能时代传媒伦理建构的趋向》,《自然辩证法研究》2020 年第 12 期。

原则。“算法透明度”在哲学上根植于康德对“人性原则”与“责任”的论述，这为相关主体实施算法透明度提供了伦理话语的合法性解释。但就实用性而言，算法透明度的实施面临着认识和实践两个层面的困难与风险，其实施效果可能不如预期。因此，“开放伦理”可以成为实施算法透明度的相关实践和话语的指导理念。① 张超关注了“新闻透明性”议题，提出“后台”前置的解决方法。他认为，新闻透明性被视为新闻业内部和外部人士对新闻流程进行监督、检查、批评甚至介入的各种方式。新闻透明性的提出旨在重建新闻业与公众的信任关系，让新闻生产的流程与操作从“后台”走向“前台”。然而，新闻透明性也因是否能够提升新闻可信度、是否成为新的“客观性”而受到质疑。需要承认的是，新闻界不能将透明性视作拯救新闻业的灵丹妙药，一味夸大其作用甚至凌驾于其他新闻伦理标准之上。在技术驱动的新闻业中，“是否应该透明”已不是新闻伦理争议的问题核心所在，“如何透明”“多大程度上透明”才是新闻生产面临的现实问题。鉴于此，他提出了新闻透明的“适度”标准，指出可信度标准、偏见标准、公共利益与最小伤害标准、用户体验标准等应作为适度透明的原则。②

三　具体媒介产生的细分伦理问题受到学界关注

不同于往年对具体媒介的忽视，2020 年学界更多关注了具体媒介及其产生的细分伦理问题。一方面，学者们对新技术环境下以身体为媒介的传播形式进行了伦理探究；另一方面，学者们对数字阅读、数字影像等媒介展开了探讨。

朱泓宇和姬德强从声音传播维度对智能音箱的功能与伦理进行探究，发现声音传播经历了从广播到智能音箱的嬗变，智能音箱成为智媒时代平台竞争和人机交互的新场域。然而，基于大数据和云计算的智能音箱仍然面临着主体性危机和情感缺席等技术伦理问题。如何规制和引导人工智能技术，真正实现“声声”不息，从而协调社会各主体关系并使整个社会系统在传播互动过程中优良运行，是智能音箱等新兴媒介需要回答的问题。③ 姚晓鸥以面容媒介为切入点，将现象学对身体经验中面容的分析引入人际传播的讨论。他认为，媒介技术环境的变更导致身体经验模式变迁，改变了人际关系与交往结构，传统的面对面交往已经被去面容化的线上人际交往替代，造成了三方面的后果：一是诸如表情包等面容符号的使用使得人际关系从伦理性伙伴关系转向政治性权力关系；二是面容的缺席使基于社会认同的个体识别取代了个性化地认

① 陈昌凤、张梦：《智能时代的媒介伦理：算法透明度的可行性及其路径分析》，《新闻与写作》2020 年第 8 期。

② 张超：《“后台”前置：新闻透明性的兴起、争议及其“适度”标准》，《国际新闻界》2020 年第 8 期。

③ 朱泓宇、姬德强：《“声声”不息——声音传播视域下智能音箱的功能与伦理》，《现代视听》2020 年第 4 期。

识他人；三是网络空间泛道德化，公共空间反求诸己的道德意识日趋减少，取而代之的是集体审判。①

黄先蓉和张窈将目光投向数字阅读，指出数字技术不仅带来出版内容形态和出版业态的巨大变化，也对读者的阅读习惯和阅读方式带来了显著的改变。强调数字阅读不仅是一种技术性存在，更加是文化性和社会性的存在。作为一种技术趋势，数字阅读会更加深入人们的日常生活，围绕其产生的伦理、道德和规范议题仍将继续。② 贾磊磊注意到了数字技术和新媒体技术对于影像的改变，认为这种改变对我们的思维方式、情感方式、生存方式有着与日俱增的影响。他指出，以电视游戏、视频游戏等为代表的影像产品正在控制人类情感的道德转向，用商业规则破坏伦理逻辑，使人类失去羞耻感。因此，电影、电视、游戏等文化产品应恪守正确的思想导向，尤其要注重对中国优秀传统文化精神的弘扬传承和对中华民族伦理品格、道德精神的历史性重构。③ 姜博和刘子潇关注了智能时代影像新闻的内容生产，指出智能时代的影像技术有利于影像新闻真实性的展现，有利于对真实事件的立体空间还原，有利于对现实题材真情实感的抒发。面对技术干预对影像新闻的客观性带来的挑战，他们认为，应强化经济场域中新闻工作者的道德心理制约，明确政治场域中新闻工作者的内容创作立场，提升新闻场域中新闻工作者的传媒伦理追求。④ 顾亚奇则聚焦于纪录片生产与传播中的影像正义，认为纪录片的生产与传播过程中之所以出现诸多伦理失范问题，关键在于相应监管机制与法律法规的缺失。基于此，他提出了自主和尊重、被摄者利益优先、公共利益这三条原则，作为纪录片生产与传播中维护影像正义的总体性原则，以期引导纪录片在合情、合理、合法的前提下获得健康良性的发展。⑤

四 对自媒体、短视频平台和社交媒体的伦理研究出现新趋势

自媒体、短视频平台和社交媒体近年来成为传媒伦理研究的重点领域，学者们除了从整体层面对自媒体等新兴媒介平台进行伦理探究，还重点关注了政治伦理、用户伦理、亲子伦理等新问题。

杜明曦和侯迎忠面对公共传播中自媒体传播的伦理困境，认为在公共传播时代，新技术革新了媒介形态，重构了媒介与人、信息传播和社会之间的关系，但社会风险成本也因此增加，导致信息接收者的思辨能力退化，信息传播者追逐经济利益，公众

① 姚晓鸥：《面容媒介、道德意识与人际交往关系：基于现象学的交互主体性分析》，《新闻与传播研究》2020 年第 1 期。

② 黄先蓉、张窈：《数字阅读研究热点与动向：伦理、行为与应用》，《出版科学》2020 年第 2 期。

③ 贾磊磊：《虚拟世界的伦理失序及其生成语境》，《中国电视》2020 年第 8 期。

④ 姜博、刘子潇：《善恶之辩：智能时代影像新闻的内容生产》，《青年记者》2020 年第 34 期。

⑤ 顾亚奇：《影像正义：论纪录片生产与传播中的伦理规制》，《现代传播》（中国传媒大学学报）2020 年第 4 期。

群体狂欢转变叙事方式，腐朽文化侵蚀精神思想等后果。因此，应该建构自媒体公共传播的规范路径，一是革新技术以规避风险，二是完善法制以健全监督体系，三是强化教育以提高公众媒介素养，四是回归人本以强化把关责任意识，五是主动参与以引导公众理性思辨能力。① 胡剑认为，当前微媒体技术的广泛运用与微媒体传播载体的普及，一方面使人们的信息传播、信息接收、信息表达呈现新的特征，另一方面造成了微传播视阈下的媒体伦理失范行为，包括主体隐匿化导致伦理规制对象缺失，技术利用偏好化导致人机关系异化，信息采集隐蔽化导致隐私保护困难，媒体信息片段化导致媒体信息失真，媒体信息商业化导致新闻界限模糊，以及媒体信息娱乐化导致信息过度表达。他提出，微媒体视阈下媒体伦理制度建构应当遵循主体确定、人机和谐、私人边界、信息真实、界限清晰、适度表达这六条原则，做到健全微媒体信息主体权责明晰管理制度，建立微媒体技术和谐发展合理使用制度，完善隐私信息分级保护及限制利用制度，构建微媒体信息失真控制干预矫正制度，完善微媒体文化企业履行社会责任制度，构建微媒体作品讲格调长效机制。② 高宏存发现，网络文化内容监管中存在的价值冲突，集中体现为当代风尚与传统价值断裂、多元化与主旋律冲突、不同类型亚文化的碰撞与摩擦、追求个体自由与刚性管理要求不匹配这四个方面。然而，由于海量文化内容、失序行为、职能部门交叉管理、管理范式对象性偏弱与网络文化内容“代际偏离”等原因，网络内容监管面临困局。因此，需要创新网络文化内容监管治理体系，协调合作建构多中心的治理模式，明确权责关系建立综合规制机制，强化技术治理以更新审核与监管方式，健全网络内容管理法律法规体系，以网络伦理建设营造清朗网络环境，寻求网络文化内容监管的困境突破。③

高旸、陈鹏对日渐普遍的“非遗”数字化进行了探究，发现在由技术媒介替代传承人媒介的数字化过程中，“非遗”在特定技术空间内面临着技术伦理问题：参与主体在“非遗”数字化过程中处于技术远程在场状态，存在技术话语统治和文化情感“零度化”的问题。因此，反思“非遗”数字化的技术主导性具有重要意义。正视参与者主体动机，尊重传承人群体的知识权利，引导非遗数字化由注重文化吸引力向注重文化感染力发展，是解决“非遗”数字化伦理问题的三个维度。我们应在肯定技术价值的同时坚守“非遗”传承保护的本心，将数字技术与日常“非遗”传承实践相衔接，引导数字技术在社会文化生活中不断完善。④ 张爱军和孙玉寻对当前社交媒体的传播生态和政治风险进行了研究。他们认为，社交媒体建构的政治空间和政

---

① 杜明曦、侯迎忠：《公共传播中自媒体传播的伦理困境》，《青年记者》2020 年第 11 期。

② 胡剑：《微传播视阈下媒体伦理治理制度构建研究》，《中国矿业大学学报（社会科学版）》2022 年第 1 期。

③ 高宏存：《网络文化内容监管的价值冲突与秩序治理》，《学术论坛》2020 年第 4 期。

④ 高旸、陈鹏：《技术主导与情感零度：“非遗”数字化技术伦理反思》，《广西社会科学》2020 年第 7 期。

治传播生态复杂多变，致使社交空间存在政治伦理风险。社交媒体使信息主体与信息分发多元化、社会化，其赋能与赋权加剧了社交空间的不稳定性和不确定性，社交媒体在推动政治发展的同时也会产生政治伦理价值失衡、政治伦理规范失控与政治伦理行为异化等风险。社交媒体的政治伦理边界是网络社交空间各主体政治活动的伦理边界，各主体遵守公共空间秩序，既是应尽职责，也是建构公共空间政治伦理边界的必要路径。因此，要建立以政府、媒体平台、公众为主体，以行政伦理、平台伦理和公众伦理为内在维度的“责任伦理”，调节、引导和规范各主体在社交媒体空间的政治关系。①

戴琦、袁曦临从网络公共事件入手对用户信息交互行为进行了伦理探索。在互联网环境下，用户间建立了更加开放复杂的线性交流路径，信息行为有了更加宽松自由的余地，网络用户信息行为的整体偏向对网络个人行为和社会利益取向有着重要影响。一方面，互联网的信息交互行为并非完全以个人情感和个人利益为中心，社交网络中的个体将网络群体的强连接效应和其他激励因素的影响内化为全体共识，并将之转化为对社会公义的声张与遵守。另一方面，短时间的信息聚合会造成群体极化，当某些意见领袖与当事人有现实利益交换或沉溺于享受狂欢时，正确的价值判断就会被弱化甚至消解。因此，在网络信息交互行为中，理智与道德是存在的，网络公义也可以成为社会失范的缘由。② 李礼关注了网络暴力话题，指出网络暴力是伴随互联网发展而衍生出的异常的网络心理和行为表现，表现为网民道德认知、道德意识与道德情感等维度的偏差，产生了善因恶果的网络道德悖论、网络伪正义感的泛滥、以暴制暴的网络道德私刑、网络民粹主义话语霸权等现象。他进一步指出，网络暴力的成因主要有网络虚拟性与匿名性、社会怨恨心理、网络主体道德责任意识淡化、中国传统道德观念影响、网络管理与法律体系欠完善等，需要完善网络暴力的道德规制以缓解网络暴力现象的发生，包括提高网民道德认知能力，强化网民道德责任担当，弘扬优秀传统道德文化，增强网络行业自律规范等措施。③ 安利利、王兆鑫研究了网络时代数字媒介对家庭伦理和亲子关系的改变，发现年轻一代向年长一代输送数字资本的文化反哺现象成为新媒体语境中常态化的社会现象，而亲代在习得媒介使用技能后，会通过微信平台中的互动方式达成对子代的文化再哺育。这种文化再哺育与家庭伦理关系的再造，是亲代依托微信平台对子代实现的一种跨空间性、即时性、私密性、有针对性的远程意识形态输送和数字行为管制行为，亦即，家庭教养理念的再强化行为。他们指出，亲子两代在数字世界的穿梭维护了家庭结构与功能的完整，子代的数字权威被亲代认可，亲代在接收文化反哺的同时以文化再哺育的方式对待子代，这减缓了中

① 张爱军、孙玉寻：《社交媒体的政治伦理边界》，《理论与改革》2020 年第 6 期。
② 戴琦、袁曦临：《社交网络用户信息交互行为的伦理取向研究》，《新世纪图书馆》2020 年第 1 期。
③ 李礼：《网络暴力的道德批判与规制》，《晋阳学刊》2020 年第 6 期。

国社会转型对家庭的冲击，推进当代中国亲子关系进入新阶段。①

五 人工智能伦理问题成为传媒研究热点

人工智能技术驱动了媒体转型，也带来了新闻实践、信息传播和人机关系三个方面的伦理问题。学者们普遍认为目前智媒传播的伦理研究仍处于起步阶段，而随着人工智能技术的发展会产生更多的伦理问题。

罗彬认为现有对智媒传播中伦理问题的研究缺乏整体、全面、系统的考量。他指出，智能媒介传播遭遇诸多的伦理困境，包括认知偏差、责任失衡、道德主体弥散等，这些困境的形成源于技术遮蔽和资本驱使。对此，应当构建智能媒介发展的责任伦理，在综合规范伦理和美德伦理维度的基础上，制定算法规范和标准，反对技术迷思，提高信息主体的科学技术素养，以适应新时代媒介伦理发展的需要。②

刘涛关注了媒体融合时代背景下新闻实践的伦理困境。他指出，智能技术促进了媒体融合进程，深刻改变了传统新闻业的生态格局与观念话语，但与此同时，融合新闻也对传统新闻伦理发起了不同维度的伦理挑战：一是价值本位维度的伦理困境，二是呈现方式维度的伦理困境，三是生产模式维度的伦理困境。这对新闻的边界、本体属性和新闻客观性、真实性、中立性准则发出了挑战，同时产生了隐私泄露、社会歧视、版权冲突等问题。无论融合新闻的形式如何变化，根本上还是要不忘“初心”，回归新闻本位和事实本身，恪守新闻的信息伦理、数据伦理、视觉伦理和技术伦理，真正在事实呈现与真相挖掘上提供更大的“信息增量”。③ 张今杰对智能新闻的发展应用进行了伦理反思。智能新闻作为近年来广泛应用的一种人工智能，从海量数据中自动搜索和抓取有用信息，在实现新闻写作实时化的基础上为用户定制个性化的新闻服务。但是，智能新闻的发展在为传媒业带来了巨大变革和机遇的同时，也带来一些新的伦理问题。首先，新闻定制服务可能将用户困于信息茧房之内；其次，智能新闻平台无法充当责任主体；最后，智能新闻可能侵犯公众隐私。因此，要强调智能新闻的理性发展，张扬人类主体地位与价值理性的作用，尤其是新闻从业人员应充分发挥主体性作用，将人工智能与人类智慧有机结合，协同技术理性与价值理性，如此才能推动人工智能在新闻领域的发展。④ 吴献举讨论了智能化媒体新闻生产的问题，认为当前智能化媒体新闻生产改变了新闻生产的模式。新闻生产模式的变革在提高新闻生产效率的同时，也带来了公民隐私被侵犯、机器人作品著作权争议、信息传播业公共

---

① 安利利、王兆鑫：《孝道与平权：数字鸿沟中的文化反哺与再哺育——大学生与父母在微信平台上的亲子关系研究》，《中国青年社会科学》2020 年第 4 期。

② 罗彬：《媒介技术视阈下智媒传播中的伦理问题研究》，《新疆社会科学》2020 年第 5 期。

③ 刘涛：《融合新闻的三重伦理困境》，《教育传媒研究》2020 年第 6 期。

④ 张今杰：《智能新闻的发展应用及其伦理反思》，《求索》2020 年第 6 期。

性的侵蚀、新闻真实性与客观性消解等伦理问题。对此，应构建兼顾效率与责任的协调机制：政府应完善与修订相关法律法规，媒体应在“人机协作”的基础上提升新闻专业伦理，受众应当提高数据素养，让技术更好地为有价值的信息传播服务，使智能化媒体既有“智慧”又被“善用”。①

李名亮关注到智能广告的信息伦理风险，他运用弗洛里德的 RPT 三维模型划分出信息资源伦理、信息化产品伦理和信息化环境伦理，并分别提出了三者的核心议题。他指出，广告是商业经济属性与人文属性的复合体，“个人—组织—产业—社会”之间的关系尤为复杂，商业利益与社会利益难以平衡。因此，在应对广告伦理风险时，需合并三个信息伦理维度，考虑整个信息循环，以一种与信息相联系的方式分析有关实体及该实体的变化、行动和互动。② 林爱珺、陈亦新对智媒传播中的信息价值开发问题进行了探究，发现随着智能化技术在媒体行业的应用，信息采集、生产、加工、整合、内容分发、新闻核查与价值判断等各方面都发生了巨大变化。但在提升信息价值开发速度、深度、广度的同时，信息的滥用、过度链接等信息伦理风险日益凸显，算法偏见、数据所有权归属不清、隐私权侵权等伦理问题屡见不鲜。为此，必须加强人工智能时代信息风险的综合治理，建立信息管理制度，规范信息使用行为，以“负责任创新”引导信息价值开发，用“建设性新闻”重塑数字社会信任。③

彭兰聚焦于智媒内容生产中的人机关系。她认为，尽管人在内容生产中始终保持着主导地位，传统的一些内容生产模式也在延续，但未来人机协同将改变信息采集、生产、审核、分发环节，对媒体产业的影响不容小觑。因此，应把握好未来内容产业中的人机关系。她指出，机器与人在内容生产中具备不同的能力偏向，人机协同的过程是人与机器相互学习和增强的过程，理想的结果是人机共同进化。然而，机器的进化不应以对人的核心价值与能力的削弱为代价，人应坚守技术应用中的理性，时刻参照人文精神的目标进行反思与约束，推动机器时代的人文精神复兴。④ 刘海孟、龚芳敏和龚逐流也对人工智能中“人的价值”问题进行了探究。她们认为，人工智能的前提是人工，人不仅是一切技术的使用者，也是技术的最终归宿。目前在智媒传播中，“人的价值”因技术异化和效率遮蔽处于阶段性迷失，造成了人的主体意识与传播内容的误差、人的主体身份与客体身份的置换等问题。对此，智能媒体这一全新的新闻生产传播，应重构“人的价值”，重新审视技术与人文的伦理关系。⑤

---

① 吴献举：《智能化媒体新闻生产：模式变革、伦理冲突及协调路径》，《中国出版》2020 年第 12 期。

② 李名亮：《智能广告信息伦理风险与核心议题研究》，《新闻与传播评论》2020 年第 1 期。

③ 林爱珺、陈亦新：《智媒传播中信息价值开发的伦理风险及综合治理》，《山东大学学报（哲学社会科学版）》2020 年第 6 期。

④ 彭兰：《智媒趋势下内容生产中的人机关系》，《上海交通大学学报（哲学社会科学版）》2020 年第 1 期。

⑤ 刘海孟、龚芳敏、龚逐流：《智媒时代新闻生产中“人的价值”转向》，《今传媒》2020 年第 11 期。

论 文 荟 萃

【先秦分工正义考论】

栗振风 《孔子研究》2020年第4期

荀子的“群居和一之道”与柏拉图的“正义”均以社会团结为主题，两者实质上都是应做—应得的正义。不同时代的分工—分配正义差异有赖于人与神以及人与人之间关系的不同。儒家通过“君子理天地”“人有其治”的分工正义突破神的正义，建立起人类的正义之道。所有权与治埋权之辨将君权神授的君主与臣民一同纳入统一的社会分工正义体系之中，遵循按德分工与按能分工两个基本正义原则。君子与小人、劳心者与劳力者、治理者与被治理者上下两个阶层的划分乃是缘于各宜其分、各取所长的分工合作的需要，但两者最终形成“以上正下”的单向主从关系而非平等合作关系。“选贤与能”“立贤无方”等理念的真正实现有赖于人与人平等关系的建立。

【从“熟人社会”到“熟人社区”——乡村公共道德平台的式微与重建】

王露璐 《湖北大学学报（哲学社会科学版）》2020年第1期

基于“乡土中国”的“熟人社会”特征，中国传统村庄形成了日常化的公共道德平台，并在道德评价、道德传播和道德约束等方面发挥了重要功能。伴随着乡村社会生产、生活、交往方式的变化和“半熟人社会”的出现，传统乡村公共道德平台日渐式微，与走向市场化、工业化的村庄生产、生活方式和“半熟人社会”特征相适应的新型公共道德平台却出现了某种“空场”或“断裂”。通过重建新型的乡村公共道德平台，增强村庄成员之间的接触、交往和交流，使村庄从“熟人社会”转向“熟人社区”，既是实施乡村振兴战略题中应有之义，也是实现乡村振兴的有效路径。具体而言，乡村公共道德平台的重建应充分适应当地经济社会发展水平和农民居住形式，尊重当地民间习俗和吸纳优秀道德传统，体现乡村多元主体作用并注重发挥“新乡贤”的道德权威力量。

【改革开放以来中国农民代际价值观差异及其引领】

林志友、胡爽 《社会科学战线》2020年第6期

改革开放以来，中国农民代际价值观呈现显著差异。老一代农民价值观较为传统和同质化，新生代农民价值观相对现代和多元化，在义利观上，前者倡导仁义取向居于首位，后者崇尚利益取向占据主导。农村经济结构的变革、农民思想观念的解放、西方文化对中国乡村社会的冲击以及农民独立人格的成长是导致中国农民代际价值观差异的主要原因。就现实功用及发展趋势而言，无论是老一代农民的价值观，还是新生代农民的价值观，都与新时代中国乡村社会所要培育的价值观存在一定的差距，单倡导任何一种价值观，都不利于维护乡村社会的稳定和助推乡村振兴战略的实施。新时代中国农民代际价值观的重塑和发展应该以社会主义核心价值观为引领，将乡村新乡贤作为引领主体，通

过发挥新乡贤践行社会主义核心价值观的模范作用，实现中国农民代际价值观的和谐共处。

【生活在天理和人欲之间——不同婚姻状态中的魏晋女性】

刘洁 《东岳论丛》2020 年第 9 期

母权遭遇彻底的历史性失败后，结婚成为女性谋生的出路和唯一归宿。在父权制文化情结下，她们的婚姻生活背负爱欲和文明的纠结，始终不得解脱。魏晋时期婚姻关系的缔结基本上是排除了结婚者本人意愿而由父母尊长包办的非自主行为。尤其对上层社会而言，择偶必须综合权衡利弊。作为礼教规范和法律条文，"夫尊妻卑"体现了中国古代社会夫妻关系的基本特点，是历朝历代所遵循的处理夫妻关系的不二法则，也是魏晋时期夫妻关系的主流。不过受多种社会因素的影响，实际生活中的婚姻形态也有许多变异。魏晋时期男女的情爱生活相对开放，男女私通的现象较为常见。某种意义上说，这是女性对于丈夫不忠的报复或是婚姻不遇的补偿，是对无感情的婚姻生活的一种抗议。但这种行为并不包含推翻男权婚姻秩序合理性的考虑。魏晋时期沿袭了前代禁止婚外淫乱行为发生的规定，要求女子恪守妇道、从一而终。礼法的影响下出现了一批"誓不更二"的节妇。但同时，受剧烈的政治变动、较为开放的社会风气等因素影响，实际生活中女性再嫁却比较平常，并未受到严格限制。这表明：一种道德观念从产生到完全的理论渗透，再到具有彻底的行为约束力，并不是立竿见影、一蹴而就的。魏晋时期政治风云变幻莫测，权力更替频繁，在政治因素的干扰下催生了一批别样的嫁娶离合。门阀士族政治斗争的残酷性，使得人格、名誉、婚姻等都成为政治的附属物。

【去国去家：家庭在重构社会伦理中的地位】

赵妍杰 《清华大学学报（哲学社会科学版）》2020 年第 2 期

晚清一部分思想激进的读书人批评国家和家庭都是自私自利的表现，而主张去国、去家。传统的修身、齐家、治国、平天下裂变为修身、去家、去国、平天下。在个人主义崛起的五四时代，一部分时人强调以个体直接面向社会来重构理想的人群组织，其特色便是儿童公育、父老公养、不要家庭。对于无家庭的人群如何凝聚成社会的问题，新青年期待以各式各样的"主义"来凝聚这个陌生人组成的社会。家庭革命的言说展现了部分读书人既反传统，又反西化的倾向，也意味着他们对人性罪恶面、人能力的有限性以及亲情的可替代性等根本问题有着突破古今中西的新认识。家庭渐渐成为各派人士最不喜欢的社会建制，这也进一步塑造了中国政治和社会的走向。

【君子人格：历史内涵与现代意义】

杨国荣 《江汉论坛》2020 年第 5 期

作为传统的人格形态，君子的具体规定，首先通过与小人的比较而得到展示，这种对比主要侧重于道德上的划界，突出君子这类人格所具有的道德内涵。具体而言，在君子与小人的比较中，君子是在道德上应当加以肯定的、具有正面意义的人格形态，与之相对的小人则表现为在道德上应该加以否定的、带有消极意义的人格形态。从道德人格的角度看，君子与圣人都属道德人格，但具体内涵又有所不同。圣人主要表现为范导性的目标，君子则更多地肯定了人格的现实化品格。在圣人与君子的比较中，包含两个方面：其一，过程性与既成性。圣人的设定主要突出了人格的过程性这一面，君子则确认了人格的既成性；其二，理想性和现实性。以上两个方面的统一，使道德人格既不同于静态的人格模式，也有别于抽象的、思辨的构造。其次，通过传统君子与现代公民的比较分析了君子的现代意义，即现代社会的人格追求，应趋向于具有现代形态的君子与广义公民的统一，其具体的内涵则体现为合格的现代社会成员与理想的道德人格之间的交融。

【中国哲学元理·内圣外王论】

张立文 《学术界》2020 年第 6 期

人类社会的存在和发展，是人类实践活动的凝聚。社会的演化是多元质料的融突和合。其间始终离不开人，因而必然要回答人之为人的话题，人的本质、人性、心性、性命、性情等。人性从食色性也的自然属性，进入仁义礼智的道德社会属性，而有内圣与外王的探赜。人如何超凡入圣，首先面临修身养性的课题。尽心知性，存心养性，以待天命，由各正性命，才能保合太和。但由于各人对心性体认差分，其认知亦异。孟子主心性融合论；庄子倡心性合一论；荀子讲心性二分论；韩非提任法不任心；佛教以心性本净；道教讲心、性、命圆融。宋明理学家融突和合儒释道三教，主张性体心用，心性为一，而止于至善。性是人之为人的本性，情是人对现实对象、现象依据人和社会的需要而产生的一种体验，是人有意识地控制生理和心理变化而获得的一种心理机制和情感活动。性情不离，从性顺情；性情为一，心统性情；性正情变，性情中和。性命、心性、性情构成中和为大本达道内圣论，以成就圣贤的理想人格。内圣必外化为事功，表现王道与霸道两条不同的治国理政的路线，体现王仁霸法，又霸王道杂之；王霸义利，尊王贱霸。然中国古人都祷求王道之治，使人民安居乐业，天下太平。

【试论王夫之的“体知”论】

王博 《周易研究》2020 年第 5 期

王夫之的致知论具有明确的具身性与内在体验性等特征，强调人以身心交养、知行统一的方式获取“德性之知”，称之为“体知”论更能彰显其理论特色。他的“体知”论依具体内容可划分为四个层次：“礼乐养德”主要是通过审美体验，以感性与理性相结合的方式，从身心两个向度长养和陶冶人之性情；“学思相资”是指人在具体的社会伦理生活中以“心体力行”的方式获取客观知识，培养人的知性能力；“存神尽性”则是凝聚灵明知觉与清通的心神以存仁养性，并充分发挥人之灵明知觉的天赋良能，即形体而超越形体，从而贯通天人、物我，达到万物皆备、死生为一的境界；“明诚合一”则统贯前三个方面，是王夫之体知论的最高总结。在“明”与“诚”的互动中，人得以全面认识和体认运行不息的天道与生生之仁，保持刚健不息的精神，以及通过审美、认识、道德等广泛的知行活动，实现与天通理、与仁同德。“体知”论不是单纯的“命题性知识”或“能力之知”，是融契真、善、美的价值原则，全面关涉人之形体与精神结构的身心修养。

【元代经济伦理思想的历史特质与价值】

解丹琪 《内蒙古社会科学（汉文版)》2020 年第 4 期

元代是一个特殊的历史时期，游牧统治者“起于内不足”的商业精神、务实作风和传统儒士社会地位的下沉，使元代的社会基础和经济伦理关系发生了巨大变化。传统儒学、蒙古文化和西域文化作为农耕文化、游牧文化和商业文化的代表碰撞交融，形成了这一时期的多元文化面相，并间接作用于元代的经济伦理思想，使其表现出明显的“致用”倾向和“务实”特征。围绕经济伦理的核心——“义”与“利”、“本”与“末”等关系问题，元代的思想亦发生转变。“利”和“欲”的合理性在现实中得以证明，并被赋予了“义”或“理”的意义；“末”业进一步冲破传统重“本”思想的压制，被统治者大力推崇，并被理学家视作“亦有可为”。经世致用的义利观和农商并重的本末观，成就了这一时期独具特色的经济伦理思想，并充分展现其历史特质与价值。

【中国古代儒商发展历程和传统儒商文化新探】

徐国利 《齐鲁学刊》2020 年第 2 期

儒商虽然出现于春秋战国时期，但是直到明代中后期才出现意义与之相当的“儒贾（商)”和“（儒）士商”概念。儒商是以儒家思想为经营管理准则和生活指导，有良好品德和专业知识，并在商业经营上取得成就的商人。中国古代儒商和儒商文化的发展经历了三个阶段：春秋战国时期儒商初步形成，儒商文化随之出现；宋代儒商得到新生，儒商文化开始复兴；明清时期儒商发展走向兴盛，儒商文化成为主流商业文化。传统儒商文化是中国古代儒商把儒家思想与商品经济法则相整合所形成的经营理念、管理思想、行业准则和行为规范，其内涵主要包括仁道的核心价值观、义利兼济的商道、诚信为本的经营原则、创新进取的职业精神、克己敬业的管理理念、热心公益慈善的家国情怀。

【儒释道的知识观与生命伦理学研究】

邵龙宝 《伦理学研究》2020 年第 5 期

“为知识而知识”的知识观是西方知识观的一种宇宙论和认识论表达；儒释道的知识观是认识论、功夫论和伦理学的有机统一。“道”“仁义”“自然”“空”是中国式生命伦理学的核心范畴。

儒释道知识观的目的是在“求道”，人之生命运动的最高境界是“行道”。寻常百姓并不能理解儒家、道家和佛家之“道”的超越性，但在日常生活中思考问题、衡量事物、评判价值，在喜怒哀乐的情感世界中却又都能体悟、感悟、证悟“道”的生生不息、孕生万物的能量，感受到“道”作为规律、原则、规范、真善美、理想目标、最高智慧等内涵的作用、功能和力量。“悟道”是最高的人生觉解，儒释道是一种创造幸福生活的生命伦理学。

【“贵生”“重己”与“形神”——论《吕氏春秋》的生命哲学】

丁四新 《文史哲》2020 年第 4 期

《吕氏春秋》以“性命”和“精气”为“生”(生命）的本原。此“性”为“生质”之义，不同于道德性的定义。精气说很好地解释了“精神”的来源问题。《吕氏春秋》以兼收并蓄的态度吸纳了性命说和精气说。《吕氏春秋》的生命哲学集中在本生论、贵生论、重己论、形神论和养生论上，集先秦生命哲学之大成。其目的首先是全生、身心健康和长寿；其次是满足政治的需要，确保统治主体（“人主”）的身体健康和延年益寿。《吕氏春秋》特别注重对情欲（声色滋味和富贵权势）的控制和调适。它提倡贵生、重己的生命哲学，与政治有一定的关系。儒家也讲本生、贵生、重己和养生等观念，但与子华子、《吕氏春秋》的解释不同。儒家肯定“义”高于“生”，而不是相反。可以说，《吕氏春秋》是秦汉生命哲学的前导。

【朱子《家礼》的终极关怀】

和溪 《哲学动态》2020 年第 7 期

朱子不仅集宋代理学之大成，还承启古今礼学之变革，朱子《家礼》便是朱子对自己礼学思想的实践性著作。在哲学层面，朱子《家礼》礼仪规范的背后隐藏着深刻的终极关怀，指向性与天道。在宗教层面，朱子《家礼》中的丧祭礼分别继承了儒家礼学“慎终追远”与“报本反始”的精神，最终指向生命的不朽和精神的永存。在人生之道的层面，朱子《家礼》的终极关怀表现在生命延续、道德提高与社会进步等方面。

【儒家生态仁学初探】

徐朝旭、徐晨 《中国哲学史》2020 年第 5 期

儒家从仁学视角看待人与自然的关系，视善待生命、珍爱生命的仁爱精神为道德的基本原则，并认为这一道德原则根源于宇宙本体的“生生之仁”。儒家将农耕文明的时间体制看成一种道德规范，认为它是仁爱原则的具体体现。儒家关注的是宇宙生命系统的繁荣昌盛，连绵不断，而非个体生命的生长，同时，儒家又将“仁”看成一种人生修养的境界，主张人们融入天地化育的和谐秩序中，培养仁爱的情怀，担当参赞化育的使命，实现宗教的超越，达到天人合一的境界。儒家这种生命整体主义与境界个体主义相结合的生态仁学体系与欧美国家权利论的环境伦理学形成互补的关系。

【湛若水生态哲学思想研究】

乔清举、魏云涛 《中国哲学史》2020 年第 5 期

甘泉的生态哲学是儒家天人合一思想的系统化和深化，包括“生生，天地之仁”的生态本体论、“人心即天地之心”的生态德性论、“体物不遗”与“参赞化育”的生态功夫论和“万物同体”的生态境界论。在他的生态哲学中，天人合一是人的本质和世界的生生之仁的本质的统一；“体物不遗”与“参赞化育”的功夫论说明人不仅静态地与世界的生态本质一致，而且动态地通过生态实践帮助天地万物实现其生生本质，从而实现人自身的本质；“万物同体”的生态境界是通过生态实践功夫所达到的主客统一的精神层次，包含参赞化育的道德实践而又超越道德实践，包含情景交融的审美趣味而又超越审美。

【中国近代以来重公德轻私德的偏向与流弊】

陈来 《文史哲》2020 年第 1 期

按照近代西方学者的定义，个人道德是只与自身有关而不涉及他人的行为或品质，但其实中国古代德行大部分不是纯粹个人的私德，多数是联系着对他人的态度。关于公德，中国古代社会不是没有，而是没有近代性的社会公共生活所要求的公德和礼规。梁启超虽受日本近代重视公德的影响，但与日本的公德建设主要指向公共道德不同，他呼吁的公德集中在公民道德即政治性公德上。虽然公民道德和公共道德可以合称为公德，但事实上，一个稳定成熟的近代国家与社会，内部秩序更需要的是公共道德。中国近代以来的特殊进程，使得政治公民道德大受重视，而相对来说，公共道德的概念及其推广则遭受忽视。近代以来最大的问题是政治公德取代个人道德、压抑个人道德、取消个人道德，并相应地忽视社会公德，使得政治公德、社会公德和个人道德之间失去应有的平衡。因此，恢复个人道德的独立性和重要性，并大力倡导社会公德，是反思当代中国道德生活的关键。

【儒家“家天下”的思想困境与现代出路——与陈来先生商榷公私德之辨】

蔡祥元 《文史哲》2020 年第 3 期

梁启超等中国近代启蒙学者从公私德的区分出发，批评儒家道德长于私德，缺少公德，而后者对于现代文明社会的建构是不可或缺的。陈来通过澄清相关概念，对此批评进行了纠偏，并提出近现代以来道德建设的问题在于过度强调公德，压抑私德，因此需要通过提升私德来达到公德与私德间的平衡。私德固然重要，但是陈来没有看到，公私德之辨切中了儒学“家天下”思想构架的内在困境，这一困境并不能简单地通过提升私德来加以解决。在现代文明的社会中，儒家道德建设的第一要义就是要区分私领域和公领域，明确家与国的界限，如此才可能在保护公领域的同时，成全私领域。

【现代中国应并重公共道德和个体美德——对陈来、蔡祥元两位先生的回应】

肖群忠 《文史哲》2020 年第 4 期

在古代中国或者传统道德中，主要

强调公德与私德的联系而不是区别，这是由古代社会家国同构的社会基础、儒家合内外之道的思维方法以及私人领域与公共领域尚未区隔所决定的。对公德与私德进行区隔并在当时历史背景下强调国家团体意识的公德内涵，这种思想最早是由梁启超《新民说》提出，之后一百多年来对这个问题仍有持续的讨论与实践。陈来先生认为要强化社会公德之“公共伦理”建设和个人品德修养，不仅在学术认知上是准确科学的，而且也有重要的实践意义。蔡祥元先生认为建立在家国同构基础上的“家天下”思维在现代遇到了困境，因此，现代道德建设要着力于规则而不是依靠私德或者个人的良知，这也具有一定的真理性，但又不尽然，儒家强调修身、内圣或者私德为道德基础的道德主体精神，在复杂化、世俗化的当代社会仍然有其独特而重要的价值。

【古今之变与公私德行的现代理解】

任剑涛 《文史哲》2020 年第 4 期

中国近代以来重公德轻私德的偏向，是一个需要辨析的问题。循内部解释脉络，公私德行的关联与偏重需要一个平衡摆；以外部解释的理路，公私德行的功能与效用需要确定兼综性。如何平衡与兼综，需要一个社会坐标。古今之变，是分析公私德行状态的前提条件。在古代视角，私德的决定性显而易见；在现代视角，公德的优先明确无误。在现代处境中，不存在从私德直接贯通到公德的可能性。古代儒家以私人德性理解德行“公共性”的进路，需要转进公私德行分流的现代结构，但私德的社会伦理效用与公德的政治伦理功能必须分别确认。这不是一个在中西差异角度审度的问题，而是一个在古今变局的角度才能深切理解的问题；公私德行分流，是人类的一个普遍处境，而不是一个地域的特殊遭遇。

【清末民初的“公德私德”之辩及其当代启示——从“美德统一性”的视域看】

陈乔见 《文史哲》2020 年第 5 期

梁启超开了以“公德”“私德”讨论中国社会问题与儒家伦理的先河，其后马君武、章太炎、刘师培、蔡元培等思想家对此问题都有所讨论或回应，尽管他们的立场各不相同，解决方案言人人殊，但他们都相信个人的道德品格具有某种统一性，都强调个人品格意义上的私德是一切公私道德的根本和源泉。梁启超后期更为强调“道德本原”与“节目事变”的区分，旨在说明道德本原与儒家道德的普遍性（超时代性）。当代中国公民道德的建设，应该走出梁启超前期《论公德》中所谓“儒家重私德轻公德”的误区，接续其后期的思考，以儒学为公民道德建设的主要思想资源。

【“美德伦理学”“德性伦理学”和“德行伦理学”与儒家伦理学】

黄勇 《江海学刊》2020 年第 6 期

在近几十年中文世界的伦理学讨论中，经常出现三个看上去差别不大的词，“美德伦理学”“德性伦理学”和“德行伦理学”，它们或者是作为对英文 virtue ethics 的翻译，或者是作为对儒家伦理学的概括。在这三者的使用中，第二个略逊于第一个，因为 virtue 是相对于 vice 的，同样“美德”是相对于“恶德”的，但“德性”相对于什么呢？此外，无论是作为对 virtue ethics 的翻译还是对儒家伦理学的描述，问题更大的是“德行伦理学”。在当代西方哲学中得以复兴的 virtue ethics，与近现代西方哲学中强调人的行动的道义论和后果论不同，强调人的内在品格。这样的品格不仅决定了这个人的行动，而且决定了这个人的情感。德行伦理学无法把握 virtue ethics 的这种特征。在认为人的品性决定人的行动方面，在对道德情感的强调方面，儒家伦理学与西方的美德伦理学有类似性，因此“德行伦理学”也无法反映儒家伦理学的特征。

【**德性、知识与哲学进路**——由《当代美德伦理》引发的若干思考】

杨国荣　《天津社会科学》2020 年第 3 期

儒家作为一个整体，是基于仁和礼的统一，既在“仁”的层面上涉及内在精神和德性的完善，也以“礼”为背景而关乎广义上的社会规范系统，由此，儒学在伦理学上既不同于亚里士多德意义上的德性伦理，也有别于康德的规范伦理，仅仅从德性伦理的角度考察儒学，似乎不足以把握儒学的全部内涵。《当代美德伦理——古代儒家的贡献》一书体现了作者独特的研究进路，首先表现为哲学的历史与哲学的理论之间的沟通。书中涉及儒家哲学的不同方面，看似属于历史性的研究，但其中又处处渗入了不同的理论视域。同时，该书体现了中西哲学交融的视域：一方面，作者注意运用西方哲学理论、概念来回溯中国已有的传统，由此进一步揭示这一传统中隐而未现的意义；另一方面，又注意用中国哲学的资源去回应西方哲学的问题。

【**论“美德伦理学”何以不适用于儒家**】

萧阳、高菱　《华东师范大学学报（哲学社会科学版）》2020 年第 3 期

蓬勃兴起的“儒家美德伦理学”有其盲点与偏见。在“儒家美德伦理学”逐渐成为主流的过程中，发生了“伦理学的”转向与“伦理学理论的”转向，它们让我们远离而非接近儒家。“美德伦理学”并非“关于美德的理论”，要证明儒家思想是一种“美德伦理学”，就不仅要说明儒家重视美德，而且需要证明美德对于儒家来说是一个基础的概念。作为一种伦理学理论，标准美德伦理学具有“总体上的等级结构”；但是，孔子的学说更接近一种具有“总体上的非等级结构”的非标准伦理学理论。从孔孟出发，我们可以审视伦理学理论的独立性教条。再者，“美德伦理学”这个来自标准类型学的概念不适合用来刻画孔子与孟子的“广义伦理学”或“伦理—政治经济学”。

【**从性情论到性善论**——论孟子性善论的历史形成】

赵法生　《南京大学学报（哲学·人文科学·社会科学）》2020 年第 4 期

在先秦儒家思想史上，孟子的性善论作为告子以生论性的对立面而出现，

这使得人们易于强调其创新而忽略其历史继承性。郭店楚简的出土，打开了先秦儒家人性论的历史维度，使我们认识到在先秦儒家人性论谱系中，除了以生论性和以心论性之外，还有一种重要的人性论即以情论性的性情论。心性论正是在性情论的基础上发展而来的，孟子以心论性的前提是以情论性，他把性情论中的自然感情提升为道德感情，把性情论中无定向的认知心发展为道德本心，确立了本心的先验性和普遍性，使得其性善论成为儒家心性论的典型形态。就其义理形态而言，孟子的性善论并非朱熹以理气二分为基础的性理论，也不同于牟宗三基于康德实践理性观念所诠释的那种道德形而上学，而是心、性、情、才一本论。

【理解之难——从《中庸》“喜怒哀乐未发”句看**】**

张汝伦　《复旦学报（社会科学版）》2020 年第 3 期

《中庸》第一章“喜怒哀乐未发谓之中，发而中节谓之和”句，尤其是前一句，历来为儒家思想家关注和讨论的重要命题，宋明理学家对其作了深入的思考和阐发，留下大量的论述。与现代学人往往望文生义、根据字面意思从人的心理状态上去理解这句话不同，古代哲学家是从形上学意义上去理解和阐发这句话的。小程子首先划清本体论与心理学的界限，强调作为本体之“中”根本就不是一种主观性状态。朱熹继承伊川反对心理主义和自然主义的阐释原则，深入阐释了未发之中的丰富意义，并且以功夫论来具体解决如何明体达用的问题。王阳明秉承程朱在这个问题上的原则思路，严守《中庸》天人关系的圭臬，进一步强化前辈从本体论而非心理学去理解未发已发的立场。牟宗三从他接受的康德自律哲学的观点出发，批评朱子对未发句的阐释，却未能真正理解朱子的思想，原始材料掌握上的缺陷还在于其次。牟宗三对程（伊川）朱的批评是现代学者在现代性话语支配下以西方现代思想揣度古代思想的一个典型例子。

【儒学的价值观念与价值系统】

李景林　《中国哲学史》2020 年第 1 期

在儒家哲学中，价值并非仅哲学的一个部门，而是贯通所有哲学问题并规定了其本质的一个核心和辐射源。儒学以人的存在实现为进路，落实到“心性”的论域动态地展示人性的内涵，而非对人性做静态的分析。儒学即心言性，即情言心，将“知”理解为人的存在所本具的智照、定向和主宰作用。其所主人性本善论，规定了中国文化的价值实现方式。儒学循道德和存在实现进路以建立其形上学体系，其所言伦理与价值，则是一种真理与应当本原一体，表征人的生命存在之整全性意义的伦理价值观念。儒家所言道，是在实存差异实现之“通”性上所显现出的一个形上超越性的“一”，其达道之途径，可名之为“旁通而上达”。“旁通”与“上达”两个维度，虽有分判，又相即互成，共同构成了儒家的价值和形上学系统。这一价值和形上学系统，既凸显了一种即伦常日用而达超越的实践品格，同时亦体现出了一种尽性、成己以成物的价值平等精神。

【“君子喻于义，小人喻于利”别解】

郭晓东、于超艺 《道德与文明》2020 年第 2 期

《论语》“君子喻于义，小人喻于利”一语，历来有两种解法：一种以“德”分君子、小人，宋儒多如此解；另一种以“位”分君子、小人，秦汉儒者多如此解。以“德”分君子、小人，则“君子喻于义，小人喻于利”一语宣说的是一条道德原则；以“位”分，则可视为一条政治原则。作为道德原则，以义利之辨分君子、小人，可视为一种修己之学，然修己本身不足以平天下。作为政治原则，“君子喻于义，小人喻于利”一语有两层内涵：一是有“位”之“君子”不当与民争利；二是有“位”之“君子”当以“义”化民，此不仅合孔孟先富后教之义，且孔子“为政以德”的思想亦得以充分体现。就此而言，以“位”分君子、小人，似更合乎“君子喻于义，小人喻于利”一语的本旨。

【荀子“礼”教的伦理秩序向度及其逻辑】

李萍、吴之声 《伦理学研究》2020 年第 1 期

与孔孟不同，面对战国末期伦理秩序的深度危机，荀子重新阐释了“礼”，并以礼为核心系统重构了儒家的伦理与教化理想。荀子高扬儒家之礼教乃缘起于他对“人”的重新认识，从“人生不能无群”和情欲的恶之趋向来强调礼教的必要与紧迫。荀子的“群”是个体经由礼之普遍化而向之归复的伦理共同体，“和”与“一”是“群”的旨向与价值特征。但荀子认为“群居和一”的价值合理性不源于天道，而源于人道的觉醒。荀子视“礼”为人道之极，从“道”的高度揭释“礼”的本质，从而使礼之教化与人伦秩序落成获得内在的价值皈依。最后，荀子以礼定分以别异，以乐治心以合同，礼乐之统使教与化、规范与德性、秩序与和谐相互融通而落实于人心。

【“五伦”与“新五伦”之探索】

吴根友、崔海亮 《南京师大学报(社会科学版)》2020 年第 2 期

中国传统社会的五伦，从西汉以后逐渐成为中国历代社会基本人伦规范，对于维系中华民族的道德精神起到了极其重要的作用。步入近现代社会以后，由于受到现代西方文化的强烈冲击，逐步丧失了其社会作用与功能。改革开放以来，很多学者在传统五伦的基础上，创造性提出了六伦、五缘等新思想，具有积极的启发意义。在当代中国特色的社会主义新文化的建设过程中，综合当代诸多学者对于中国现代伦理、道德重建的积极理论思想的成果，尝试性提出“新五伦”的思想，以就教于学术界，也希望能对从事具体道德伦理文化建设的工作者有思想的启迪。

【仁学的政治化与政治化的仁学——荀子仁义思想发微】

梁涛 《哲学研究》2020 年第 8 期

在仁、礼关系上，孔子存在以仁释礼与以礼成仁的不同进路。荀子虽然形式上视仁为最高的德，并提出了由“爱人”到“自爱”的仁学理论，但不是将仁落实在心性上，而是体现在制度中，是以礼成仁，发展的是政治化的仁学。荀子的仁义偏重于义，主张“处仁以义”，通过义来成就仁。荀子以差等为正义，为儒家礼学奠定了基础，但他突出等级、差等，缺乏平等精神，是其思想的不足。今日儒学应发展出寓差等于平等的正义观，而要做到这一点，就要将儒家的忠恕之道由道德原则上升为政治原则，使其成为礼的原理、法则，这样仁的内在原则与礼的外在原则才可以真正得以贯通。

【朱光潜伦理思想析论】

肖群忠 《北京大学学报（哲学社会科学版）》2020 年第 4 期

朱光潜先生不仅是我国著名的美学家，实际上他也有非常丰富和系统的伦理学思想。他认为，生活是伦理与学问的基础，道德不仅基于人们的理性，也基于人们的情志。另外，道德观也离不开一定的价值观，追求真善美和好生活，坚持道义原则，正确处理群己关系，树立正确的人生观都是道德的主体价值观基础。朱光潜先生的伦理思想博大精深，视野、观点、方法的创新深具启发性，有很高的学术价值，研究揭示其思想光辉，有利于加强 20 世纪我国伦理思想遗产研究，推动当代中国伦理学学术进步。

【从现代化进程看伦理道德的文化发展战略】

姚新中 《江海学刊》2020 年第 4 期

当代中国伦理道德在内容和形式上都出现了诸多变化，既包括道德观念、道德行为方式、道德评价标准的变化，也包括对于道德问题和伦理难题认识方式和角度的变化。在现代化的影响下，伦理道德领域呈现出老传统与新传统、现代性与后现代性之间相互冲突、相互融合、相互激荡的局面。在新的时代，制定适应新的社会结构、新的国家治理体系的伦理道德文化发展战略，需要更新已有的理论框架，更改寻常的思维惯性，从现实出发，与包括社会科学、自然科学尤其是生命科学等新兴科学在内的一系列学科进行广泛的交流与对话。

【从法哲学到社会伦理学：马克思世界观变革中的道德图景】

张霄 《马克思主义与现实》2020 年第 1 期

1844 年至 1846 年，马克思完成了具有划时代意义的世界观革命，他的伦理思想也随之发生了根本变革。这个变革可以被描述为：从基于形而上学的法哲学转变为基于社会理论（政治经济学 + 社会主义和共产主义学说）的社会伦理思想。这个变革经历了三个环节：一是通过对思辨哲学的批判，破除了传统伦理学的形而上学基础；二是通过阐述 18 世纪法国唯物主义与 19 世纪英国、法国共产主义的关系，指明了道德的基础是“正确理解的利益”；三是借助对政治经济学的社会分析，确立了经济利益与社会道德的伦理关系。

【“塔克—伍德”命题的元伦理学“提示”——兼论马克思伦理思想中的“二阶问题”】

曾俊 《齐鲁学刊》2020 年第 5 期

“抽象性”“形式性”的元伦理学与将“现实”作为立足点的马克思主义理论之间，在研究的对象、内容与目的方面存在着明显的分歧。但伴随着“塔克—伍德”命题而展开的争论，引起了马克思主义伦理学运用元伦理学方法“确证自身”的理论需求，从而使其如“休谟提示”一样引发了研究方向的转变。“塔克—伍德”命题的启示意义在于揭示了马克思主义伦理思想中所存在的元伦理学“二阶问题”——道德原则与自然事实之间的“还原”问题，而回答该问题对马克思主义伦理学建构具有积极意义。

【《资本论》中马克思主义伦理学的理论旨趣】

肖祥 《马克思主义研究》2020 年第 2 期

《资本论》的资本批判蕴含着对人与人、人与社会关系的伦理批判，伦理批判在作为“显性逻辑”的资本批判中得以体现。唯物史观和辩证法在《资本论》中的科学运用，不仅为资本批判提供了历史辩证的科学方法，而且为马克思主义伦理学的创立提供了方法论支撑；而《资本论》对资本主义社会道德现象的批判则阐明和厘清了伦理学的一系列根本问题，为马克思主义伦理学确定了清晰的问题域，从而使马克思主义伦理学成为一门能够正确阐明社会道德的科学理论。以伦理批判引导资本运行，是《资本论》所展现的马克思主义伦理学的致思方式和理论旨趣，能对中国特色社会主义市场经济建设过程中如何发挥中国马克思主义伦理学的伦理价值批判功能提供积极的启示。

【道德难题与自由伦理学——马克思伦理学的原初命题与布伦克特的回答】

吴照玉 《道德与文明》2020 年第 6 期

马克思一方面批判作为意识形态的道德的虚幻性，另一方面又明确表达了对资本主义社会的道德义愤以及对未来社会的道德憧憬，马克思文本中的这一道德难题构成了马克思伦理学的原初语境。布伦克特通过重释历史唯物主义与伦理学之间的关系，构建了以自由为核心的马克思伦理思想，回应了马克思的道德难题。以自由为基础的伦理学的建构进一步推进了分析马克思主义关于马克思与道德之间关系的研究。但是布伦克特将自由上升到本体论的高度，自由被看作衡量个人以及社会发展和进步的标准，这样一来，自由在布伦克特那里就被描绘成一种抽象的价值实体，这一解读在一定程度上背离了历史唯物主义的基本原则。

【马克思政治经济学的伦理维度——以《资本论》第一卷为例】

张霄 《伦理学研究》2020年第1期

马克思在《资本论》中对资本主义社会的政治经济学批判同时也是一种伦理学批判。我们从中可以看出马克思持有的一些伦理观念：一是包含选择自由和自我实现的自主自由，二是包含身份尺度和价值尺度的劳动对等的平等原则。马克思在资本主义社会的所有权关系中得出这些伦理观念，也通过这些观念批判资本主义社会的所有权关系。马克思是借助“经济关系的人格化”概念讨论这一问题的。这个概念为马克思的伦理学提供了基于“第三人称视角”的认识论图景。这一图景为开发“第一人称视角”的规范伦理学奠定了基础。

【论恩格斯辩证道德观对杜林绝对道德观的价值颠覆】

丁雪枫 《毛泽东邓小平理论研究》2020年第5期

道德方法的机械唯心性、道德原则的绝对性、道德目标的狭隘性等暴露了杜林绝对道德观的缺陷，并成为其被批判的重要根源。具体的道德方法、阶级的道德原则、发展的道德目标等凸显了恩格斯辩证道德观的价值合理性。辩证道德观对绝对道德观的价值颠覆，促进了以辩证唯物的道德方法、无产阶级性质的道德原则、“真正人”的道德目标等为主要维度的马克思主义伦理观的生成。加强恩格斯辩证道德观对杜林绝对道德观的价值颠覆研究，对于从理论上驳斥马克思主义经典作家伦理思想缺失的错误观点，对于推进马克思主义伦理研究系统化、深刻化，对于培育和践行社会主义核心价值观、振奋中华民族精神等都具有重要意义。

【“道德巴别塔”批判——评《反杜林论》中恩格斯对“永恒道德”的驳斥】

魏传光 《马克思主义与伦理学（第2辑）》，社会科学文献出版社2020年版

恩格斯在《反杜林论》中对杜林用“永恒正义”“永恒道德”构建的“道德巴别塔”的批判基本涵盖了马克思主义道德观的关键议题，是理解马克思主义道德观的一把钥匙。用“分析的方法”，把对“永恒道德”的批判置于马克思恩格斯对德国古典哲学理念性、抽象性特性批判的思想背景中，并思考“永恒道德”与“革命意识”的内在逻辑关系，是深化理解马克思主义道德观的不容忽视的学术路径。

【马克思与亚里士多德：实践理论范式的转换】

丁立群 《哲学研究》2020年第6期

马克思的思想具有实践理论的特点，这是学术界逐渐认可的结论。然而，实践具有不同的含义，实践哲学具有不同的传统，这使得对马克思实践理论的理解仍然歧义颇多，从而，对马克思实践理论在哲学史上和批判资本主义现实中的革命意义的理解也成为问题。另外，学界的马克思思想研究也忽略了马克思

与古希腊哲学，特别是与亚里士多德实践哲学的思想联系。文章说明了马克思的实践理论根源于亚里士多德创立的“伦理—政治”的实践哲学传统，同时，马克思又以“劳动—社会”的新范式超越了传统的实践哲学，从而构建了社会革命和人类解放的新的实践论。

【经济关系的人格化与自由个人的现代联合——从马克思的社会学看麦金泰尔的德性论】

张霄 《江苏行政学院学报》2020年第4期

麦金太尔早年试图用被德性论拯救过的马克思主义道德概念批判启蒙以来的自由个人主义传统。但在后来，麦金泰尔认为马克思主义也是启蒙以来自由个人主义传统的产儿，因此他放弃了对马克思主义的信仰，转而进入专门的德性伦理学研究。麦金太尔之所以会把马克思主义归入自由个人主义传统，主要是因为他认为马克思主义一开始就带有这个传统的某种印记，即“个体性”。这种“个体性”给马克思主义带来不可回避的道德困境：如何从道德上理解自由个人的现代联合问题。《追寻德性》这部著作从伦理思想史的角度对自由个人主义传统的批判，其实也是对马克思主义伦理学的批评。然而，麦金太尔之所以会得出这样的结论，主要是因为他对马克思的社会理论做了祛政治经济学的处理。正因为如此，他虽然看到了自由个人主义与马克思主义的关联，却并没有看到后者对前者的超越。因此，他最终选择退出资本主义社会生活的核心地带，转而寻求回归传统德性共同体生活方式的实践筹划是消极而保守的。但是，如果我们在马克思的政治经济学中还原马克思的社会理论，就可以从经济关系人格化的角度看到自由个人现代联合的客观基础。以这个被改造了的社会理论为基础，我们可以重新激活麦金太尔的德性理论，开发出更多对构建马克思主义伦理学有益的资源。

【“大马伦”与“小马伦”：马克思主义伦理学研究的两个概念】

张霄 《马克思主义与伦理学（第1辑）》，社会科学文献出版社2020年版

“小马伦”是对马克思恩格斯伦理思想（伦理学）的简称。“大马伦”是对“小马伦”的延伸，即对马克思主义伦理思想（伦理学）的研究。无论是“小马伦”还是“大马伦”，都有着众多的知识生长点和明显的跨学科优势。更为重要的是，“小马伦”和“大马伦”的架构方式或许可以为连接中西伦理学资源，促进文化传统的“合作式对话”提供一个开放、宽松、兼容的平台。

【法哲学的规范性及其历史语境——论马克思对黑格尔立法权概念的批判】

李义天、王也 《马克思主义与伦理学（第1辑）》，社会科学文献出版社2020年版

在《黑格尔法哲学批判》中，马克思通过辨析黑格尔立法权概念的现实性，批判了黑格尔法哲学的政治保守性及其规范性的缺失。尽管在19世纪德国的历史语境中，黑格尔对立法权的讨论并非

毫无规范意义可言，在政治上亦有支持改革的进步方面，但这些都只是对于更为落后保守的制度而言的。在马克思看来，对黑格尔立法权概念的批判并非批判的“原本”，而只是用以批判当时普鲁士国家君主专制制度的“副本”。因此，作者认为，我们一旦进入思想的历史语境，就会发现马克思关注的并不是某种法哲学是否具有规范性的理论问题，而是规范性的法哲学如何映射和引导政治变革的实践问题。

【新轴心时代与马克思主义伦理学】

安启念 《马克思主义与伦理学（第2辑）》，社会科学文献出版社2020年版

20世纪下半叶以来，大规模杀伤性武器的出现以及资源、环境、人口、气候等领域的变化，直接对人类的生存构成威胁。问题的根源是人类一味征服自然，无限追求物质财富。这种价值目标和发展思路是在轴心时代文化成果的基础上逐步确立的。为了继续生存，人类文明必须改变原有的价值目标，寻找新的发展方向。人类历史开启了新的轴心时代。新轴心时代将逐步实现人对物的支配，这意味着旨在处理人与人、人与自然关系的伦理学，将在社会生活中获得独立地位，发挥前所未有的重要作用。联合起来的个人，以最无愧于人的本性的方式，自觉控制科学技术和物质生产，自觉安排社会生活，以实现人的个性的全面发展，这是马克思恩格斯共产主义思想的核心观点。新轴心时代的到来是历史的必然，也将是共产主义原则的实现。伦理学特别是马克思主义伦理学，将处于未来自由王国的中心地位，发挥决定性的作用。

【马克思道德理论：非功利主义目的论及其限度】

张彦、李家祥 《伦理学研究》2020年第4期

非功利主义目的论是一种从人的本质出发，追求诸如幸福、自由和自我实现等各种善的马克思道德理论进路，这种理论进路实际上是将马克思的道德理论视作一种追求抽象的人的本质实现的亚里士多德式目的论。从马克思思想发展的脉络来看，该理论进路的底蕴正是马克思《1844年经济学哲学手稿》中所批判的费尔巴哈的人本主义思想遗迹和黑格尔哲学的目的论形式。非功利主义目的论者片面地发展了这种以抽象的、理想化的人的“类本质”为基础的人本主义和目的论，却忽视了马克思在创立历史唯物主义过程中与费尔巴哈人本主义的决裂和对黑格尔哲学的“清算”以及历史唯物主义提供的历史性解释原则对于理解和构建马克思道德理论的根本性意义，因而只是一种具有历史限度的理论建构。

【马克思主义伦理思想史：内涵与分期】

李义天 《吉林大学社会科学学报》2020年第2期

马克思主义伦理思想史不仅是马克思主义思想史的一部分，也是现代伦理思想史的一部分。其中，既包括马克思、恩格斯本人对伦理问题的论述，也包括

他们的后继者以及马克思主义研究者在这方面所讨论的议题、所参与的论辩、所提出的观点。研究马克思主义伦理思想史，需要以社会主义运动和现代社会的重大历史事件为背景，描述马克思主义伦理思想的发展过程并探求其中蕴含的内在线索和本质规律。就此而言，马克思主义伦理思想史可以被划为四个阶段：马克思、恩格斯伦理思想的展开与转变（19 世纪 40 年代至 19 世纪 90 年代）；马克思主义伦理思想的争论与整合（19 世纪 90 年代至 20 世纪 40 年代）；马克思主义伦理思想的多元与分化（20 世纪 40 年代至 20 世纪 90 年代）；马克思主义伦理思想的现状与前瞻（20 世纪 90 年代至今）。

【改革开放四十年中国马克思主义伦理学研究回眸与展望】

肖祥、李建华 《马克思主义与伦理学（第 1 辑）》，社会科学文献出版社 2020 年版

改革开放 40 年中国马克思主义伦理学发展成为中国伦理思想史和马克思主义伦理思想史的重要组成部分。40 年来，中国马克思主义伦理学研究成效显著、成果喜人，不仅在学科建设方面取得了巨大成就，也在理论研究上实现了繁荣发展；不仅开辟了中国马克思主义伦理学中国化的新境界，也推进了社会主义道德建设和精神文明建设，建构了中国特色社会主义伦理秩序。他们进而提出，展望未来，中国马克思主义伦理学研究面临的主要任务是破解市场经济建设的“伦理瓶颈”、强化社会主义核心价值认同、促进社会伦理整合、增强中国特色社会主义伦理自信、建设具有中国特色中国风格中国气派的伦理学新形态。

【二十世纪上半叶马克思主义伦理思想的焦点问题】

曲红梅《伦理学研究》2020 年第 1 期

20 世纪上半叶马克思主义伦理思想的发展在马克思主义研究中占据着重要地位。深入分析这一时期关于马克思主义伦理思想的三次争论，我们可以发现其中存在的焦点问题包括：马克思主义是否缺乏伦理学；道德作为意识形态如何展现人的能动性；马克思主义是不是一种人道主义。进而，在这一时期马克思主义伦理思想的发展逻辑中，如何理解事实与价值的关系、理论与革命的关系以及人道主义与科学主义的关系成为最主要的理论困难。20 世纪上半叶丰富的马克思主义研究资源所展现出的焦点问题对于今天的马克思主义伦理学研究仍然具有重大意义，解决其中的理论困难是我们不可回避的任务。

【当代马克思主义伦理思想史研究的主题及学理依据】

武卉昕 《马克思主义与伦理学（第 1 辑）》，社会科学文献出版社 2020 年版

当代马克思主义伦理思想史研究以马克思早期伦理思想和经典马克思主义伦理思想为理论本源，在苏联和东欧实施了重要的理论实践，其后被西方马克

思主义所拓展和修正，中国的马克思主义伦理学实现了时代意义的继承和创新。马克思主义伦理思想史的研究保持着学术因果的一致性。马克思主义经典作家的道德观、“史论结合”的方法原则、完整统一的伦理话语、真实客观的伦理发展规律和道德评价的真理标准是当代马克思主义伦理思想史研究的学理依据，更是保持其研究完整性和系统性的前提。

【21世纪以来英语学界的马克思主义伦理学研究新动向】

韦庭学 《马克思主义与现实》2020年第2期

21世纪以来，随着社会不平等以及阶层分化等问题以新的形式呈现，部分英美学者试图从马克思主义理论中寻找解决社会问题的资源。其中一个尝试就是对马克思主义伦理学进行基于当代形势的解读与重构。通观英美学者最近的研究文献可以发现，他们的研究主要表现为三个方面内容：第一，对分析的马克思主义在平等主义的自由主义理论构架内重构马克思主义伦理学的做法进行反思、批判，并试图恢复团结、人的自我实现和生活充足等价值准则在构建马克思主义伦理学中的作用；第二，追根溯源，考察马克思主义与“亚里士多德—黑格尔”哲学传统以及西方主流政治理论之间的关系，为马克思主义伦理学寻找更加坚实和清晰的理论基础；第三，重新考察马克思主义理论中的“事实—价值”关系问题，克服历史唯物主义理论中的科学性与规范性之间的矛盾，为马克思主义伦理学建立方法论基础。

【在伍德与科恩之间——凯·尼尔森对马克思正义概念的辩护与阐释**】**

王静 《马克思主义与伦理学（第2辑）》，社会科学文献出版社2020年版

在“马克思主义与正义”这一论题上，分析的马克思主义内部形成了“非道德主义”和“道德主义”相互对立的两派。凯·尼尔森既不满于“道德主义”的辩护路径，也难以接受“非道德主义”的结论。他站在历史唯物主义的立场上，着重剖析了伍德的非道德主义正义观和科恩的道德主义正义观，提出了基于语境主义的道德社会学和基于时间性辩证法的层级性辩证法，以试图融贯两派观点中合理的部分，从而对马克思正义概念给出一种科学的而又不拒斥道德的阐释方案。

【俄罗斯马克思主义伦理学研究的存在主义人类学转向】

武卉昕 《伦理学研究》2020年第1期

存在主义人类学转向是当代俄罗斯马克思主义伦理学研究的趋势特点。当代俄罗斯马克思主义研究复兴下的存在主义人类学转向和趋势影响了具体学科的研究路径，包括马克思主义伦理学的研究基点、研究内容和方法。“人之主体性”的研究基点、哲学人类学的方法特色、存在主义的伦理阐释方式、对道德主体的价值定位、对道德精神史的认知、对后资本主义社会新矛盾的判断等奠定了当代俄罗斯马克思主义伦理学研究存在主义人类学范式的研究基础。存在主义人类学既是当代俄罗斯伦理学阐释马克思主义伦理学史的方法，又是线索。历史逻辑与主体认知相结合的

方法，是将社会历史进程的发展规律与主体观念结合在一起论证道德问题，包括马克思主义道德的基本方法，是当代俄罗斯伦理学研究中具有代表性的方法论原则。在对马克思主义伦理学具体问题的研究中，从人的角度出发，人和人的主观性之研究特点日渐突出：它反映在对马克思恩格斯的道德认识中，呈现在当代俄罗斯伦理学家的研究内容里，还表现在对未来发展的道德预测中。

【当代中国马克思主义伦理学的价值理路】

高国希、叶方兴 《伦理学研究》2020 年第 5 期

从价值论切入马克思主义伦理学，揭示马克思主义伦理学的价值之维，书写“做中国伦理学”的价值方案，是开展当代中国马克思主义伦理学研究的重要思路。这一思路立足人类文明步入“命运共同体”以及中国特色社会主义进入新时代的社会语境，重点把握社会主义核心价值观与马克思主义伦理学的内在逻辑，从马克思主义伦理学在当下中国的价值语境、价值意蕴、价值使命、价值实现等多重维度入手，讨论当代中国马克思主义伦理学研究的基本问题。当代中国马克思主义伦理学需要坚守马克思主义伦理学的学科本色，致力于实现“美好生活”的终极价值追求。

【西方政治学的前史：公元前 5 世纪希腊的政治思想】

黄洋 《历史研究》2020 年第 1 期

西方政治学是如何兴起的，这对希腊政治思想史和政治学而言，都是一个重要问题。然而出人意料的是，学界虽然对希腊政治理论讨论充分，但对西方政治学作为一门学问是如何兴起的这一问题，似乎少有探讨。政治哲学家列奥·施特劳斯对这一问题进行过深入分析，他的结论是，苏格拉底的哲学和伦理学开创了西方政治学。然而，公元前 5 世纪希腊人对于政体问题的讨论表明，从公元前 470 年开始，希腊知识群体广泛关注和参与政体讨论，提出了不同政体之优劣和最好政体的问题。公元前 4 世纪的政治哲学家柏拉图和亚里士多德延续了关于政体的讨论，同时又深受苏格拉底的影响，将政治伦理纳入思考范围，由此开创了西方政治学。以此看来，政体和政治伦理是西方政治学的两个核心问题。

【色诺芬论苏格拉底的虔诚】

刘玮 《南京师大学报（社会科学版）》2020 年第 5 期

色诺芬在一系列“苏格拉底对话”中，不遗余力地为苏格拉底被指控的两项罪名——不虔诚和败坏青年——辩护。他关于苏格拉底不虔诚的辩护系统地讨论了苏格拉底的宗教实践和宗教观点。这些讨论为我们在柏拉图的作品之外理解苏格拉底的宗教观提供了重要的资料。也有证据表明，色诺芬关于苏格拉底虔诚的讨论，确实有过强的辩护目的，其中的一些内容很可能并不是历史上的苏格拉底的观点，而是色诺芬本人的看法。

【“高贵的谎言”——基于《政治家篇》和《法律篇》的补注**】**

张安东 《政治思想史》2020 年第 2 期

柏拉图先后在《理想国》《政治家篇》和《法律篇》中提出过“高贵的谎言”问题。通过对这一谎言正当实施的前提条件，其本身蕴含的代际张力以及《法律篇》中对欺妄的批判三个方面的分析表明，“高贵的谎言”只是理想前提条件下完美的标准，柏拉图一方面对谎言的可行性有所保留，另一方面也意识到谎言之上无限权力的隐患，并提出了以法律和机制制衡统治权力的民主性方案。柏拉图对“高贵的谎言”的工具性使用或许更多是为了构建出“正义”的二元辩证思考。

【亚里士多德论混合行动】

吴天岳 《外国哲学》第 40 辑，商务印书馆 2019 年版

大多数当代学者认为，亚里士多德《尼各马可伦理学》Ⅲ.1 中所谓的“混合行动”实际上是自愿行动。然而，在《尼各马可伦理学》Ⅴ.8 和《优台谟伦理学》Ⅱ.8 中，亚里士多德将与之相关的被迫行动归为不自愿的行动，这一分类和上述当代解释之间存在理论张力。该文论证了《尼各马可伦理学》Ⅲ.1 中对何为混合行动给出了从理论上看更为有力的解释：它以一种包含特定道德立场的自愿性概念为根基，而不依赖于亚里士多德在其他场合对人类行动的本体论解释。这一非本体论的自愿性概念可以帮助我们更好地理解阿伽门农在奥利斯所面对的一类道德困境。

【塞涅卡论幸福：灵魂的合理化或理性化?】

陶涛 《哲学动态》2020 年第 3 期

当人面对困境或厄运的时候，塞涅卡似乎是在劝人们想开点，通过理性让自己能够接受一切不好的安排，并且认为这就是灵魂理性化的过程。那么，这是否仅仅把坏的遭遇或境遇合理化了呢？哲学真的是一种治疗吗？或者只不过是我们为自己提供的一种安慰剂？该文基于对塞涅卡理论的分析，认为塞涅卡的理论中既包括“合理化”，又包括“理性化”。对于普通人而言，“合理化”是他们克服情感与欲望的手段，是他们达到“理性化”的过程；对于智慧之人而言，他们不会因为自己面对什么样的环境而改变自己的信念，他们能够凭借自身理性而寻求到幸福。

【论普罗提诺的净化伦理】

刘露 《道德与文明》2020 年第 4 期

根据普罗提诺对“灵魂下降”的两种不同看法的调和，立足于对公民美德和净化美德的分析，阐释普罗提诺为人类伦理生活提出的两条命令：不要让低级存在统治你，上升到理智源头；要观照你的身体以及其他与生命有关的事物。由此可以看出普罗提诺的哲学不仅重视自我神化和超凡脱俗，实际上也重视对现实世界的观照。这种观照不是引导人们重回尘世的纠缠中，而是灵魂在感知觉世界里适当地工作：在内表现为通过

美德驯服灵魂的非理性部分，为沉思生活做好准备；在外表现为运用理性将外部世界安排有序。它展现了普罗提诺对自己和他人的双重关怀，以及完善自我和完善世界的双重努力。

【阿奎那论意志软弱性】

马明宇 《古典与中世纪研究》第1辑，商务印书馆2020年版

该文讨论了阿奎那关于意志软弱性（或“不自制”）的论述，作者认为，阿奎那对这一问题的讨论基本上是在亚里士多德的框架下展开的，通过明确引入“意志”的概念，阿奎那澄清了亚里士多德留下的一些解释上的困难，而且更好地说明了意志软弱的行为是如何发生的。作者还将对阿奎那的阐释与当代行为理论中戴维森和沃森等人对意志薄弱问题的讨论联系起来，从而凸显阿奎那理论在当代讨论中的价值。

【个体和城邦：论彼特拉克作品中的身体—政治】

钟碧莉 《外国文学评论》2020年第1期

“身体—政治”这一关联主题在彼特拉克的作品中多次出现，然而学界却对这一问题一直缺乏系统性研究。该文认为，彼特拉克的“身体—政治”写作从新的角度展现了早期人文主义思想对个人在政治共同体中的定位。他在自我身体感受和意大利政治之间建立了映射和同喻的双重关系，而诗人的自我和当时分裂的意大利共享着一套修辞话语：寻求统一的“碎片”。这是因为解剖学的发展和方济各思想的兴起催生了对自我身体新的认识，与身体紧密联系的“个体”在政治层面也得到了重新定义。

【论伤害原则的两种解读】

冯秀岐 《甘肃理论学刊》2020年第4期

密尔的伤害原则可有广义和狭义两种解读。狭义的解读认为，仅仅当行为者的行为对他人造成伤害时，才允许干涉行为者的自由；广义的解读认为，即便行为者的行为根本没有对他人造成伤害，只要干涉行为者的自由能阻止他人遭受伤害，就允许干涉行为者的自由。《论自由》中明确支持狭义的解读的文本证据很多，而合作和乐善好施的要求是支持广义的解读的核心证据。于是，研究者们提出两种解决方案：通过解释密尔对两种要求的看法来加强狭义的解读的合理性；尝试采用广义的解读解释两种要求。但前者因未解决两个问题而失败：一是能否将广义的合作的要求纳入个人权利；二是将两种要求纳入个人权利的功利主义辩护能否成功。而后者不能获得《论自由》的文本证据的充分支持，也因未能充分解释广义的合作的要求而失败。因此两种解读均未完全成立。

【从家庭到市民社会——论休谟的社会演进理论**】**

骆长捷 《理论界》2020年第11期

休谟通过对人性的剖析，结合对历史和心理因素的考察，提出了一种完善的社会演进理论。具体而言，休谟认为人的性欲和自然之爱促使家庭和社群诞

生；人们之间的分工合作则使家庭和社群的发展日益扩大，在此基础上，基本的正义法则被确立，用来保护个人财产，从而使人类的聚居发展到较成熟的经济社会阶段；然而，正义法则的贯彻和个人利益的保障需要专门的人员，这就是政府起源。政府的职能虽然主要在于维护正义法则，但政府的权威则可溯源到战争中人们对军事首领的服从，并逐渐作为一种惯例而获得合法的统治权。政府的确立促使更为复杂的道德和礼仪规范得以确立，文化也得以发展，社会阶层逐渐产生，从而使社会发展为稳定的共同体，也即市民社会。休谟对社会演进的说明深刻揭示了社会发展中的人性条件和历史、心理因素，并由此展示了稳定的文明社会的基本特征：公民自由、社会诚信和贸易自由。

【重返形而上学？——反思政治哲学中的两种几何学尝试**】**

谭安奎 《西南大学学报》2020 年第 6 期

从古今之争的角度来看，霍布斯和罗尔斯以几何学演绎的方式建构政治秩序的尝试，乃是近代以来政治哲学拒斥古典形而上学的结果，其以必然性替代古典的自然或自由概念则是两者的共同起点。霍布斯的契约论以分离的个体理性为前提，但为了推演出政治秩序却不得不对理性概念进行隐性转换，因而并未实现其几何学演绎的目标；罗尔斯的契约论以公共理性为起点，虽然避免了陷入相对主义和虚无主义的风险，但却无力为政治秩序提供普遍的正当性证明。他们在不同意义上的失败提示了形而上学的必要性，但这并不必然意味着要回归古典形而上学，相反，一种基于公共理性的形而上学的社群观是值得进一步探索的方向。

【洛克的“白板”与现代人的“自然权利”】

张沛 《中山大学学报》2020 年第 5 期

重新审视洛克的“白板”理论，我们发现这不仅是洛克用以驳斥笛卡尔主义者认识论哲学的一个核心隐喻，同时也是洛克的政治哲学为现代人“自然权利”声张的某种话语实践。在这个意义上，认为洛克“大概是所有伟大哲学家中最缺少一致性的”的看法不尽准确。事实上，洛克的“白板说”构成了我们整体理解洛克哲学——他的认识论哲学和他的政治哲学，二者皆旨在提倡现代人的“自然权利”——的夹城秘道。

【卢梭论文明与道德——重温《论科学与艺术》**】**

何怀宏 《道德与文明》2020 年第 1 期

《论科学与艺术》包含了卢梭许多后来思想著述的萌芽，它讨论的是科学艺术的“近代复兴”与道德的“社会风俗”的关系。卢梭仅将科学艺术视作文明，并把它们与道德对立起来，认为近代文明失去了本原的道德精神实质。但所有的成熟文明都包含物质文明、政治文明和精神文明三个方面，道德也是文明的产物，同时也是文明的价值和规范的基础。卢梭没有意识到，否定文明也就等于否定了道德。但卢梭文中对科学艺术的批判反思，对道德乃至宗教救赎精神的推崇，赋予其思想一种特殊的吸引力与启示意义。时代发展到今天，科学的进展和艺术的普及已经发展到了卢梭难以想象的程度，科技的兴盛固然带来了普遍的福利，却也走近了这样一个门槛：高新技术给人类带来无数方便与好处，人类的控物能力不断大幅提高；与此相比较，人类的道德自控能力若没有相应的提高，科技的发展可能带来难以预测但却可能改变人类文明命运的后果。这种不平衡无疑会是人类文明一个持久的基本矛盾。

【理性的公共运用与世界公民的哲学——对康德启蒙观的一种探究】

杨云飞 《清华大学学报》2020 年第 4 期

康德主张启蒙的关键在于理性的公共运用，而这种运用指任何一个人作为学者面向全体公众表达和阐释自身的思想，其目的在于自由交流和寻求真理。理性的公共运用体现了每个人都具备思想意义上的世界公民身份。对应于政治意义上的世界公民身份之相应性质，思想意义上的世界公民的三种基本特征分别是：以交流为旨趣；以自由讨论与理性论辩的方式，追求哲学事业中的永久和平，追求真理与德性；以批判和自我批判实现理性的成熟这一最终目的。思想意义上的世界公民理念意味着每个人都可以通过批判达到理性的成熟，而这恰好是康德批判哲学的基本构想。作为启蒙思想的典型，康德批判哲学的实质，正是一种世界公民哲学。这种哲学充分凸显了人类作为理性存在者具有自由思想的本性和平等的特质。

【康德的道德形而上学及其与儒家伦理的比较】

邓晓芒 《道德与文明》2020 年第 2 期

康德所开创的道德形而上学仍然是某种意义上的“物理学之后”，即以知识论和逻辑规范为框架或“模型”而建立起来的道德原则。这种规范伦理学与儒家的德性伦理学在出发点上是截然不同的，但这并不妨碍双方可以以某种方式相容和互补，即以康德规范伦理学的普遍原则为纲，而以儒家的“良知”和“四端”学说为补充。但前提是，首先对儒家伦理进行一番现象学还原，剔除那些具体的缺乏普遍性的伪规范，还原到其中的人类共同的规范，也就是通过具体批判来达到抽象继承。

【黑格尔法哲学逻辑结构与对自由主义的超越——兼与韩水法教授商榷】

丛日云 《政法论坛》2020 年第 5 期

黑格尔法哲学的目的是超越自由主义。它从个体出发得出倾向于整体主义的结论并非“逻辑倒错”，而是遵循其自身独特的辩证逻辑的产物。它继承了卢梭和亚里士多德的传统，将个人及其权利作为论证逻辑的起点，注定了其被超越的地位。个人被整合与融合于作为终点的整体，终点决定起点。论证程序上的在后者反倒是价值上的优先者。逻辑起点到终点并非直线型延伸，而是发生了质的转变与升华。但认定黑格尔的法哲学完全否定个人的结论则过于简单化，它是承认和容纳个体、将个体融入整体从而确立了整体对个体具有压倒性优势的模式。不过它所承诺的个人主观特殊性与国家普遍性之间的内在统一难以落实，其合乎逻辑的结果必然是打开通向整体主义的大门。其对自由主义的超越有其价值，但却是失败的。

【理解平凡生活——新冠肺炎疫情时期的双向伦理反思】

李义天 《学习与探索》2020 年第 9 期

新冠肺炎疫情的暴发和肆虐打乱了正常的生活节奏，给人们带来巨大的伤害。伦理学在这种极端情况面前似乎显得苍白无力。然而，这并不能否定伦理学的价值，因为伦理学的真正用武之地是极端情况到来之前的平凡生活，伦理学的优先任务不是“改造”而是“保卫”平凡生活。平凡生活是指在一定社会条件下、一定社会范围内，广大社会成员不仅享用而且认可的相对安定、满足、具有发展前景和稳定预期的日常生活方式。它具有日常性、社会性、一般性和连续性等基本特征，包含免于匮乏、免于恐惧、免于绝望等基本内容。受制于社会的发展水平、大众的普遍心理以及习俗的惯性定式，平凡生活既是脆弱的，也具有内在的韧性。伦理学要尽其所能地为平凡生活编织更具韧性的防护网，弥补其脆弱方面，使之更加坚强稳固。

【西方元伦理学百年发展历程的回顾与前瞻】

陈真 《哲学动态》2020 年第 11 期

20 世纪初以来的西方百年元伦理学一直以追求关于规范性问题的确定性认识为宗旨，主要沿着道德语义和实践理性两大主线发展。前者探讨的主要问题是如何解释道德论说的两个显著的语义特征（即适真性和规范性），从而形成了认知主义与非认知主义两大阵营；后者主要探讨道德的合理性和实践理性的最终根据问题，产生了形形色色的建构主义。整个西方百年元伦理学史可以大致分为三个时期，即 20 世纪上半叶的初创时期、下半叶的扩张时期和 21 世纪以来的全盛时期。回顾西方百年元伦理学不同时期的发展，梳理西方元伦理学家在追求规范性知识的道路上所取得的进展与问题，批判性地借鉴其研究成果，将有助于我们创立具有普遍价值的、客观的规范性知识体系，以应对我们所面临的各种危机与挑战，尤其是应对人类命运共同体所面临的共同危机与挑战。

【《民法典》的四大伦理精神】

曹刚 《道德与文明》2020 年第 6 期

《中华人民共和国民法典》是中华人民共和国第一部以“法典”命名的法律，被誉为“社会生活的百科全书”，通过这部民法典，我们可以透视当代中国社会的伦理精神。第一，这部民法典最大的亮点是人格权编独立成编，最大的价值转向是回归“人法”本位，体现和确认了人格尊严作为社会生活的道德底线；第二，这部民法典是市场经济的基本法，植根于中国特色社会主义市场经济的内在道德和外在道德，并通过民法典的诚信原则和公序良俗原则予以表达和确认；第三，这部民法典体现了对弱者的尊重和关怀，呼应了风险社会的需求，也合乎由强者伦理到弱者伦理的发展趋势；第四，这部民法典被称为绿色法典，“绿色”象征着一种生态伦理精神，体现了民法典由近而远，走向生态伦理的趋势。总之，民法典仿佛是社会的身体，伦理精神仿佛是社会的灵魂，通过阅读中国民法典，由表及里，我们触及了当代中国社会的伦理精神。

【全球伦理的致善之道——从天下秩序的道德想象到构建人类命运共同体**】**

詹世友 《华中科技大学学报（社会科学版）》2020 年第 1 期

自古以来人们就有对人类和平发展的向往，我国古代就有以和为贵、协和万邦、天下大同的理想，但这是对天下秩序的道德想象；西方资本主义产生以来，人类的国别史进入了世界历史，出现了康德对人类永久和平的条件的思考，认为人类各国要彼此尊重法权（外在道德法则），这是一种应然的绝对命令，但无法保证能实现；黑格尔以辩证思维方法主张，道德要求只有在伦理实体中才能得到具体实现，而战争是各个独立国家之间在交往中获得彼此承认的一种手段，只有世界精神能超越于各国之上来进行裁判；马克思主义深刻洞察了资本的任性扩张本性，揭露资本主义国家必然会奉行“社会达尔文主义”原则，并指出这是世界发展不平衡和动乱之源，只有社会主义国家才能真正肩负起促进人类和平发展的道义责任。构建人类命运共同体是我国在综合国力显著增长，制度优势明显体现的当下，设计并实践的以善致善的全球伦理的价值理念和实践路径的中国方案，得到了大多数国家的广泛赞同。

【伦理学的问题域及其论证方式】

晏辉 《齐鲁学刊》2020 年第 1 期

伦理学作为面向人的心灵、面向人的行动、面向人的行动的正当性的学问，从大伦理学着眼，它就是人之为人的学问。伦理学，无论是作为学科还是作为学说，都需要对其进行哲学前提的批判和人性基础的追问，在此基础上确立起来的问题域才是可信的，其论证才是有效的。伦理学的问题域及论证方式沿着两条进路展开：作为伦理学研究对象即德性与规范的问题域及其论证和伦理学自身的问题域及其论证。而把这两种方式连接起来的核心问题便是德性如何可能的问题，亦即自由意志如何可能的问题。

【时间的共享伦理意蕴】

向玉乔 《湖北大学学报（哲学社会科学版）》2020 年第 1 期

人类借助记忆共享过去时间，通过现实感共享现在时间，但不一定能够共享未来时间。在共享时间的过程中，人类总是希望将时间私有化，并且对它进行私有化处理。时间被私有化之后，侵占或剥夺他人私人时间的行为会受到道德谴责和法律惩罚。在职业生活中，我们与自己的同事共享工作时间；在闲暇生活中，我们与亲人或朋友共享闲暇时间。职业伦理要求从业者以合乎伦理的方式共享工作时间；休闲伦理的核心要义是要求人们共享自己的闲暇时间，能够很好地共享闲暇时间的人是具有伦理智慧的人。时间是衡量人类道德生活的重要尺度。我们应该对自己对待时间的态度和使用时间的行为承担道德责任，同时我们不允许别人随意剥夺自己的时间。

【以西释中，还是以西化中——以康德自律道德哲学为参照】

张汝伦　《哲学研究》2020年第1期

康德道德哲学被称为自律道德哲学，是西方哲学发展史上的一个里程碑。自律道德哲学通过理性意志自我立法的学说，对道德哲学的几个关键问题，即道德的基础、道德的普遍性和必然性、道德义务的绝对性、道德行动的动力等作出了系统而有创意的回答。然而，现代中国的某些学者在康德哲学的影响下，将中国古代儒家哲学也说成是康德意义的自律道德哲学，这种以西释中的结论忽视了二者各自特殊的问题语境和切问思路。该文在梳理了康德自律学说的基本原理和立场之后，将儒家哲学与之比较对照，证明将传统中国哲学说成是康德式的自律道德哲学是郢书燕说，不能成立。

【《资本论》中马克思主义伦理学的理论旨趣】

肖祥　《马克思主义研究》2020年第2期

《资本论》的资本批判蕴含着对人与人、人与社会关系的伦理批判，伦理批判在作为“显性逻辑”的资本批判中得以体现。唯物史观和辩证法在《资本论》中的科学运用，不仅为资本批判提供了历史辩证的科学方法，而且为马克思主义伦理学的创立提供了方法论支撑。以伦理批判引导资本运行，是《资本论》所展现的马克思主义伦理学的致思方式和理论旨趣，将为中国特色社会主义市场经济建设过程中如何发挥中国马克思主义伦理学的伦理价值批判功能提供积极的启示。

【基本善与能力——纳斯鲍姆对罗尔斯的误读及其理论困境】

王炜　《哲学研究》2020年第10期

纳斯鲍姆的能力路径包含“破”与“立”两个部分：“破”是对罗尔斯契约论正义理论的批评。“立”是对阿马蒂亚·森开创的能力路径的进一步推进。作为回应，此文试图阐述三个问题：首先，纳斯鲍姆将罗尔斯的契约论归结为互利是对罗尔斯相互性原则的曲解。其次，在平等主题上，罗尔斯所谈论的平等是两种基本道德能力的，而非生产能力的平等。相互性和道德能力的平等并没有将一般的残障人士排除在契约之外。最后，纳斯鲍姆的能力路径对人的道德能力提出了不切实际的过高要求，包括强烈的同情和亚里士多德主义的尊严原则。这两项设定都过度理想化，在道德心理的论证上存在严重缺陷，使能力路径最终沦为一种对正义的道德想象。因此，能力路径在破与立的两方面都是失败的。

【公共辩护的摇摆性——罗尔斯政治自由主义转向的内在困境】

葛四友 《学术月刊》2020 年第 7 期

不少学者试图从公共辩护的视角捍卫罗尔斯从《正义论》到《政治自由主义》的转向。葛四友认为这种辩护有双重任务，一是在多元主义事实的前提下获得稳定性，二是不放弃普遍性。然而为完成此双重任务，公共辩护使用的理性观是有争议的康德式实践理性观，由此出现了三个方面的摇摆性：第一，其达成标准摇摆于实然同意与应然同意之间；第二，它对公民道德能力的设定摇摆于高（为了优于一般辩护）与低（为了稳定性）之间；第三，其对多元主义合情理性的认定也是摇摆不定的：或者根据形成观念的过程，或者根据观念的持有者和根据观念的内容。困境的根源可能在于反思平衡方法，它要求纳入人们根深蒂固的直觉，而各种直觉之间经常是有冲突的。

【反思平衡：罗尔斯理论转向的方法论基础】

吴楼平 《哲学动态》2020 年第 3 期

吴楼平以反思平衡的方法论为主要线索，考察了罗尔斯政治哲学转变过程中所蕴含的方法论基础。此文的探讨始于“促使罗尔斯政治转向之根源到底为何”这一问题，他首先对反思平衡的方法论思想的演变作了简要概述，分析了罗尔斯如何正式提出并发展反思平衡的哲学方法；其次具体阐释了罗尔斯反思平衡的方法与其公平正义学说之间的内在关联；此后又讨论了罗尔斯在关于人的理论上所出现的变化，说明其作出理论调整的必要性；最后探讨了罗尔斯如何从个体性的反思平衡迈向普遍的反思平衡而完成理论上的政治转向的可能性。总之，罗尔斯实现政治转向的动力源自反思平衡的哲学方法的运用，而转向本身体现了这种方法的内在要求。正是凭借该方法，在沉着应对来自各方诸多挑战的同时，罗尔斯对其理论作了持续不断的调整与改进，并且还尽力一贯地保持理论的整体性。

【情境美德论】

赵永刚 《世界哲学》2020 年第 4 期

情境美德论是依据人格心理学与情境主义关于人格特质、情境与行为之间关系的共识而提出的，它由两个方面的观点构成。第一，现实的美德是情境化的，具有广度和强度差异。第二，道德品格作为一种人格特质与道德情境之间存在交互作用。情境美德论的实践性主要体现在对个体道德行为的解释和预测、个体道德品质的发展和培育上。美德是个体在具体情境中生成的，美德伦理学不应当简单地通过规范性观点来化解情境主义的挑战，还应当考察情境与美德的关系来研究美德实践问题。

【人生意义先于道德——重思威廉斯对道德的批判】

魏犇群 《福建论坛（人文社会科学版）》2020 年第 3 期

对于普遍的、不偏不倚的道德观的批判是贯穿伯纳德·威廉斯几乎所有伦理学著作的主题。一般认为，威廉斯的批判可以总结为，不偏不倚的道德观对个人生活提出了过分的要求。对于威廉斯的观点有两类回应：一类是完全否定威廉斯的论证效力；另一类则试图证明，不偏不倚的道德可以为个人生活或者个人视角留出足够的空间。这两类回应都没有抓住威廉斯批评的实质。威廉斯的观点可以概括为“人生意义先于道德”，亦即道德的权威必须最终依赖于我们在个人的视角中对自己人生意义的期许。威廉斯无法充分说明道德的规范性，他对于人类心理的刻画并不符合正常的人类心理状态。

【欧美生命伦理委员会的机构建设与咨询服务】

张肖阳、肖巍 《医学与哲学》2020 年第 2 期

张肖阳与肖巍介绍了欧美国家在健全和完善现代医疗保健制度的过程中，生命伦理委员会发挥的重要作用。该研究促进了从伦理视角探讨“我们应当如何决定和行动”的问题，也推动了从制度建构和文化塑造层面回答“政府应当如何行为”“如何增进公民的生命伦理意识”等问题。欧美社会生命伦理学在机构建设、咨询服务和思维方式等方面为我国提供了有益参考。

【医学科学数据共享与使用的伦理要求和管理规范（1—9 部分）】

关健 《中国医学伦理学》2020 年第 2、3、5、6、8、9、10、11、12 期

在数据分享与处理方面，关健分享了医学科学数据共享与使用的伦理要求和管理规范。通过分析医学科学数据共享涉及的重要伦理挑战和问题，提出医学科学数据使用和共享的伦理要求，并对数据共享面临和亟待解决的伦理问题提出潜在解决方案，建立具有实践指导性的医学科学数据伦理管理和审核规范指南。医学科学数据共享应用需要伦理的引导和监管，需要遵循医学伦理学基本原则，即共同规则中确立的“尊重、有益无害、公平”。但医学科学数据共享应用有其独特的内容和特点，是基本伦理原则应用的新领域。伦理要求就是这些原则在医学科学数据共享实践中解决挑战和问题的创新解读，是对三个基本原则应用讨论的补充。此外，机构伦理管理也是确保数据共享实践中利益关系人权益保障的决定因素之一。机构必须通过伦理管理落实法律法规和伦理相关规定。伦理审核是机构数据伦理管理的重要内容和难点。为了适应日益增长的数据共享使用审核工作，建议探索更加高效的数据共享应用审核机制。

【突发公共卫生事件中公民健康责任的伦理分析】

周山东、王泽应 《东南学术》2020 年第 4 期

周山东和王泽应分析了突发公共卫生事件中自我与他人健康责任的紧张关

系，如责任主体互损、责任结构拆解、责任价值断裂等。应从公民自我角度建立对自我和他者健康责任的连接；从公民自我和他者关系的视角，重建他者优先的健康责任结构体系；从公民作为人类一员的视角，在人类命运共同体和地球生命共同体基础上构建卫生健康共同体。

【公共卫生中群体健康与个人自由的边界何在】

雷瑞鹏、邱仁宗 《探索与争鸣》2020 年第 10 期

自由是人类的基本价值，只有在某些情境下自由才不得不与人类其他基本价值相权衡。在雷瑞鹏和邱仁宗看来，公共卫生中群体健康与个人自由之间存在张力，个人自由在某些情境中有必要让位于群体健康。只是在公共卫生工作中限制个人自由必须满足一定可辩护条件，即有效性、相称性、必要性、侵犯最少和透明性。

【生命伦理学语境中康德尊严观的重新阐释】

李亚明 《伦理学研究》2020 年第 3 期

李亚明在生命伦理学语境中重新阐释康德尊严观，通过分析人性、人格和道德自主等概念，得出人类个体尊严来自于个体对人类整体尊严的分享，而人类整体尊严来自人类道德自主的潜力。这样的尊严概念有助于解决当代生物医学技术的应用带来的伦理困境。

【防控新冠疫情的伦理和政策问题】

雷瑞鹏、邱仁宗 《科学与社会》2020 年第 2 期

雷瑞鹏和邱仁宗探讨了防控新冠疫情实践中提出的伦理问题，包括应采取怎样的防控策略，是消除策略还是减缓或放任策略，并讨论自然群体免疫径路、稀缺资源的分配、类选法的应用等问题；对于常规临床试验与试验性疗法的关系，提出实行双轨制建议；有关个人自由与权利，提出限制个人自由和权利的可辩护条件。

【全球新冠肺炎疫情防控引发的伦理两难及其对策建议】

曹永福 《山东大学学报（哲学社会科学版）》2020 年第 4 期

曹永福梳理全球新冠肺炎疫情防控引发的伦理两难，概括为防控措施是否适度之难、优先救治之难、是否予以积极防疫之难，以及自由到底应该限制到什么程度之难等。建议破解伦理难题的原则分为有利于疫情防控原则、科学防控原则、依法防控原则及遵循程序伦理原则。

【对 COVID－19 疫苗人体挑战研究的伦理挑战】

黄雯、翟晓梅 《科学与社会》2020 年第 2 期

在新型冠状病毒使全球公共卫生面临危机的情况下，部分研究者提出用人体挑战试验这种非标准的临床疫苗试验方式。从受试者受益与风险评估、可接受风险程度及有效批准治疗药物三个问

题出发，黄雯等认为无论各国疫情的流行情况如何以及对有效疫苗需求的紧迫程度高低，都不应该影响对人体挑战试验可能使受试者遭受的风险进行科学、客观、理性的评估和伦理学判断。

【人类本质与自主——哈贝马斯对自由优生学的批判】

［德］丹尼尔·C. 亨利希、计海庆 《哲学分析》2020 年第 1 期

丹尼尔·C. 亨利希和计海庆参考哈贝马斯《人类本质的未来》一文中的观点，探讨“人类本质”概念是否具有为生物技术设定伦理边界的能力。哈贝马斯反对基因工程的论证在于，被基因修改的人的自主意识受到损害导致人类本质的物化。这一本质是人的伦理自我理解的可能条件。作者认为，哈贝马斯反对异化决定论的论证有较弱版本和准先验的版本两种解读，这导致“自主意识”概念的模棱两可。对于为什么要坚持道德自我理解以及为什么不能改变它，哈贝马斯还需提供一个善生活的理念或是一种规范的人类学来作为支撑，仅仅求助“自主意识”是不够的。

【机体哲学视域下基因编辑技术的伦理反思】

王前、刘洪佐 《伦理学研究》2020 年第 2 期

王前和刘洪佐从机体哲学的视域对基因编辑技术进行伦理反思，发现各类机体之间更丰富的内在联系和外部影响，并提高认识的深度、广度和成效，使得基因编辑技术在伦理规约的合理范围内得到恰当的利用。对基因编辑技术进行伦理反思的基本原则包括“整体性”原则、“顺应自然”原则和“大我”原则。

【对新冠病毒肺炎危重症患者引入缓和医疗的伦理论证】

宁晓红、雷瑞鹏、贾平、张迪 《医学与哲学》2020 年第 8 期

宁晓红等指出在新型冠状病毒肺炎继续防控的同时，把有限的资源优先放在探索对重症和危重症患者的支持性治疗，积极建立和完善对重症、危重症患者及其家属的缓和医疗等方面，有利于患者群体利益最大化，经得起伦理辩护。

【生态型责任政府的模型建构及其现实转化】

徐凌 《中国环境科学学会科学技术年会论文集》2020 年

徐凌认为新型冠状病毒肺炎疫情在全球的蔓延，让国外很多政府责任不到位的问题暴露出来。面对公共卫生突发事件所引发的全球治理问题，政府应持有何种伦理价值追求和责任担当等问题亟须关注和研究。他基于疫情中政府责任现状，提出生态型责任政府的建构框架。生态正义是生态型责任政府的伦理价值基础，“理性生态人”是其逻辑起点，政府责任分为政府道义责任、（任届）政府岗位责任、公务员岗位责任。这些责任的追究与落实主要通过建构道德契约、政府契约和执行契约这三重契约的方式实现。

【环境公正研究的四个误区及消解】

韩东屏 《道德与文明》2020 年第 1 期

在环境公正议题研究的理论层面，至少存在四个误区，即议题名称误区、概念释义误区、原则设计误区和种际公正误区。议题名称误区是指将“环境公正”和“环境正义”这两个概念完全等同，消解的方法是还原这两个词的不同所指，分别用于应然之处；概念释义误区是指直接从环境公正出发定义环境公正概念，这是最为严重的误区，应从一般性的公正概念推出环境公正概念的定义；原则设计误区是指把环境公正原则设计成了用其他词汇命名的原则，消解的方法是通过回答“环境公正应为何”的问题来直接获得环境公正原则；种际公正误区是指创设这一公正类型和论题，消解的方法是用“我们应该怎样对待其他生物物种”的问题取代它。

【法律的“职业”伦理：一个补强论证】

陈景辉 《浙江社会科学》2020 年第 1 期

陈景辉提出为什么法律职业伦理是一种“职业伦理”，而不是日常道德？他认为必须注意职业伦理这种道德评价出现的场合，是一种“规则允许但道德不允许”的情形。这种情形必然涉及对“规则的实践”的理解，即一种以主要社会制度实现社会基本善的实践。由此出发，就会得出如下两个结论：第一，并不是每一种一般意义上的职业，都有职业伦理；第二，职业伦理必然是职业性的，而不是日常道德的。要真正确立法律职业伦理的重要性，就要借用“整体性的课责效果”与“法律的开放性”这两个论证资源，提供一套内在融贯的完整理论体系。

【法律职业伦理重建与法治底线支撑】

贾一锋、马长山 《学习与探索》2020 年第 12 期

法律职业伦理既是对法律共同体的一种自律性内在约束，也是职业技能的支撑与行业自律的基石；既是规则续造的源泉和机制运行的保障，也是制度转化的动力和秩序实现的途径，具有保障法治运行的重要功能。当下法律职业伦理存在行政化因素嵌入、公众道德因素混同、世俗功利因素侵扰和新兴技术因素挑战等问题，不仅阻碍了学科的发展，还严重制约着法律职业伦理的运行状态和功能发挥。因此，亟须采取系统化的重建策略，进而发挥其应有的法治底线支撑作用。

【公民道德建设中的德法关系问题】

唐凯麟、曹刚 《东岳论丛》2020 年第 4 期

唐凯麟和曹刚在讨论公民道德建设中的德法关系问题时，表示一方面认同自然法学派关于道德与法律具有深刻的内在联系的观点，另一方面也不否认分析法学派或实证法学派强调法的独立和形式性特征的意义，而是将两者统一于社会实践包括道德实践和法律实践之中。在社会主义社会，国家的意志和人民的权利、社会利益和个人利益本质上具有一致性，坚持德法并举的方针以促进公

民道德的进步，不仅获得了更广泛的社会基础和更切实的可行性，而且是社会主义社会公民道法建设现实的必然要求。

【何以载德——公民道德的实践载体**】**

曹刚　《伦理学研究》2020 年第 1 期

要应对现实的需要，道德的制度化问题是不容回避的。公民美德的本性决定了它不能制度化，社会角色道德的本性决定了它只能在不同层面和不同方面制度化。但公民道德则可以通过法律化，以法律运行为载体来实现其功用和价值。如何实现法治的载体功能，关键在于如何在法治实践中融入社会主义核心价值观。“融入”的首要环节是立法，其次才能“运送”到司法、执法各环节。

【马克思伦理经济思想研究】

李文娟　博士学位论文，吉林大学，2020 年

该文提出伦理经济学是更高级的经济学。区别于西方经济学只研究财富增长的经济学，伦理经济学关注的是经济发展过程中人的发展问题，探讨人的伦理行为能否获得经济增殖能力和经济行为是否符合伦理原则，在经济和伦理的互相建构中实现人的自由全面发展。经济的发展应该适应人类本性的发展，马克思立足于历史唯物主义批判资本主义社会经济发展和人的发展关系，探索实现人的自由全面发展的未来社会。

【元代经济伦理思想的历史特质与价值】

解丹琪　《内蒙古社会科学》2020 年第 4 期

游牧统治者“起于内不足”的商业精神、务实作风和传统儒士社会地位的下沉，使元代的社会基础和经济伦理关系发生了巨大变化。传统儒学、蒙古文化和西域文化作为农耕文化、游牧文化和商业文化的代表碰撞交融，形成了这一时期的多元文化面相，并间接作用于元代的经济伦理思想，使其表现出明显的“致用”倾向和“务实”特征。经世致用的义利观和农商并重的本末观，成就了这一时期独具特色的经济伦理思想，并充分展现其历史特质与价值。

【习近平关于科技伦理重要论述论析】

于安龙　《社会主义核心价值观研究》2020 年第 3 期

习近平关于科技伦理重要论述集中体现了新时代中国共产党人关于科技伦理的新思考、新认识、新理念，具有鲜明的时代性和创新性。这些论述有其特定的时代条件、社会基础和理论渊源，有着马克思主义科技伦理思想的深厚学理支撑、中国共产党科技伦理思想的直接理论奠基和中国传统科技伦理思想的丰富智慧滋养，其核心要旨包括：科技发展要关注现实，造福于民；科技工作者要正心明志，修身立德；倡导绿色科技，推进可持续发展等。

【习近平关于科技伦理的“五论”】

何家伟、孟盼盼　《实事求是》2020 年第 3 期

习近平关于科技伦理的“五论”是

在世界新兴科技领域面临伦理失范的风险挑战、我国创新驱动发展战略深入推进、科技伦理治理成为社会治理的重要内容等现实基础下产生的，其主要内容包括：任务论、目的论、道路论、制度论、法律论五个方面，指明了科技伦理发展的价值导向、实践路径，为马克思主义科技伦理思想注入了新鲜血液，为我国科技事业的健康发展指明了方向，为科学规范全球治理贡献了中国智慧。

【科技伦理治理的基本原则】

雷瑞鹏 《国家治理》2020 年第 3 期

前沿科学领域中产生的一系列新兴科技，例如基因工程和基因编辑、人工智能和机器人、合成生物学、神经技术、纳米技术、增强现实技术、3D 打印、异种移植等，具有四大特点：风险性、不确定性、双重用途，以及可能引发一些未曾有过的伦理问题。因此，我们必须将传统科技管理升级为科技伦理治理，其治理原则应包括人的福祉、尊重人、公正负责、透明、公众参与等。

【健全科技伦理治理体制（构建中国特色哲学社会科学）】

江畅 《人民日报》2020 年 7 月 13 日

完善科技伦理治理学术研究机制，是健全科技伦理治理体制的重要基础。我国科技伦理研究方兴未艾，学术影响和社会影响日益扩大，但与科技迅猛发展的态势相比，还处于相对滞后的状态。尤其是对科技伦理治理和监管等问题，学术研究还不够深入。科技伦理研究者需要结合高新科技发展现状，既重视科技伦理治理的基础理论研究，又重视其应用研究，加快构建具有自身特色的学科体系、学术体系、话语体系，推动健全科技伦理监管制度。

【科技重大风险治理：重要性与可行性】

刘益东 《国家治理》2020 年第 3 期

目前新兴科技快速发展，呈现出科技大爆发态势，给人类安全带来前所未有的冲击和挑战。底线思维要求我们直面挑战，抓住科技转型发展的新机遇。科技风险治理也是生产力、竞争力。深入研究既防范化解科技重大风险，又不因噎废食，确保人类安全，确保科技健康快速发展，继续造福人类的问题，能够使我国在科技重大风险治理、人类安全与可持续创新等学术前沿领域发挥引领作用。

【科技伦理治理视域下科技项目实施的伦理责任论析】

郭秀丽 《科学管理研究》2020 年第 1 期

在科技项目实施中要承担相应的科技伦理责任。科技项目立项前科学技术研究人员要树立正确的科学技术观和负责任的研究与创新理念，并让利益相关者广泛参与项目立项决策，承担好项目的预评估责任。科技项目研究过程中，科学技术研究人员要主动管控可能出现的负面影响，始终有贯穿每个研究细节的责任自觉，主动减少和停止负面影响。

科技成果推广和运用过程中科学技术研究人员要承担科普责任，推动使用者正确运用成果，促进公众科学素养提升，促进形成科技信任文化氛围。在科技项目实施中始终要贯穿诚实守信的责任。

【“负责任”的算法透明度——人工智能时代传媒伦理建构的趋向】

王娟、叶斌 《自然辩证法研究》2020 年第 12 期

透明度是算法问责的前提与基础，但却饱受争议。文章通过对透明度概念的界定，以及透明度五组矛盾特性的梳理，从信息披露的角度提出透明度只是一种有利于伦理（pro-ethical）实现的条件。它能引发道德后果，促进或损害伦理实践或原则，但是它仅仅是算法问责的必要不充分条件。只有和一些主要的伦理原则共同作用，才能促进算法问责。

【大数据识人断事能胜过经验吗?】

程萍 《公共治理》2020 年第 9 期

“大数据”“人工智能”等高新科技带来的对人类自身的挑战，远远超过了人们对“大数据识人断事”的期待，也超出了当代伦理学的已有规则范畴，成为科技哲学深入思考和探讨的重要命题，也成为所有科学研究领域，包括自然科学和社会科学，深入思考和探讨的哲学性、科学性、技术性，甚至宗教性的命题。无论对“大数据”“人工智能”等技术发展利弊争论的焦点如何，面对人工智能技术越来越复杂并且越来越“类人化”的现实，人类应该建立起基本的共识：技术的发展要以不伤害人的生命为底线。

【从“算法信任”到“人机信任”路径研究】

何江新、张萍萍 《自然辩证法研究》2020 年第 11 期

为有效应对人工智能不确定性发展，人机信任机制的建立刻不容缓。人机信任关系的发展大致经历了三个阶段，即单向度的信任关系阶段、单向度的不信任关系阶段与双向度的不信任关系阶段。这三个阶段的不断演化揭示了人工智能算法经历了由简单智能算法向复杂智能算法的转变与由复杂智能算法向混合式智能算法的转变。研究显示，以有效的算法信任为基础，将智能机器的“机体”算法与“心灵”算法相统一，规范人工智能向“善”发展是建立人机之间信任关系的前提条件。

【让机器做得对：对人工智能伦理性的思考】

郭毅可 《人工智能》2020 年第 6 期

该文对人工智能研究的热望提出了独特的冷思考，从机器学习到机器行为，深入浅出，提出了人工智能研究领域不可忽略的重要议题，即伦理性的哲学命题。该文倡导用东方文明特有的包容，扎扎实实对人工智能进行研究。在赋予机器智能的同时，也不忘对机器行为进行审视，这才是人工智能未来发展的方向。

【媒体的环境传播：伦理责任、困境与突围路径】

韩韶君 《编辑之友》2020 年第 4 期

韩韶君关注环境报道中的伦理困境，认为在环境报道中应当基于生态整体主义伦理观的立场，根据生态整体主义强调的系统性、整体性的哲学思想来反思环境问题，并通过生态整体主义的辩证自然观方法论来指导新闻生产，在鼓励公众参与环境事务讨论的同时，多角度地呈现环境事件。

【孝道与平权：数字鸿沟中的文化反哺与再哺育——大学生与父母在微信平台上的亲子关系研究】

安利利、王兆鑫 《中国青年社会科学》2020 年第 4 期

安利利和王兆鑫研究了网络时代数字媒介对家庭伦理和亲子关系的改变，发现了“文化反哺”和“文化再哺育”现象。他们认为亲子两代在数字世界的穿梭维护了家庭结构与功能完整，子代的数字权威被亲代认可，亲代在接收文化反哺的同时以文化再哺育的方式对待子代，这减缓了中国社会转型对家庭的冲击，推进当代中国亲子关系进入新阶段。

【面容媒介、道德意识与人际交往关系：基于现象学的交互主体性分析】

姚晓鸥 《新闻与传播研究》2020 年第 1 期

姚晓鸥对面容媒介进行伦理反思，认为传统的面对面交往已经被去面容化的线上人际交往替代，这造成了人际关系从伦理性伙伴关系转向政治性权力关系、基于社会认同的个体识别取代了个性化地认识他人、网络空间泛道德化等后果。

【人是媒介的尺度：智能时代的新闻伦理主体性研究】

薛宝琴 《现代传播》2020 年第 3 期

薛宝琴对人工智能的新闻伦理主体性进行了考察，提出“人是媒介的尺度”的新闻伦理观。她认为，明确人工智能时代新闻伦理主体的构成、地位和责任，对于防止工具理性产生单向度信息和观念具有重要意义。必须建立机构主体和个人主体的新闻伦理协同关系，不断评估人工智能在内容生产和传播决策中的伦理向度。

【智能时代的媒介伦理：算法透明度的可行性及其路径分析】

陈昌凤、张梦 《新闻与写作》2020 年第 8 期

陈昌凤等认为“算法透明度”在哲学层面根植于康德对“人性原则”与“责任”的论述，因此它是智能时代媒介伦理问题的重要解决之道，也是智能时代媒介伦理的重要原则。面对算法透明度的实用性困局，作者指出“开放伦理”可以成为实施算法透明度相关实践和话语的指导理念，为此需要重视非专业化的组织、群体和个人，尤其是用户在其中的重要作用。

【“后台”前置：新闻透明性的兴起、争议及其“适度”标准】

张超 《国际新闻界》2020 年第 8 期

张超根据新闻透明性提出“后台”前置的方法。他认为，在技术驱动的新闻业中“是否应该透明”已不是新闻伦理争议的问题核心所在，“如何透明”“多大程度上透明”是新闻生产面临的现实问题。他进而提出适度透明的“适度”标准，指出可信度标准、偏见标准、公共利益与最小伤害标准、用户体验标准等应作为适度透明的原则。

【社交媒体的政治伦理边界】

张爱军、孙玉寻 《理论与改革》2020 年第 6 期

张爱军和孙玉寻对当前社交媒体的传播生态和政治风险进行了研究，认为社交媒体建构的政治空间和政治传播生态复杂多变，这致使社交空间存在政治伦理风险，因此需要建立以政府、媒体平台、公众为主体的，以行政伦理、平台伦理和公众伦理为内在维度的“责任伦理”，以此调节、引导与规范各主体在社交媒体空间的政治关系。

【智能新闻的发展应用及其伦理反思】

张今杰 《求索》2020 年第 6 期

张今杰对智能新闻的发展应用进行了伦理反思，他认为智能新闻可能带来信息茧房、责任主体缺失和隐私侵犯等伦理问题，因此他主张强调人类主体地位与价值理性的作用，尤其是新闻从业人员应当充分发挥主体性作用，将人工智能与人类智慧有机结合，协同技术理性与价值理性。

【智媒趋势下内容生产中的人机关系】

彭兰 《上海交通大学学报（哲学社会科学版)》2020 年第 28 卷

彭兰对智能传播中的人机关系进行了反思，指出虽然人机协同对媒体内容生产影响巨大，但机器的进化不能以削弱人类核心价值与能力为代价，人机协同理想化的结果应当是人机共同进化。为此，人类应当坚守技术运用中的理性，时刻参照人文精神进行反思与约束。

著作选介

【儒学的精神与演进】

张学智著　孔学堂书局 2020 年版　340 千字

该书以先秦儒学和宋明理学为重点研究内容，涉及儒学源流、宋明理学、王阳明与阳明学、现代哲学四个板块，力求彰显儒学的深厚内涵和悠久传统。作者认为先秦是中国思想文化的源头，宋明是儒学承上启下的重要阶段，两者共同成为儒学精神的集中表达。而追求对西方思想和中国各时代思想进行现代统合的当代新儒学，则凸显了未来哲学发展的理念和方向。

【教化儒学续说】

李景林著　中国社会科学出版社 2020 年版　478 千字

该书以“教化儒学”为核心思考，从儒学义理系统与社会信仰系统之间的关系、儒家的人性论、儒家的道论、儒家的政治伦理、儒家的一些特色理论、当代中国哲学研究方法等角度，反思儒学作为一种“教化儒学”的哲学基础、理论特点、实践意义和发展方向，展现了作者近年来在其以往研究基础上对相关问题理解的深化与推进。

【儒家生生伦理学引论】

杨泽波著　商务印书馆 2020 年版

该书认为儒家伦理学有两个核心问题，分别是“仁”是什么的问题和性善性恶、心学理学的关系问题。而作者构建“生生”伦理学体系，试图从“内觉”（我觉故我在）出发建构智性、仁性和欲性三分的义理结构，并引入具有时间和空间特性的“生生”概念，力求打破传统儒学仁智二分的局限，重新解答儒家伦理学的上述两个核心问题，为伦理学本身构建新的思想范式。该书是作者 30 多年思想沉淀的总汇之作，是当代儒家伦理学研究中颇具原创性的成果之一。

【儒家伦理与现代中国：中外思想家中华文化观初探】

陈泽环著　上海人民出版社 2020 年版　262 千字

该书围绕“儒家伦理与现代中国”这一核心问题，择选了近代以来如施韦泽、梁启超、钱穆、张岱年、冯契、张世英、庞朴、崔大华和朱贻庭等伦理学家、哲学家的“中华文化观”，并作具体的研讨。作者认为，这些学者基于不同的时代需要和观点立场，都对中华文化的民族特性、历史影响、未来命运等方面进行了有益的解读，对今天理解传统文化、弘扬民族精神和促进文化繁荣，具有重要的借鉴和启发意义。

【道德与解脱：中晚明士人对儒家生死问题的辩论与诠释】

刘琳娜著　巴蜀书社 2020 年版　220 千字

该书以中晚明士人的生死观念为论述主体，以儒释道三家合流互通为基本背景，重点探讨了明人邓豁渠、耿天台和罗近溪在“儒学是否可以了生死”问题上的观点创新和争论逻辑，以此贯穿起整个明代中叶对生死问题的辩论与诠释，展现了晚明儒者寻求道德完善和内在解脱的心理世界，发掘晚明儒学发展的多重面向。

【两宋功利思想研究】

王浦劬、赵滕著　中国社会科学出版社 2020 年版　259 千字

功利思想是解读中国传统政治思想的重要进路。该书在对两宋功利思想扎实全面的考据分析基础上，从理论逻辑方面认为两宋功利思想推进了道德与功利之关系的辩证理解；从时代背景方面认为两宋功利思想直接影响了政治实践；从学脉传承方面认为两宋功利思想承上启下，具有启蒙意义；从中国文化的未来发展方面认为两宋功利思想可以成为儒家思想内生的“现代化”因素，帮助儒学焕发其现代意义。

【“天人秩序”的重建：秦汉时期“郊祀礼”的思想史研究】

张俊杰著　中国社会科学出版社 2020 年版　203 千字

该书通过对秦汉时期“郊祀礼”之历史沿革的考察、对比和分析，认为“郊祀礼”体现了秦汉时期对“天人秩序”“政治秩序”和“文化秩序”的不同理解，其内在思想理路则具有秩序论、系统论和目的论特征。作者通过对“郊祀礼”的个例研究，呈现了西周以来礼乐文明浸润下的“天道观”“先王观”“五行观”等重要伦理思想的深刻变革，是关于礼的伦理思想研究上的又一力作。

【唐宋之际礼学思想的转型】

冯茜著　生活·读书·新知三联书店 2020 年版　272 千字

该书意在阐释唐宋之际礼学思想的转型，并结合历史研究与义理思辨两个层面展开论述。作者梳理了从赵匡、杜佑、聂崇义、刘敞、陈祥道，到李觏、王安石、张载、二程、吕大临等人的礼学思想，认为最终到朱熹，才完成了对北宋以来礼学的全面整合、融汇和重铸。宋人在“追法三代”的信念下，展开了对礼的人性论基础、规范性来源等问题的思想重建，实现了礼学思想与礼仪实践的历史转型。

【自由之思：《庄子·逍遥游》的阐释】

陈赟著　浙江大学出版社 2020 年版　432 千字

该书以《庄子·逍遥游》篇为核心，从内圣外王的解释架构出发，对《逍遥游》的文本、思想与结构展开了系统分析与阐释，涉及天道、大小之辨、无为、圣人等核心话题。作者强调《逍遥游》思想系统的独立性，取“自由”观念为《逍遥游》的诠释路向，认为《逍遥游》自身的存在论土壤或者生存论条件，能够支撑和开启“自由”的新的可能性，推进《庄子》研究的现代转化。

【幻象与真实：重检先秦人性论】

池桢著　上海社会科学院出版社 2020 年版　113 千字

该书为反拨英语学术界对中国古典思想研究的“东方主义”偏见，力求从

地方性、现世性、平凡性和情感性的研究视角，对中国先秦人性论进行更加接近历史真相的揭示。该书试图把经典文本中流露的情感内容还原为先秦人性论的核心，并最终认为先秦人性论是以同情心和爱为理论基础的。在该书最后，作者还曾尝试将一些现代问题置于人性论视域中进行解读。

【儒家德性思想研究】

张刚、宋丽著　湖南大学出版社 2020 年版　165 千字

德性思想是儒家哲学的核心，该书通过对其根源、内涵不断探索形成了儒学不同阶段的特色，从纵横两条线索系统梳理了儒家德性思想的发展演变过程及基本内涵，认为德性是儒学思考一切问题的出发点和归宿，涵盖了德性思维、德性修养、德性知识等一系列内容。并研究了儒家德性思想与“现代伦理”、“经济人”观念、“现代理性”的关系，认为儒学实质就是德性的学问，偏离这条主线就无法把握其精髓。

【中华传统孝道创新性发展研究】

李蕾著　中国社会科学出版社 2020 年版　201 千字

该书上篇理论探索主要以当代精神去观照经典，阐释儒家经典的意义和价值。从《周易》到孔子、曾子、孟子、荀子等儒家代表人物的孝道思想中发掘具有时代内涵和有益于当下的精神价值，寻求孝道一以贯之的超越时代的精神价值内核，从哲学基础、存在意义、价值目标、分寸准则、人性基础等五个方面构成了一个整体。下篇是对于实践方面的研究。主要探讨孝道脱离国家政权以后如何发展的问题，以现代的眼光透视民间传统和实践，选取有代表性的几个切入点由家庭教育到民间文化再到社会组织，最后反观社会生产方式和生活方式对于当今孝道的影响以及当今新孝道的建设基础。

【北宋新儒学生态伦理思想研究：从周敦颐到二程】

洪梅著　湘潭大学出版社 2020 年版　212 千字

该书从四个方面对北宋新儒学生态伦理思想进行梳理和阐释：一是周敦颐开创的儒学新方向以及周敦颐的生态伦理思想；二是二程的学术生平、北宋的生态文化背景以及二程生态伦理思想形成的伦理基础和理论渊源；三是程颢与程颐的生态伦理思想。即程颢的“天人一体”论的生态宇宙观，程颐的“循理之乐”；四是新儒学的生态伦理思想的现代价值及其启示。作者不仅提供了一幅较为完整清晰的北宋周敦颐与二程之生态伦理思想的理论图景，而且较为深入地揭橥了二程乃至整个北宋时期生态伦理思想的时代价值和当代意义。

【生生之仁：戴震生态伦理简论】

赵庆灿著　广东人民出版社 2020 年版　117 千字

该书以戴震最重要的义理著作《孟子字义疏证》为中心，在吸收、消化戴震哲学、儒家生态哲学研究成果的基础上，从生态本体论、生态德性论、生态

功夫论、生态境界论等方面，首次系统论述了戴震生态伦理思想的基本内容及其意义，提出了独到的有价值的观点，是国内第一部研究戴震生态伦理思想的著作。

【赞辅天地：朱熹生态伦理简论】

乐爱国著　广东人民出版社 2020 年版　117 千字

该书指出朱熹继承儒家讲人是万物之灵，既讲“天人合一”，又讲人的主体性，讲人在“天人合一”中处于中心的地位，是价值中心，而具有主导性、能动性，强调人对万物的尊重，人对万物的平等相待，尤其需要通过提高自身涵养和对于物的差异性的充分了解，实现人与自然的和谐发展。重要的是，朱熹建构的以人与自然和谐为中心的生态观，既不是把人与天地自然万物完全等同起来，又超越了“人类中心主义”，对于今天的生态文明建设多有启示。

【性善何以行不善：孟子论道德失败】

刘旻娇著　中国社会科学出版社 2020 年版　329 千字

对于《孟子》研究而言，一个最常见的问题是，一个本性善良的人何以会做出不善的行为来，这些“行不善”的现象称作“道德失败”。该书就是以“性善何以行不善”这一问题为研究视角，以现代德行论及其相关的问题为线索，利用现代道德哲学和道德心理学等知识，分析《孟子》文本中出现的道德失败的问题。以期通过对道德失败的研究，完善孟子的道德哲学和德行修养理论。在让孟子哲学更具现实实践性的同时，也让传统儒家思想为当代伦理研究提供新的启示。

【追寻伦理自由——马克思主义伦理学研究文论】

宋希仁著　重庆出版社 2020 年版　334 千字

该书分为“经典问题与思想体系”“伦理观念与现实道路”“他山之石与现代之维”三个篇章。第一篇章对马克思的原著文本进行了梳理、分析，对马克思主义伦理学的基本范畴和意义进行了还原；第二篇章以马克思主义伦理学及其方法论为研究工具，对经典伦理学概念和范畴，以及我国古代伦理观念进行了梳理、批评和整合；第三篇章将马克思主义伦理学基本概念和范畴运用到实践中，主要对资本、财富、世俗化以及爱情等社会生活方面进行了综合分析和批评，其中还含有几篇出色的书评文章。最后，作者以附录的形式，收录了对萧焜焘、罗国杰两位我国当代马克思主义哲学研究泰斗的纪念文章，追忆了作者同两位大师的学术渊源和深厚友谊。

【当代英美马克思主义伦理学研究】

张霄著　重庆出版社 2020 年版　200 千字

该书通过“问题重现：马克思主义与道德”“价值重塑：马克思主义与价值类型”“理论重建：马克思主义与伦理学”“方法重构：马克思主义伦理学与方法论”四个部分，分析了马克思主义“反道德论”、作为伦理价值的正义、作为道德价值的自由、价值类型与黑格尔的伦理学等问题。

【传承与坐标：马克思主义伦理思想访谈录】

李义天主编　中央编译出版社 2020 年版　258 千字

作者在全球范围内邀请了 13 位在该领域有着专门研究和突出贡献的顶尖学者，通过面对面等形式同他们进行访谈。该书围绕马克思主义伦理思想的理论渊源、核心问题和未来趋势展开，旨在反映马克思主义伦理思想在过去几十年的发展脉络，展示马克思主义伦理思想在世界范围内的理论亮点，刻画马克思主义伦理思想在未来时期的路径选择，为中国的马克思主义伦理思想研究形成自我风格、走向纵深发展提供思想资源和学术坐标。

【马克思主义与伦理学】（第 1 辑）

吴付来主编　社会科学文献出版社 2020 年版　187 千字

自 20 世纪以来，伦理学在中国已经日益成为一门显学。哲学社会科学其他门类学科均以各自的方式提出与讨论相关的伦理道德问题，参与伦理学理论发展。但就研究现状而言，与对应用伦理、中国伦理思想、西方伦理思想的研究相比，马克思主义伦理学一度出现被边缘化的趋势。进入 21 世纪以来，特别是近几年，马克思主义伦理学研究取得了令人欣喜的进展。学者们除了进一步加强马克思主义伦理思想中国化三大理论成果的研究外，还从学理上对马克思主义伦理思想中国化的一系列基本问题进行了深入研究，同时还提出了如何丰富和发展马克思主义伦理学等问题。

【分析的马克思主义的政治哲学转向】

李旸著　重庆出版社 2020 年版　160 千字

该书首先介绍分析的马克思主义这一思潮的总体概况，对分析的马克思主义产生的历史根源和理论根源进行了梳理，阐明了分析的马克思主义“分析的”和“马克思主义的”特征。其次，探究分析的马克思主义的政治哲学转向的界定、背景和缘起，析清了分析的马克思主义者的成员范围、他们在转向前的研究领域以及转向的具体发生，考察了这一转向的时代背景和理论缘起，勾勒出其总体轮廓。再次，考察分析的马克思主义转向政治哲学研究的“序曲”，即发生于英美地区的一场关于“马克思与正义”的宏大论争，并以四个子问题为轴对这场争论进行全景式的描绘，揭示这场大论争中所涉及的马克思的正义思想以及它如何为分析的马克思主义者转向政治哲学研究准备了条件。又次，考察分析的马克思主义转向政治哲学的第一个具体表现，即对资本主义剥削的道德批判，阐明了分析的马克思主义者对传统马克思主义剥削理论缺乏道德维度的判定，并厘清了他们重构马克思主义剥削理论的规范原则的诸种思路。最后，考察分析的马克思主义转向政治哲学的第二个具体表现，即对当代自由主义正义观进行的批判和反驳，阐明了分析的马克思主义者对平等主义的自由主义者罗尔斯的批判，对自由至上主义者诺齐克的批判，以及所提出的与当代自由主义的正义观相抗衡的社会主义正义观。

【俄苏马克思主义伦理思想史纲】

王文东著　重庆出版社 2020 年版　489 千字

该书为教育部人文社会科学研究基地中国人民大学伦理学与道德建设研究中心重大项目"马克思主义伦理思想研究"子课题"俄苏马克思主义伦理思想"的研究成果，是"新时代马克思主义伦理学丛书"中的一本。该书对俄苏马克思主义伦理思想史的发展作了系统的阐述。全书分为四个部分：启蒙与变革：马克思主义道德观的初步阐释；争鸣与奠基：苏联列宁主义伦理思想；探索与阐释：布哈林、托洛茨基和斯大林伦理思想；发展与转向：后斯大林时代苏俄伦理思想主流。该书较为完整地反映了俄苏马克思主义伦理思想百余年的发展轨迹，体现了俄苏马克思主义伦理思想史研究的较高水平。

【西方政治理论中的马克思主义伦理学：与共和主义、社群主义和自由主义的对话】

［美］诺曼·亚瑟·费舍尔著　陈文娟、文雅、王奎译　重庆出版社 2020 年版　216 千字

该书是"新时代马克思主义伦理学丛书"中的一本。该丛书由中国人民大学哲学院副院长张霄与清华大学高校德育研究中心教授李义天主编，是国家出版基金资助项目。《西方政治理论中的马克思主义伦理学》将马克思主义伦理学置于西方政治理论的传统中，探讨了马克思主义与共和主义、社群主义和自由主义之间的关系。通过哲学分析和思想史考察，描绘了马克思主义伦理学的民主基础和历史展开，重构了作为社群式和自由式的马克思主义产权伦理和正义伦理。作品从马克思主义视角审视了包括马基雅维利、孟德斯鸠、卢梭等在内的诸多西方思想家的思想，探讨了马克思主义的民主、阶级认同、全球团结、财产权、共产主义等广泛议题，是西方当代马克思主义伦理学研究的最前沿成果。

【友爱共同体：古希腊政治思想研究】

张新刚著　北京大学出版社 2020 年版　400 千字

该书从希腊悲剧作家（以埃斯库罗斯和索福克勒斯为主）、历史学家（以修昔底德为主）、哲学家（以柏拉图和亚里士多德为主）的作品入手，兼及古代抒情诗人、智者、演说家等的作品，结合有代表性的现代研究，系统讨论了"友爱"这个往往在政治思想研究中没有得到严肃对待的主题。该书选取了一个独到的切入点，即政治友爱的反面——内乱，作者认为政治与内乱构成了古风时期以降希腊城邦发展的主线，而友爱共同体则是贯穿希腊政治思想的核心关切。

【柏拉图论正义与幸福——《理想国》第一卷研究**】**

张波波著　中国社会科学出版社 2020 年版　500 千字

该书以"《理想国》主要是一部伦

理著作，而非政治著作”为切入点，阐释第一卷在全书中的意义，并尝试说明柏拉图对于正义本性及其内在价值的说明虽然未必能真正说服彻底的道德怀疑论者，但是依然有哲学上的思想闪光点。对柏拉图而言，一个人功能的实现足以保证其幸福。正义作为人的美德或功能，是灵魂的整体统一品质，是秩序与和谐；而不义则是其反面，是城邦或灵魂的某一部分对其他部分的反叛，是低级部分对高级部分的不当统治。这样看来，正义是灵魂的健康与和谐，不义则是它的疾病与混乱。正义的人首先意味着在自身内部协调灵魂的三个部分，形成灵魂的优良状态，使其拥有者幸福。这样，柏拉图便向他的读者成功证明了，正义对其拥有者的灵魂来说，本身就是一种好，比不义更可取。

【《诗术》译笺与通绎】

陈明珠著　华夏出版社 2020 年版　389 千字

作者从希腊文译出了亚里士多德的《诗术》，笺释部分主要依据英国学者玛高琉斯的阿拉伯传系译注本，突出了阿拉伯传系遗留的隐微风格释例，有很多不同于其他注家的理解，对理解《诗术》具有一定的参考价值。作者在玛高琉斯保留的部分阿拉伯传系注释的基础上，努力以该思路对《诗术》做了完整的笺释，特别强调《诗术》与亚里士多德其他文本的互涉互引，从而将亚里士多德的作品做贯通性的理解。

【圭恰尔迪尼《政治与经世备忘录》的译释与研究】

王忆停著　中国华侨出版社 2020 年版　259 千字

圭恰尔迪尼是文艺复兴时期重要的政治家、哲学家和历史学家，《政治与经世备忘录》对时运、历史、人性、政体、政治经验等问题都做出了精彩的论述。《圭恰尔迪尼〈政治与经世备忘录〉的译释与研究》一书主要采用语文学的研究方法，以原文解读为突破口，结合意大利文艺复兴时期其他重要政治历史哲学家的观点和时代背景，深入挖掘圭恰尔迪尼的思想，同时采用复合式分类法对圭恰尔迪尼思想进行归纳总结，提炼其核心思想特征。如果马基雅维利被视为近代政治科学的宣传者和倡导者，那么，圭恰尔迪尼则应该被看作近代政治科学起初的、精明的实践者和反思者。二者思想和而不同，圭恰尔迪尼在继承马基雅维利政治现实主义思想的同时，对其诸多观点和理论进行了反驳和抨击。

【女性与人类发展——能力进路的研究**】**

［美］玛莎·C. 努斯鲍姆著，左稀译　中国人民大学出版社 2020 年版　306 千字

贫困与发展问题一直是国际发展理论关注的核心问题。在全世界面临这类问题的人群中，女性是一个极其特殊的群体。任何一种好的国际发展理论都必须回应这个群体的发展诉求。在该书中，努斯鲍姆将以印度为代表的发展中国家的女性问题与人类发展问题关联起来，首次系统阐述了她的能力进路。书中包含不少经验

性和叙事性内容，充分展现作者以哲学论证回应人类经验复杂性的理论抱负。

【伦理与无限：与菲利普·尼莫的对话】

［法］伊曼努尔·列维纳斯著，王士盛译，王恒校　南京大学出版社 2020 年版　72.6 千字

该书收录了列维纳斯思想成熟时期的十次访谈，它们于 1981 年由法国文化广播电台播出。在这里，列维纳斯亲口讲述其现象学致思之路，由《从存在到存在者》和《时间与他者》，到《总体与无限》，再到《异于存在或本质之外》，并梳理了其伦理现象学的核心概念：实显、秘密、自由、脸、责任、替代、见证、荣耀……这些访谈也被认为是对列维纳斯思想的忠实导读。

【伦理学方法】

［英］亨利·西季威克著，廖申白译　商务印书馆 2020 年版

该书最早于 1993 年 6 月由中国社会科学出版社出版，现收入“汉译世界学术名著丛书”。西季威克认为，伦理学是关于“应当”的研究，因而首先必须研究人们据以推断他们应当做什么的合理程序。这些合理程序即“伦理学方法”。按照人们的伦理学方法所隐含的目的，以往的全部方法可分为快乐主义的与直觉主义的。快乐主义方法又按人们追求快乐的方式分为利己的快乐主义与普遍的快乐主义（即功利主义），两者间存在重要区别。该书分为总论、利己主义、直觉主义、功利主义四编。序言共含 7 篇，前 5 篇为西季威克为英文本前 5 版所撰，第 6 篇为西季威克助手琼斯在他去世后为英文本第 6 版所撰，其中包含西季威克本人的一份思想传记，非常重要。

【社会正义纲要】

［英］霍布豪斯著，曾一璇译　商务印书馆 2020 年版

该书旨在为 19 世纪末 20 世纪初英国的社会和政治改革提供一个融贯的伦理基础。作者吸纳了英国古典功利主义关于善的学说，同时引入了至关重要的共同体原则，主张根据共同善或者社会福祉来重新界定自由、权利、义务、平等、正义和民主。作者反思了过去的自然权利、契约自由、财富观念、薪酬理论和产业组织形式，并为国家功能的扩展提供了正当理由。国家控制不再被视为个人自由的对立面，而是被视为保护个人权利和实现社会共同目标的合理手段。在作者的整个论证过程中，和谐观念贯穿始终，成为社会正义的指导原则。最后，作者把共同体观念应用于人类，主张人类是唯一的终极共同体，认为应该在国际层面上建立一个正义秩序，以避免国际秩序陷入无政府或军国主义。

【政治正当性的概念与道德基础】

杨伟清著　中国社会科学出版社 2020 年版　219 千字

该书主要探讨政治正当性的概念与道德基础这两个密切相关的问题。在澄清政治正当性的概念时，重点分析了政治正当性与政治义务、政治正当性与政治合法性以及政治正当性与政治正义这

三组概念的关系；在追问政治正当性的道德基础时，意在判明政治权力的正当性所需满足的道德条件是什么，这就需要考察并反思政治哲学史上已有的那些有影响力的解释进路，如利益进路、同意进路、自然责任进路。

【生命伦理学（增订版）】

邱仁宗著　中国人民大学出版社 2020 年版　387 千字

生命伦理学的诞生和发展，标志着数千年来医学从以医生、科学家和公共卫生人员为中心向以病人、研究参与者和目标人群为中心转移的范式转换。这种转换同时保持医生、科学家和公共卫生人员的专业责任不变。作为 2010 年《生命伦理学》的增订版，作者赋予该书更丰富的内容，以便跟上新颖生物科技发展。主要探讨生殖技术、生育控制、遗传优生、有缺陷新生儿、安乐死、器官移植、行为控制等内容。同时对生命伦理学的使命、生命伦理学基本原则、优生学的批判性分析、基本医疗保险制度的公平等问题进行了专题论述。

【生命伦理学前沿探究——现代医疗技术中的生命伦理形态研究**】**

田海平著　中国社会科学出版社 2020 年版　310 千字

作者通过探究现代医疗技术的伦理形态如何“还医学以人道”“还医学以生命”，深入探究现代医疗技术带来的生命伦理学前沿问题。“前沿”主要包括：现代医疗技术的常规形态（常规医疗技术）由于遭遇大数据健康革命，凸显人群健康伦理在生命伦理学中的重要性；现代医疗技术的转化形态（转化医疗技术）由于面临全新的“从板凳到临床”的人体研究（包括人脑研究）之困扰，凸显人权伦理在生命伦理学中的优先性；现代医疗技术的增强形态（人体增强技术）由于遭遇后人类主义隐忧，凸显身体伦理在生命伦理学问题域中的出场。

【敬畏生命——阿尔贝特·施韦泽对伦理思想的伟大贡献**】**

［美］阿拉·保罗·巴萨姆著，黄素珍译　上海人民出版社 2020 年版　191 千字

作者将施韦泽散落在哲学与宗教文本中的伦理洞见整合为一个连贯的思想脉络，探讨施韦泽伦理思想的神学根源。若敬畏生命伦理及其对生命的绝对责任是可能的话，则需要一个超自然的神学基础。但不能把施韦泽的神学思想简单等同于正统的基督教神学思想，敬畏生命伦理还吸收了古希腊哲学、早期基督教神学思想、印度佛教、东亚文明等文化资源，并将其统合在由“生命意志”“爱的意志”“伦理神秘主义”与“实践的末世论”构成的框架中。基于对生命神秘主义的爱与敬畏的情感，人类个体方能建立与自我、与他人，甚至与所有自然生命体的精神性联系和责任意识。

【道家生命伦理的传统视域与现代转型】

李红文著　中国社会科学出版社 2020 年版　278 千字

随着全球生命伦理学在世界范围内的不断兴起，生命伦理学已成为当今时

代的一门显学。作者在对当代生命伦理学的基本问题进行全面反思基础上，系统性论证了构建“道家生命伦理学”的基本定位、哲学基础、核心价值、原则建构与现代转型，对当代生命伦理学实践中的一些主要问题展开了“道家式”批判，并对这种理论建构所存在的内在缺陷进行深入反思与扬弃，试图重构道家生命伦理思想，为现实生命伦理问题提供“道家式”的解决方案。

【气候变化伦理问题研究】

徐保风著 厦门大学出版社2020年版 206千字

该书作者从伦理学视角出发，深入分析气候变化中的伦理问题并提出解决方案。作者分析了气候变化成为一个伦理问题的原因，主张“共同但有区别的原则”具有道德合理性。造成气候变化危机现状的根本原因在于三个方面，一是人类生存的权利与人类对自然界保护的义务不对称，发展中国家发展优先的权利与发达国家对发展中国家援助的义务不对称，当代人类发展的权利与保障后代人类生存的义务不对称。气候公正是应对气候变化问题的解决方案，气候公正即基于平等的可持续发展，利益冲突是实现气候公正的主要障碍。中国应当构建气候变化伦理体系。

【生态伦理的现实反思与终极关切：乌托邦视角下人与自然伦理关系建构研究】

张彭松著 社会科学文献出版社2020年版 304千字

该书作者反思现代生活方式及其道德价值观念，认为生态危机是人与自然的关系危机，这受到人与人的“我与它”式的功利性关系的影响或者决定，两者都根植于“现代性断裂”的文化危机，应以生态乌托邦思想实现生态伦理的价值整合，超越“现代性”道德，逐步达到社会生活的生态幸福。作者首先从自然概念的变迁分析环境伦理与生态伦理的差异，阐述了生态伦理的独特内涵。其次，找寻生态伦理与“现代性”道德的内在关联，后者具有个人主义和普遍理性主义两个基本维度，其在人与自然关系上存在道德价值观盲点，因此，生态伦理超越“现代性”道德具备必要性。再次，在生态乌托邦观念的指引下，摆脱“现代性”道德的意识形态窠臼，走向超越与整合的生态伦理，消解人类中心主义与自然中心主义的对立。最后，对中西乌托邦观念进行比较研究，论证乌托邦思想的生态转向，在此基础上探讨生态伦理的价值整合和实践意义，以及其在社会生活的道德实践中凸显生态幸福之维。

【道德与法律之间：公共生活空间行为规范研究】

丁社教著 中国社会科学出版社2020年版 246千字

随着社会的变迁和发展，公共生活空间行为失范现象时常发生，尽快重构中国公共生活空间行为规范就成为当务之急。该书以道德失灵和法律失灵为切入点，以公共生活空间行为规范解构与重构为主要研究内容，以唯物史观为基础，借助社群主义理论、规训理论、社会分工理论、交往行为理论和家本伦理理论等理论方法展开研究。由于群体对个人从来都是一个巨大的不可随意选择的存在，作为自律性规范的道德与作为他律性强制性规范的法律，并未全部涵盖人们的行为规范。因此，道德与法律这两种有着相对明确界限的行为规范之间，一直运行着弥散在人与人互动行为中的公共生活空间行为规范—伦理（或伦常），这应该成为解决公共地问题的历史和逻辑起点。公共生活空间行为规范的失范、生成或建构、解构和重构是一个自然的历史过程，是公共生活空间要素及其结构的客观性和行为主体的主观能动性相统一的矛盾演化发展过程。建构公共生活空间行为规范应该从现实的生活世界出发，致力于推进家庭、学校尤其是公共部门成员的主体认同和主体性建构。

【法律与伦理：第六辑】

侯欣一著　社会科学文献出版社2020年版　351千字

该书是一本关注法律与伦理交叉领域的研究集刊，以问题为导向，兼容并包，开拓出法学家与伦理学家自由交流的学术空间，构筑出两个学科间互相理解、凝聚基本共识的思想论坛。该辑刊共分为自然法学、实证主义法学、法律方法与法治三个主题，其中有对“共同体”概念及哲学根基的探讨，菲尼斯关于自然法中奠基人权的讨论，也有对法律、道德与信仰的张力与共生的论述，就中国传统社会“孝”进行法哲学反思，并且特别开辟出德沃金研究以及评论与回应专题。

【菲尼斯与新自然法理论】

吴彦主编　商务印书馆2020年版　351千字

该书聚焦于“菲尼斯与新自然法学”这一主题收录的重要论文。既有对新自然法理论以及经典文献与资料的译介，也有国内学者关于法哲学与政治哲学的最新研究成果和笔谈内容，共收录了19篇文章，分为四大板块：第一部分是关于“菲尼斯与新自然法学”的主题译文，第二部分是国内学者的原创论文，第三部分是对国外经典文献与资料的译介，第四部分是国内学者关于“经典进路的法哲学与政治哲学”的笔谈。从多方面、多维度向我们展示了“法哲学与政治哲学”的主题探究，从而为我们了解这一领域的新动态和经典内容展现了丰富的面貌。应该说是菲尼斯的整个道德、政治和法律哲学的最集中的呈现，文章中可以看到菲尼斯自然法理论的全貌和整体框架。还有文章涉及自然法理论在当代所面对的两个最主要的论争对象所进行的批判和反思：一个是自由主义，另一个是法律实证主义。总之，我们从中亦可看到自然法理论在当代西方政治和法律思想谱系中的基本位置。

【民法的伦理分析】

赵万一著　法律出版社2020年版　292千字

我国民法典的制定，一方面有助于构筑完整的社会主义市场经济法律体系，另一方面充分发挥法律对社会生活的确认、界定和引导功能。民法典并非简单的对外国先进民法制度的借鉴和移植，而是对中国本土资源的传统文化、传统伦理、传统习惯的研究和吸收。因此，作者认为应改变以往理论上过多地强调民法与市场经济的关联性，而对作为民法本体的伦理性的冷漠态度。民法虽然主要调整的是财产（经济）关系，但就民法的产生和演变历史来说，对人（其中特别是公民）自身的价值、人的法律地位、人的权利的关注远胜于对财产的关注。这也是民法区别于其他以经济关系为调整对象的法律部门如商法、经济法的主要表现之一。该书主要论述了平等原则与民法理论、公平原则与民法理论、诚实信用原则与民法理论、民法基本制度的伦理分析、民法财产关系和人身关系的伦理分析等内容。

【AI 联结的社会：人工智能网络化时代的伦理与法律】

［日］福田雅树、林秀弥、成原慧著，宋爱译　社会科学文献出版社 2020 年版　271 千字

法律工作者在直面“司法智能化”的同时，也扮演着优化规则的守卫者角色。如何解决 AI 衍生的个人隐私和信息安全问题？如何优化法律制度和管理体系？在伦理上、法律上应当如何应对人工智能与人的关系？在人类面对网络化的智能机器时，如何保障人类的基本利益：身体、人格、责任、尊严？目前，人工智能伦理准则已经在全球范围内达成基本共识。在此共识基础上，该书致力于解决以下四个方面的关键问题：一是探讨“AI 网络化”治理的必要性及其方向；二是 AI 研究开发相关问题的阐述；三是 AI 网络中的信息流通及正当使用；四是 AI 网络化将对社会产生的深远影响。作者独辟蹊径，深入浅出地阐释了 AI 带来的信息安全问题、基本法治制度和控制管理体系构成，并附有大量虚拟情景实例，是一部扎实、详尽的优秀作品。该书集合日本学界精英以预设情景做出了前瞻性分析，启人心智，让人跨越专业门槛一窥究竟。

【促进人工智能发展的法律与伦理规范】

蒋佳妮、堵文瑜著　科学技术文献出版社 2020 年版　271 千字

该书围绕人工智能的法律法规和伦理规范进行了深入探讨。全书从人工智能相关法律、各国促进人工智能发展的政策和法律、人工智能时代的法律挑战、人工智能技术应用领域的法律风险、人工智能发展的伦理问题、人工智能法律法规和伦理规范领域的国际合作等几个方面，对促进人工智能发展的法律法规和伦理规范进行了全面梳理。

【变迁中的社会与家庭法】

林艳琴、李滨主编　中国法制出版社 2020 年版　265 千字

该书是第一届“家庭与法”学术研讨会论文集，重点对儿童保护与父母责任、家庭财产关系的法律问题，以及家事法的实践与展望进行了分专题讨论。既有对我国现行儿童保护政策中的国家责任与家庭责任进行的域外比较研究，也有对监护人承担的未成年人侵权责任、代孕子女监护问题等进行的研究。同时，还有对商事纠纷中涉及夫妻共同债务、

遗产债务清偿等问题进行的研讨。

【传统文化视角下的亲子法律问题研究】

邹小琴著 九州出版社 2020 年版 265 千字

该书从中国传统文化视角对亲子法律问题进行了研究。首先从亲子、亲权、各国亲子法概述入手，参考本土的家庭伦理道德和家庭习惯习俗，构建符合民族传统习俗的亲权制度。该书提出“营建亲权法律文化环境”的设想，以适应我国亲子关系的调整需求，保障未成年人的合法利益和健康成长。作者在“亲权法律规则的完善”一节中，总结了我国现有的亲子法律规定，指出亲子立法的缺陷和不足，并提倡建立独立明确的亲权概念。同时，作者对特殊情形下的亲子法问题研究予以重点关注。

【法律职业伦理】

江国华、周紫阳、彭超编著 武汉大学出版社 2020 年版 292 千字

该书首先分析了德国司法独立原则和法官司法责任之间的关系，进而介绍了德国法官司法责任的制度框架，包括法官责任追究的法律适用、对法官审判行为的职务监督、对违反职责之法官的弹劾、违反审判职责的惩戒责任、民事赔偿责任和刑事责任。在此基础上重点研究德国的法官惩戒制度和法官违反审判职责的刑事责任。在惩戒制度部分，介绍了适用于法官的惩戒机关、惩戒措施、惩戒事由、惩戒程序和惩戒救济措施。在刑事司法责任部分，重点研究了和司法责任相关的接受利益、索贿、枉法等十一项罪名。

【法律职业伦理：原理与案例】

许身健主编 北京大学出版社 2020 年版 292 千字

该书主要论述法律职业伦理和道德方面的发展及重要原则，从法律职业及法律职业伦理的概述入手，讲述法律职业中律师与委托人关系规则、律师与裁判机关关系规则、律师与检察官关系规则、律师与老师之间的关系规则及律师与律师事务所、律师协会、司法行政机关的关系规范等，以及法官、检察官和公证员的法律责任。该书除了理论阐述外，还辅之以各种生动的案例教学。

【司法伦理规范研究】

徐汉明、刘国媛等著 经济科学出版社 2020 年版 246 千字

该书分为三个部分共七章。第一部分由第一、二、三章组成，通过对司法伦理基本概念、体系、价值及渊源和流变的梳理及比较研究，根据当前司法实践，努力构建我国司法伦理架构体系。第二部分由第四、五、六章组成，这一部分在第一部分的基础上，根据其职业及目标的不同，分别就法官、检察官、律师之司法伦理的内涵、制度保障及个体修养进行了探索性讨论，是比较接地气和有针对性的。第三部分由第七章组成，这一部分讨论了法学学者在司法实践中的地位和应遵守的司法伦理，更重要的是，这一部分试图通过提取最大公约数的方式，归纳出法官、检察官、律师、法学学者这一法律职业共同体的司法伦理共识，继而在这种共识的

谨慎感召下，放下自己的职业偏执，回归现实中的法律，恪守法律，尊重对方法律职业行为，共同维护司法底线正义，推进中国特色社会主义法治建设和司法正义进程。

【辩护律师忠诚义务研究】

郭恒著　中国政法大学出版社 2020 年版　246 千字

该书致力于探寻一种能够合理解读辩护律师忠诚义务的理论，并结合我国刑事辩护中出现的问题以及域外可资借鉴的相关元素，尝试为辩护律师忠诚义务及辩护制度探索前行的方向，其内容包括以下六个部分：第一章，辩护律师忠诚义务的基础理论。作者从刑事诉讼构造、辩护律师角色定位以及法律职业伦理三个角度出发，分析了对辩护律师忠诚义务履行有重要影响的基础理论问题。第二章，辩护律师忠诚义务的积极内涵：有效维护当事人合法权益。从辩护律师基础性义务之履行、庭前准备工作之强化、辩护合力之形成三个方面对此加以论述。第三章，辩护律师忠诚义务的消极内涵：不得损害当事人利益。该书从辩护律师保密义务、利益冲突禁止规则、独立辩护之限制以及无效辩护行为之禁止四个角度对其进行分析。第四章，辩护律师忠诚义务的边界：对法庭的真实义务。该书分析了对法庭的真实义务性质的消极性、范围的片面性以及对象的特定性内涵；阐述了辩护律师对法庭真实义务的理论依据；分析了我国辩护律师真实义务存在的问题，并提出了我国辩护律师真实义务的完善路径。第五章，辩护律师忠诚义务与对法庭真实义务的冲突与平衡问题。该书从比较法视野下对辩护律师忠诚义务与真实义务冲突的理论争议及实践处理方式进行了考察，分析了冲突产生的原因，并提出了我国辩护律师忠诚义务与对法庭真实义务之平衡的几点建议。第六章，辩护律师忠诚义务履行的保障机制。从辩护律师准入机制、退出机制和惩戒机制三个方面提出了构建思路。

【西方经济伦理思想史】

徐大建著　上海人民出版社 2020 年版　640 页

该书从经济的伦理内涵和经济伦理与社会文明的关系角度入手梳理了上至古希腊下至奥地利经济学派的经济伦理思想。著作内容将经济伦理的演进分为五个部分：古代萌芽时期、近代形成时期、现代发展时期第一阶段、现代发展时期第二阶段和当代经济伦理的基本问题研究。该书首先对西方经济伦理思想的渊源和发展做了一个简明的较为系统的梳理和批判性考察，其次是试图通过批判性考察对经济伦理的基本问题给出自己的答案。为了这一目的，作者力图以经济伦理研究的基本问题及其演变为论述的主线，以此来选择西方历史上一些主要的哲学家、经济学家或社会学家作为论述对象，系统性地阐述他们的经济伦理思想并对之进行一些批判，最后对经济伦理的基本问题得出一些借鉴性的结论。

【认知——人行为背后的思维与智能】

［美］赫伯特·西蒙著　中国人民大学出版社 2020 年版　275 页

该书是著名心理学家和人工智能开创者赫伯特·西蒙关于人类认知的作品。该书介绍了人的认知结构，包括注意力、记忆等方面，然后分析了人们思维过程中问题解决的途径和策略。书中进一步分析了对于复杂问题，专家和普通人不同的心理表征，以及应该如何应对复杂问题。最后，作者介绍了学习的基本原理和过程，并说明如何探索发现新规律。无论是关注人工智能还是关注心理学的读者，该书都是不可多得的经典读物。

【中国新闻伦理思想的演进】

徐新平著　北京大学出版社 2020 年版　500 页

该书全面系统地论述了中国新闻伦理思想的发展演变的历史，填补了中国新闻事业史研究中有关新闻伦理思想研究的空白，不仅有助于人们更好地认识中国新闻事业发展的历史，特别是中国新闻职业道德发展的历史，而且对当前我国新闻职业道德建设具有积极的借鉴意义。该书按照五个历史阶段进行叙述：晚清时期、北洋政府时期、国民政府时期、新中国成立前 27 年、改革开放以来。每一章的内容包括特定历史时期的新闻事业概览、新闻道德领域存在的问题、代表人物的新闻伦理思想、新闻职业道德规范和新闻伦理思想小结。

【互联网新媒体伦理生态及治理研究】

于孟晨、梁华平、王苏喜著　中国社会科学出版社 2020 年版　258 千字

自互联网诞生以来，如何对其有效治理就成为各国政府及学者关注的焦点问题。伴随互联网不断发展，各种新媒体平台应运而生，互联网新媒体领域的失范甚至违法现象也层出不穷，法律的强制性约束、技术的改进补漏越来越显得力不从心，互联网伦理道德的重要性日益凸显。与人类现实社会类同，互联网世界同样需要遵循一定的伦理道德，以规范各参与主体的言行。互联网新媒体世界纷繁复杂，从生态学视角对其进行研究，将参与互联网新媒体运作的各环节置于一定的生态位，详尽解读其伦理表现，分析其伦理失范的原因，以便更好地从伦理道德层面对其进行治理。

【电视剧伦理价值及其影响研究——以 20 世纪 90 年代以来中国电视剧为例】

贺艳著　知识产权出版社 2020 年版　292 页

该书主要对 20 世纪 90 年代以来的电视剧进行研究，针对电视剧文本所蕴含的家庭伦理、情爱伦理、朋友之伦、职业伦理以及历史伦理进行研究和阐释，探讨在 20 多年的时间里，随着社会转型而来的伦理变动在电视剧中的呈现，以及这些电视剧的伦理对受众的影响情况。

学术动态

学术会议

【“古典美德伦理学的现代审思”学术研讨会】

1月4—5日，首届“德性与自由”系列学术论坛之“古典美德伦理学的现代审思”学术研讨会在中国人民大学哲学院举行。来自高校以及《哲学研究》和《道德与文明》杂志社的20余位学者参加了本次会议。此次会议立足于人的自由和尊严，旨在对“古典美德伦理学”这个20世纪末以来流行于中西方思想界的传统进行深入的分析与批判，以期使更多研究者对“美德”概念的“新”“旧”内涵之于当代中国思想界的意义具有清醒的认识。

【“家风的力量——寻找‘战疫’家风典范”大型公益活动】

3月26日，“家风的力量——寻找‘战疫’家风典范”大型公益活动通过道德中国网等平台上线，标志着一年一度的中国（闻喜）家风家教文化系列活动正式启动。该届中国（闻喜）家风家教文化系列活动由中国伦理学会、山西省文明办、山西省社科联、中共运城市委、运城市人民政府共同主办。该届活动以“寻找‘战疫’家风典范，彰显脱贫小康担当”为主线，全面阐释闻喜脱贫、小康和近年来家风家教建设成果，彰显中国首个家风家教文化之乡的魅力和担当。活动通过互联网在线发布的形式启动，面向公众征集“战疫”家风典范，向此次疫情期间奋战在一线的医护人员及其家庭致敬。

【“伦理生活与当代中国道德话语构建”学术研讨会】

5月18日，由天津社会科学院主办、《道德与文明》编辑部承办的第三届青年伦理学论坛以网络视频会议的形式召开。该届论坛的主题为“伦理生活与当代中国道德话语构建”，清华大学、北京大学、中国人民大学、东南大学、天津社会科学院等单位的七位嘉宾做了主题发言。天津社会科学院伦理学研究所所长、《道德与文明》主编杨义芹研究员主持会议，院党组成员、副院长钟会兵致辞。与会专家学者对多元现代性、道德传统、现代社会人伦规范、重返伦理思想史、发展马克思主义伦理学等问题进行了研讨。

【“科技伦理与公共治理”研讨会】

6月7日，由浙江省社科联主办，浙江工商大学承办，浙江省伦理学会协办的浙江省社科联跨学科研讨系列第四场“科技伦理与公共治理”主题研讨会在浙江杭州举行。来自哲学、医学、政治学、管理学等人文社科领域和自然科学领域的专家学者紧紧围绕当代公共治理中的科技成果运用及其伦理规制这一主题展开了研讨。与会学者就当代公共治理如何充分发挥科学技术的重要作用、科学技术成果应用的道德限度、全球公共卫生防疫体系建设中的科技共享机制、科技治理与道德治理的相关性、后疫情时代公共伦理秩序的构建等重大理论与现实问题进行了讨论。

【新时期教师伦理学与师德师风建设高端学术研讨会】

8月14—17日，中国伦理学会教育伦理学专业委员会、广州大学马克思主义学院和上海师德研究与评价中心在广州召开了“新时期教师伦理学与师德师风建设高端学术研讨会”。来自全国高校的15位全国教育伦理和师德研究专家出席了会议。此次会议的目的是进一步学习贯彻习近平总书记、党的十九大和全国教育大会关于立德树人、加强师德师风建设的重要指示精神，落实教育部关于重视在职教师和师范生教师职业道德教育的指示精神，大力推进我国的教育伦理学理论研究。

【中国伦理学会“用艺术讲道德宣讲团”走进绍兴上虞】

9月11日，一年一度的第四届中国·绍兴（上虞）孝文化节开幕式举行。此次孝文化节以“千年伦理家国情怀”为主题，总结上虞“孝德文化之乡”命名十周年实践经验，全面擦亮“孝德文化之乡”名片，涵养孝德之风，厚植家国情怀。在随后由中国伦理学会、中国电视艺术交流协会共同打造的用艺术讲道德公开课之孝德文化篇开讲，公开课分为孝德、贤德、忠德、廉德、传承五个篇章，采取讲述与情景剧相结合的呈现形式进行。

【首届唐凯麟伦理学奖评选会议】

10月24—26日，唐凯麟伦理学奖评选委员会在湖南长沙召开了首届唐凯麟伦理学奖评选会议。唐凯麟伦理学奖评选委员会主任万俊人主持会议。湖南师范大学副校长周俊武致辞，唐凯麟伦理学奖评选委员会副主任张怀承介绍了唐凯麟伦理学奖和著作推荐情况。唐凯麟伦理学奖评选委员会评选专家组成员万俊人、王泽应、王淑芹、邓安庆、甘绍平、江畅、李萍、李建华、张怀承、张大红、姚新中、樊浩、戴木才等出席评选会议。专家组成员按照首届唐凯麟伦理学奖评选细则，对推荐专家推荐的著作经过初选、评议和两轮无记名投票，评选出何怀宏的《良心论：传统良知的社会转化》（1994）、赵汀阳的《论可能生活——一种关于幸福与公正的理论》（2004）和朱贻庭的《中国传统伦理思想史》（2009）三部著作。

【科技伦理研讨会】

11月10日，中国科学院学部2020科技伦理研讨会在湖北武汉召开。裴钢、朱邦芬、张启发等院士专家围绕“科学道德与伦理教育”发表主旨报告，展开自由研讨。此次会议由中国科学院学部科学道德建设委员会主办，中国科学院武汉分院、中国科学院学部科学规范与伦理研究支撑中心承办。与会学者围绕国际社会和科学共同体关注的科技领域科技伦理问题进行了研讨。

【全国第八届教育伦理学术研讨会】

11月13—15日，以“新时代立德树人、教师道德与教育现代化”为主题的全国第八届教育伦理学术研讨会在遵义医科大学马克思主义学院顺利召开。此次会议由中国伦理学会教育伦理学专业委员会主办，遵义医科大学马克思主义学院、上海师德研究与评价中心承办。来自全国50多所高校与教育机构的120多位专家、学者、教育工作者齐聚一堂，围绕会议主题进行全面深入的学术研讨。

【第六届全国马克思主义伦理学论坛】

11月14日，由清华大学高校德育研究中心、中国人民大学伦理学与道德建设研究中心、福建师范大学马克思主义学院共同主办，《理论与评论》编辑部具体承办的第六届全国马克思主义伦理学论坛在福建师范大学举办，论坛以“2020年的世界和我们：从马克思主义的伦理视角看”为主题。来自全国高校、科研院所以及杂志社、出版社的百余名专家学者参加了会议。学者们围绕新时代马克思主义伦理学的特点、思想内涵、生命政治意蕴、叙事方式和理论特质等问题进行了研讨。

【后疫情时代的伦理秩序建构学术研讨会】

11月14日，由湖南省伦理学学会主办，湖南理工学院马克思主义学院和岳阳市哲学学会承办的“后疫情时代的伦理秩序建构学术研讨会暨2020年湖南省伦理学学会学术年会”在湖南岳阳召开。来自省内省外各个高校、科研院所近150名专家学者与研究生集聚一堂，聚焦“后疫情时代的伦理秩序建构”这一主题，进行了深入的交流、探讨。

【第十一届“伦理学名家论坛”】

11月22日，广东伦理学学会第十一届“伦理学名家论坛”于中山大学举办。清华大学长聘教授李义天、厦门大学特聘教授徐梦秋分别作了题为“谁是美德伦理学者？谁不是？”“规范论的对象、问题和研究路径”的主题报告。广东伦理学学会百余名会员参加了该届论坛，专家学者们围绕两场主题报告就“实践哲学与美德伦理学的关系、规范与权力的关系和发生学意义上的新时代道德规范”等问题展开交流。

【“中国马克思主义伦理学与新时代”高层论坛】

12月3日，由上海师范大学马克思主义学院主办，上海市伦理学会、上海师范大学哲学系、上海师范大学经济伦理研究中心协办的“中国马克思主义伦理学与新时代”高层论坛在上海师范大学举行。此次论坛采用线下线上相结合的方式举行，来自全国各地知名高校20余名伦理学研究者出席会议。上海师范大学等多所高校的百余名研究生参与。专家们主要围绕“新时代中国马克思主义伦理学的学科建构问题研究”“马克思主义伦理学与中国特色社会主义事业”“新时代马克思主义伦理学与前沿问题研究”这三个议题展开深入的学术探讨。

【中国伦理学会地方高校德育专业委员会年会】

12 月 5 日，中国伦理学会地方高校德育专业委员会 2020 年年会暨学术研讨会在江汉大学举行。此次会议采取线下主会场和线上分会场（石家庄职业技术学院）同步召开的方式，与会学者共同研讨抗击疫情与高校德育工作。武汉是全国抗击新冠肺炎疫情的“主战场”，江汉大学是位于“主战场”的城市大学。年会主会场在武汉、在江汉大学，有着特殊的意义。

【纪念中国伦理学会成立 40 周年暨 2020 中国伦理学大会】

12 月 5 日，由中国伦理学会、中共无锡市委宣传部及江南大学共同主办的“纪念中国伦理学会成立 40 周年暨 2020 中国伦理学大会”在江苏省无锡市隆重开幕，来自全国各省、自治区、直辖市近 400 名伦理学人、道德文化工作者出席了此次大会。大会围绕“伦理学与国家治理”这一核心主题，设置一场主题报告会和“伦理学与国家治理”“伦理学基础理论”“立德树人”等八个专题论坛。大会开幕式上，中国伦理学会会长万俊人、中国伦理学会原会长陈瑛等学者相继发言，回顾了中国伦理学会 40 年发展历程，展望了学科发展的“十四五”目标；中国人民大学曹刚教授、南京师范大学王小锡教授、复旦大学邓安庆教授等分别做主旨报告。此次大会还举行了“疫情防控伦理”专题论坛，学者们就“中华民族抗击疫情的道德经验”“突发性公共卫生事件中稀缺医疗资源的分配正义探析”“试论公共健康伦理中的道德主体责任”“新冠疫情后的道德疗伤”等二十余个题目进行发言讨论。大家一致认为，面对全球新冠疫情流行，各国社会应当坚守“人类命运共同体”这一伦理信念，勇敢迎战“充满不确定性”的未来。作为伦理学人，在特殊的历史时期更应肩负起伦理学使命，为人民生命健康、人类社会的普遍正义和共同幸福而不懈努力。

【第一届文学伦理学批评跨学科研究大学生领航论坛】

12 月 26—27 日，由浙江大学世界文学跨学科研究中心主办，华中师范大学国际文学伦理学批评研究中心、上海交通大学跨学科叙事研究中心、广东外语外贸大学英文学院协办的“紫金港跨学科国际讲坛”系列学术活动（第三期）：第一届文学伦理学批评跨学科研究大学生领航论坛在浙江大学紫金港校区举办。来自浙江大学、华中师范大学、上海交通大学、广东外语外贸大学、日本九州大学、韩国建国大学、韩国外国语大学、马来亚大学等 20 余所高校的近 200 位大学生参与论坛。此次论坛采用线上与线下相结合的方式进行，同步直播的最高同时观看人数达4289人。

【“国家治理与社会伦理建设”研讨会】

12月27日，由北京市社会科学界联合会、北京市哲学社会科学规划办公室主办，北京市伦理学会、首都师范大学、中国马克思主义基金会和中国伦理学会政治伦理专业委员会承办的2020年学术前沿论坛学会专场“国家治理与社会伦理建设”在北京召开。北京市社会科学界联合会、北京伦理学界知名学者、师生90余人参加了研讨交流。与会专家学者主要围绕国家治理的伦理维度、社会治理的伦理资源、当代社会治理与微观伦理问题三个方面的问题展开研讨。

国家、教育部项目

（一）国家社科基金项目

1. 重大项目

（1）中华民族共同体的伦理认同研究，关健英，黑龙江大学，20&ZD037

（2）当代中国道德观念史与道德实践史研究，晏辉，上海师范大学，20&ZD038

（3）人类道德行为的进化与社会文化心理机制研究，殷杰，山西大学，20&ZD039

（4）人工智能伦理风险防范研究，岳瑨，东南大学，20&ZD040

（5）人工智能伦理风险防范研究，杜严勇，上海交通大学，20&ZD041

（6）俄罗斯近现代伦理思想史研究，武卉昕，东北农业大学，20&ZD042

（7）自然辩证法中国化及当代创新研究，刘孝廷，北京师范大学，20&ZD043

（8）《列维纳斯文集》翻译与研究，朱刚，中山大学，20&ZD035

（9）阿多诺哲学文献的翻译与研究，谢永康，海南大学，20&ZD034

（10）中国礼教思想史（多卷本），殷慧，湖南大学，20&ZD030

2. 重点项目

（1）习近平新时代中国特色社会主义思想的价值观研究，杨信礼，中央党校（国家行政学院），20AZX002

（2）当代马克思主义伦理学的学术定位研究，曲红梅，吉林大学，20AZX016

（3）跨国移民伦理研究，杨通进，广西大学，20AZX017

（4）重大疫情防控的伦理研究，史军，暨南大学，20AZX018

（5）平等主义之后的哲学研究，姚大志，浙江师范大学，20AZX013

（6）新兴科技伦理共识与风险治理研究，韩来平，河北师范大学，20AZX007

（7）中国特色社会主义制度优越性的哲学研究，辛鸣，中央党校（国家行政学院），20AZX004

（8）中国特色社会主义制度的价值认同研究，郭莉，南昌航空，20AKS012

（9）新时代环境公平理念及其空间建构方略研究，樊宏法，常州大学，20AKS008

（10）思想政治教育形态研究，杨威，武汉大学，20AKS018

3. 一般项目

（1）《资本论》及其手稿中的共产主义思想研究，刘梅，中央民族大学，20BZX001

（2）《资本论》语境中马克思政治哲学理论建构研究，高广旭，东南大学，20BZX002

（3）财富与劳动视域的马克思共和国思想及其社会政治哲学研究，刘荣军，华侨大学，20BZX003

（4）历史唯物主义视域下的“自由意志”问题研究，朱连增，西藏民族大学，20BZX004

（5）政治经济学批判与人的存在方式研究，黄志军，首都师范大学，20BZX008

（6）空间帝国主义及其批判研究，吴红涛，上饶师范学院，20BZX012

（7）信息时代个体认同的哲学研究，尹岩，上海大学，20BZX017

（8）“百年变局”背景下人类命运共同体理念现实基础的历史唯物主义研究，桑明旭，苏州大学，20BZX018

（9）“构建人类命运共同体”理念的哲学研究，文兵，中国政法大学，20BZX019

（10）“人类命运共同体”意识的复杂性与全球治理间关系的哲学研究，叶险明，内蒙古大学，20BZX020

（11）历史文化生产与大众美好精神生活建构研究，刘举，宁波大学，20BZX021

（12）马克思的生态财富思想及其当代价值研究，程建家，中国计量大学，20BZX022

（13）人工智能时代责任主体的伦理建构研究，郭菁，大连理工大学，20BZX028

（14）人机融合智能的道德风险及其协同治理研究，宋春艳，湖南省社会科学院，20BZX029

（15）当代西方技术民族主义批判研究，程志波，中国矿业大学，20BZX039

（16）性别视角下中国近代科技文化研究，章梅芳，北京科技大学，20BZX042

（17）生态系统的道德地位研究，葛永林，华南师范大学，20BZX043

（18）生物医学道德增强的伦理问题研究，芦文龙，东北财经大学，20BZX044

（19）道德哲学视域中的孟子心学重探，廖晓炜，华中科技大学，20BZX047

（20）规范伦理学与元伦理学视域下的先秦诸子伦理学重构，陈乔见，华东师范大学，20BZX048

（21）道家政治哲学研究，陈徽，同济大学，20BZX050

（22）儒家伦理的现代困境及其转型路径研究，刘君莉，上海师范大学，20BZX074

（23）儒学公德与私德互摄理论及现代意义研究，周丰堇，湘潭大学，20BZX075

（24）北山学派理学思想研究，王锟，浙江师范大学，20BZX076

（25）工夫论视域下阳明心学《论语》诠释研究，郭亮，河北师范大学，20BZX077

（26）洛采哲学基本著作的汉译与研究，张柯，贵州大学，20BZX091

（27）责任伦理视角下的康德道德哲学研究，罗亚玲，复旦大学，20BZX092

（28）阿多诺否定的民主政治思想研究，杨顺利，西南交通大学，20BZX096

（29）布伦塔诺学派哲学及其当代理论效应研究，李忠伟，华侨大学，20BZX097

（30）当代哲学咨询的中国话语建构研究，张利增，山东师范大学，20BZX099

（31）道德分歧的认识论研究，喻郭飞，云南大学，20BZX100

（32）信念规范论研究，郑伟平，厦门大学，20BZX101

（33）“牛津萨默维尔四杰”伦理思想及其中国化研究，张曦，厦门大学，20BZX110

（34）帕菲特的道德哲学研究，葛四友，华东师范大学，20BZX111

（35）帕菲特的伦理理论及其当代效应研究，阮航，湖北大学，20BZX112

（36）人类增强技术的政治伦理研究，武小西，东南大学，20BZX113

（37）斯多亚学派的伦理思想研究，陶涛，南京师范大学，20BZX114

（38）同情伦理学研究，张钦，河北师范大学，20BZX115

（39）敦煌藏文文献吐蕃伦理思想研究，旦正，青海民族大学，20BZX116

（40）明末清初的公私之辨及其伦理意义研究，谢芳，衡阳师范学院，20BZX117

（41）中国传统动物伦理思想研究，刘永春，湖南师范大学，20BZX118

（42）中国古代个体道德生成机制对新时代公民道德建设的启示研究，陈金香，安徽工程大学，20BZX119

（43）中国古代文人画的道德意蕴研究，周萍，湖南师范大学，20BZX120

（44）中国情理主义道德哲学传统的创造性转化研究，郭卫华，天津医科大学，20BZX121

（45）公民道德建设的濡化机制研究，陈伟宏，上海对外经贸大学，20BZX123

（46）公民道德建设的学校实施机制研究，冯建军，南京师范大学，20BZX124

（47）倾向于弱势群体的分配正义理论研究，晋运锋，吉林大学，20BZX125

（48）建立活体器官移植医学伦理审查标准化流程的研究，江一峰，上海交通大学，20BZX126

（49）人工智能医学应用的伦理框架与治理研究，王珏，西安电子科技大学，20BZX127

（50）中国应对全球突发疫情防控伦理核心价值的相关性研究，丛亚丽，北京大学，20BZX128

4. 青年项目

（1）《正义论》之后西方平等主义理论发展与批判研究，徐峰，华东师范大学，20CZX053

（2）对“宽恕”问题的现象学—伦理学研究，肖蓉，湖南科技大学，20CZX054

（3）莱纳·弗斯特宽容思想研究，陈凡，南京邮电大学，20CZX055

（4）马克思主义道德行动理论研究，张晓渝，西南大学，20CZX056

（5）战争形态智能化的伦理约束机制研究，张轶瑶，南京航空航天大学，20CZX057

（6）当代中国智能监测的伦理问题及其治理研究，吴雯，浙江师范大学，20CZX058

（7）拟人化人工智能的道德责任归因研究，喻丰，武汉大学，20CZX059

（8）网络空间的道德舆论研究，蒋艳艳，东南大学，20CZX060

（9）康德伦理学诠释的帕通—罗尔斯范式研究，李科政，天津社会科学院，20CZX037

（10）刘宗周道德生成论研究，陈群，贵州师范大学，20CZX033

（11）王阳明的情感与心性哲学研究，卢盈华，华东师范大学，20CZX034

（12）新世纪以来英美马克思主义政治哲学基本问题研究，曲轩，中共广东省委党校（广东行政学院），20CZX009

（13）新时代公民道德实践能力提升研究，叶方兴，华东师范大学，20CKS038

（14）习近平关于爱国主义教育重要论述研究，葛晓欧，辽宁中医药大学，20CKS036

（15）新时代家庭道德建设研究，史焕翔，哈尔滨工业大学，20CKS013

（16）坚持中国特色社会主义分配制度优势研究，王倩，重庆交通大学，20CKS026

（17）集体主义价值观的源流及其中国化演进研究，朱小娟，河海大学，20CKS029

5. 西部项目

（1）元代儒家伦理思想与社会秩序研究，邓凌，青海师范大学，20XZX005

（2）布伦塔诺《道德知识的本源》翻译与研究，张勤富，武装警察部队警官学院，20XZX015

（3）蒙古族家风家教及其道德教化形式研究，包玉兰，赤峰学院，20XZX018

（4）当代中国家庭正义伦理的哲学建构，邱娟，桂林理工大学，20XZX019

（5）唐君毅道德文化转型论研究，朱平，四川师范大学，20XZX020

（6）马克思的文化正义思想及其当代价值研究，王文东，天水师范学院，20XKS002

（7）构建人类命运共同体的发展伦理研究，林春逸，广西师范大学，20XKS012

（8）君子文化融入社会主义核心价值观研究，程碧英，四川文理学院，20XKS018

（9）重大疫情背景下公民道德自觉实践研究，刘莉，大理大学，20XKS019

（10）边疆民族地区中小学生公民道德教育现状评估及优化研究，扈志东，西南林业大学，20XKS020

（11）历史虚无主义批判视域下英雄精神传承与弘扬研究，庞申伟，云南师范大学，20XKS027

（12）新时代新疆弘扬爱国主义精神研究，任新丽，新疆师范大学，20XKS035

（二）教育部人文社科规划项目

1. 规划基金项目

（1）基于推进个人品德建设的网络道德自律精神培育研究，华秀梅，安庆师范大学，20YJA710012

（2）传统慈善文化涵养新时代中国特色志愿文化研究，贺建芹，山东科技大学，20YJA710010

（3）公众短视频的情感触发机制及其对大学生主流价值观认同的影响研究，范建刚，陕西师范大学，20YJA710006

（4）当代政治哲学中的宗教与公共理性关系问题研究，夏庆波，安徽工业大学，20YJA720009

（5）绿色技术范式引领生态文明建设研究，邬晓燕，北京交通大学，20YJA720008

（6）马克思正义观念的古典政治哲学遗产及其当代价值研究，乔戈，西南政法大学，20YJA720007

（7）新时代背景下传统家训文化融入高校思想政治教育研究，朱冬梅，徐州医科大学，20YJA710048

（8）基于印象管理理论的增强大学生政府信任研究，樊娟，上海外国语大学，20YJA710005

（9）思政课"微故事"促进高校青年学生主流意识形态认同研究，江敏，重庆文理学院，20YJA710015

（10）新时代中华精神标识的建构及培育研究，曾萍，广东药科大学，20YJA710003

（11）新时代中华优秀传统文化传承与发展的独特优势与实践路径研究，郑秋月，哈尔滨商业大学，20YJA710047

（12）基于人民美好生活需要的社会主义劳动修复研究，罗建文，湖南科技大

学，20YJA710026

（13）“大思政”格局下大中小学思政课协同育人机制研究，陈美兰，江苏师范大学，20YJA710004

（14）内地高校少数民族大学生中华民族共同体意识培育研究，朱兴国，南通大学，20YJA710049

（15）习近平总书记关于青年的重要论述在大学生成长成才中的实现路径研究，吴勇，宁波财经学院，20YJA710036

2. 青年基金项目

（1）爱德华·苏贾的空间正义理论及其对我国城市化发展的启示研究，刘亚品，北京中医药大学，20YJC710037

（2）朗西埃平等主义哲学的批判性研究，单传友，安徽师范大学，20YJC720004

（3）二十世纪欧美主要伦理学家对康德义务论的批评与重构研究，涂江波，长江大学，20YJC720020

（4）智能化信息时代的集体责任问题研究，邬桑，东北大学，20YJC720023

（5）中国特色社会主义空间正义理论与实践研究，王红阳，河南财经政法大学，20YJC720021

（6）人类命运共同体视域下的全球空间伦理问题研究，赵海亭，河南财经政法大学，20YJC720030

（7）麦克道尔经验论、语言哲学、道德哲学三重统一思想研究，苏瑞，黑龙江大学，20YJC720018

（8）儿童医学试验的伦理问题及其规制研究，李彩虹，湖南第一师范学院，20YJC720009

（9）道德话语的自然主义诠释研究，梅轩，华南理工大学，20YJC720014

（10）对话伦理学的“应用”转向研究，陈太明，山东财经大学，20YJC720003

（11）18世纪英国的伦理思想转型研究，苏光恩，陕西师范大学，20YJC720016

（12）基于技术调解理论的人工智能伦理内在路径研究，贾璐萌，天津大学，20YJC720006

（13）里夫译注版《尼各马可伦理学》翻译及研究，孔祥润，天津理工大学，20YJC720007

（14）应用德性的深度研究，黎松，西南大学，20YJC720008

（15）黑格尔《伦理体系》翻译与研究，翁少龙，厦门大学，20YJC720022

3. 重点研究基地重大项目

（1）比较视野下的伊斯兰与现代性研究，王宇洁，中国人民大学佛教与宗教学理论研究所，20JJD730001

（2）移民、流动性与美利坚文明研究，梁茂信，东北师范大学世界文明史研究中

心，20JJD770002

（3）东亚世界与“新文明体系”的形成研究，韩东育，东北师范大学世界文明史研究中心，20JJD770003

（4）地中海裂变后西方（欧洲）文明的形成研究，王晋新，东北师范大学世界文明史研究中心，20JJD770004

（5）国外马克思主义前沿问题研究，王凤才，复旦大学当代国外马克思主义研究中心，20JJD710001

（6）西方马克思主义经典著作的当代解读研究，张双利，复旦大学当代国外马克思主义研究中心，20JJD710002

（7）制度与生活：王朝秩序与唐五代前的日常生活研究，闫爱民，南开大学中国社会史研究中心，20JJD770008

博士学位论文

（1）政治学与资本主义治理批判——论晚期福柯思想中的马克思及其效应，闫培宇，北京大学

（2）福柯的“伦理转向”，曾持，中国人民大学

（3）资本与不平等——皮凯蒂经济伦理思想研究，钟锡进，中国人民大学

（4）论环境法的伦理基础，杨琳，中国人民大学

（5）荀子政治伦理思想研究，莫医铭，中国人民大学

（6）彼得·辛格的平等观研究，吴迪，中国人民大学

（7）善与实践智慧，贾如，黑龙江大学

（8）康德实践哲学中的自律观念研究，黄各，山东大学

（9）岩佐茂环境伦理思想研究，张贝丽，山西大学

（10）公众参与工程何以可能？陈夕朦，浙江大学

（11）马拉维的基督教伦理思想研究，Patrick Bande（班德），黑龙江大学

（12）生态批评关键词环境公正及其批评实践研究，刘娜，山东大学

（13）技术人工物设计伦理转向研究，郭延龙，中国科学技术大学

（14）中华优秀传统家训文化传承发展研究，李淑敏，吉林大学

（15）从“小社群”到“大社会”的道德进化理论研究，隋政航，吉林大学

（16）马克思伦理经济思想研究，李文娟，吉林大学

（17）明清时期晋商与徽商伦理比较研究，王晋丽，山西大学

（18）公民生态道德养成研究，赵唱，山西大学

（19）当代伦理生活中的慈善行为与道德基础，王姝，浙江大学

（20）独裁者博弈中分配决策的有限道德自我约束，王修欣，华东师范大学

（21）阿拉伯经济伦理研究，薛英杰，对外经济贸易大学

（22）中国乡村发展伦理研究，杨伟荣，南京师范大学

（23）合成生物学的伦理学反思，马诗雯，大连理工大学

（24）康有为政治伦理思想研究，张娟，湖南师范大学

（25）大数据伦理意识及其培育研究，田维琳，北京科技大学

（26）休谟同情理论研究，曾允，武汉大学

（27）冯友兰中西文化观研究，刘素娟，郑州大学

（28）《周易》经传德治思想研究，李圣强，山东大学

（29）社会正义的幸福参数——以“可能生活”为信息基础，周晓，中国社会科学院研究生院

（30）虚拟社会的主体异化研究，尹秀娟，华中师范大学

伦理事件

2020年，注定是不平凡的，是曲折而光辉的，也是让人终生难忘的，深深植根于我们的道德记忆之中。2020年，我们抗击新冠肺炎疫情，我们打赢脱贫攻坚战，我们表决通过《中华人民共和国民法典》……2020年，前浪后浪的代际伦理风起云涌，女性议题的讨论愈发热烈，教育公平与社会“内卷”刺痛着人们的神经……2020年，智能技术、推荐算法愈加普及，人脸识别、健康码被广泛运用，但由此带来的隐私泄露、信息鸿沟、劳动异化等伦理问题，也愈加令我们无所适从……无论是不舍还是惋惜，遗憾还是满足，历史不会停留，能保留下来的只有我们的记忆，只有我们从历史中获得的智慧和力量。

为了记录新时代道德文明进步历程，推动社会公众关注、参与道德建设和精神文明建设的进程，教育部人文社会科学重点研究基地中国人民大学伦理学与道德建设研究中心、中国伦理在线组织评选2020年度中国十大伦理事件。评选活动自2020年12月下旬启动以来，得到了学界和公众的广泛关注与支持，经过社会投票、专家评审环节，超过5000人参与了线上投票。我们期待，有更多人参与这项工作，推动全社会形成弘扬正能量、积极向上、健康和谐的道德风貌。

脱贫攻坚取得重大胜利，实现战胜绝对贫困的千年夙愿

2020年12月3日，在中共中央政治局常委会听取脱贫攻坚总结评估汇报的会议上，习近平总书记宣布：经过8年持续奋斗，我们如期完成了新时代脱贫攻坚目标任务，现行标准下农村贫困人口全部脱贫，贫困县全部摘帽，消除了绝对贫困和区域性整体贫困，近1亿贫困人口实现脱贫，取得了令全世界刮目相看的重大胜利。

【入选理由】

战胜贫困是中国人的千年夙愿。党的十八大以来，党中央团结带领全党全国各族人民，把脱贫攻坚摆在治国理政的突出位置，充分发挥党的领导和我国社会主义制度的政治优势，组织并打赢了人类历史上规模最大、力度最强的脱贫攻坚战。脱贫攻坚的重大胜利，消除贫困、改善民生、逐步走向共同富裕，极大增强了人民群众的获得感、幸福感、安全感，为实现第一个百年奋斗目标打下坚实基础。在脱贫攻坚实践中，广大党员干部所践行的人民至上、以人为本、协同发力、守望相助、吃苦耐劳和不怕牺牲的精神，必将成为我们实现第二个百年奋斗目标的宝贵财富。

抗击新冠肺炎疫情取得战略成果，铸就伟大抗疫精神

2020年年初，突如其来的新冠肺炎疫情打破了人们的正常生活，人民生命安

全和身体健康面临严重威胁。面对中华人民共和国成立以来我国遭遇的传播速度最快、感染范围最广、防控难度最大的重大突发公共卫生事件，中国人民以坚定果敢的勇气和坚忍不拔的决心，迅速打响疫情防控的人民战争、总体战、阻击战，用3个月左右的时间取得武汉保卫战、湖北保卫战的决定性成果，进而夺取了全国抗疫斗争重大战略成果。与此同时，统筹推进疫情防控和经济社会发展工作，抓紧恢复生产生活秩序，实现了我国在全球范围内一枝独秀式的经济正增长。抗击疫情与经济发展同时取得显著成效。

【入选理由】

新冠肺炎疫情是百年来全球发生的最严重的传染病大流行。抗击新冠肺炎疫情斗争取得重大战略成果，充分展现了中国共产党的领导和我国社会主义制度的显著优势，充分发挥了中国人民和中华民族的伟大力量，充分展现了中华文明的深厚底蕴以及负责任大国的自觉担当，极大增强了全党全国各族人民的自信心和自豪感、凝聚力和向心力。在这场同严重疫情的殊死较量中，中国人民和中华民族以敢于斗争、敢于胜利的大无畏气概，铸就了生命至上、举国同心、舍生忘死、尊重科学、命运与共的伟大抗疫精神。这是我们在新时代新征程披荆斩棘、奋勇前进的动力源泉。

《民法典》施行，法治与德治相结合塑造中国伦理精神

2020年5月28日，第十三届全国人民代表大会第三次会议表决通过了《中华人民共和国民法典》，自2021年1月1日起施行。《民法典》共7编1260条，各编依次为总则、物权、合同、人格权、婚姻家庭、继承、侵权责任，以及附则。《民法典》被称为"社会生活的百科全书"，是中华人民共和国第一部以法典命名的法律，在法律体系中居于基础性地位，也是市场经济的基本法。由于涉及社会生活的各个方面，《民法典》能从多维度塑造当代中国社会的伦理精神。

【入选理由】

《民法典》蕴含着丰富的伦理精神，最大的亮点是人格权编独立成编，最大的价值转向是回归"人法"本位，体现和确认了人格尊严作为社会生活的道德底线。作为市场经济的基本法，《民法典》明确了中国特色社会主义市场经济的伦理维度，并通过诚信原则和公序良俗原则予以表达和确认。《民法典》还体现了对弱者的尊重和关怀、对绿色可持续发展的要求，顺应了现代社会由强者伦理到弱者伦理，由近而远走向生态伦理的趋势。

发生多起冒名顶替上大学事件，严重挑战教育公平

2020 年，多起冒名顶替上大学事件引起舆论关注。先是媒体曝出山东省聊城市冠县陈春秀被人冒名顶替上大学，后来济宁一女子苟晶又发帖称两次被顶替上大学，经山东省教育厅等相关部门查实，上述冒名顶替的情况属实。事实上，这些冒名顶替上大学的事件并非个案。自 2018 年开展清查冒名顶替事件以来，仅山东省内高校就排查出 242 人涉嫌冒名顶替他人身份入学。

【入选理由】

作为社会公平最基本的组成部分之一，教育公平对学生个体、万千家庭、整个国家都具有特殊的重要意义。这些冒名顶替上大学事件，不仅给被顶替者带来无法挽回的损失，影响甚至彻底改变了他们的人生轨迹，而且严重冲击教育公平底线、挑战社会正义底线。针对冒名顶替上大学的现象，一方面要加强入口把关，利用身份识别、信息识别等技术，杜绝冒名顶替、弄虚作假的不法行为；另一方面要加大查处惩治力度，进一步明确冒名顶替行为的法律责任，对违反法律、践踏公平的行为，要坚决查处、从重惩罚。

人类学术语“内卷”爆红，低效率竞争推高社会焦虑

2020 年下半年，人类学术语“内卷”爆红。“内卷化”一词源于美国人类学家格尔茨的《农业内卷化》，指的是一种社会或文化模式发展到某一阶段，达到一种确定的形式后，便停滞不前或无法转化为另一种高级模式的现象。“内卷”在现代日常生活中体现为低效率、高强度的社会竞争。以教育领域的“内卷”为例，应试教育的“军备竞赛”愈演愈烈，为了获得升学资源和教育机会，家长和学生不得不投入远超比例的巨大精力财力，却仍然难以获得成功。“内卷”不仅造成了资源的极大浪费，更让人们陷入身心疲惫又毫无希望的境地。

【入选理由】

“内卷”更多地被用来指某个领域发生了过度的竞争，导致人们进入了互相倾轧、内耗的状态，拼尽全力却只能获取少量的竞争优势，由此造成了社会整体的内耗和浪费，而且这些内耗多为不必要、不理性、无意义的。这种自由主义市场竞争机制的产物与中国自古以来崇尚和美的思想资源背道而驰，因而给现代人的生活造成了巨大的道德压力。这需要我们进行伦理反思，如何尽量避免陷入这种“内卷”的陷阱，如何避免生活流于无意义的竞争之中，如何使得社会竞争得以良性循环，让社会每个

成员都能得益于自己的努力付出，过上有意义的好生活。

老年人运用智能技术困难，国家专项政策予以关怀

2020 年，各地相继报道老年人不会使用智能手机而无法乘车，94 岁老人在银行柜机前被抱起进行人脸识别等老年人运用智能技术困难的新闻，牵动着公众的神经。很多网友呼吁“扫码时代，别把老年人落下”。2020 年 11 月，国务院办公厅印发《关于切实解决老年人运用智能技术困难的实施方案》，明确提出坚持传统服务方式与智能化服务创新并行，为老年人提供更周全、更贴心、更直接的便利化服务，让老年人在信息化发展中有更多获得感、幸福感、安全感。

【入选理由】

敬老爱老是中华民族的优秀传统美德，如何对待老人，体现了一个社会的文明高度。我国 2.54 亿老年人中，约有 3/4 的老年人未接触过互联网。互联网的信息鸿沟给老年人安享晚年、老有所乐带来了诸多不便。国务院出台专门的方案，切实解决老年人运用智能技术困难的问题，充分体现了习近平总书记尊老、敬老、爱老、助老的重要讲话精神，充分体现了“以人民为中心”的发展理念，充分发扬了智能技术推广运用中的人性化温暖。只有将政策的各项规定落到实处，帮助老年人克服“数字恐惧”，解决运用智能技术的困难，共建共享老年友好型社会，才能让老年人在智能时代幸福地实现老有所养、老有所依、老有所乐、老有所安。

人脸识别、信息码等智能技术滥用，伦理风险引担忧

2020 年，以人脸识别、智能算法、大数据等为代表的信息技术，进一步融入社会生活的方方面面，在为经济社会发展注入新动力的同时，也带来了使用不当、风险泛滥、科技异化等伦理问题。受智能算法驱动的外卖平台，让外卖骑手成为“困在算法之中”的高危职业，外卖骑手配送时间不断被压缩，“送外卖就是与‘死神’赛跑，和交警较劲，和红灯做朋友”。大数据技术支撑的健康码，在控制疫情蔓延和恢复社会生产秩序等方面发挥了重要作用，但“文明码”“师德码”等各种信息码的滥用，也引发了公众对泄露隐私、漠视尊严的担忧。人脸识别技术在公共场所的过度应用也受到公众质疑，拒绝刷脸入园的“人脸识别第一案”一审宣判，清华大学法学院教授劳东燕等学者对小区门禁使用人脸识别技术说“不”，种种社会反响表明人工智能和大数据技术的应用亟待规制。

【入选理由】

大数据、人工智能、云计算的普及应用，体现了互联网技术在服务人们美好生活、改善社会治理等方面的巨大作用和显著优势，但是技术的应用必须以人的需求和价值为界限，不能威胁到人类的自由、尊严和主体性。大数据和智能算法的应用必须得到规制，算法的设计和数据的使用必须服务于人类共同福祉和利益，符合基本伦理道德和法律精神，遵循福祉、安全、法治、共享等原则，保障数据和算法的可追溯性与透明性，打造负责任、可信任的算法技术。

《后浪》《乘风破浪的姐姐》热播，美好生活是共同追求

新时代，为所有人提供了追寻“我们所热爱”“成为更好的自己”的可能性。青年宣言《后浪》在互联网平台广泛流传，“你们有幸遇见这样的时代，但时代更有幸遇见这样的你们”，既包含着人们对年轻一代的认可、赞美与寄语，也寄托着年轻人对美好生活，对“成为更好的自己”的努力追求，《乘风破浪的姐姐》成为2020年最火爆的现象级综艺节目，那些重新走上舞台的而立之年的“姐姐”，用自己的卓越表现，打破偏见，追求自我，勇敢绽放，进一步塑造了女性独立和自主的观念，也为“女性主义”赋予了时代的新内涵。

【入选理由】

正如《后浪》《乘风破浪的姐姐》热播之后引起“前浪”与“后浪”、“女权”与“女拳”的巨大争议那样，我们的社会已经进入一个多元化、个性化的新时代。这个新时代的确充满着各种不同的甚至对立的情绪、意见、观点和思想，但是也承载着所有人对美好生活的共同追求。这种共同追求，就成为多元化之中弥补裂痕、凝聚共识最坚实的基础。不管“前浪”还是“后浪”，乘风破浪总是一种好的生存与精神状态。无论“破浪”还是“逐流”，世界都应该以更加真实、平和、友好、宽容的态度来对待人，尊重人的意愿和行动。中国特色社会主义新时代的舞台足够广阔，能够容纳14亿人对美好生活的共同向往，对“成为更好的自己”的共同追求。

蚂蚁上市被叫停，服务人民福祉应成企业社会责任

2020年下半年，蚂蚁集团上市被紧急叫停，此后，中央监管部门两次约谈蚂蚁集团负责人，督促蚂蚁集团落实金融监管、公平竞争，保护消费者合法权益。对蚂蚁集团的监管，是党中央、国务院依法化解金融系统风险、加强金融治理的重要举措，也是对互联网企业的规范发展与经营创新提出的更高要求。与之相对应，在民间舆论场，互联网巨头扎堆进入社区团购与菜农抢饭碗等事件，引发网友嘲讽，很多人将互

联网企业的这些作为与华为自觉维护民族大义、坚持科技创新相比较，进而对互联网企业的社会责任和商业伦理提出新思考和新要求。互联网企业是中国特色社会主义市场经济的重要组成部分，互联网企业的经营和创新，必须体现中国特色社会主义因素，遵循市场化、法治化的原则，服务于祖国和人民的利益福祉。

【入选理由】

源自西方的企业社会责任理论认为，企业的主要社会责任在于以市场化方式配置资源，提供更多就业岗位，解决市场需求，更高的要求就是通过慈善捐赠、公益行动等形式解决部分社会问题。但在中国特色社会主义制度下，企业经营和创新，包括国有企业和民营企业，都要体现出鲜明的中国特色社会主义因素，那就是“取之于民、用之于民”。企业必须服务于祖国和人民的利益福祉，以民族大义为重，以党和国家工作大局为重，积极用经营成果回报祖国和人民，这是中国特色社会主义赋予互联网企业的重要职责和使命，也是新时代企业社会责任和经济伦理的应有之义。

中央重点整治诚信缺失问题，建立诚信制度长效机制

针对多个领域存在的诚信缺失问题，从中央到地方，着力推进失信行为治理和长效机制建设。2020 年 8 月，中央文明委印发《关于开展诚信缺失突出问题专项治理行动的工作方案》，集中开展 10 项诚信缺失突出问题专项治理行动。12 月，国务院办公厅印发《关于进一步完善失信约束制度构建诚信制度长效机制的指导意见》，进一步规范和健全失信行为认定、记录、归集、共享、公开、惩戒和信用修复等机制，推动社会信用体系迈入高质量发展的新阶段。这两个文件，从失信行为整治和失信约束制度建设两个方面，进一步推动了社会信用体系建设。

【入选理由】

社会信用是社会健康有序运行、长治久安的重要保障。近年来，随着“信用中国”建设的逐步推进，社会信用体系日益完善。但是在个别领域，尤其是互联网信息服务领域，仍然存在诚信缺失的现象，诸如 App 涉嫌超范围采集个人隐私信息、主播直播兜售假货劣货、瑞幸咖啡营收数据造假等事件，削弱了社会信任，造成了恶劣影响。互联网不是法外之地，不守信用、诚信缺失一定会受到法律和道德的双重惩罚。中央文明委开展诚信缺失突出问题专项治理行动，国务院办公厅出台失信约束制度，就是要不断增强人们的诚信理念、规则意识、契约精神，努力打造不敢失信、不能失信、不愿失信的社会环境。

索引/关键词

E

F

G

H

J

K

L

M

Z